TestStand 工业自动化测试管理
（典藏版）

胡典钢 编著

电子工业出版社
Publishing House of Electronics Industry
北京·BEIJING

内 容 简 介

本书以作者多年的实际项目经验为基础，系统介绍了工业自动化测试管理软件 TestStand 的实用功能和常见问题的解决方法。全书共 15 章，包括基础入门和高级进阶两部分。其中：基础入门部分（第 1~9 章）介绍工业自动化测试管理的基础知识，使读者对 TestStand 有较完整的认识；高级进阶部分（10~15 章）主要介绍 TestStand 自定制、面向对象模型、编程技巧和优化策略、TestStand 开放式架构，引导读者从测试管理的角度来考虑问题，以便对项目的复杂度和需求进行综合评估，逐步成长为团队核心开发人员。

值得一提的是，所有软件的本质上就是一种工具，运用它解决项目中的实际问题是根本，在解决问题的过程中了解整个行业的动态和发展趋势，逐步形成全局化的眼光和思路，这才是本书最希望传达的信息。

本书适合从事工业自动化测试的工程技术人员和产品经理阅读，也可作为高等学校相关专业的教学用书。

未经许可，不得以任何方式复制或抄袭本书之部分或全部内容。
版权所有，侵权必究。

图书在版编目（CIP）数据

TestStand 工业自动化测试管理：典藏版／胡典钢编著．—北京：电子工业出版社，2022.1
ISBN 978-7-121-42745-9

Ⅰ．①T… Ⅱ．①胡… Ⅲ．①工业自动控制-应用软件 Ⅳ．①TB114.2

中国版本图书馆 CIP 数据核字（2022）第 014849 号

责任编辑：张　剑（zhang@phei.com.cn）
印　　刷：河北鑫兆源印刷有限公司
装　　订：河北鑫兆源印刷有限公司
出版发行：电子工业出版社
　　　　　北京市海淀区万寿路 173 信箱　邮编 100036
开　　本：720×1000　1/16　印张：26.25　字数：529 千字
版　　次：2022 年 1 月第 1 版
印　　次：2022 年 1 月第 1 次印刷
定　　价：168.00 元

凡所购买电子工业出版社图书有缺损问题，请向购买书店调换。若书店售缺，请与本社发行部联系，联系及邮购电话：(010) 88254888, 88258888。
质量投诉请发邮件至 zlts@phei.com.cn，盗版侵权举报请发邮件至 dbqq@phei.com.cn。
本书咨询联系方式：zhang@phei.com.cn。

致　　　谢

在本书即将出版之际，首先深深感谢我的妻子汪青。由于工作比较忙碌，大部分空闲时间都用于写作，且写书的过程相对漫长，前后持续了一年半，时而感到力不从心，几度欲放弃，妻子的鼓励让我坚持下来。此外，她还审阅了书稿的前言部分，并对书稿的写作风格提出了很好的建议。

感谢应用工程部经理张浩帮助联系公司市场部为本书的推广做准备。在应用工程部门这个积极、轻松的大家庭里，好的想法和创意常被鼓励并得以实施。

感谢 NI 公司的同事张辉、高琛、许海峰对书稿的审阅，他们花费大量时间仔细阅读书中的每个章节，就书中内容进行了反复讨论，并验证了所有的示例，帮助修正了许多错误，这种严谨认真的态度让我非常钦佩。

感谢杨堃、冯裕深对书中部分专题的调研和技术讨论。感谢市场部同事贾青超、李甫成、陈宇睿、徐剑杰在本书出版和推广过程中提供的建议和帮助。感谢法务部同事王呈明、顾晓峰、Pete Smits 提供的法律咨询以及对书中所引用 NI 公司资料的出版授权。

非常感谢陈哲明、周林、Andy、张晶在工作和生活上给予的帮助和支持。感谢刘晓锋、姚英豪、沈晨、周锋、朱宇杰、王晓辉、任意、倪海蛟、杜鹤、周豪、阮永涛、李程的帮助。

感谢我的研究生导师王坚老师和彭俊彪老师，他们带我走进了自动化测试领域。

最后感谢我的父母和家人，他们一如既往的支持是我最坚强的后盾。感谢我的女儿豆豆，她给我们带来了无尽的欢乐。

胡典钢

Preface

When we released TestStand 1.0 in December 1998, our ambitious goal was to bring the benefits of a quality modular software foundation with an open extensible architecture and highly functional components to the developers of test system software. Too often, we had witnessed National Instruments customers struggle with home grown or narrowly developed integrator supplied monolithic test executives that suffered from a lack of ongoing investment, scaled poorly, or were constrained by technology and quality issues. Our key challenge in providing an industry wide platform for test system development was that no two companies are alike in their requirements and priorities. Fortunately, National Instrument's unusually large and diverse base of test and measurement customers gave us a uniquely broad-based resource to draw upon for input and feedback in the design and architecture of TestStand. We had little choice but to make every aspect of TestStand flexible, configurable, and pluggable, to a degree that seemed outrageous at the time and sometimes still does. From user interfaces, process integration, file formats, parallelism, result storage, reporting, test configuration, all the way to the choice of programming language and development environment, TestStand provides flexibility, extension mechanisms, and even component source code, to ensure that test system developers can achieve the system they desire while leveraging a highly functional and coherent set of widely used well tested building blocks.

However, because of the numerous ways that TestStand can be utilized and customized, it is not always easy for developers new to TestStand to know what customizations or configurations to make in order to achieve their desired system. Fortunately, this is where Diangang's (Dylan) book excels. Drawing upon a wealth of real world project experience with a variety of customers, Dylan is able to present the concepts and mechanisms that TestStand provides while grounding the knowledge with concrete applications and examples. In addition to the depth and breadth of TestStand topics that Dylan's book covers, he also has the indisputable achievement of having created the world's finest TestStand resource in the Chinese Language. I appreciate Dylan's hard work, initiative, and the enthusiasm that he applied in creating this book and I'm looking forward to it helping an even wider audience of developers to benefit from building their systems with TestStand.

James Grey

NI 公司研发部首席工程师，TestStand 之父

序

　　1998 年我们发布了 TestStand 1.0，当时的宏伟目标是为自动化测试系统软件的开发者提供一个高质量的带有开放式可扩展架构和高性能组件的模块化体系。现实中，我们经常看到工程师与自行开发或某些集成商提供的欠成熟且功能单一的测试执行器做斗争，而这些执行器的开发和维护常受限于持续投入的缺乏、规模太小或技术和质量问题。在为自动化测试系统开发提供一个行业性平台时，我们面临的最大挑战是，没有任何两家公司在需求和优先级上是相似的。幸运的是，NI 公司拥有异常庞大而多样化的测试和测量用户，这是我们在设计和构建 TestStand 过程中作为输入和意见反馈的宝贵资源。我们别无选择，只能努力让 TestStand 的每个方面都很灵活、可配置且某些功能支持插件模式。那个时候，在某种程度上要达到这种要求看起来很离谱，甚至现在看来仍然是这样。从用户界面、过程整合、文件格式、并行、结果存储、报表、测试配置，一直到编程语言和集成开发环境的选择，TestStand 提供了灵活性、扩展机制甚至组件的源代码，来确保测试系统的开发者能借助这些高度模块化、功能内聚且被广泛验证的组件单元来设计自己想要的系统。

　　由于 TestStand 有很多种方式实现应用和定制，对于 TestStand 的开发者来说，需要了解用什么样的定制或配置来实现他们想要的系统，这不是一种容易的事情。幸运的是，这就是本书要告诉我们的。由于拥有非常丰富的实际项目经验，作者能够准确地呈现 TestStand 的概念和原理，并将理论知识与实际应用案例相结合。本书所涵盖的 TestStand 主题，无论从深度还是广度方面，都毫无疑问地创造了世界上最好的 TestStand 中文学习资源。我非常欣赏作者在撰写本书的过程中所表现出的勤奋、主动和热情，也期望本书能帮助更多的开发者在使用 TestStand 构建他们的系统中获益。

James Grey

NI 公司研发部首席工程师，TestStand 之父

前　　言

刚进 NI（National Instruments）公司的时候，部门就安排了一次为期 5 天的 TestStand 内部课程培训，由资深应用工程师授课。那时候笔者还不太了解 TestStand，但对它的广泛应用已有所体会，以电子行业为例，在全球顶级的 15 家电子产品制造商中，就有 14 家使用了 TestStand，并且它几乎每年都会推出新版本，足见其生命力之强。

最初，一些敏锐的科学家和工程师发现，在开发自动化测试系统时，随着系统复杂程度的增加，测试项增多，管理这些测试项变得非常困难。如果中间插入测试项，或者需要调整测试项顺序，必须对测试代码做很大的改动；当频繁进行这些操作时，工作量变得非常大且异常烦琐，从而造成维护上的困难。而且，自动化测试系统往往是一个混合平台，需要用到不同仪器厂商的设备，基于不同语言编写的硬件驱动程序，要求软件具备统一接口，以调用使用不同语言编写的代码模块。另外，当产品升级或设计全新产品时，相应测试系统的大部分代码需要重写，而这其中包含序列号追踪、用户管理、测试流程控制、报表生成、数据存储、用户界面更新、系统配置、弹出提示窗口等一些非常通用的操作，若将这些通用部分提取出来作为框架模板，然后用户在这个模板上进行开发，无疑会节省很多的开发时间。再者，在产品测试过程中，需要将每项测试结果和产品规格的上/下限做对比，随着测试项增多，相应的规格上/下限也急剧增多，管理它们就变得非常重要，有时甚至需要在某个关键测试项不合格时，立即停止对产品的测试，这就涉及测试的管理策略问题。随着开发经验日益丰富，工程师不再满足于现有系统的测试效率，因此自然会想到引入多个产品的并行测试。然而，引入并行测试需要考虑的问题有很多，包括线程的管理追踪、线程安全、线程之间的通信、数据空间等，要做到这些并不简单。总之，TestStand 在这样的背景下诞生了。

TestStand 是一个现成可用的自动化测试管理软件，用于从组织自动化原型创建、控制设计认证到执行生产测试的整个过程。它与 LabVIEW、LabWindows/CVI、Visual Basic 和 Visual C 等所有主流测试编程环境兼容，且能调用任何编译过的动态链接库（DLLs）、ActiveX 自动化服务器、EXE 可执行程序，甚至传统开发语言，如 HTBasic 和 HP-VEE。利用 TestStand 强大的兼容性，可以非常方便地在一个系统中将传统和现代测试编程环境结合起来。由于 TestStand 与 LabVIEW、LabWindows/CVI 编程语言完全兼容，开发人员可以更加方便地在 TestStand 中对程序进行调试、修改或设置断点。此外，TestStand 具有极其开放的架构，为满足特定需求，用户可自行对其功能进行修改，例如自定义用户界面和报表生成格式，或者根据不同的测试需求自行定义执行顺序。TestStand 建立在高速、多线程执行引擎基础上，其性能可满足最严格的测试吞吐量要求。TestStand 可以使工程师将精力集中在更重要的任务上（如考虑如何为产品建立测试策略，以及如何利用这个策略开发出应用程序等），而相对简单通用的工作（如运行序列、执行、报表生成和数据库记录等）均由 TestStand 来完成。TestStand 在提高自动化测试开发效率、加快测试速度、降低测试系统整体成本方面具有非常显著的优势。

笔者曾主导或参与了 TestStand 方面一些大型项目的开发，深深体会到 TestStand 的强大和用户需求的多样性，并且很幸运地结识了许多非常优秀的工程师，有机会和他们进行交流，探讨 TestStand 的开发技巧、资源使用效率、并行测试等话题。在此摘录一些：

"TestStand 提供了成熟的框架、快速的开发模式，从过程模型、操作界面到用户管理、报表生成、数据库记录等，在着手新项目开发时，我只需要关注产品测试项本身，其他都可以复用，这极大地节省了开发时间。"

——黄华勇　vivo 移动通信工程测试经理

"TestStand 的调试功能比较突出，设置的测试模式丰富，使调试工作变得轻松。尤其是定位一些产品功能性的问题，因为公司产品功能相对复杂，测试项非常多。"

——陈中梁　华为终端资深测试装备开发工程师

"TestStand 有助于功能模块标准化、平台化，减少重复开发工作量。在其框架的基础上，我们能通过一定程度的自定制，最终开发出适合公司使用的通用自动化测试平台。"

——袁秋　迈瑞生命信息与支持事业部装备开发技术经理

"在 TestStand 中进行测试管理是一件非常轻松的事情，它对测试序列的调度能力可以让使用者非常方便地编辑测试序列。此外，TestStand 的多线程管理能力很强，稳定性非常高。"

——林晓斌　亚马逊资深测试工程师

"TestStand 自带的并行测试模型大大简化了多线程管理的工作，通过优化策略可以提高资源利用率，进而显著缩短测试时间，满足产能要求，而且其内在同步机制很好地解决了并行测试中竞争、资源冲突、死锁等问题。"

——郭恒章　Bose 中国测试经理

前言

编写本书的动力

在一个硬件趋于同质化的时代,如何提高核心竞争力?由于摩尔定律推动而带来的飞速发展,硬件的性能越来越强大,这种势头导致不同厂家之间硬件的性能趋于同质化,而真正体现差异性的方面则在于软件及其带来的用户体验。这种现象普遍存在于各个行业,如消费电子、无线终端、半导体、汽车、仪器仪表等。以仪器仪表行业为例,各种硬件指标,如带宽、频率范围、采样率、绝对精度,在不同厂家的同级别仪器之间差别并不是很大,将这些仪器用于搭建自动化测试系统时,真正影响测试效率、系统开发周期、系统更新升级成本以及系统可靠性的是测试开发软件。在这个以软件为核心的时代,TestStand 正是自动化测试领域非常重要的一个软件平台,它具备加速自动化测试系统的开发及完善产品的原型验证、开发测试、系统级测试并最终缩短产品上市周期等独特的优势,近年来得到了广泛的应用,而对其系统性介绍资料的需求也越来越突出。

笔者刚进入 NI 公司时,作为应用工程师,一部分工作是通过电话或电子邮件解决客户的技术问题,并接手一些项目验证。有些项目难题无法直接解决,需要查阅用户手册和内部数据库,而内部数据库的知识点往往是回答某个具体问题,并没有归纳整体项目案例或整理一系列有代表性的问题,经常花费相当长的时间才找到有价值的资料。在部门经理的支持下,笔者和另一位同事设想将平时所做的项目验证和比较系统的技术问题以文档的形式记录下来,供部门内部参考,以节省大家的时间,并把这项工作命名为 Knowledge Sharing(以下简称为 KS)。作为 KS 的第一任编辑,笔者向部门的全体同事征稿,题材不限。出乎意料的是,我们在短时间内就收到了很多文章,这些文档还引起了广泛讨论甚至争辩,大家都觉得从这种文档式的知识分享中受益良多。由于 KS 最初的目的是在应用工程部门内部实现知识分享,因此许多文章在写作时没有介绍基础知识,并省略了一些较粗浅的细节。这对于内部交流没有影响,但是对于大部分客户,则跳跃性太大,无法参考。另外,我们对 KS 进行归类时发现,TestStand 方面的文章很多,这一方面反映了国内使用 TestStand 的机会非常多,另一方面则体现出 TestStand 的功能非常强大,即使是 NI 工程师也无法了解其所有的功能,只能在遇到某个问题时查阅技术文档将某项功能开发出来。经常有客户抱怨阅读英文帮助文档非常浪费时间,而且不知道如何与实际项目相结合,询问是否有 TestStand 方面的中文专业书籍,然而让笔者很意外的是,在市场上竟没有找到一本系统性的相关书籍。编写本书的初衷很简单,就是结合笔者多年的项目经验和学习心得,对 TestStand 常用功能进行系统的归纳和总结,并希望将面对具体项目时如何建立框架的思想传递给读者。有时因为一个很简单的理由,就会选择坚持下来去做一件事。希望本书能够给应用工程部门的同事作为参考，更重要的是让数以千万计的 TestStand 开发工程师受益。

本书的特点

在笔者看来，最详细的 TestStand 资料莫过于其帮助文档，它涵盖了 TestStand 所有的知识点，所有操作细节都可以在帮助文档中找到相应的说明，因此本书只在一些重要的地方加以注释，提示读者某个知识点的更多细节可以在帮助文档中查阅到。笔者曾是 NI 公司官方 TestStand 高级课程的讲师，在多次授课的过程中，有幸与学员进行直接沟通，从他们的反馈中得以评估 TestStand 课程内容的选择、难易程度的控制、课程内容对客户实际项目的即时帮助、课程时间的安排等。培训课程中，原理介绍较多，实际案例偏少。以上都对笔者把握本书内容起到了很重要的指导作用。在本书编写过程中，笔者结合了近些年在项目开发过程中积累的经验，将各知识点的理论原理讲述与项目实际应用相结合，有相当大的篇幅是介绍项目开发中遇到的技术问题，以及推荐的解决方法，以帮助读者有效避开典型的问题，节约开发时间。同时，为了更好地说明某些较复杂的问题，书中附上了大量的例程，这些例程都经过精心设计和验证且不随意发散，以便读者更好地吸收和消化。在讲解重点章节时，对开发人员重点关心的一些内容，本书力求提供可供实际工程项目借鉴的范例和模型，这些范例和模型非常便于移植，如报表的自定制、自定义用户界面、混合系统并行测试模型、TestStand 语言本地化、常见回调序列的使用、过程模型自定制、系统部署、性能优化等。本书分为基础入门和高级进阶两部分：基础入门部分主要通过系统的讲解来引导 TestStand 初学者入门，并对 TestStand 有一个较完整的认识，从而将 TestStand 运用于实际项目中；而高级进阶部分更多地介绍自定制方面的知识、TestStand 面向对象模型、编程技巧和优化策略、深入理解 TestStand 开放式架构，从而使读者成长为团队的核心开发人员，并逐步从测试管理架构师的角度对项目的复杂度和需求进行评估。

本书的目标

本书的目标在于帮助读者快速掌握 TestStand 并最终成为 TestStand 开发专家。在通读本书后，读者能熟练掌握以下内容：

☺ 创建 TestStand 测试序列；

☺ 编写代码模块供 TestStand 调用；

☺ 修改常用 TestStand 配置；

☺ 在 TestStand 中进行调试；
☺ 执行并行测试；
☺ 合理实施用户管理策略；
☺ 根据项目需求自定制步骤；
☺ 熟练掌握回调序列的使用，深入理解过程模型；
☺ 开发自定义用户界面；
☺ TestStand 报表自定制；
☺ 将开发程序部署到目标系统；
☺ 优化测试系统，提高系统运行效率。

本书的编写说明

»符号　将引导读者进入嵌套菜单项或通过一系列单击操作到达对话框的最终项。

粗体字　粗体字表示序列名称、步骤名称、参数名称、菜单项。

斜体字　斜体字表示变量、强调、对关键术语或概念的介绍，或者是占位符，必须输入的内容。

等宽字体　等宽字体表示使用键盘输入的文字和字符，如代码片断、语法示例。

注意　提醒读者需要注意细节的地方。

提示　一些操作技巧，可以使操作更有效。

警告　提醒读者特别留意，一些操作可能引起错误、数据丢失或系统崩溃。

TestStand 版本和安装说明

笔者在编写本书时使用的是 TestStand 2013 版本，但书中大部分内容同样适用于更早期的 TestStand 版本。虽然在本书出版时，TestStand 已经有了更新的版本，但是书中的思想、所使用的开发技巧基本是通用的，若 TestStand 内核有重大的改动，笔者将考虑对本书进行修订。在 TestStand 平台下可调用多种语言编写的代码模块组成测试序列，本书主要使用 LabVIEW 2013、LabWindows/CVI 2013 编写的代码模块，一个是图形化的平台，另一个是传统的文本编程开发平台。读者可以到 NI 公司官方网站下载 TestStand、LabVIEW 和 LabWindows/CVI 2013 软件。为了保证书中所有的示例都能正常运行，建议读者在个人计算机上安装上述开发环境。如果读者安装的软件是评估版（仅提供 45 天的试用期），试用期结束后将会失效,读者可以联系 NI 公司获取许可证。此外,读者可以到华信教育资源网(https://www.hxedu.com.cn/)下载书中涉及的示例和练习(范例资源,按章节分类)。

插图和示例

  本书的示例和插图都是使用 TestStand 2013 版本完成的,运行的操作系统是 Windows 7。

  由于笔者水平有限,书中难免有疏漏之处,希望读者能够指正,也欢迎对书中的任何内容做评论。笔者更希望看到的是,通过本书搭起一座桥梁,在本书给读者提供参考的同时,通过读者相互之间的讨论激发对 TestStand 的交流热情,而这些讨论得到的收获能更好地应用于各自的项目之中,并从中受益。

编著者

目　　录

第1章　自动化测试展望 ... 1
- 1.1　自动化测试 ... 1
- 1.2　自动化测试系统 ... 2
- 1.3　评估引入自动化测试 ... 5
- 1.4　自动化测试趋势 ... 6
- 1.5　标准自动化测试系统架构 ... 12

第2章　走进TestStand ... 15
- 2.1　初识TestStand ... 15
- 2.2　TestStand常用术语 ... 17
- 2.3　TestStand组件 ... 19
- 2.4　熟悉序列编辑器 ... 22
  - 2.4.1　序列编辑器视图 ... 23
  - 2.4.2　序列编辑器主界面布局 ... 25
  - 2.4.3　TestStand重要路径 ... 27
  - 2.4.4　运行主序列 ... 28
  - 2.4.5　序列编辑器中的快捷键 ... 30

第3章　TestStand系统和结构 ... 31
- 3.1　TestStand思想 ... 31
- 3.2　换一种方式执行主序列 ... 31
- 3.3　TestStand开放式架构 ... 33

第4章　动手创建序列 ... 38
- 4.1　创建序列 ... 38
- 4.2　步骤内置属性 ... 42
- 4.3　使用任意模块适配器 ... 48
  - 4.3.1　合格/失败测试 ... 50
  - 4.3.2　数值限度测试 ... 54
  - 4.3.3　多数值限度测试 ... 56
  - 4.3.4　字符串测试 ... 59
  - 4.3.5　动作 ... 60
  - 4.3.6　应用开发环境 ... 61

4.4 调用特定模块适配器	65
4.5 无模块适配器	66
4.5.1 声明（Statement）	66
4.5.2 标签（Label）	68
4.5.3 消息对话框（Message Popup）	69
4.5.4 流程控制步骤	71
4.5.5 同步（Synchronization）	75
第5章 TestStand 数据空间	**77**
5.1 TestStand 数据空间概述	77
5.2 变量	78
5.2.1 局部变量（Locals）	79
5.2.2 参量（Parameters）	79
5.2.3 文件全局变量（FileGlobals）	81
5.2.4 站全局变量（StationGlobals）	81
5.3 属性	84
5.3.1 步骤（Step）属性	84
5.3.2 运行时（RunState）属性	86
5.3.3 当前上下文（ThisContext）属性	92
5.4 表达式	98
5.5 数据类型	100
5.5.1 默认数据类型	100
5.5.2 自定义数据类型	102
5.5.3 使用容器传递数据给代码模块	107
5.5.4 数据类型匹配	115
5.6 工具	116
5.6.1 属性导入/导出工具	117
5.6.2 属性加载器	118
第6章 在 TestStand 中调试	**121**
6.1 TestStand 执行窗口	121
6.2 在序列中调试	128
6.2.1 断点	128
6.2.2 单步执行	129
6.2.3 交互式执行步骤	130
6.2.4 与调试相关的工作站选项	132
6.2.5 Find 工具	140
6.3 调试代码模块	141
6.4 序列分析器	145
6.4.1 分析序列文件	147
6.4.2 自定制序列分析器	149

第 7 章 TestStand 常用配置 ······ 151
- 7.1 序列编辑器选项 ······ 151
- 7.2 TestStand 工作站选项 ······ 152
- 7.3 搜索路径 ······ 154
- 7.4 配置模块适配器 ······ 156
  - 7.4.1 LabVIEW 模块适配器 ······ 156
  - 7.4.2 LabWindows/CVI 模块适配器 ······ 157
  - 7.4.3 C/C++ DLL 模块适配器 ······ 157
- 7.5 报表选项 ······ 158
- 7.6 数据库 ······ 164
  - 7.6.1 数据库选项 ······ 167
  - 7.6.2 数据库查看器 ······ 171

第 8 章 并行测试 ······ 173
- 8.1 并行测试概述 ······ 174
- 8.2 TestStand 中的多线程结构 ······ 175
- 8.3 多线程过程模型 ······ 176
  - 8.3.1 在新的执行中运行序列 ······ 177
  - 8.3.2 并行过程模型 ······ 180
  - 8.3.3 批量过程模型 ······ 186
- 8.4 数据空间的独立性 ······ 196
- 8.5 同步步骤 ······ 197
  - 8.5.1 等待 ······ 197
  - 8.5.2 上锁/解锁 ······ 198
  - 8.5.3 自动协作 ······ 200
  - 8.5.4 通知和队列 ······ 202
  - 8.5.5 集合点 ······ 204
- 8.6 常用多线程测试模式 ······ 205
  - 8.6.1 混合多线程模式 ······ 206
  - 8.6.2 资源局部共享模式 ······ 207
  - 8.6.3 主/从模式 ······ 208
- 8.7 使用并行测试的注意事项 ······ 210
  - 8.7.1 竞争 ······ 210
  - 8.7.2 资源冲突 ······ 211
  - 8.7.3 死锁 ······ 212

第 9 章 用户管理 ······ 214
- 9.1 工作站选项»用户管理 ······ 214
- 9.2 用户管理器 ······ 216
- 9.3 识别用户权限 ······ 219

第 10 章 自定义步骤 ………………………………………………………… 221
10.1 自定义步骤概述 …………………………………………………… 221
10.2 创建自定义步骤 …………………………………………………… 223
10.2.1 添加属性 ……………………………………………………… 225
10.2.2 添加子步骤 …………………………………………………… 228
10.2.3 类型管理 ……………………………………………………… 238
10.2.4 创建代码模板 ………………………………………………… 240
10.3 步骤模板 …………………………………………………………… 242

第 11 章 TestStand API …………………………………………………… 244
11.1 TestStand API 概览 ………………………………………………… 245
11.2 TestStand API 的组织结构 ………………………………………… 245
11.2.1 继承性 ………………………………………………………… 246
11.2.2 包含性 ………………………………………………………… 248
11.3 使用 TestStand API ………………………………………………… 251
11.3.1 在 TestStand 中使用 TestStand API ………………………… 251
11.3.2 在代码模块中使用 TestStand API …………………………… 262
11.4 监测序列执行状态 ………………………………………………… 265

第 12 章 过程模型 ………………………………………………………… 268
12.1 过程模型概述 ……………………………………………………… 269
12.2 过程模型的结构 …………………………………………………… 270
12.2.1 执行入口点 …………………………………………………… 271
12.2.2 配置入口点 …………………………………………………… 274
12.2.3 过程模型回调序列 …………………………………………… 276
12.2.4 引擎回调序列 ………………………………………………… 278
12.3 解析过程模型 ……………………………………………………… 287
12.3.1 过程模型回调序列归类 ……………………………………… 288
12.3.2 模型插件（Model Plug-In） ………………………………… 290
12.3.3 过程模型支持文件 …………………………………………… 293
12.4 过程模型自定制示例 ……………………………………………… 294
12.4.1 提示机制 ……………………………………………………… 294
12.4.2 修改默认回调序列 …………………………………………… 295
12.4.3 错误处理 ……………………………………………………… 296
12.4.4 修改结果收集 ………………………………………………… 297
12.5 序列层级结构 ……………………………………………………… 302

第 13 章 用户界面设计 …………………………………………………… 304
13.1 用户界面概述 ……………………………………………………… 305
13.2 TestStand 自带用户界面 …………………………………………… 306
13.3 TestStand UI 控件 ………………………………………………… 309

13.3.1　管理控件 …………………………………… 311
13.3.2　可视化控件 ………………………………… 313
13.4　单执行用户界面的开发 ……………………………… 316
13.5　用户界面消息（UIMessage） ………………………… 329
13.6　多执行用户界面 ……………………………………… 333
13.7　加载配置参数 ………………………………………… 336
13.8　启动选项 ……………………………………………… 337
13.9　菜单 …………………………………………………… 338
13.9.1　LabVIEW 用户界面菜单 …………………… 339
13.9.2　CVI 用户界面菜单 ………………………… 341
13.10　TestStand 语言包 …………………………………… 342
13.11　Front-End 回调序列 ………………………………… 345

第 14 章　报表自定制 …………………………………………… 347
14.1　修改结果收集 ………………………………………… 347
14.1.1　额外结果 ……………………………………… 348
14.1.2　自定义步骤 …………………………………… 348
14.1.3　插入子属性 …………………………………… 349
14.2　报表生成 ……………………………………………… 351
14.2.1　属性标记 ……………………………………… 352
14.2.2　报表生成过程 ………………………………… 353
14.2.3　通过回调序列修改报表 ……………………… 356
14.3　自定制样式表文件 …………………………………… 359
14.4　报表格式对比 ………………………………………… 366

第 15 章　系统部署和性能优化 ………………………………… 369
15.1　系统部署概述 ………………………………………… 370
15.2　系统部署的准备工作 ………………………………… 370
15.3　部署过程 ……………………………………………… 374
15.3.1　TestStand 部署工具 …………………………… 374
15.3.2　部署过程中常见的问题 ……………………… 383
15.3.3　在目标系统上安装 …………………………… 387
15.4　优化系统性能 ………………………………………… 389

附录 A　操作符/函数 ……………………………………………… 397

参考文献 ……………………………………………………………… 402

第 1 章　自动化测试展望

欢迎来到自动化测试世界！本章将讲述自动化测试领域的现状和未来发展趋势，采用标准的自动化测试系统架构所带来的优势，以及在标准架构中测试管理软件的核心作用。

目标
- ☺ 了解自动化测试的概念
- ☺ 评估引入自动化测试的场合
- ☺ 自动化测试的发展趋势
- ☺ 理解标准自动化测试系统架构
- ☺ 了解测试管理软件在标准架构中的核心作用

关键术语

Automated Test（自动化测试）、Automated Test System（自动化测试系统）、Testing Role（测试角色）、Test Operator（测试操作员）、Test Program（测试程序）、Unit Under Test（待测件）、Return On Investment（投资回报率）、Regression Test（回归测试）、Standard Automated Test System Architecture（标准自动化测试系统架构）、Application Development Environment（应用开发环境）、Instrument Driver（仪器驱动）、Test Management Software（测试管理软件）、Commercial Off-The-Shelf（商用现成品或技术）

1.1　自动化测试

进入 21 世纪以来，产品的更新换代以前所未有的速度在进行，这些产品所在的行业涵盖消费电子、汽车、医疗、半导体、航空航天等。这种加速一方面是得益于科技的发展浪潮，如摩尔定律、精密的机械加工工艺以及越来越完善的产品研发到量产的管控体系；另一方面则是经济全球化所带来的巨大挑战和压力，促使各大公司加大投入，以缩短新产品的上市周期。新产品从研发到流入市场周期的缩短，对产品的测试提出了巨大的挑战，因为只有通过不同的测试——设计验证和品质验证，才能保证产品的质量。在传统方式中，产品的质量管控更多的是依靠人工操作来完成的。以智能手机为例，需要对产品的通话质量、无线网络接入、音频、数字视频进行测试。操作工人直接拨通手机以检查通话质量,将手机接入附近无线热点下载数据以检测无线功能,用人耳侦听判断音频的输出,并目测视频的输出检查是否有缺陷。这种测试方式对操作人员的依赖性很强,带有一定的主观性,并且缺乏客观标准。使用仪器设备可以克服测试的主观性问题,它能够对结果进行量化。在上述例子中,手机综合测试仪用于分析通话质量,如误差矢量幅度、占用带宽、邻道泄漏比、功率;音频数据采集卡用于测量音频参数,如频率、信噪比、总谐波失真、串扰等;视频信号分析仪可以判断图像失真、灰阶、对比度等。引入仪器设备让测试结果更客观,但仍是人工操作仪器设备,为使结果一致性非常好,要求操作人员必须熟练掌握仪器的操作方法,了解整个测试流程,并非常注意各阶段的测试细节,如果更换了仪器,就需要对他们重新进行培训;操作人员还需要手动记录测试结果,产品的良率、不良品原因都需要在后期做数据离线分析才能得到;最主要的一点是,它的测试效率非常低。而在每天出货总量巨大的情况下,为了满足测试吞吐量,只有增加更多的仪器和相应操作人员,但这笔投资将是巨大的。因此,必须改变原来的测试方式,提高测试效率。在这样的大背景下,自动化测试应运而生,它把以人为驱动的测试行为转化为机器执行的一种过程。图1-1所示为工业自动化测试现场。

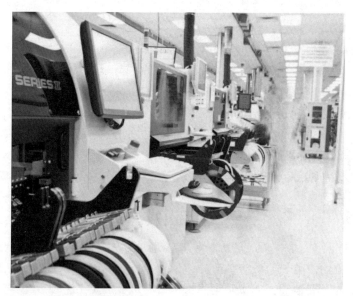

图1-1　工业自动化测试现场

1.2　自动化测试系统

自动化测试由自动化测试系统(Automated Test System)来实施。自动化测试系统是这样一个实体,它负责执行一部分或全部的与测试相关的任务,而在这些任务的执行过程中很少或几乎没有人工干预。通过减少人工干预，自动化测试系统显著提升了测试速度，并且测试结果的一致性得到了很大的改善，这在产线大批量生产测试中尤为明显。现代工业的快速发展，促进了工业和制造业往高度自动化方向迈进。在许多先进企业的工厂，机械手逐步取代了人工操作，机器视觉和运动控制广泛用于自动化产线中。这些企业在进一步降低成本的同时，大大提高了产能，产品一致性也得到很好的控制，这已经成为一种不可逆转的趋势。而作为新产品开发过程中极其重要的一个环节——测试，自然转向自动化测试的方向。

一件事物如果你不能测试它，就无法改进它。

——开尔文　《论测试的重要性》

一个完整的自动化测试系统由测试站、仪器设备、测试软件三个部分组成。

测试站用于运行测试软件，连接仪器设备，并提供人机交互界面。它通常是一台 PC、工控机或基于标准总线的硬件平台，如 PXI、VXI。测试站通过不同的接口和仪器设备相连接，如 GPIB、以太网、USB、串口、PXI、VXI。测试站可以独立运行，但通常情况下会把它接入局域网，这样可以和局域网内的其他测试站进行通信，而如果企业有内部数据库，测试站可以将测试结果实时记录到数据库中。借助于网络，测试软件的更新和部署也变得更简单。

仪器设备种类繁多，系统中使用什么设备，取决于实际项目。通常将仪器设备和待测件（Unit Under Test，UUT）进行连接，测量 UUT 的输出。有些系统还会利用仪器给 UUT 提供激励信号，如使用信号发生器输出正弦激励信号、使用数字输出设备驱动继电器开关等。

测试软件是自动化测试系统中最灵活、最核心的部分。在着手搭建自动化测试系统的过程中，需要确定测试站的配置、仪器设备的选型，这个过程其实并不复杂。根据自动化测试系统的复杂程度，研发团队可以决定采用多高配置的测试站；而 UUT 的测试规格书和需求文档则基本上定义了对仪器设备的性能要求。接下来要重点考虑的问题是如何设计测试软件——采用什么平台做开发，如何定义它的功能，如何设计它的用户界面，如何保证后期的扩展升级。对于自动化测试系统而言，很多时候会有多个测试站，它们都在测试同一类产品，测试软件需要考虑批量部署的问题；有些时候同一个测试站会用于测试不同的产品，这就要求测试软件针对不同的产品提供不同的测试程序。这里有必要把测试软件进一步细分为如下五个组成部分（如图 1-2 所示）。

图 1-2　测试软件组成

- ☺ 用户界面：测试软件要给操作人员提供一个可视化的用户界面，它提示操作人员通过鼠标单击或键盘输入启动测试、追踪测试进度、测试完成时显示结果，操作人员可根据结果判断良品与次品。通常，用户界面会设计得比较通用，使它可以用于不同类型的产品。
- ☺ 测试程序：即针对某种特定类型 UUT 的测试序列，包含一系列的测试步骤。不同类型 UUT 的测试程序是不同的，开发人员可以使用不同的语言编写测试程序。
- ☺ 自动化测试框架：与测试程序相反，自动化测试框架则包含通用的代码，实现通用的功能，它适用于不同类型的 UUT。自动化测试框架负责测试程序加载、用户界面更新、产品序列号追踪，甚至还接管一些和测试相关的任务，如生成报表、记录数据库、维护测试系统配置信息。在自动化测试框架内，通过编写不同的测试程序，可实现不同产品的测试。因此，对于不同产品之间自动化测试系统的开发，更多的时间将花费在测试程序上面，自动化测试框架可以最大程度地复用，缩短系统开发时间。
- ☺ 数据管理系统：数据管理系统用于实现数据的管理，其核心是存储数据的容器，并提供更新容器的方法，如添加数据、删除数据、查询数据。在自动化测试系统中，数据管理系统必不可少，所有的数据都需要汇总到数据管理系统。
- ☺ 数据分析系统：数据分析系统从数据管理系统中提取数据，然后对结果进行分析。如产品的不良率高、一致性差，可以借助于数据分析系统来查找原因。

测试软件由多个子系统构成，分别在自动化测试中定义了四种不同的角色，即操作员、技术员、程序开发者、架构师，每种角色分别负责不同的子系统，如图 1-3 所示。

操作员　　技术员　　程序开发者　　架构师

图 1-3　自动化测试系统中的不同角色

操作员负责产品测试。在用户界面中，操作员单击"开始"按钮启动测试，根据测试结果对 UUT 分类，按照用户界面提示放置 UUT 于测试夹具中，测试完成时取出 UUT。操作员不需要了解测试项和技术问题，只负责执行测试。

技术员负责对 UUT 测试过程中出现的问题进行初步的诊断。例如，UUT 输出信号异常时尝试用手动工具进行诊断，仪器通信失败时尝试检查仪器端口是否正常，大批量产品不良时尝试检查测试夹具和产品是否接触良好，系统初始化失败时尝试检查系统配置参数是否正确。如果问题不能解决，技术员将诊断的结果反馈给程序开发者。技术员需要对 UUT 的测试项有一定的了解，但对于测试项的原理和更多的技术细节并不清楚。

程序开发者负责开发测试程序，并根据技术员反馈的信息，调试并修改测试程序。程序开发者需要完成整个测试程序的开发（包括每个具体测试项的代码编写工作），并依据产品规格设置测试项的上、下限。程序开发者需要了解产品的每个技术细节。测试程序的开发会在某个自动化测试框架内进行，而这个框架由架构师负责设计。

架构师负责自动化测试框架的设计工作。自动化测试框架应该非常通用，这样才可以提供给不同的程序开发者使用。程序开发者无须考虑如何设计用户界面更新、产品序列号跟踪、报表生成、数据库记录这些由框架所定义的通用功能，而只需要专注于测试程序的开发。架构师必须对自动化测试本身有非常深的理解和技术积累，并熟练使用一种或多种语言来编写用户界面和开发测试工具，需要充分考虑框架的扩展、升级和性能优化。不要求架构师对特定产品非常熟悉，但他对产品所在行业要有很好的整体了解和把握，同时需要考虑数据管理系统和数据分析系统的设计。

1.3 评估引入自动化测试

引入自动化测试是不可逆转的趋势，它极大地提高了测试效率和测试可重复性。有人提出，未来所有工厂和实验室的手动测试都将被自动化测试所替代，这有些夸张，但从某个角度而言它是正确的。虽然自动化测试部署越来越广泛，而手动测试正在逐步减少，但手动测试是不可能被完全取代的，一方面因为有些场合完全不适合自动化测试，另一方面自动化测试的引入需要投入大量时间和资金用于机械结构设计和测试软件开发。

经验表明，从技术的角度可以实现测试全面自动化，但实际上并不是所有场合都值得这么做。自动化是否可以产生合理的 ROI（投资回报率）是一个非常重要的因素，这需要进行评估。如何决定是否实施自动化测试，有以下一些准则可以参考：

☺ 测试是否非一次性的，是否需要长期运行；
☺ 自动化测试系统是否可以被复用；
☺ 人工手动执行测试是否太昂贵；
☺ 人工手动测试是否非常耗时；
☺ 是否有测试项必须要通过自动化才能实现其对时间苛刻的要求；
☺ 测试计划相对不变，自动化测试系统不会频繁变化升级；
☺ 自动化测试是否会覆盖最复杂的项；
☺ 能否满足 ROI 的要求。

以上准则可以引导工程人员做出决策，如果绝大部分答案是肯定的，同时考量过了成本预算和开发周期，那么就可以引入自动化测试了。

概括起来，自动化测试的特点和优势可以归纳为以下八点：
☺ 测试过程很少人工干预，测试效率提高，最终节省成本；
☺ 机械化程度的进一步提高，甚至带来测试效率指数式提升；
☺ 人工干预减少，显著提高测试结果的一致性和重复性；
☺ 可以满足更苛刻的测试要求，而传统测试方法无法完成；
☺ 结果自动收集，可视化的报表方便产品质量评估；
☺ 大量的源数据可用于后期数据分析和统计；
☺ 前期开发需要更多时间、人力以及成本投入；
☺ 需要评估投资回报率。

1.4 自动化测试趋势

市场需求迫使各个行业的企业不得不在更短的时间内提供更加复杂和更多功能的产品。随着各种技术的融合，产品的复杂度不断升级，而且产品组合也在不断扩大以提供新的功能，这些对测试提出了更大的挑战。在讨论自动化测试趋势之前，需要先了解完整的产品开发过程，在这个过程中有哪些阶段需要测试，哪些阶段适合实施自动化测试，产品开发过程中对测试需求的增长和变化影响着自动化测试趋势。产品开发过程包括调研、开发、系统验证、量产和后期维护五大阶段，如图1-4所示。

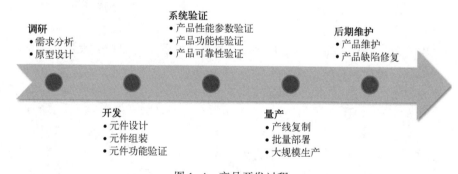

图1-4 产品开发过程

首先是调研阶段，将有关市场机会、竞争力、技术可行性、生产需求的信息综合起来，以确定新产品的框架，然后是研发项目审批—批核—立项，之后可以设计原型对关键性的功能进行仿真验证，以确认方案是否现实可行。方案确定后，进入开发阶段，这是产品的详细设计阶段，该阶段主要是产品的设计与构造，产品的各个组件将被分别设计，并进行功能验证，项目的核心是"设计—建立—验证"循环。当各个组件设计完成并组装成最终产品时,需要从系统角度对产品整体进行验证,这包括产品性能参数验证、功能性验证、可靠性验证,这个阶段会进行小规模的试产。之后是产品量产阶段,包括产线复制,配套设施批量部署,产品大规模生产,这个阶段出现的任何问题都有可能被无限放大,非常考验企业的研发体系管理和质量管控体系规划。最后是产品的后期维护阶段,包括产品维修、市场反馈的产品缺陷修复、提前通知产品停产。

在产品开发的每个阶段,都需要验证测试。验证测试又进一步细分为设计验证测试和质量验证测试。在产品调研和开发阶段,以设计验证测试为主,评估方案可行性,确保设计的产品是正确的;而在系统验证和量产阶段,以质量验证测试为主,确保产品的功能正常、性能参数满足相关标准。这两者之间没有严格的界线,比如在设计验证测试阶段就有可能发现潜在的问题,这些问题会影响到产品后期的质量;若在质量验证测试中系统验证失败,有可能需要更改产品设计。图1-5所示的是产品的验证测试内容。

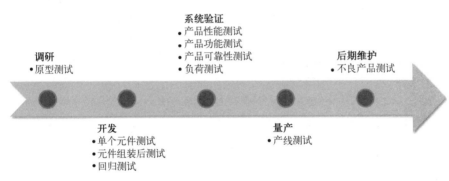

图1-5 产品的验证测试内容

1. 原型测试

当开发一个新产品时,最先可测试的对象是产品原型。原型是为了快速验证设计理念而搭建的一个系统工作模型。对原型较常见的测试是检测原型能否满足某个特定的需求,这有利于判断该需求是否合理,基于现有技术是否可行,从而将技术上不可行或者会与其他关键需求相冲突的项剔除。如果有几种不同的方案,原型测试可以帮助我们筛选出满足系统整体需求,同时尽可能缩短开发时间、降低成本的方案。

2. 开发测试

一个完整的产品是一个系统,它由很多组件构成。在开发阶段,从每个组件开始,它们在设计完成后都将被测试,以避免后期将错误引入整个系统。一般单个组件的测试是通过给它提供激励信号,然后测量其输出,将组件的输出与预期的结果进行对比,验证设计是否正确。单个组件验证测试通过后,需要将它们组装成更大的子系统或更高级别的组件,将更高级别的组件组装起来形成最终的系统。这时需要对每个组装的子系统进行综合测试,综合测试验证当单个组件存在于更大的体系中时是否可以同样正常工作,同时确保组件之间的协同工作没有问题。在综合测试的过程中,又常常会引入回归测试(Regression Test)。比如,某个组件 C_1,单独测试时其测试项 T_1 通过,当组成子系统 S_1 时,有可能在综合测试中再次对组件 C_1 执行测试项 T_1,因为有可能 C_1 在子系统中工作时会受到其他组件的影响,导致其功能偏差甚至异常,回归测试可以发现这些问题。另外,当子系统有问题时,也经常会采用回归测试以定位问题。

3. 产品测试

将子系统相互结合形成最终产品后,还要对产品进行产品测试,以确保产品满足所有要求并且无缺陷,这包括产品性能测试、功能测试、环境测试和负荷测试。性能测试用于检测产品具体性能参数,对于每项性能,可以确定一个可接受的容限,然后检验测量结果是否在容限内;性能测试得到的结果是具体的数值,因此可以通过量化的方式评估产品性能。功能测试用于检测产品各项功能是否存在且工作正常,它是定性地评估产品。环境测试模拟产品可能的使用环境,比如不同的温度、湿度、复杂的电磁场环境,看产品是否同样正常工作。负荷测试与环境测试有些类似,但环境测试模拟的是产品真实的使用环境,而负荷测试则是让它工作于极限环境下,以此来寻找产品正常工作的临界点,通过负荷测试,保证产品在标称可允许范围内完全稳定运行。

4. 产线测试

产品测试完成后,小规模试产阶段也已经结束,接下来就可以进行批量生产,相应地对测试系统进行大规模复制,并部署到产线中。产线测试过程中有可能出现某些问题,例如部署系统和原有的开发系统有偏差,测试结果不一致,需要定位问题是由于产品差异、环境差异造成的,还是测试系统之间差异造成的,并且由于取样多了,有可能发现一些在开发测试和产品测试阶段没有遇到的问题。在产线测试阶段,基本上不会对产品设计进行较大的改动了,即使改动也会非常谨慎,更多的是通过仔细分析定位问题所在并尽快解决问题。

5. 不良产品测试

产品已推向市场,但是有一些故障产品需要返修。如果故障具有一定的代表性且返修率较高,则需要对返修产品做详细检测,生成检测报告,并做故障统计。这些数据可以反馈给产品研发部门,作为产品改进和修复的依据。

在产品调研和开发阶段,项目团队需要考虑使用什么样的测试设备完成原型测试和开发测试,然后在产品测试阶段开始着手搭建自动化测试系统,并在产线测试阶段批量部署测试系统。那么在产品的整个开发过程中,哪些阶段适合引入自动化测试？对于原型测试和开发测试，由于样品数量少、测试项多，测试需求经常变动，引入自动化测试的需求没有那么强烈，并且自动化测试系统开发需要详细规划和大量时间，这种情况下有可能手动测试反而更方便。然而现在产品的复杂度不断升级，功能越来越丰富，导致产品开发过程中，设计验证测试和质量验证测试相互渗透，开发测试中需要的样品数量在不断增加，同时产品功能增加导致测试项增加，这些都极大地增加了手动测试的时间。例如，现在智能手机非常普及，基本上都有无线 WiFi 功能。WiFi 有很多个信道，如果要测试手机的 WiFi 功能，需要测试其在不同信道的性能参数，一般会有一个很长的列表，手动测试方式的效率会非常低，因此产品的研发阶段就需要引入自动化测试，自动化测试的需求也会越来越多。

一方面，自动化测试需求的急剧增加；另一方面，由于引入自动化测试需要时间、预算和技术支撑，要求在前期做足够的准备工作，因此了解自动化测试趋势将有助于决策层和项目开发团队采取最佳方式对测试进行优化。图 1-6 引用自 NI 公司 2013 年发布的《自动化测试趋势展望白皮书》，它从商业策略、系统构架、数据处理、软件以及硬件 I/O 五个方面总结出自动化测试展望趋势，这些趋势将会在未来 3 年内对自动化测试领域产生重大影响。

这里有三个重点：①商业策略部分讲究测试成本控制，如何采用标准化架构实现测试资源整合以及测试组织优化；②系统架构部分提出以软件为中心构建的生态系统；③软件部分如何保证测试软件质量。这些趋势不是突然出现在人们的视野里的，移动设备正在经历的变革暗示着测试和测量行业的一个重要发展趋势——以软件为中心构建的生态系统。早期的手机只能用来拨打电话，之后才出现短信功能，但是这些功能几乎完全是由厂商定义的。这些设备上的软件对用户开放之后，从音乐播放器到摄像头，再到电子邮件等功能便迅速普及，但是这一变革的作用不仅在于开放式软件体验。Apple 公司以及之后的 Google 公司都围绕各自的产品建立了强大的生态系统，并构建了一个应用程序开发者社区来改善产品的使用性。可以说，手机的开放性和社区概念模式本可以由传统手机供应商自己开发，但是真正应用这个理念的却是在部署硬件之前率先开发了软件环境的 Apple 公司和 Google 公司。这两家公司通过向用户或第三方开发者提供一定程度的软件自定义化，成功地改变了消费者对手机的看法。这一概念模式也在影响着测试和测量行业，由开发者和集成商组成并且建立于标准软件平台之上的社区正在利用商业现成技术来将复杂硬件的功能扩展到前所未有的应用中。以软件为中心构建的生态系统所具有的生产力和协作性将对未来 3~5 年的测试系统设计产生深远的影响。举另一个以软件为中心的案例：FPGA 作为一种可编程逻辑器件，它在短短 20 多年中从电子设计的外围器件逐渐演变为数字系统的核心。伴随半导体工艺技术的进步，FPGA 的设计技术取得了飞跃发展及突破，正朝着高密度、高速度、宽

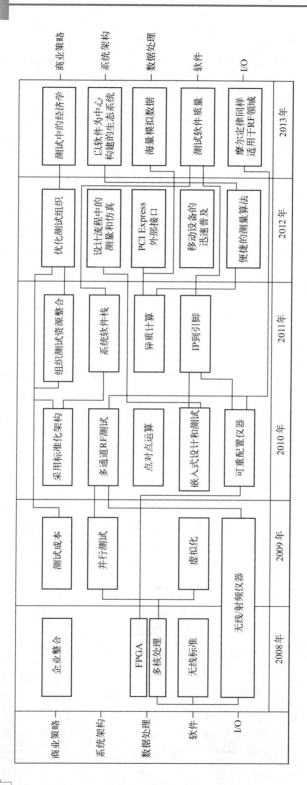

图1-6 自动化测试趋势

频带，同时低电压、低功耗、低成本的方向发展。FPGA 技术最大的特点就在于通过软件（硬件描述语言）定义硬件的功能，这种可重编程能力使得它能够高度定制化，轻松满足多元化市场需求。同时，FPGA 社区提供越来越多的通用 IP（知识产权）或客户定制 IP，以满足产品快速上市的要求。

过去，测试系统的价值仅等于在该系统上所投资的时间和金钱。展望未来，测试系统将得益于以软件生态系统核心且由第三方供应商、集成商、顾问和衍生标准构成的社区。这对于满足新一代设备测试需求至关重要。

——Jessy Cavazos，Frost & Sullivan 测试测量行业总监

对于自动化测试而言，最重要的趋势是构建以软件为中心的生态系统，这是一个以软件为中心的时代。这种趋势带来了什么样的好处？首先是更高的测试系统灵活性，对自动化测试系统而言，在标准硬件平台之上，通过软件定义系统的功能，使得系统可扩展至多种应用、业务部门以及各个产品阶段，这种灵活性能够很好地应对产品复杂性增加、测试需求改变、新的测试标准；其次是更低的测试系统投资，由于软件为中心带来的灵活性，它可以实现硬件和 IP 的复用，测试系统升级不再需要频繁更换仪器设备，减少了维护成本，同时增加了设备利用率；再次是更长的测试系统寿命，基于广泛采纳的标准化架构，允许技术升级来改进性能并满足将来的测试需求，测试系统不再轻易被淘汰；最后是围绕软件生态系统形成的社区，它促进了行业参与者的相互合作交流，每加入一个供应商、制造商、竞争者或利益相关者，软件对每个客户的价值也随之增加。在未来 3~5 年内，自动化测试系统将会更加依赖于软件，各种生态系统对客户通过这些平台创造的价值也将产生更大的影响。图 1-7 所示的是基于软件平台的解决方案和缺乏灵活性的固定解决方案之间的对比，横轴是时间刻度，纵轴是投资金额。可以

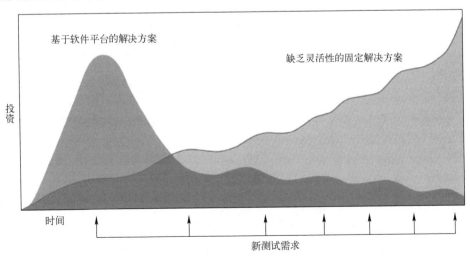

图 1-7　不同平台解决方案之间的成本变化趋势

看到，对基于软件平台的解决方案进行正确的前期投资之后，开发支持新技术和新功能的系统，以及对现有系统进行改造的风险和成本，将随着时间的推移而日趋减小，最终实现更低的测试系统投资和更长的测试系统寿命。

我们已经看到对软件设计、开发流程和人才进行大规模投资后，开发及维护复杂测试系统所需的时间、精力和成本均有了显著降低。我们必须提供和支持的是具有较长生命周期的系统，因此在开发之前进行必要的投资是至关重要的。

——国家点火装置和光电子科学董事会实验室系统组项目经理，美国劳伦斯利弗莫尔国家实验室

1.5 标准自动化测试系统架构

构建以软件为中心的生态系统，必须通过标准化架构来实现。人们期望自动化测试系统的性能越来越强大，功能越来越完善，而这意味着系统复杂度的增加。复杂度增加带来的潜在风险是系统稳定性降低、开发周期延长、维护升级难度增加、系统复用率下降从而导致投资回报率降低，因此标准自动化测试系统参考架构就非常重要。在测试和测量行业，最通用的自动化测试系统架构即五层结构模型，该模型自下而上分别是仪器设备、测试站、仪器驱动程序、应用开发环境、测试管理软件，如图1-8所示。

图1-8 标准自动化测试系统架构（五层结构模型）

自动化测试系统包括测试站、仪器设备、测试软件三部分。五层结构模型的第一、二层即自动化测试系统的硬件组成部分，仪器设备可以是PXI模块、VXI模块、传统GPIB总线接口仪器等；测试站可以是桌面PC、工控机或基于标准总线平台，如PXI、VXI。实际项目中，可以从带宽、总线延迟、定时同步、实时处理、成本等方面综合考虑选择合适的硬件。

说明：PXI（PCI eXtensions for Instrumentation）是一种坚固且基于PC的模块化硬件平台，是PCI总线在仪器领域的拓展，适用于测量和自动化系统。PXI于1997年开发，1998年发布，其公开的工业标准由PXI系统联盟（PXISA）所

管理。该联盟由 70 多家公司组成，它们共同推广 PXI 标准，确保 PXI 的互通性，并维护 PXI 规范（http://www.pxisa.org）。

VXI（VME eXtensions for Instrumentation）是板上仪器系统的另一个标准，是 VME 总线在仪器领域的拓展。VXI 于 1987 年首次发布。VXI 的赞助会员有 Bustec、VTI Instruments、EADS、Keysight、NI 等公司（http://www.vxibus.org）。

五层结构模型的第三、四、五层都是面向软件的，引导开发人员设计和编写测试软件。这种清晰的层次划分有利于测试软件开发任务分工，同时提高了测试软件的开发效率、代码复用率、鲁棒性和可扩展性。仪器驱动程序是用于控制可编程仪器的一个软件程序集，每个子程序对应一个编程操作，如打开、配置、读/写及关闭。仪器驱动使用的常见的标准方法有即插即用驱动（Plug and Play，PnP）、可互换虚拟仪器驱动（Interchangeable Virtual Instrument，IVI）、直接 I/O（Direct I/O）。直接 I/O 是对仪器编程的底层方法，采用可编程仪器标准命令（Standard Commands for Programmable Instruments，SCPI），只有当 PnP 和 IVI 不可用时，才考虑使用直接 I/O 的方式。现代仪器的直接 I/O 通信标准是通过虚拟仪器软件架构（Virtual Instrument Software Architecture，VISA）的 API 来实现的。VISA 是一种工业标准通信协议，无论是串口、GPIB，还是 USB，读/写 ASCII 字符串的 VISA 命令都是一样的，因此 VISA 与接口无关，这使得开发人员用一种语言就可以对不同接口的仪器进行编程。仪器可以被替换，而程序很少改动，PnP、IVI 和 VISA 都极大地体现了以软件为中心的理念。

说明：IVI 的目的在于更换仪器后不用更改代码，在多个厂商的仪器之间是可以互换的。IVI 联盟的赞助会员有 Keysight、NI、R&S 等公司（http://www.ivifoundation.org）。

应用开发环境用于代码模块开发，编写具体代码，如调用仪器驱动程序、测试项开发、信号处理、函数分析等。对于一个新的项目，很多时间会花在代码模块开发上。常见的应用开发环境有 Visual Studio、Visual C++、LabVIEW、LabWindows/CVI，开发过程中应着重设计高度模块化且可重用的代码模块。测试管理软件位于五层结构模型的最上层，用于管理和执行测试。应用开发环境编写的每个代码模块都将作为测试管理软件的一个步骤，对应一个具体的测试项，测试管理软件将这些步骤排列起来形成序列，并按最终定义的顺序执行序列，从而实现自动化测试。在管理这些步骤的过程中，要求步骤顺序的调整非常方便。同时，代码模块有可能是用不同的语言编写的，这在自动化测试中很常见，因此测试管理软件需要有接口能够同时识别这些代码模块。自动化测试系统需要实现多种任务和功能，在这些任务和功能中，一些与产品紧密相关（如特定仪器的配置、校准、测试项、分析函数），而另一些则对于多数产品都是通用的（如序列号追踪、用户管理、测试流程控制、报表生成、数据存储、用户界面更新、配置和提示窗口)。为了把开发时间减到最短、维护费用降至最低,并且保证测试系统的寿命,实现产品级别的任务与系统级别的任务相分离的测试策略是十分重要的。如果设计得当,产品级别的操作放在代码模块中,由应用开发环境来完成,而系统级别的操作在不同产品、不同测试站之间可以共享,不需要每次都重新开发,由测试管理软件接管这些工作,测试管理软件同时负责代码模块的管理和执行。这将大大减轻开发工程师的工作量,他们可以使用测试管理软件提供的现成框架,而更加专注于代码模块的实现。从 1.2 节介绍的测试软件的组成可以看到,除测试程序是由应用开发环境编写的外,用户界面、自动化测试框架、数据管理系统、数据分析系统都和测试管理软件有关。一些公司已经编写了自己的测试执行器,并且分配了宝贵的工程资源来从头开始开发测试管理程序。这些测试管理程序的开发以及长时间维护工作耗费了大量的资源,导致无法全力投入到公司核心竞争力业务上,而标准商用现成 COTS 的成熟软件可以避免上述问题,如 TestStand。TestStand 除了提供代码模块的管理和执行,以及上述通用操作这些核心功能,还可以方便地实现并行测试,从而提高测试效率,满足高容量生产系统最严苛的生产要求;TestStand 可以调用大部分主流应用开发环境编写的代码模块,如 LabVIEW、LabWindows/CVI、C++、.NET 程序集、Visual Basic 等;TestStand 提供了现成的架构,专为自动化测试而设计,简化测试软件开发工作并提高系统鲁棒性和可扩展性,并且这些架构是开放的,项目团队可根据自己的需求进行自定制。TestStand 还有很多其他的特点,对于测试管理软件而言,其功能远不止于代码模块的管理和执行,测试管理是非常大的一个范畴。

【小结】
　　自动化测试成为工业界趋势,它带来测试效率和测试结果一致性的提高,并最终降低成本。自动化测试的特点在于减少人工干预,但并非所有测试都值得自动化,这需要进行评估,且有一些准则可以参考。在产品开发过程中,自动化测试的需求越来越多,其最重要的趋势是构建以软件为中心的生态系统,这必须通过标准化架构来实现。在测试和测量行业,最通用的自动化测试系统架构即五层结构模型,测试管理软件位于模型的最顶层,用于管理和执行测试,它通过提供现成的框架而让工程师专注于代码模块的实现,大大节约了开发时间。

第 2 章 走进 TestStand

欢迎走进 TestStand！本章将讲述 TestStand 的基本概念、系统组件、TestStand 在自动化测试系统架构中的作用，并认识 TestStand 的图形化开发环境序列编辑器。

目标

☺ 回顾测试管理软件在自动化测试系统架构中的作用
☺ 了解测试管理软件 TestStand 的特点
☺ 了解 TestStand 常用术语
☺ 了解 TestStand 组件
☺ 认识序列编辑器

关键术语

Test Management Software（测试管理软件）、Sequence Editor（序列编辑器）、User Interface（用户界面）、TestStand Engine（TestStand 引擎）、Module Adapter（模块适配器）、Step（步骤）、Step Group（步骤组）、Code Module（代码模块）、Sequence（序列）、SubSequence（子序列）、Sequence File（序列文件）

2.1 初识 TestStand

第 1 章介绍了标准自动化测试系统架构，测试管理软件位于五层结构模型的最顶层，用于管理和执行测试。在所有的自动化测试系统中，都存在着根据产品而不同的操作，也存在着对于所有产品都通用的操作，不妨将这些通用操作和特定操作列举出来，见表 2-1。特定操作放在代码模块中，由应用开发环境来完成，而系统级别的操作在不同产品、不同测试站之间可以共享，由测试管理软件接管，测试管理软件同时负责代码模块的管理和执行，这种方式显著提高了代码重用率，并大大减轻工程师的开发工作量，他们可以使用测试管理软件提供的现成架构，从而更加专注于代码模块的实现，同时使系统鲁棒性和可扩展性得到保证。

表 2-1 测试所包含的操作

不同的操作	通用的操作
仪器的配置	序列号追踪
校准	用户管理

续表

不同的操作	通用的操作
测试项	测试流程控制
分析函数	报表生成
数据的显示	数据存储
资源关闭	用户界面更新

TestStand 的第一个版本诞生于 1998 年。作为一款标准商用测试管理软件，TestStand 拥有基于图形化的操作界面，具备了测试管理软件所要求的测试管理和执行功能。然而，TestStand 的功能远不止于此，它可以调用大部分主流应用开发环境编写的代码模块，也尽量重用这些现有的代码，以减少冗余开发。不仅如此，TestStand 拥有并行执行引擎，可以极大地提高测试效率，满足高容量生产系统最严苛的生产要求。TestStand 的特点归纳如下：

☺ 测试管理和执行；
☺ 通用测试架构，简化测试软件开发工作；
☺ 具有图形化操作界面；
☺ 支持主流应用开发环境编写的代码模块；
☺ 支持多线程并行测试；
☺ 内建测试策略；
☺ 具有自定制的用户界面设计；
☺ 具有开放式的架构，可自定制；
☺ 自动生成 ASCII、HTML、XML、ATML 报表；
☺ 支持与 Access、Oracle、SQL Server 数据库互连。

由于 TestStand 的架构是开放的，基于 TestStand 平台开发的第三方应用和工具非常丰富。目前 TestStand 的合作商超过 20 多家（如图 2-1 所示），开发了许多应用和工具，如分布式数据管理、蜂窝测试、音视频测试、开关管理、需求管理、统计分析、半导体测试、用户界面开发、边界扫描、配置管理等。TestStand 正逐步建立一个强大的社区，使得开发者得以利用这个平台中的社区资源，将 TestStand 的应用推广。

由于自动化测试应用行业涵盖了消费电子、汽车、医疗、半导体、通信、航空、工业机械、能源等，而 TestStand 自身的特点和优势，使其在这些行业都有着非常广泛的应用。图 2-2 所示的是截至 2013 年 TestStand 的行业应用情况统计。

TestStand 主要应用案例如下所述。

洛克希德·马丁（Lockheed Martin）公司使用 TestStand 和 LabWinodws/CVI 开发了 LM-STAR 测试系统，提供对航空电子测试系统的集成支持，用于对 JSF 战斗机进行从生产、环境负荷筛选到补给的测试。

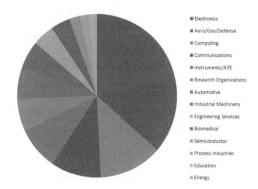

图 2-1　TestStand 的合作商　　　图 2-2　TestStand 的行业应用情况统计

Motorola 公司（2011 年被 Google 收购）基于 TestStand 和 LabVIEW 开发了综合测试站，在同一测试平台下可以测试多种不同的蜂窝基站产品，从而使两个测试小组 ITC 和 ATE 能够使用整合后的统一平台，大大缩减了测试开发成本，并简化了后期的系统更新和维护。

德州仪器（Texas Instruments）公司通过 TestStand 与 LabVIEW 所提供的测试开发、管理与自动化功能，简化了公司的特性描述（Characterization）作业程序，以应对日趋复杂的无线与射频装置设计挑战。

DISTek 公司使用 TestStand 和 LabVIEW 设计了针对汽车 ECU（Electronic Control Unit）的测试系统，该系统具备足够的灵活性并能适应硬件平台的变化，覆盖了产品的设计、原型、研发和部署阶段。

Lifeline Systems 公司使用 TestStand 和 LabVIEW 开发了医疗用的电话和通信测试系统，用户界面友好，并极大地提高了测试的吞吐率。

Cochlear 公司使用 TestStand 开发的混合信号测试系统用于新一代听觉植入器的测试。TestStand 现有的测试架构极大地减少了新产品的开发测试时间，同时降低了风险。

ST-Ericsson（意法-爱立信，2013 年公司资产由两大母公司协商后收回）公司借助于 TestStand 开发的针对 USB Transceiver 芯片的测试系统，系统开发时间由原来的数月缩短至现在的数周。公司很好地使用了标准自动化测试架构并从中受益。

Flextronics（伟创力）公司基于 TestStand 开发了专有的 FTS 通用测试平台。FTS 平台在 Flextronics 不同的厂区、不同的产品、不同的操作员中广泛使用，TestStand 保证了其运行稳定，并且系统维护的压力大大降低。

2.2　TestStand 常用术语

自动化测试系统包含了很多测试和操作。在 TestStand 中，通过序列文件（Sequence File）、主序列（Main Sequence）、子序列（Subsequence）、步骤组（Step

Group)、步骤（Step）这种树状结构来组织不同的测试和操作，如图2-3所示。

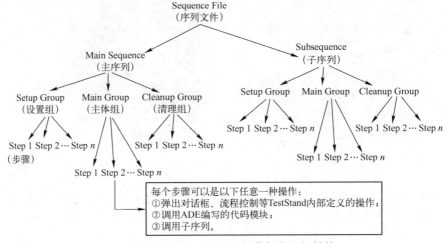

图2-3 TestStand测试和操作树状组织结构

1. 步骤（Step）

步骤是TestStand测试程序中的最小单元，无论多么复杂的测试程序也是由许多步骤构成的。步骤代表一个特定具体的动作（如初始化仪器、测试项），它可以采用以下任意一种实现形式：弹出对话框、流程控制、计算表达式等TestStand内部定义的操作；调用应用开发环境编写的代码模块；调用其他测试子序列（关于子序列会在后文介绍）。

2. 代码模块（Code Module）

一个步骤可以调用不同应用开发环境编写的代码模块，这是TestStand的一大特点。TestStand是如何识别这些代码模块并与其进行数据交互的呢？这得借助于模块适配器（Module Adapter）。TestStand集成了针对不同语言的模块适配器，使得步骤调用代码模块时，TestStand能解析代码模块，既能传入数据，也能获取返回值。目前TestStand支持LabVIEW、LabWindows/CVI、C/C++、.NET、ActiveX/COM、HTBasic等语言，如图2-4所示。

图2-4 TestStand支持的编程语言

3. 序列（Sequence）

序列是一系列步骤的有序组合。将不同的步骤按顺序排列，就形成了一个序列。默认情况下，构成序列的步骤将按顺序执行，除非有些步骤修改了默认设置导致执行出现跳转。通常，测试程序将包含多个序列。

4. 步骤组（Step Groups）

为了更好地对步骤进行组织，TestStand 将每个序列分成三个步骤组，分别是设置组（Setup Group）、主体组（Main Group）、清理组（Cleanup Group）。每个步骤组里面包含一系列步骤。

- 设置组：一般包含初始化仪器、治具、待测件，以及资源分配的步骤。
- 主体组：即序列的主体部分，包含大部分步骤，如待测件的测试。
- 清理组：通常包含关闭系统电源，恢复测试仪器、治具、待测件到初始状态，资源的释放和关闭等操作。

将一个序列划分成上述三个步骤组会带来两个好处：一是开发人员可以根据步骤的功能目的而将其放在合适的组中，整个序列将变得更加有序；二是 TestStand 中有一些内在机制可以确保在测试系统运行过程中遇到错误、产品测试失败或者操作人员终止测试时，TestStand 会自动跳转到清理组，等待清理组运行完成后才退出。这种机制保证了测试仪器、治具、待测件在遇到意外时也能够回到预设定的状态，从而保护整个系统。设置组和清理组可以为空，即不包含任何步骤。

5. 序列文件（Sequence File）

在 TestStand 树状结构的最顶端是序列文件。一个序列文件中可以包含多个序列。一般而言，会有一个主序列（Main Sequence）和若干个其他序列。由于整个序列可以作为一个步骤被调用，因此序列可以调用其他序列，被调用的序列称为子序列。子序列类似于 LabVIEW 中的子 VI、文本编程中的子函数，将一系列相关的步骤放到子序列中，并作为一个步骤被主序列调用，这使得主序列变得很简洁，而且这样更容易实现模块化，使得代码的复用变得更简单。子序列可以是同一个序列文件中的，也可以来自于不同的序列文件。对于测试程序而言，它的执行是从序列文件的主序列开始的，主序列在执行的过程中会调用子序列。TestStand 通过这样一种层次化的结构，使得测试管理变得非常有序。

2.3 TestStand 组件

TestStand 如何实现测试管理？这需要了解它的系统组成，TestStand 包含许多组件：序列编辑器（Sequence Editor）、用户界面（User Interface）、TestStand 引擎（TestStand Engine）、模块适配器（Module Adapters）、TestStand 部署工具（TestStand Deployment Utility），如图 2-5 所示（TestStand 部署工具相对独立，没有在图中列举）。

1. TestStand 引擎（TestStand Engine）

图 2-5 简单地展示了 TestStand 组件之间的相互关系，可以看到，TestStand

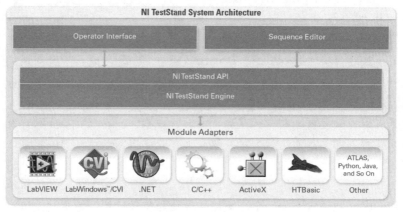

图 2-5　TestStand 系统组成

引擎是 TestStand 系统的核心部分。TestStand 引擎其实是一个基于 ActiveX 的自动化服务器，通过应用程序接口（API）将其功能开放给客户端，客户端通过 TestStand API 得以创建、编辑、执行或调试序列。在 TestStand 体系中，序列编辑器、用户界面、模块适配器都属于客户端。可以把 TestStand 引擎比喻成一只看不见的手，因为它本身没有界面，但它在后台支撑着一切功能。

2. 序列编辑器（Sequence Editor）

序列编辑器（如图 2-6 所示）是 TestStand 中最重要的一个开发工具，TestStand 大部分的开发工作都是在序列编辑器中完成的。它提供了一个图形化的开发环境，测试开发人员可以在序列编辑器中创建、编辑、执行或调试序列。图形化的开发环境非常方便，举个例子，在序列编辑器中通过拖曳就可以将一个步骤添加到序列中，但底层其实涉及一系列动作，TestStand 需要首先创建一个步骤对象，然后设置对象属性，最后把这个对象添加到主序列中，这一系列动作是通过 TestStand API 访问 TestStand 引擎来完成的，但对用户而言，只是做了一个拖曳的动作。大部分时候我们不需要直接访问 TestStand 引擎，序列编辑器的图形化界面简化了用户创建复杂应用的过程。其实，TestStand 提供了一个分层体系结构：表达层（用户看到的）和逻辑层（用户的某个操作所对应的在后台执行的操作）。序列编辑器和后面介绍的用户界面都属于表达层，而 TestStand 引擎及 TestStand API 属于逻辑层。我们只在某些场合通过 TestStand API 直接访问 TestStand 引擎。

3. 用户界面（User Interface）

用户界面（如图 2-7 所示）可以运行和调试由序列编辑器创建的序列，并显示结果。和序列编辑器一样，它也是表达层，通过 TestStand API 访问 TestStand 引擎来实现序列的执行、调试等。既然有了序列编辑器图形化的界面，为什么还要专门的用户界面呢？当使用序列编辑器创建序列文件之后，不是就可以立刻在

图 2-6　序列编辑器主界面

序列编辑器中运行和调试了吗？本质上来说，序列编辑器也是用户界面，只是它的功能比较强大，几乎可以在其中完成所有的开发工作。在开发阶段，往往就在序列编辑器中运行序列并进行调试，这时它就是一个用户界面，但正因为它功能强大，如果开发完成后要把它部署到产线使用，对于产线操作人员而言，这个界面可能就太过复杂了，而且开发者也不希望操作人员随意修改已经编写好的序列文件，因此有必要提供一个简化的界面，只要能运行调试序列即可，甚至连调试功能也不需要，而这就是用户界面。再者，序列编辑器不能修改，而用户界面是可以自定制的，这就完全可以根据自己的需求来设计，如显示额外的信息。在 TestStand 中有提供基于 LabVIEW、LabWindows/CVI、C++、C#和 VB.NET 的用户界面源代码范例，这些范例都是可以直接运行的，也可以在范例的基础上进行修改。关于用户界面的更多内容，将在高级主题部分进一步讲解。

4. 模块适配器（Module Adapter）

TestStand 步骤可以调用并执行不同应用开发环境编写的代码模块，而这正是借助于模块适配器来实现的，它在 TestStand 引擎和代码模块之间提供了一条通道。有些代码模块适配器（如 LabVIEW、LabWindows/CVI、.NET），甚至允许在 TestStand 执行序列的过程中，进入相应代码模块的应用开发环境进行调试，这是比较有用的一个功能。

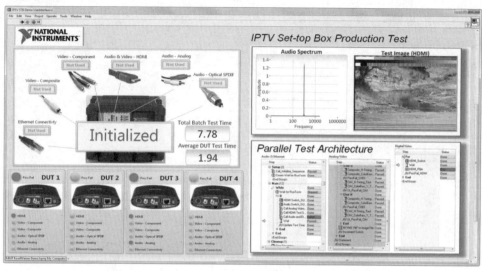

图 2-7　用户界面示例

2.4　熟悉序列编辑器

安装完 TestStand 后，计算机桌面就会有一个序列编辑器的快捷方式图标，双击该图标即可打开序列编辑器。如果是第一次运行，序列编辑器会首先弹出一个介绍版本兼容性的窗口，它描述了新版本相比旧版本有哪些方面的变化以及兼容性问题，如图 2-8 所示。如果不希望它在下一次启动时还出现，应选中"Don't Show this Dialog Again"选项，单击"OK"按钮即可。

接下来会弹出用户登录窗口，如图 2-9 所示。默认 TestStand 已经创建了一个名称为"administrator"、密码为空的管理员权限的账户，只需要单击"OK"按钮就可以登录进去，之后就进入序列编辑器的主界面了。

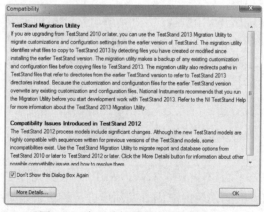

图 2-8　序列编辑器版本兼容性窗口

图 2-9　序列编辑器用户登录窗口

2.4.1 序列编辑器视图

由于显示器分辨率不同，看到的主界面会略有区别，如图 2-10 所示。TestStand 在高分辨率显示器上默认使用大屏幕视图，而在小分辨率显示器（如笔记本计算机）上使用小屏幕视图。相对大屏幕视图而言，小屏幕视图通过选项卡控件将某些窗格叠起来，减少了窗格数量，使得可见窗格的显示区域尽可能大一些。通过菜单命令"Configure » Sequence Editor Option » UI Configuration"可以设置视图模式，如图 2-11 所示。

(a) 大屏幕视图

(b) 小屏幕视图

图 2-10 序列编辑器的两种不同主界面视图

工欲善其事，必先利其器。在"UI Configuration"选项卡，从"Saved Configurations"列表中可以任意选择某种视图，然后单击"Load Selected"按钮，可以改变当前视图。也可以新建或删除视图，在使用主界面的过程中，有可能会调整窗格的位置。比如图 2-12 中，准备将序列窗格调整至主界面的左侧，具体

图 2-11　设置视图模式

图 2-12　拖曳调整窗格的位置

操作过程是：单击序列窗格的上边缘不放，这时候会自动出现五个方位标志，将窗格拖曳放入左标志位，序列窗格将出现在主界面的左侧，不妨操作试试。可以按照自己最舒适的方式调整窗格，并将其保存为一种新的视图模式，后续就可以一直沿用。

提示：如果发现界面调整得不理想，想恢复到初始的状态，可以通过菜单命令"View » Reset UI Configuration"重置。

2.4.2 序列编辑器主界面布局

如图 2-13 所示，序列编辑器的主界面包括菜单栏、工具条以及各种窗格。菜单栏包括文件、编辑、视图、执行、调试、配置、源代码管理、工具、窗口、帮助共十个菜单项，从字面上很好理解每个菜单项的功能。

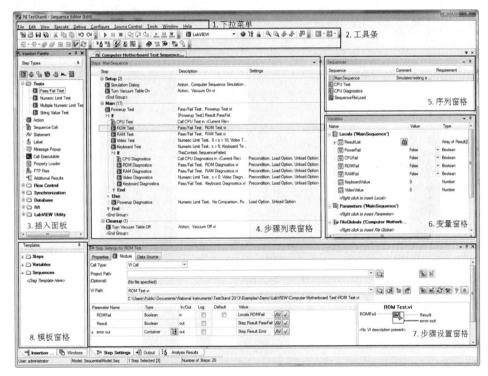

图 2-13 序列编辑器主界面的布局

序列编辑器主界面中有很多窗格，用户可以通过菜单命令"View"选择是否显示某一窗格。

- 序列窗格：显示当前序列文件中的所有序列。
- 步骤列表窗格：在序列窗格任意选择某一序列，在步骤列表窗格中会显示该序列的所有步骤。

- ☺ 步骤设置窗格：在步骤列表窗格中任意选中某个步骤，相应地在步骤设置窗格可以设置步骤属性。
- ☺ 变量窗格：变量窗格显示所有的变量及其属性。
- ☺ 插入面板：插入面板显示了所有的步骤类型，选中某步骤类型，并通过拖曳的方式添加到步骤列表窗格中，即创建了该步骤类型的实例。
- ☺ 模板窗格：对常用的步骤、变量、序列预设置之后，将其添加到模板窗格，它们将作为模板，后续可以直接使用模板创建实例，每个实例都已经有了这些预设置信息，可简化步骤设置工作。

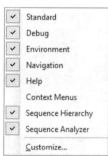

图2-14 工具栏的八个大类

工具条一共分八个大类，即标准、调试、环境、导航、帮助、上下文菜单、序列层次、序列分析器。单击工具条的任意空白位置，会弹出如图2-14所示的菜单，在此可以勾选决定显示哪些工具类。接下来介绍各个工具条，让读者知道这些花花绿绿的图标对应的按钮是用来做什么的，初步了解这些工具条可以减少对序列编辑器的陌生感和距离感。表2-2为工具栏名称与图标对照表。

表2-2 工具栏名称与图标对照表

工具栏名称	对应图标
Standard（标准）	
Debug（调试）	
Environment（环境）	
Navigation（导航）	
Help（帮助）	
Sequence Hierarchy（序列层次）	
Sequence Analyzer（序列分析器）	

- ☺ Standard（标准）：包括常用的操作，即新建序列文件、打开文件、保存文件、剪切、复制、粘贴、撤销、取消撤销。
- ☺ Debug（调试）：序列编辑器具有强大的调试功能，包括常见的开始、暂停、中止、单步执行、跳出、不进入函式、继续等。第6章中会详细介绍它们的用法。
- ☺ Environment（环境）：下拉列表显示的是当前所使用的模块适配器。

- 打开工作站全局变量管理窗口（关于变量会在第 5 章介绍）。
- 打开用户管理窗口（关于用户管理会在第 9 章介绍）。
- 查找关键词。
- 可以锁定主界面，被锁定后将无法移动窗格。
- Navigation（导航）：用于快速地在序列之间切换。
- Help（帮助）：TestStand 最重要的参考文档之一即 TestStand Help。通过单击图标 可以打开帮助文档。当在序列编辑器中选择了某个对象（可能是某个序列、步骤、或变量等）后，单击图标 可以快速地打开并定位到与当前对象相关的帮助主题。
- Sequence Hierarchy（序列层次）：在 TestStand 中，序列可以调用子序列，子序列还可以调用子序列，这样序列之间就有了层级关系。在序列编辑器中可以查看序列之间的这种调用关系。第 12 章会介绍序列层级结构。
- Sequence Analyzer（序列分析器）：因为 TestStand 要管理很多测试项，可以使用序列分析器帮助发现序列开发过程中的潜在错误（如依赖关系丢失或资源冲突），强制序列遵循特定的规范。第 6 章会详细介绍这些工具的用法。

2.4.3 TestStand 重要路径

TestStand 中有三个重要的目录：<TestStand>、<TestStand Public> 和 <TestStand Application Data>。在本书中，涉及这三个重要路径时一律用尖括号表示这是缩写的文件路径，如<TestStand Public>\Examples\Demo\。

<TestStand>

Windows 7 或 Windows XP：C:\Program Files\National Instruments\TestStand x.x

Windows 7 (64 bit)：C:\Program Files (x86)\National Instruments\TestStand x.x

<TestStand Public>

Windows 7：C:\Users\Public\Documents\National Instruments\TestStand x.x

Windows XP：C:\Documents and Settings\All Users\Documents\National Instruments\TestStand x.x

<TestStand Application Data>（默认是隐藏的）

Windows 7：C:\ProgramData\National Instruments\TestStand x.x

Windows XP：C:\Documents and Settings\All Users\Application Data\National Instruments\TestStand x.x

为了访问方便，在<TestStand>目录中包含了<TestStand Public>和<TestStand Application Data>的快捷方式，如图 2-15 所示。另外，后续章节会有很多练习，大部分提供了解答，这些都放在范例资源的<Exercise>目录下，建议用户将范例资源中的整个<Exercise>目录复制到本地。在书中引用这个目录时，也直接采用<Exercise>以表示缩写的文件路径。

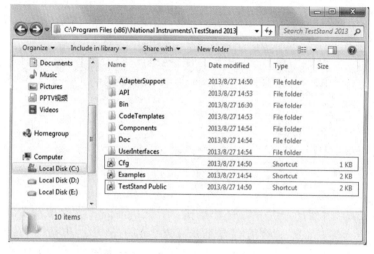

图 2-15　指向重要路径的快捷方式

2.4.4　运行主序列

接下来先通过菜单命令"File » Open"打开 TestStand 自带的范例序列文件 Computer Motherboard Test Sequence.seq，位于<TestStand Public>\Examples\Demo\LabVIEW\Computer Motherboard Test 目录下。如果是 LabWindows/CVI 用户，则使用序列文件<TestStand Public>\Examples\Demo\C\computer.seq；如果是 DotNet 用户，则使用序列文件 C:\Users\Public\Documents\National Instruments\TestStand 2013\Examples\Demo\DotNet\computer.seq。后文再以该范例讲解概念时，不再赘述。

注意：<TestStand Public>\Examples\Demo\LabVIEW 目录下的序列文件正常运行要求安装 LabVIEW。也可以打开<TestStand Public>\Example\Demo\ 中其他目录下的序列文件，它们分别调用的是不同应用开发环境编写的代码模块，只要计算机上有相应的应用开发环境支持就可以在序列编辑器中正常打开它。

TestStand 采用序列文件、序列、步骤组、步骤这种树状结构组织测试。读者可以思考一下，在 Computer Motherboard Test Sequence.seq 序列文件中一共包含多少个序列？序列 CPU Test 包含多少个步骤？主序列和 CPU Test 是什么关系？接下来在序列窗格中选择主序列，执行菜单命令"Execute » Run MainSequence"，序列编辑器便开始执行主序列。在执行第一个步骤时，会弹出"Motherboard Test Simulator"对话框（如图 2-16 所示），其中有很多复选框，如"Power"、"Video"、"CPU"等。如果选中某个复选框，它所对应的测试项结果将会失败，执行过程中可以动态观察到每个步骤被执行的状态和结果，如图 2-17 所示。Computer Motherboard Test 是纯软件模拟测试计算机主板，通过在弹出的对话框中勾选的方式来模拟某些测试项不通过。

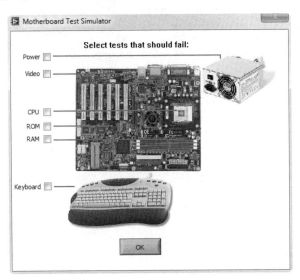

图 2-16 "Motherboard Test Simulator" 对话框

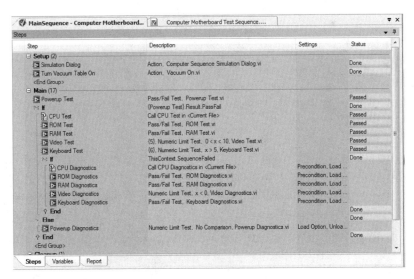

图 2-17 主序列执行页面

提示：执行菜单命令 "Execute»Run MainSequence" 后，序列编辑器可能会弹出 "Analyzing Sequence File" 窗口对序列文件进行分析，这需要花费一定的时间，可以在运行序列之前，先单击工具图标 禁用分析过程。

怎么样，是不是觉得执行序列还是蛮简单的？只需要单击两下鼠标就好了。

2.4.5 序列编辑器中的快捷键

序列编辑器中的很多菜单项和工具条是有快捷键的，菜单项所对应的快捷键出现在菜单标题的右侧，如图2-18中，"Undo"命令的快捷键是"Ctrl+Z"。

提示：如果将光标移动到工具条的某个按钮上并停留数秒，序列编辑器会自动出现提示窗口，显示该按钮的功能及其快捷键。

表2-3将常用的一些快捷键列举出来，更多快捷方式可以在TestStand帮助文档中搜索关键词"Toolbar Buttons and Shortcuts"查找到。

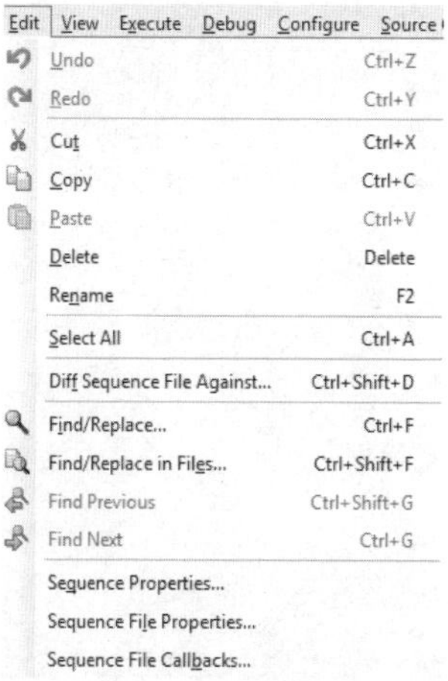

表2-3 常用的快捷键

操作	快捷键	操作	快捷键
剪切	Ctrl+X	保存所有文件	Ctrl+Shift+S
复制	Ctrl+C	重命名	F2
粘贴	Ctrl+V	帮助	F1
撤销	Ctrl+Z	查找	Ctrl+F
重做	Ctrl+Y	窗口页面切换	Ctrl+Tab
选择全部	Ctrl+A	关闭已完成的执行窗口	Ctrl+D
保存当前文件	Ctrl+S		

图2-18 快捷键

关于序列编辑器的介绍暂时到这里，这是为了让大家先睹为快，在第4章还会进一步介绍它的使用方法。

【小结】

继第1章介绍了标准自动化测试系统架构之后，本章讲述位于标准架构最顶层的测试管理软件TestStand及其特点。TestStand通过树状的结构对测试进行管理，层次化的结构有利于管理和代码重用。TestStand最核心的组件是TestStand引擎，序列编辑器、用户界面、模块适配器都是通过TestStand API和它进行交互的。序列编辑器是TestStand中最重要的组成部分，绝大部分的测试管理工作都是在这里完成的。作为一个图形化的开发平台，它具有简单易用的特点。最后对这个开发环境的视图、布局、序列执行进行了简单介绍，使读者对它有初步的认识。

第 3 章　TestStand 系统和结构

通过第 2 章，我们初步认识了 TestStand。本章进一步分析 TestStand 系统和结构，了解 TestStand 开放式架构，并进一步理解测试管理、流程控制。

目标
- ☺ 了解 TestStand 的系统和结构
- ☺ 了解 TestStand 过程模型
- ☺ 了解执行入口点和回调序列
- ☺ 了解 TestStand 开放式架构

关键术语

TestStand System and Architecture（TestStand 系统和结构）、Process Model（过程模型）、Client Sequence File（客户端序列文件）、Execution Entry Point（执行入口点）、Callback Sequence（回调序列）

3.1　TestStand 思想

笔者思考了很久，才决定把 TestStand 系统和结构这部分内容放在整本书的前面章节来介绍。本章的很多术语，如过程模型、执行入口点、回调序列会在第 12 章做更详细的阐述，这里在基础知识部分对它们先做简单介绍。这一方面是因为在第 8 章中会用到过程模型的概念；另一方面，前面章节中讲了很多 TestStand 的特点，如提供通用操作、执行流程控制、采用开放式的架构方便用户自定制等，那么 TestStand 是怎么做到的？它具有怎样一种结构？本章旨在让读者了解 TestStand 结构的整体特点和思想，而非抓住每个细节，对结构整体有了一定的认识，明白它的设计用意之后，对理解和搭建自动化测试系统大有裨益。笔者对本章篇幅进行了刻意的限制。

3.2　换一种方式执行主序列

第 2 章曾经在序列编辑器中通过菜单命令 "Execute » Run MainSequence" 执行主序列，现在换两种方式来执行。

1. Single Pass

同样，先在序列编辑器中打开 Computer Motherboard Test Sequence.seq 序列文

件，执行菜单命令"Execute » Single Pass"，在弹出"Motherboard Test Simulator"对话框时不选中任何选项，单击"OK"按钮继续，待测试完成时，会发现TestStand自动产生了报表，报表内容包括测试时间、操作员名称、每个测试步骤的结果等，这是"Execute » Run MainSequence"方式没有的。查看报表后，用鼠标右键单击选项卡控件上方区域，选择"Close"命令关闭报表窗口，如图3-1所示。使用"Ctrl+D"快捷键同样可以关闭所有执行完成的窗口。

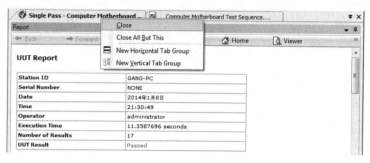

图3-1 关闭执行完成的窗口

2. Test UUTs

回到序列文件主窗口，这一次利用菜单命令"Execute » Test UUTs"执行序列，TestStand会弹出"UUT Information"对话框（如图3-2所示），要求用户输

图3-2 "UUT Information"对话框

入序列号。在"Enter UUT Serial Number"栏中随意输入UUT的序列号，如"Test-01"，然后单击"OK"按钮。序列号可以为空，但是为了区分不同的UUT，方便追踪，建议给每个UUT输入独特的序列号，很多测试系统会使用条码枪扫描的方式提供序列号，不需要手动输入。

当弹出"Motherboard Test Simulator"窗口时，不选中任何选项，单击"OK"按钮继续。执行完成后会弹出"UUT Result"对话框，它显示UUT最终测试结果。因为没有选中任何选项，所以UUT结果为"Passed"，如图3-3所示。

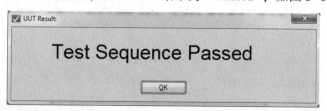

图3-3 "UUT Result"对话框

单击"OK"按钮继续,测试下一个 UUT。TestStand 重新弹出"UUT Information"对话框,在"Enter UUT Serial Number"栏中输入序列号"Test-02",单击"OK"按钮继续。当弹出"Motherboard Test Simulator"对话框时,选中"CPU"选项,执行完成后弹出"UUT Result"对话框,显示结果为"Failed"。单击"OK"按钮继续,系统又回到"UUT Information"对话框,单击"Stop"按钮停止测试,TestStand 将自动产生报表,报表内容包含每个 UUT 的测试结果信息。相比 Single Pass 方式,Test UUTs 方式是连续测试多个 UUT,直到单击"Stop"按钮退出为止。在 Test UUTs 中,为了区分不同的 UUT,每次执行主序列之前,会提示先输入序列号,并在每轮测试结束时显示 UUT 测试结果。

3.3 TestStand 开放式架构

1. 过程模型（Process Model）

3.2 节通过菜单命令"Execute » Single Pass"和"Execute » Test UUTs"执行了主序列,和第 2 章的菜单命令"Execute » Run MainSequence"相比,前两者执行了额外的操作,如输入序列号、生成报表、显示测试结果,这是一些比较通用的操作。先聚焦到序列文件本身,仍以 Computer Motherboard Test Sequence.seq 为例,它自身包含很多的步骤,这些步骤都是针对计算机主板这一特定 UUT 的,执行菜单命令"Execute » Run MainSequence"后,TestStand 只执行主序列中的步骤,如图 3-4 所示。

作为标准自动化测试系统架构的最顶层,测试管理软件要提供模块化的测试框架,在 TestStand 中,这个测试框架称为过程模型（Process Model）,而采用该过程模型的序列文件称为客户端序列文件（Client Sequence File）。回顾第 1 章介绍的自动化测试系统的组成,测试软件部分细分为测试程序、自动化测试框架,对应于 TestStand 中的测试程序即客户端序列文件,测试框架即过程模型。在过程模型中会包含很多的通用操作,而客户端序列文件的主序列只是其中的一部分,过程模型将框架定义好,并预留位置给客户端序列,开发人员负责填写这一部分即可。

如图 3-5 所示,如果采用过程模型,启动测试之后,TestStand 不仅执行客户端主序列,还会按照过程模型定义的顺序执行所有的操作,按照图 3-5 所示的简化示意流程,即通用操作→客户端序列→通用操作。通过这种形式,TestStand 将很多通用操作直接提供给开发人员,如序列号追踪、流程控制、报表生成、数据存储、用户界面更新、配置和提示窗口、用户管理等,开发人员不再需要从头开始这部分工作了。TestStand 需要额外做的工作是解决通用操作和客户端序列之间的通信和数据共享问题。其实,过程模型在概念上很简单,就是把通用操作和特定操作组合在一起,形成更大的测试序列,怎么组合以及包含哪些通用操作则由过程模型决定。过程模型本身是一个序列文件,TestStand 自带三种过程模型,分别是顺序过程模型、并行过程模型、批量过程模型，后两者具有并行测试的功能，用户也可以根据需要创建新的过程模型。

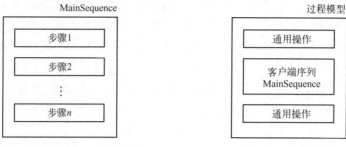

图 3-4　主序列包含一系列步骤　　　　图 3-5　过程模型

2. 执行入口点（Execution Entry Point）

如前所述，过程模型定义好了测试框架和通用操作。在实际应用中，不同项目使用过程模型时，对它所包含的通用操作以及通用操作之间的执行顺序有着不同的需求，因此每次都要修改过程模型，或者创建新的过程模型，久而久之，过程模型越来越多。为避免这种情况，TestStand 引入执行入口点的概念。以图 3-6 为例，假设过程模型有 A、B、C 三个不同的执行入口点，A 和 B 之间的区别在于通用操作 2 和 MainSequence 的先后顺序变了，而 C 中通用操作 1 和 MainSequence 处于循环之中。因此，选择不同的执行入口点，意味着采用不同的运行方式。说白了，还是这些操作，只是把它们重新排列组合，以满足不同场合应用需求。像 3.2 节中的 Single Pass 和 Test UUTs 就是同一个过程模型的两种不同执行入口点，Test UUTs 会连续测试不同的 UUT，这不同于 Single Pass，就是这个道理。每个过程模型可以有任意多个执行入口点，可根据需要创建添加。

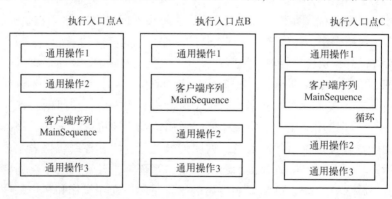

图 3-6　执行入口点

3. 回调序列（Callback Sequence）

利用执行入口点可以定义适合自己的序列执行方式，然而在执行入口点包含的这些通用操作中，其功能是预定义好的，但是开发人员有可能需要修改默认功能。以输入序列号追踪 UUT 为例，TestStand 默认弹出窗口，提示用户手动输入序列号，但在实际产线中往往是使用条码枪直接扫描，不需要手动输入，这就需要修改或重写序列号输入这一通用操作。怎么修改呢？最直接的方式是在执行入口点中直接修改通用操作，但这会导致潜在的问题，如果产品升级或者完全更新换代，这些通用操作就得去适应新的产品，这时又需要修改执行入口点里的通用操作，或者干脆新建执行入口点。当产品越来越多时，执行入口点修改次数增多，或者其数量不断增加，系统维护就变得非常困难。为避免这种情况，TestStand 引入回调序列。TestStand 将经常被修改的通用操作设置成回调序列，每个回调序列有定义的默认功能，但是它们可以被客户端序列文件重写。如图 3-7 所示，在执行入口点中定义了三个回调序列，在客户端序列文件中，重写了回调 1 和回调 3。当 TestStand 在过程模型框架下执行到每个回调序列时，它会去检查该回调序列是否被客户端序列文件重写，如果是则执行客户端序列文件中的定义，否则执行默认操作。通过这种方式，可以对通用操作进行定制化操作，并且这部分工作是放在客户端序列文件中的，减少了对过程模型和执行入口点的修改。通过过程模型、执行入口点、回调序列这三个不同层次的接口，TestStand 就这样将其开放式架构逐步展现出来。

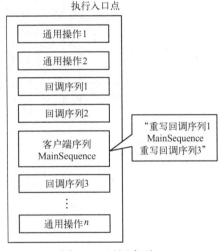

图 3-7　回调序列

4. TestStand 架构概览

第 2 章介绍了 TestStand 系统组件（见图 2-5），包括 TestStand 引擎、序列编辑器、用户界面、模块适配器、部署工具，TestStand 引擎是最核心的部分，它支撑着一切操作，序列编辑器和用户界面通过 TestStand API 和它进行交互。TestStand 如果要调用其他应用开发环境编写的代码，就需要借助于模块适配器。

本章介绍了过程模型、执行入口点、回调序列的概念，它们是 TestStand 展现其强大灵活开放式架构的具体实现，正因如此，TestStand 远不只是测试执行器那么简单。概括来讲，TestStand 系统组件支撑着测试管理、流程控制，而过程模型、执行入口点、回调序列、客户端序列文件则将这些功能具体化，这两部分整合在一起，就构成了 TestStand 的整体架构。打开 TestStand 架构概览图文档<TestStand>\Doc\Manuals\TestStandSystemandArchitectureOverviewCard.pdf，如图 3-8 所示。TestStand 系统组件之间的关系和图 2-5 是一致的，在这个基础上，它增加了过程模型、序

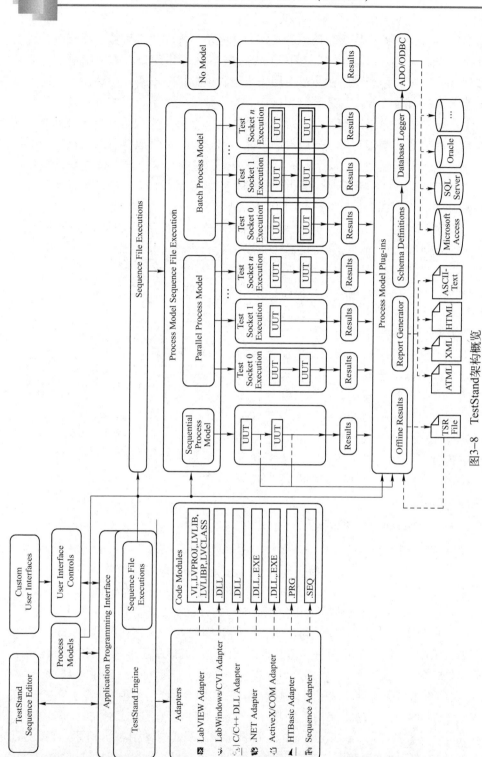

图3-8 TestStand架构概览

列文件执行的详细信息。过程模型的运作同样由 TestStand 引擎支撑，它通过 TestStand API 访问引擎，而序列文件执行底层也同样是由 TestStand 引擎接管。将"序列文件执行"展开，如果没有使用过程模型，则只执行该序列文件包含的步骤；如果使用了过程模型，则执行过程将按照过程模型设定的方式进行，执行过程会产生测试结果，过程模型中的通用操作会进行结果收集，并生成报表、记录数据库或者做数据离线分析。这些基本上就是 TestStand 架构的全部内容。

【小结】
　　继第 2 章介绍 TestStand 系统组成后，本章重点介绍过程模型、执行入口点、回调序列概念，两部分整合在一起构成了 TestStand 的整体架构。带着这个整体架构的思想，读者可以在后续章节中慢慢体会 TestStand 开放式架构，并逐步理解测试管理、流程控制。

第 4 章 动手创建序列

我们在第 2 章初步认识了 TestStand 的图形化开发环境——序列编辑器，本章开始学习如何在序列编辑器中动手创建序列，并了解 TestStand 自带的各种步骤类型。有些步骤类型可以调用代码模块，而有些步骤类型却只执行固定的操作，并不调用任何代码模块。在序列开发过程中，读者还将体会到，在 TestStand 中调整步骤是一件多么简单的事！

目标

☺ 进一步熟悉序列编辑器环境
☺ 学习创建序列文件
☺ 在序列文件中创建不同的序列
☺ 掌握在序列中添加、删除、调整步骤
☺ 熟悉 TestStand 自带的步骤类型及使用方法
☺ 学会调用代码模块并配置参数
☺ 进一步理解 TestStand 树状组织结构

关键术语

Sequence File（序列文件）、Sequence（序列）、Step Group（步骤组）、Step（步骤）、MainSequence（主序列）、SubSequence（子序列）、Steps Perform Defined Operations（执行固定操作的步骤）、Steps Called Code Module（调用代码模块的步骤）、Insertion Palette（插入面板）、Module Adapter（模块适配器）、Properties Tab（属性配置页）、Built-in Properties（内置属性）、Step-Specific Tabs（步骤特定配置页）、Limit（限度）、Tests（测试）、Pass/Fail Test（合格/失败测试）、Numeric Limit Test（数值限度测试）、Multiple Numeric Limit Test（多数值限度测试）、String Value Test（字符串测试）、Action（动作）、Statement（声明）、Expression（表达式）、Label（标签）、Message Popup（消息对话框）、Status（状态）、Pass（合格）、Fail（失败）、Done（完成）、Error（错误）、Flow Control（流程控制）、Synchronization（同步）

4.1 创建序列

在前面章节中曾打开过一个示例序列文件，并通过不同的方式执行主序列，

第4章 动手创建序列

本节将学习如何新建序列文件、创建序列，并在序列中添加步骤。打开序列编辑器，通过菜单命令"File » New » Sequence File"新建序列文件，或者单击工具栏上的图标，应该看到类似图4-1所示的主界面。新建的序列文件默认只有一个序列，即主序列；主序列中有三个步骤组，初始状态下不包含任何步骤。

提示：新建序列文件的快捷键是"Ctrl+N"。

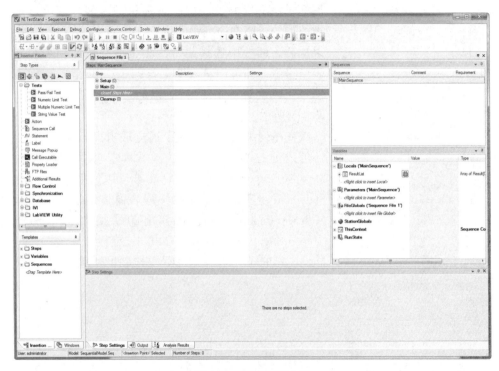

图4-1　新建序列文件

在后续章节中提到步骤列表窗格、步骤设置窗格等时，读者可以参照图2-13在对应位置进行操作。

接下来给新建的序列文件添加步骤。在序列编辑器的插入面板中有很多种TestStand自带的步骤类型（如图4-2所示），概括起来一共有三类：①使用任意模块适配器，如"Action"步骤类型，可以调用LabVIEW、LabWindows/CVI、C/C++ DLL等代码模块，TestStand可以传递参数给代码模块，有些还执行额外的操作，如将代码模块的返回值和限度值进行比较；②使用特定模块适配器，如"Sequence Call"步骤类型就是指定使用Sequence模块适配器；③执行特定的操作，但并不需要调用代码模块，如Statement、Label、Message Popup、Flow Control等，后文会详细介绍这些步骤的用法。

先添加一个Message Popup步骤到主体组中。具体操作方法是：单击插入面

39

图4-2 TestStand 自带的步骤类型

板中 Message Popup 步骤类型并按住鼠标左键不放，将它拖曳到步骤列表窗格的主体组区域，松开鼠标，一个步骤就添加进来了。以同样的方式，再添加一个 Label 步骤。在拖曳的过程中，可以留意到当光标移动到步骤列表窗格中时，会有一个虚线构成的矩形框，矩形框的上面有一条加粗的实线，它决定了被添加的步骤在序列中的位置（如图 4-3 所示）。如果从插入面板中选择某一步骤类型并添加到步骤列表窗格中，即可创建该步骤类型的实例。

完成上述操作后，创建的序列应该看起来如图 4-4 所示。

在序列编辑器中，除了通过插入面板添加步骤，还可以通过右键菜单的方式添加步骤。假设要在 Message Popup 步骤与 Label 步骤之间添加一个 Statement 步骤，可以在步骤列表窗格中，右击选择 Message Popup 步骤，在弹出的快捷菜单中选择 "Insert Step » Statement"（如图 4-5 所示），这样就在 Message Popup 步骤后添加了一个新的步骤。

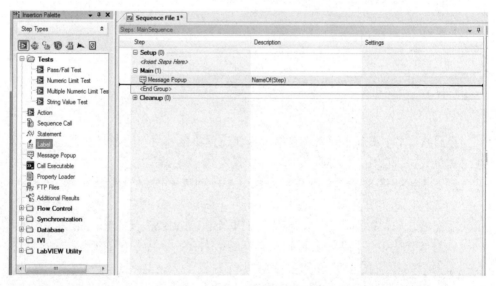

图4-3 添加步骤的操作示范

在序列中添加了一系列的步骤之后，如果发现需要调整某些步骤的顺序，该如何操作？比如图 4-4 中，若要将 Label 步骤放在 Message Popup 步骤之前，具

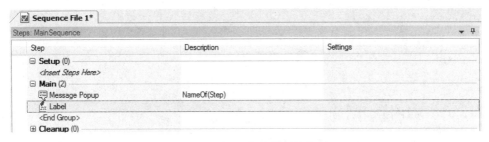

图 4-4 添加两个步骤后的序列

体做法是先选中 Label 步骤,然后把它拖曳到 Message Popup 步骤的上方,松开鼠标。在拖曳的过程中,黑实线的位置即步骤的新位置。如果要删除某步骤,选中它并右击,从弹出的菜单中选择"Delete",或者按下 Delete 键即可。可以看到,如果步骤对应的是一些测试项,则在序列编辑器中调整测试项是一件非常简单的事情,不需要编写任何代码。在序列编辑器中,剪切、复制、粘贴等操作与其他应用软件中的类似操作是完全相同的,选中某个步骤,单击工具栏上的图标,可以分别实现步骤的剪切、复制、粘贴操作。通过菜单命令"File » Save"或单击工具栏上的图标可保存序列文件,在弹出的对话框中选择保存路径并输入文件名称,一个序列文件就可以创建完成。

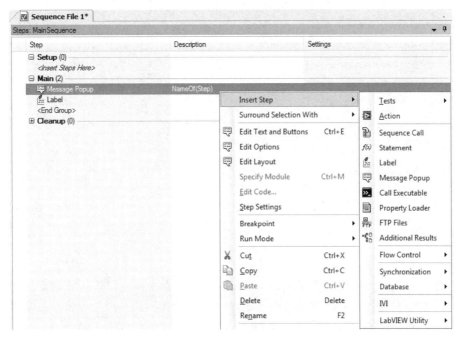

图 4-5 右键菜单添加步骤

提示：剪切操作的快捷键是"Ctrl+X"，复制操作的快捷键是"Ctrl+C"，粘贴操作的快捷键是"Ctrl+V"键，保存序列文件操作的快捷键是"Ctrl+S"键。

按住 Ctrl 键并单击，可以同时选择多个任意步骤；按住 Shift 键并单击，可以同时选择连续的多个步骤。

4.2 步骤内置属性

对于每种步骤类型，可以在步骤设置窗格中设置它的实例。步骤设置窗格会包含通用设置页面（对所有步骤类型而言都是一样的），也包含针对特定步骤类型的页面（因步骤类型而异），这其实是由于每种步骤类型都包含内置属性和自定义属性。内置属性对于所有步骤类型都是存在的，虽然它们的默认值可能不一样；自定义属性则因步骤类型而异。在步骤设置窗格的属性配置页（Properties Tab）中可以设置内置属性。内置属性有很多，主要是设置步骤的一些基本信息，如步骤名称、描述、运行选项等，在属性配置页中形成一个列表，单击列表控件中的每个项目，相应的右侧会显示它的面板，如图 4-6 所示为"General"面板。接下来就以 Statement 声明步骤类型为例介绍这些内置属性，后续介绍其他步骤类型时，就不再重复介绍这部分设置了。

1. 通用面板（General Panel）

通用面板如图 4-6 所示，它包含步骤名称、步骤类型、图标、描述、评论，这些信息有些会显示在步骤列表窗格中。

图 4-6 属性配置页

- 名称（Name）：设置步骤的名称。也可以在步骤列表窗格中通过右击选中某一步骤，然后在弹出的快捷菜单中选择"Rename"。在步骤列表窗格中选中步骤后，再次单击该步骤，同样可以对它重命名。
- 类型（Type）：显示当前步骤类型，一般不用设置，比如添加了声明步骤，那么它的类型就自动是 Statement。

- 适配器（Adapter）：有些步骤类型会调用代码模块，适配器类型有很多种，对于不需要调用代码模块的步骤类型（如声明），其值为"None"，默认不用设置。
- 图标（Icon）：每种步骤类型都有其独特的图标，图标会出现在步骤列表窗格中，也可以收集一些图标并添加到<TestStand Public>\Components\Icons\目录下。
- 描述（Description）：对于每个步骤，它的描述信息会出现在步骤列表窗格中，描述信息是根据对步骤的设置自动生成的，不能手动输入。
- 评论（Comment）：添加一些描述性的信息，用来说明这个步骤的用途和目的，可以在这里做备注，这些内容同样会出现在步骤列表窗格中，利于后期维护。

2. 运行选项面板（Run Options Panel）

运行选项面板（如图4-7所示）中包含代码模块加载和卸载方式设置、运行模式、交互式执行步骤、结果收集，以及对测试失败和遇到错误时的处理方式。

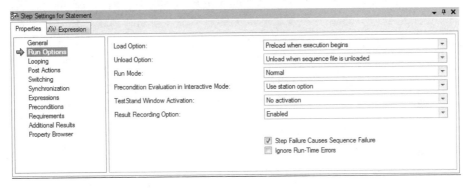

图4-7 运行选项面板

- 加载选项（Load Option）：声明何时将代码模块加载至内存中。一共有三种模式，从字面上比较好理解："Preload when opening sequence file"是指在打开序列文件时就开始加载代码模块；"Preload when execution begins"是指在序列开始执行时才加载代码模块，这也是默认的设置；"Load dynamically"是指在执行到该步骤时才加载它的代码模块，这种模式可以减少内存开销，但是会影响序列执行的速度。

提示：若要了解某个选项如何设置、设置项的具体含义等，可以随时通过"F1"键调出TestStand帮助文档，帮助文档会自动定位到当前选项所对应的帮助内容信息，也可以通过单击工具栏图标 调出帮助。

- ☺ 卸载选项（Unload Option）：和加载选项相对应，卸载选项决定代码模块何时从内存中移除。代码模块卸载后可以节省内存空间，并释放被占用的文件，这样其他应用程序得以访问和编辑该文件。"Unload when sequence file is unloaded"是默认选项，即在序列文件关闭时才卸载代码模块。
- ☺ 运行模式（Run Mode）：一共有四种运行模式，分别是 Normal、Skip、Force to Pass、Force to Fail，这对于调试很有帮助。第 6 章中会有详细介绍。
- ☺ 在交互模式下先决条件的评估（Precondition Evaluation in Interactive Mode）：声明在交互模式下执行步骤时，先决条件是否起作用。第 6 章中同样会有详细介绍。
- ☺ TestStand 窗口激活（TestStand Window Activation）：执行完步骤时，是否让操作系统聚焦到 TestStand 窗口。这个功能有些时候可能会有用，比如代码模块弹出对话框界面，之后需要重新回到 TestStand。
- ☺ 结果记录选项（Result Recording Option）：决定 TestStand 是否收集该步骤的结果。
- ☺ 步骤失败导致整个序列失败（Step Failure Cause Sequence Failure）：默认是选中的，只要有一个步骤测试失败则整个序列的状态是失败，对于某些不是很重要的步骤，建议不选中它。
- ☺ 忽略运行时错误（Ignore Run-Time Errors）：选中此选项后，若当前步骤或其调用的代码模块在执行过程中出现错误，则 TestStand 自动忽略这些错误，将导致 TestStand 不再启动错误处理机制。

3. 循环面板（Looping Panel）

循环面板（如图 4-8 所示）中可设置单个步骤的循环模式。比如，让当前步骤执行固定次数，或者反复执行该步骤数次直到状态为 Pass 或 Fail 才结束。循环方式有以下四种。

- ☺ 无（None）：步骤不工作在循环模式，这是默认设置。
- ☺ 循环固定次数（Fixed Number of loops）：当前步骤循环固定的次数。步骤的最终状态由合格状态次数与总循环次数的比值决定。
- ☺ 合格/失败次数（Pass/Fail count）：TestStand 一直循环执行该步骤，直到它的合格或失败次数达到设定值，或者步骤的执行次数已经提前达到设定的上限。TestStand 根据合格或失败的次数、循环次数是否达到执行次数上限来决定步骤的最终状态。
- ☺ 自定义（Custom）：自定义循环方式，这种方式最灵活，循环初始值、循环变量递增步长都可以任意设置。

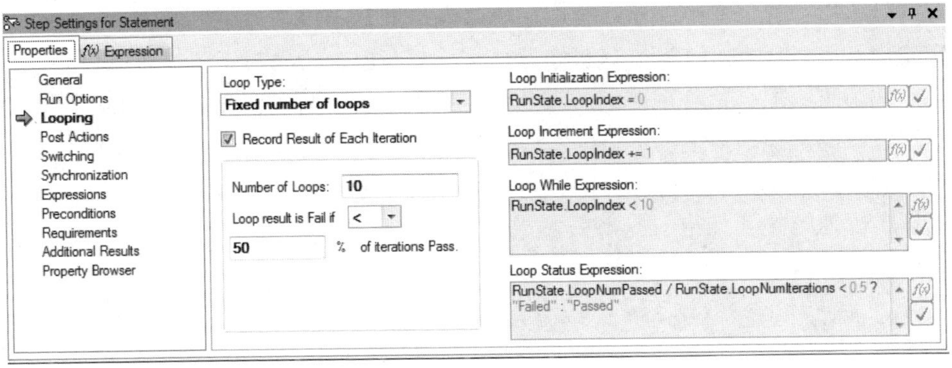

图 4-8 循环面板

只要采用循环模式,就需要设置循环条件,这里以循环固定次数为例。在图 4-8 中,设定循环次数为"10",如果测试合格的次数与总的循环次数的比值小于 50%,则步骤最终状态为失败。设置完成后,"Loop Initialization Expression"、"Loop Increment Expression"、"Loop While Expression"、"Loop Status Expression"这些表达式就自动生成了。这里用伪码表示一下:

Runstate.LoopIndex = 0;   //初始化
While(*Runstate.LoopIndex*<10)   //判断循环执行条件
    {
    Execute Step;   //执行当前步骤
    Runstate.LoopIndex += 1;   //循环索引递增
    }
Runstate.Status = (*Runstate.LoopNumPassed*/*Runstate.LoopNumIterations* < 0.5)?"*Failed*":"*Passed*"
//计算最终状态

如果循环模式换成合格/失败次数,类似的循环表达式会自动生成。对于自定义模式,它更灵活,循环步长、初始化条件都可以任意设置。无论哪种方式,步骤的执行都遵循下面的逻辑:

Loop_Initialization_Expression;
while(*Loop_While_Expression* == *True*){
Execute Step;
Loop_Increment_Expression;
}
Loop_Status_Expression;

循环模式在某些场合是非常实用的。比如要求某个测试项重复 N 次测试通过后才算合格,或者某个测试项失败了,但有可能是由于外界干扰存在,在设定的固定次数里只要有一次测试通过就算合格,避免误测。使用循环模式可很好地满足上述需求。但是请合理使用循环设置,一方面由于循环设置对于最终操作人员是不可见的,他们可能会觉得很奇怪为什么某些步骤有时会执行很长时间,其实是因为它执行了多次;另一方面在属性配置页面中设置相对而言比较隐蔽,有可能影响后期维护。如果没有特殊要求,建议使用流程控制步骤来实现循环会更直观。

4. 后动作面板(Post Actions Panel)

后动作指的是当前步骤执行结束后,TestStand 根据步骤的执行状态决定接下来进行什么动作。后动作的很多选项可以通过流程控制步骤来实现,因此不建议在后动作面板(如图 4-9 所示)中过多设置。

图 4-9 后动作面板

- ☺ 跳转到下一步骤(Goto next step):按顺序执行序列中接下来的步骤,这是默认的后动作。
- ☺ 跳转到特定步骤(Goto step):将当前执行指针移动到某个特定的步骤,这相当于程序执行过程中的跳转。过多使用它会导致测试程序很难调试和维护,应该采用流程控制步骤来实现。
- ☺ 终止执行(Terminate execution):直接终止序列的执行,测试结束。
- ☺ 调用序列(Call sequence):调用同一序列文件中的其他序列。通过这种方式调用序列,不能给序列传递参数,所以推荐的方式还是用"Sequence Call"步骤类型。
- ☺ 中断(Break):暂停序列执行,这样可以使用序列编辑器中的调试工具。

5. 表达式面板(Expression Panel)

在表达式面板(如图 4-10 所示)中,可以输入表达式。表达式可以是赋值语句、比较语句、命令执行语句。

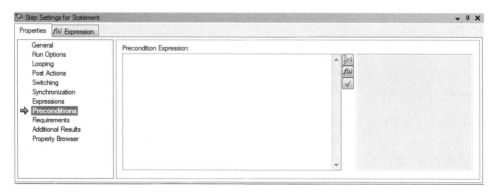

图 4-10 表达式面板

- ☺ 前处理表达式（Pre-Expression）：前处理表达式在步骤执行之前完成，可用于修改变量的值。
- ☺ 后处理表达式（Post-Expression）：后处理表达式在步骤执行后完成，可用于修改变量的值。
- ☺ 状态表达式（Status Expression）：状态表达式决定 TestStand 最终如何计算步骤状态，它的数据类型是字符串。有些步骤类型，如 Numeric Limit Test，其状态表达式由系统自动生成，不可输入。

6. 先决条件面板（Preconditions Panel）

如图 4-11 所示，如果在"Precondition Expression"框中输入表达式，相当于声明了一个附加条件，只有当条件满足时步骤才会被执行。在"Precondition Expression"框中，有一个"Precondition Builder"工具，借助它可以快速创建一个复合先决条件，先决条件中可能会利用其他步骤的属性。

图 4-11 先决条件面板

7. 属性配置页其他设置

☺ 开关面板（Switching Panel）：在测试系统中涉及仪器复用时，经常会用到开关。在开关面板中可以设定在步骤执行前后是否需要进行开关切换动作。该设置只有在安装了 NI Switch Executive 软件后才能使用。
- ☺ 同步面板（Synchronization Panel）：TestStand 自带多线程过程模型用于并行测试，同步面板中有一些设置会影响步骤的执行方式。这部分内容会在第 8 章详细介绍。
- ☺ 需求面板（Requirements Panel）：需求面板将当前步骤和需求文档中的某个 ID 关联起来。只有安装了 Requirements Management 软件时才有用。
- ☺ 额外结果面板（Additional Results Panel）：TestStand 每执行完一个步骤都会产生很多结果，它将结果放到一个特定的地方——结果列表，只有结果列表中的数据才可能最终出现在报表或记录到数据库中。如果希望某些变量同样出现在报表中，可以使用额外结果面板先将它添加到结果列表中。
- ☺ 属性浏览器面板（Property Browser Panel）：每个步骤都有很多属性，使用属性浏览器可以查看该步骤的所有属性。

至此，内置属性全部介绍完了。值得一提的是，某些面板中的设置信息会出现在步骤列表窗格中，如运行选项面板、循环面板，这方便开发人员了解当前步骤有哪些额外设置，如图 4-12 所示。不光是属性配置面，针对特定步骤类型的页面，它们的设置信息有些也同样会出现在步骤列表窗格中。

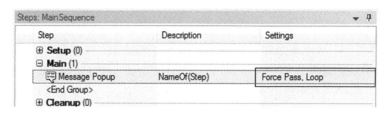

图 4-12　在步骤列表窗格中显示设置信息

4.3　使用任意模块适配器

先介绍第一个类别，使用任意模块适配器的步骤类型，一共有五种，分别是合格/失败测试（Pass/Fail Test）、数值限度测试（Numeric Limit Test）、多数值限度测试（Multiple Numeric Limit）、字符串测试（String Value Test）、动作（Action）。在创建这五种步骤类型的实例时，需要为每个实例声明代码模块。模块适配器类型有 LabVIEW、LabWindows/CVI、C/C++ DLL、.NET、ActiveX/COM、HTBasic、Sequence。

模块适配器的作用在于能够让 TestStand 正确识别并执行代码模块，它在 TestStand 引擎和代码模块之间提供了一条通道，TestStand 可以传递参数给代码模块，并从代码模块获取数据。如何指定步骤使用的适配器类型呢？在序列编辑器中，可以通过单击工具条上的选择适配器下拉列表选择模块适配器，如图 4-13 和图 4-14 所示。

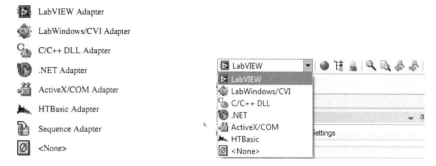

图 4-13　模块适配器列表　　图 4-14　通过选择适配器下拉列表选择模块适配器

也可以在插入面板中单击不同的模块适配器图标来选择模块适配器，如图 4-15 中分别选择了 LabVIEW 和 LabWindows/CVI。如果已经在序列中添加了一个步骤，要变更它使用的模块适配器类型，可以在步骤的属性配置页通用面板中进行修改。

图 4-15　在插入面板中选择模块适配器

在同一个序列中，可以同时使用多种模块适配器。举个例子，在用户开发的测试程序中，有可能需要调用 A 公司设备的仪器驱动，它是用 LabVIEW 编写的，而 B 公司的设备驱动提供的是 DLL，C 公司的设备驱动是基于 .NET 开发的，由于 TestStand 均可以调用这些代码模块，因此最终序列可能是图 4-16 中的样子。TestStand 使得在同一项目中兼容多种语言并完成自动化测试系统的搭建成为可能。

图 4-16　同一序列中有多种模块适配器

4.3.1 合格/失败测试

在序列中，最重要的步骤就是测试（Tests），有四种类型的测试步骤：Pass/Fail Test、Numeric Limit Test、Multiple Numeric Limit Test、String Value Test，它们将决定产品是否测试通过。在实际项目中，每个测试步骤对应的就是具体的测试项目，它们的区别在于关键属性的数据类型不同，分别是布尔型、数值型、数值型、字符串型。为了方便掌握测试步骤的使用方法，笔者事先创建了一个动态链接库文件 Tests.dll，该 DLL 中有四个输出函数，其函数原型如图 4-17 所示，它的源代码位于<Exercises>\Chapter 4\Tests\Tests DLL Project。

首先介绍合格/失败测试步骤，由于代码模块是 DLL，所以在插入面板中，适配器类型选择为 C/C++ DLL，如图 4-18 所示。

```
//PassFailTest函数随机返回数值1或0
int PassFailTest(void);

//Add函数执行加法算法，返回两个数值型输入参数的和。
double Add(double a, double b);

//AddMultiple函数执行加法算法，得到sum, sum+1,
//sum+2，这三个结果赋给数组SumArray，即数组SumArray的长度为3。
void AddMultiple(double a, double b, double SumArray[], int len);

//StringValueTest函数给String赋值，其值为"Hello"
void StringValueTest(char string[], int len);
```

图 4-17　测试步骤调用的 DLL 函数原型

图 4-18　模块适配器类型选择为 DLL

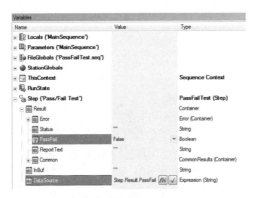

图 4-19　合格/失败测试步骤的数据空间

新创建序列文件并保存，然后在主序列中添加合格/失败测试步骤，选中该步骤之后，观察变量窗格中 Step 属性，它包含了当前步骤的所有数据，除了 Step.Result.Error、Step.Result.Status 这些所有步骤类型都包含的基本属性，它的比较重要的属性有 Step.Result.PassFail、Step.DataSource（在 TestStand 中，属性下面可以包含子属性，通过圆点来表示属性之间的层次关系），如图 4-19 所示。

在步骤设置窗格中，合格/失败测试步骤有两个特定配置页：模块（Module）和数据源（Data Source），如图 4-20 所示。

模块页面用于声明代码模块，如图 4-20 所示。在"Module"下拉框右侧单击浏览按钮，选择代码模块 Tests.dll。在 TestStand 中第一次调用代码模块时，如果代码模块目录不在 TestStand 的搜索路径列表中且使用的不是绝对路径，则 TestStand 会弹出提示文件没有找到的对话框，要求用户选择路径方式，如图 4-21

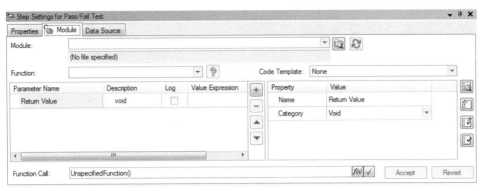

图 4-20　合格/失败测试步骤设置窗格

所示。一般情况下，除非是特殊系统目录下的文件，否则都会选择第三种方式——"使用相对路径"。这样，一旦序列文件和代码模块一起打包到其他计算机或整体移动位置时，序列文件也能正确地加载代码模块，不会出现文件丢失的问题。

选择好 DLL 文件之后，在"Function"栏中会自动枚举出该 DLL 所有的输出函数，这里选择"PassFailTest"函数。由于 PassFailTest 函数有一个 int 返回值，在

图 4-21　提示文件没有找到的对话框

"Value Expression"栏中手动输入"Step.Result.PassFail"，其含义是将代码模块的输出传递给该属性，如图 4-22 所示。

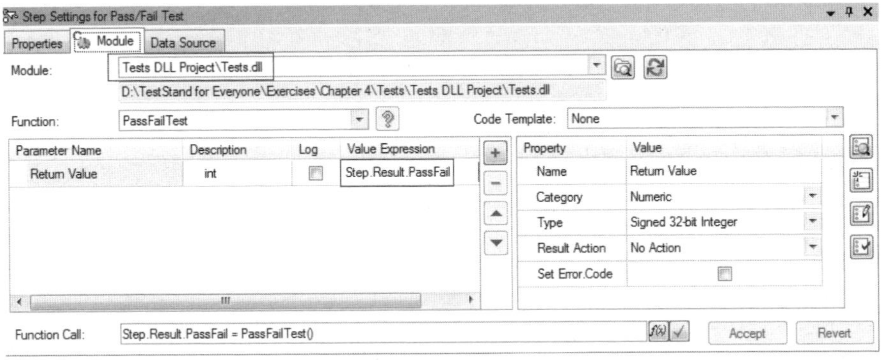

图 4-22　合格/失败测试步骤特定配置页（模块）

接下来查看数据源页面，TestStand 依据数据源决定测试是否通过。对于合格/失败步骤，一般保持默认的表达式"Step.Result.PassFail"，如图 4-23 所示。

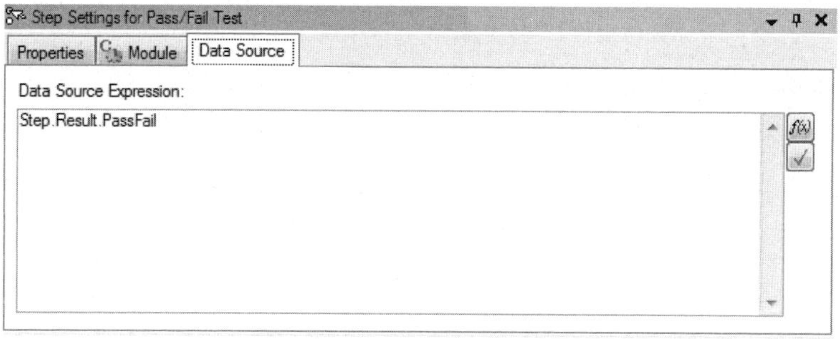

图4-23 合格/失败测试步骤特定配置页（数据源）

在范例资源的第 4 章练习中，附有例程 < Exercises > \ Chapter 4 \ Tests \ PassFailTest.seq，它所完成的就是上述工作，读者可以通过菜单命令"Execute》Single Pass"运行该范例并观察结果。

注意：在本章中，因为要了解并掌握 TestStand 中重要步骤类型的使用方法，笔者特意附上了较多的练习例程。这些例程本身很简单，建议读者对照书中内容逐个完成，并测试运行效果。

反复运行这个步骤，会发现它的状态有时是合格，有时却是失败。稍微分析一下这个过程：首先数据源是 Step.Result.PassFail，然后模块页面中代码模块的返回值传递给了 Step.Result.PassFail，因此代码模块的返回值会影响数据源，数据源继而影响步骤状态。由于函数 PassFailTest 随机地返回"0"或"1"，所以步骤状态也就时而合格，时而失败。这里给数据源下一个定义：会对步骤的状态产生决定作用的数据。在合格/失败测试步骤中，上述逻辑可以用下面一段伪码表示：

if (*Data Source* = = *True*)
    Status = *Pass* ;
Else
    Status = *Fail* ;

在正常运行模式下，所有测试步骤类型的共同之处在于：①正常执行完后，其状态为合格或失败，没有中间状态；②有数据源；③会调用代码模块。

关于代码模块路径的问题，这里多探讨一下。当第一次加载任何一个代码模块时，TestStand 会弹出提示文件没有找到的对话框，要求选择该文件的路径方式。但是如图 4-24 所示，该对话框会根据当前序列文件是否已保存到确切路径而有所不同：如果是新建的序列文件并且未保存，该对话框中只有两个选项；只有当新建的序列文件保存到某个具体路径下，该对话框中才会有第三个选项——使用相对路径。因为新建的序列文件在未保存之前是没有一个确切的路径的，当给测试步骤声明代码模块时，TestStand 无法计算序列文件和代码模块之间的相对路径关系，所以强烈建议用户先保存序列文件，然后调用代码模块时在提示文件没有找到的对话框中选择第三种方式——使用相对路径。

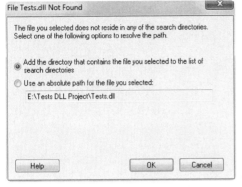
（a）序列文件未保存，它没有确定的路径

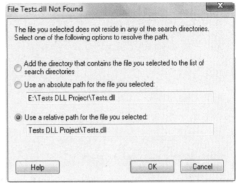
（b）序列文件已保存，它有确定的路径

图 4-24 提示文件没有找到的两种情况

但是，即使保存了序列文件，仍有可能在文件没有找到对话框只出现两个选项。

情况一：序列文件的路径为 E:\PassFailTest.seq，代码模块的路径为 E:\Tests DLL Project\Tests.dll。序列文件所在的目录"E:"是代码模块所在目录"E:\Tests DLL Project"的上一级目录。这种情况下，提示文件没有找到的对话框中有三个选项，可以使用相对路径。

情况二：序列文件的路径为 E:\Temp\PassFailTest.seq，代码模块的路径为 E:\Tests DLL Project\Tests.dll。序列文件所在的目录"E:\Temp"并非代码模块所在目录"E:\Tests DLL Project"的上一级目录，这种情况下，提示文件没有找到的对话框中只有两个选项。

所以一般建议将序列文件所在目录置于代码模块的上一级目录中，这样规范化之后利于维护代码模块的相对路径关系。当然，如果有些代码模块（如 DLL）是第三方开发的且只能在固定的目录下，这时在提示文件没有找到的对话框中只有两个可选项的情况下，除非是特殊系统目录下的文件，否则选择第一种方式——将包含文件的目录添加到搜索路径列表中。这样，一旦文件不在原来声明的位置，TestStand 会自动去搜索路径中寻找。建议在"Module"栏中手动输入相对路径关系，如情况二中，序列文件和 DLL 之间的相对路径是"..\Tests DLL Project\Tests.dll"，如图 4-25 所示。这样即使序列文件不在代码模块的上一级目录中，把整个更上层的目录整体打包或复制，也能保证代码模块正确加载。

TestStand 工业自动化测试管理（典藏版）

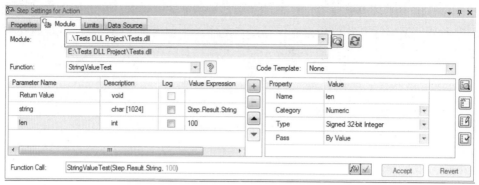

图 4-25 构建相对路径

4.3.2 数值限度测试

数值限度测试是将测试的数值结果和限度值进行比较，如果数值结果在限度范围之内（或者逻辑比较结果为真），则测试通过，而数值结果一般来自于所调用的代码模块。图 4-26 所示为数值限度测试步骤的数据空间，重要属性有 Step.Result.Numeric、Step.Limits、Step.DataSource。

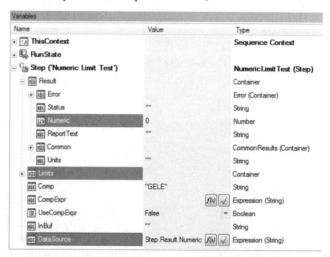

图 4-26 数值限度测试步骤的数据空间

数值限度测试有三个特定配置页：模块（Module）、限度（Limits）、数据源（Data Source）。模块页面和之前合格/失败测试中是一样的，用于声明代码模块；数据源页面中的默认数据源是 Step.Result.Numeric；在限度页面（如图 4-27 所示），可以设定限度值，选择比较类型，默认的比较类型是"GELE"，表示如果满足"Low Limit <= Data Source <= High Limit"（数据源在上下限之间），则测试通过。下限（Low Limit）和上限（High Limit）可以是常量，也可以是表达式，

其他比较类型还有大于等于、小于等于、等于、大于、小于。

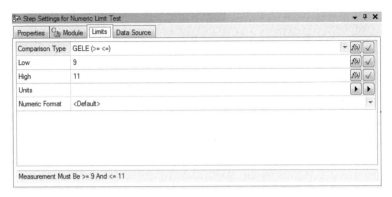

图 4-27 数值限度测试步骤特定配置页（限度）

新创建序列文件并添加数值限度测试步骤，在模块页面同样选择 Tests.dll，使用 Add 函数，根据 Add 函数原型 double Add（double a, double b），先在变量窗格中创建两个局部变量 x 和 y，数据类型为数值型，初始值为默认值 0。添加好之后，局部变量窗格如图 4-28 所示。

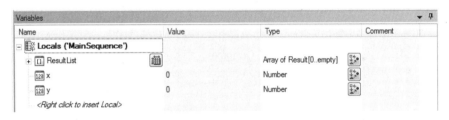

图 4-28 创建局部变量

在参数列表区域配置参数：在 Return Value 参数的"Value Expression"栏中输入"Step.Result.Numeric"，即代码模块的输出传递给该属性。对于参数列表中的每个参数，选中后可以在相应的参数配置区对其进行配置，如图 4-29 所示。

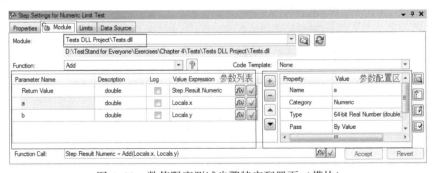

图 4-29 数值限度测试步骤特定配置页（模块）

在范例资源的第 4 章练习中，附有例程 < Exercises > \ Chapter 4 \ Tests \ NumericLimitTest.seq，读者可以通过菜单命令"Execute » Single Pass"运行该范例并观察结果。在变量窗格中，修改局部变量的值，比如 x 的值为 4、y 的值为 3，重新运行序列，观察数值测试步骤的状态。

分析数值限度测试步骤工作过程：首先数据源是 Step.Result.Numeric，数据源会与限度值进行比较，如果它在限度范围内，则步骤状态为合格，否则为失败；然后模块页面中代码模块的返回值传递给了 Step.Result.Numeric，因此代码模块的返回值会影响数据源，数据源继而影响步骤状态。在数值限度测试步骤中，上述逻辑可以用下面一段伪码表示：

if (Data Source Compared Limits = = True)
    Status = Pass ;
Else
    Status = Fail ;

4.3.3 多数值限度测试

多数值限度测试步骤和数值限度测试步骤一样，都是将测试的数值结果与限度值进行比较，以决定步骤的状态是否合格，区别在于数值限度测试比较的是单个测量值，而多数值限度测试是将多个测量结果与限度值进行比较。因此在它的数据空间（如图 4-30 所示）中，数据源（DataSourceArray）、测量结果（NumericArray）均为数组。在多数值限度测试步骤中，重要属性有 Step.Result.Measurment、Step.NumericArray、Step.DataSourceArray。

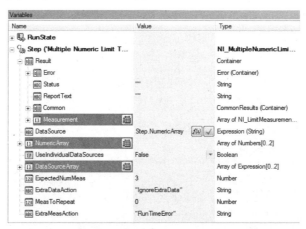

图 4-30　多数值限度测试步骤的数据空间

多数值限度测试同样有三个特定配置页：模块、限度、数据源，默认数据源是 Step.NumericArray。在模块页面中，声明使用 Tests.dll 的函数为 AddMultiple，我们以此来介绍多数值限度测试的使用方法。注意，由于 AddMultiple 的输入参数 SumArray 是一维数组，所以会在 SumArray 参数的"Description"栏中以黄色图标提示用户声明该参数为指针或数组，如图 4-31 所示。

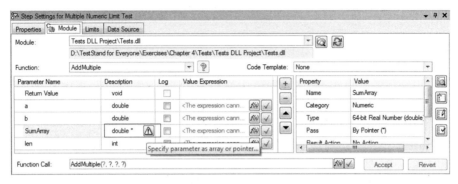

图 4-31　多数值限度测试步骤特定配置页（模块）

单击该黄色图标，会弹出"Specify Parameter as Array or Pointer"对话框，如图 4-32 所示。在本例中，单击"Array"按钮。

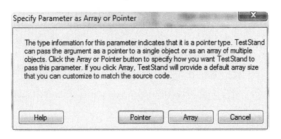

图 4-32　"Specify Parameter as Array or Pointer"对话框

在 SumArray 参数的"Value Expression"栏中输入"Step.NumericArray"，对应参数配置区中数组大小（Dim 1 Size）设置为 3，其他设置如图 4-33 所示。

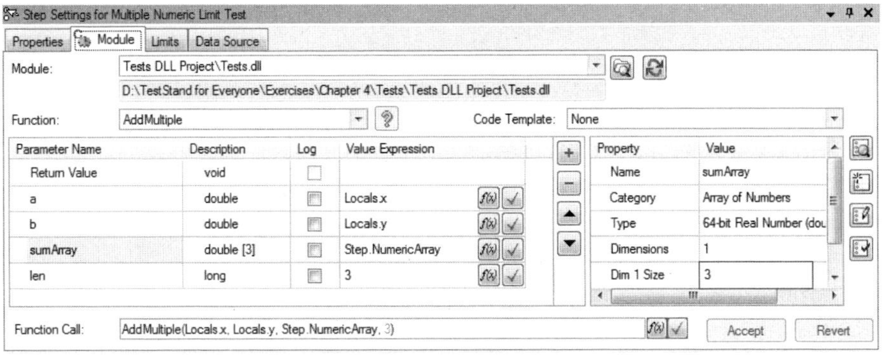

图 4-33　模块页最终设置

在限度页面（如图4-34所示），需要用户手动添加。比如，SumArray包含三个测量结果，有三个测量结果与限度值进行比较，就需要在限度页面中单击三次添加按钮 ，然后为每一行单独设定限度值和比较类型。只有当每个测量结果与限度值比较的逻辑均为真时，步骤状态才为合格。

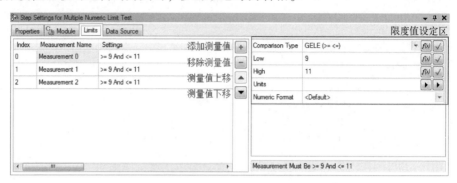

图4-34 多数值限度测试步骤特定配置页（限度）

细心的读者可能会发现，在数值限度测试步骤中有Step.Limits属性，为什么在多数值限度测试步骤中却没有了呢？不是在限度页面设定了一系列的值吗？它们保存到哪里去了？由于多数值限度测试步骤事先不知道有多少个测量结果，只有在限度页面手动配置完成之后（如图4-34中的三条记录），它才会自动生成一个大小相应为3的Step.Result.Measurement数组，该数组的每个元素包含了Limits、Data子属性，如图4-35所示。

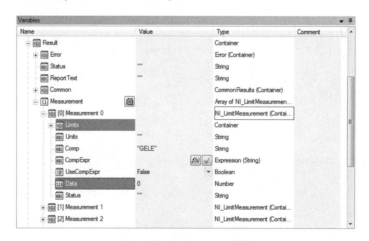

图4-35 Measurement数组

在范例资源的第4章练习中，附有例程 < Exercises > \ Chapter 4 \ Tests \ MultipleNumericLimitTest.seq，读者可以通过菜单命令"Execute » Single Pass"运

行该范例并观察结果。在变量窗格中，修改局部变量的值，比如 x 的值为 4，y 的值为 3，重新运行序列，观察多数值限度测试步骤的状态。

4.3.4 字符串测试

字符串测试是将字符串结果与限度值进行比较，如果内容相同，则测试通过。其重要属性有 Step.Result.String、Step.Limits、Step.DataSource。字符串测试和数值限度测试步骤基本一样，只是数据类型由数值型变为字符串型（如图 4-36 所示）。

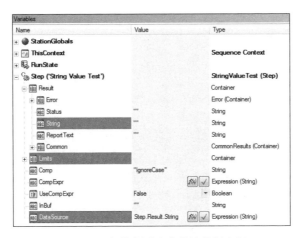

图 4-36　字符串测试步骤的数据空间

在模块页面，声明使用 Tests.dll 的函数为 StringValueTest，我们以此来介绍字符串测试的使用方法。注意，由于 StringValueTest 函数的输入参数 String 是字符串类型的，在 TestStand 中，会强制要求预设定字符串的缓存大小，在此可以设置一个稍大的值（如 100），如图 4-37 所示。

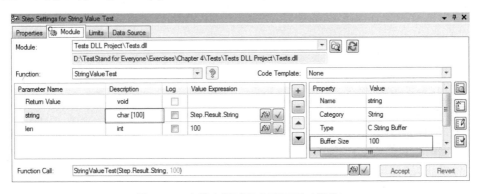

图 4-37　字符串测试特定配置页（模块）

它的默认数据源是 Step.Result.String，而在限度页面中，比较类型可以选择"Ignore Case"（忽略大小写）或"Case Sensitive"，在"Expected String Value"中输入预期的字符串，字符串可以是常量或表达式，如图 4-38 所示。

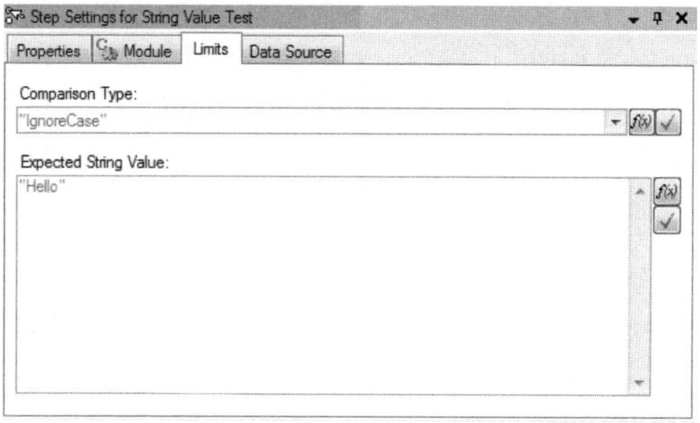

图 4-38 字符串测试特定配置页（限度）

分析字符串测试步骤工作过程：首先数据源是 Step.Result.String，数据源会和限度值进行比较，如果它与限度值内容一致，则步骤状态为合格，否则为失败；然后模块页面中代码模块的输入参数使用了 Step.Result.String，因此代码模块会影响数据源，数据源继而影响步骤状态。在字符串测试步骤中，上述逻辑可以用下面一段伪码表示：

if（*Data Source* = = *Limits*）
    Status = *Pass*；
Else
    Status = *Fail*；

在范例资源的第 4 章练习中，附有例程 < Exercises \ Chapter 4 \ Tests \ StringValueTest.seq，读者可以通过菜单命令"Execute » Single Pass"运行该范例并观察结果。如果在限度页面中，将"Hello"改为其他字符串，步骤的状态是什么呢？

4.3.5 动作

动作是 TestStand 中常用的步骤类型。动作类型同样调用代码模块，但它执行某一动作（如初始化仪器、链接数据库、加载配置文件等），它不需要将结果和限度值进行比较，因此与上述测试步骤的不同之处在于测试步骤执行完的状态是合格或失败，而动作步骤的状态就是"Done"（完成）。动作步骤只有一个特定配置页（如图 4-39 所示），用于声明代码模块，其用法和测试步骤完全一样，这里不再赘述。

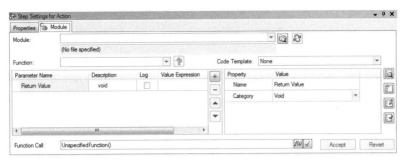

图 4-39　动作步骤特定配置页（模块）

4.3.6　应用开发环境

上述五种步骤类型可以使用任意模块适配器类型，前面以 C/C++ DLL 适配器类型为例，介绍了它们的用法、模块页面中参数的配置。针对 LabVIEW 和 LabWindows/CVI 这两种适配器类型，本节将在代码编辑、源文件声明、访问应用开发环境部分做进一步的介绍，使读者了解模块适配器的更多功能。其他适配器类型与此类似。

1. LabVIEW

LabVIEW 是图形化的应用开发环境，LabVIEW 中编写的代码保存文件格式为 VI，VI 类似于文本编程中的函数。以数值限度测试步骤为例，新建序列文件并将其保存为<Exercises>\Chapter 4\Code Modules\NumericLimitTest_LabVIEW.seq，选择模块适配器类型为"LabVIEW"，然后添加一个数值限度测试步骤，在步骤设置窗格模块页面中，单击浏览按钮，选择 LabVIEW 项目文件或 LabVIEW VI，如图 4-40 所示。LabVIEW 项目文件不是必需的，可以直接选择要加载的 VI。

提示：在选择代码模块之前，先保存新建的序列文件，这样提示文件没有找到的对话框中才可能会有第三个选项——使用相对路径。

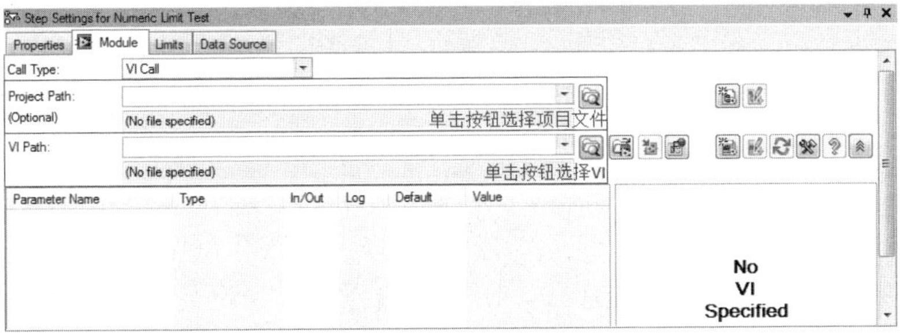

图 4-40　浏览文件

笔者事先编写了 Generate_Random_Number.vi，位于<Exercises>\Chapter 4\Code Modules\Source Files 目录，选择该 VI 之后，在代码模块预览区域可以预览

其原型,包括 VI 的接线端和描述信息,如图 4-41 所示。当传递给参数 Random?的值为"True"时,Result 返回 0~10 之间的随机数;如果传递给参数 Random?的值为"False",Result 总是返回常量值 5。在参数列表区,对于输入参数,"Default"栏中的复选框默认为选中状态,即 TestStand 会传递一个默认值给 VI;如果要设置成其他值,应取消该复选框的选中状态。

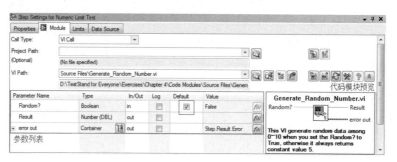

图 4-41 选择 VI

值得注意的是 error out 参数,在 LabVIEW 中,它的数据类型是簇,包含三个元素,数据类型分别是布尔、数值、字符串类型。TestStand 默认数据类型"Error"可以和它很好地匹配起来。一般将 VI 的错误输出传递给当前步骤的属性 Step.Result.Error,这样一旦 VI 中产生错误,当前步骤的状态就变成"Error",TestStand 会启动错误处理机制,弹出错误对话框或者直接结束序列执行,避免错误的扩大。

如果需要修改 VI,可以回到 LabVIEW 应用开发环境中去修改,但更直接的方法是单击步骤设置窗格模块页面中的"Edit"图标,序列编辑器会自动调用并进入 LabVIEW。此时在 LabVIEW 应用开发环境中已打开当前 VI,可以对 VI 进行修改,修改完毕后关闭 VI 窗口返回到序列编辑器。单击重装载 VI 原型"Reload VI Prototype"图标进行刷新,如果 VI 修改了接线端、图标、描述信息,则这些修改会在代码模块预览中体现。通过 TestStand 编辑 VI 有前提条件,那就是计算机上已安装 LabVIEW,同时序列编辑器中 LabVIEW 模块适配器设定为开发模式。执行菜单命令"Configure » Adapters",会弹出适配器配置对话框,如图 4-42 所示。选择 LabVIEW 适配器并单击窗口下方的"Configure"按钮,弹出 LabVIEW 适配器配

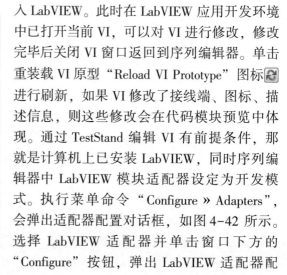

图 4-42 适配器配置对话框

置对话框，如图4-43所示。注意，在"Select or Type which LabVIEW Server to Use"区域应选择"Development System"，如果选择的是"LabVIEW Run-Time Engine"，那就不可以在序列编辑器中编辑VI的。除了编辑VI，在第6章中还将看到，在序列编辑器中进行调试时，可以进入LabVIEW应用开发环境，并利用LabVIEW的调试工具进行调试，这给开发人员调试带来极大的便利，可见TestStand模块适配器的强大。

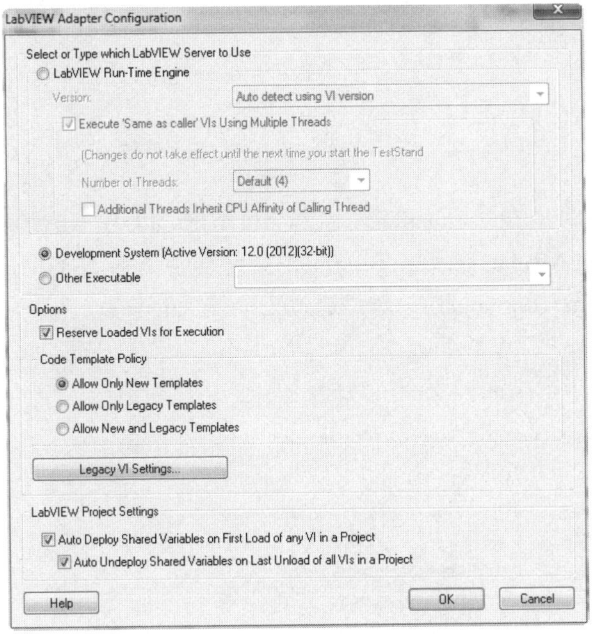

图4-43　LabVIEW适配器配置对话框

在范例资源的第4章练习中，附有例程<Exercises>\Chapter 4\Code Module\NumericLimitTest_LabVIEW_Solution.seq，读者可以通过菜单命令"Execute»Single Pass"运行该范例并观察结果。思考：如果在"Random?"的"Value"栏赋常量"False"，结果如何？

2. LabWindows/CVI

LabWindows/CVI（以下简称CVI）是一个标准ANSI C的集成开发环境，利用它可以开发标准的C应用程序。它内部集成了大量的界面控件，同时提供了丰富的函数库、仪器驱动，这些对于工程项目的开发大有裨益。同样以数值限度测试步骤为例，新建序列文件并保存为<Exercises>\Chapter 4\Code Modules\NumericLimitTest_CVI.seq，选择模块适配器类型为"CVI"，然后添加一个数值限度测试步骤，在步骤设置窗格模块页面中，单击浏览按钮，选择CVI生成的DLL文件。在TestStand 2013版本之前，CVI模块适配器支持dll、obj、c、lib文件，而对于 2013 及之后的版本，只能使用 dll。笔者事先创建了 Generate_Random_Number.dll，位于<Exercises>\Chapter 4\Code Modules\Source Files\CVI DLL 目录，该 DLL 中包含一个输出函数"Generate_Random_Number"，函数功能很简单，即在 Random>0 时函数返回 0～10 之间的随机数，否则返回常量 5。函数的定义如图 4-44 所示。

```
double Generate_Random_Number(short random, short *errorOccurred, long *errorCode, char errorMsg[1024])
{
    double tmp;
    if (random > 0)
        tmp = Random (0, 10);
    else
        tmp = 5;
    return tmp;
}
```

图 4-44　Generate_Random_Number 函数定义

选择 DLL 之后，在"Function"栏中会枚举出 DLL 中所有的输出函数。选择 Generate_Random_Number 函数，TestStand 会自动尝试参数类型匹配。如果要将函数的错误传递给 TestStand，一般是通过三个独立的参数。以 Generate_Random_Number 函数为例，它包含 short * errorOccurred、long * errorCode 和 Char errorMsg 三个参数。模块页面设置如图 4-45 所示。

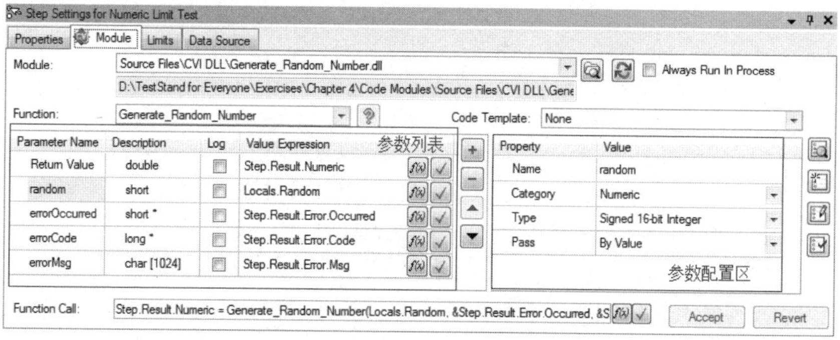

图 4-45　CVI DLL 函数参数设置

DLL 是经过编译的，如果要修改 DLL，必须修改它的源文件并重新编译。最先想到的方法是打开 CVI 项目文件并修改源代码，然而有更直接的方法，即通过序列编辑器进入 CVI 应用开发环境，并在 CVI 中修改 DLL 的源文件，重新编译后，完成 DLL 修改工作。在模块页面参数配置区的右侧单击"Source Code File"图标，弹出"CVI Source Code Files"对话框，如图 4-46 所示。还是以 Generate_Random_Number.dll 为例，选择该 DLL 的项目文件和源文件，然后回到模块页面，单击"Edit Code"图标，TestStand 会自动链接到 CVI，并在 CVI 集成开发环境中打开项目文件和源文件，这时就可以在 CVI 中修改源代码了。在第 6 章中还将看到，在序列编辑器中进行调试时，可以进入 CVI 应用开发环境，并利用 CVI 的调试工具进行调试，这给开发人员调试带来了极大的便利。

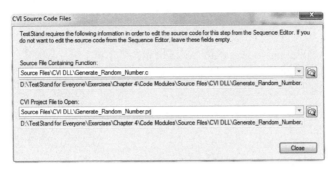

图 4-46　DLL 源文件选择对话框

在范例资源的第 4 章练习中，附有例程 <Exercises>\Chapter 4\Code Module\NumericLimitTest_CVI_Solution.seq，读者可以通过菜单命令"Execute》Single Pass"运行该范例并观察结果。

4.4　调用特定模块适配器

使用"Sequence Call"（序列调用）步骤调用其他序列，被调用序列可以是当前序列文件中的序列，也可是来自其他序列的文件；被调用的序列称为子序列，子序列还可以调用其他序列。序列调用步骤类型只使用一种模块适配器，那就是 Sequence Call。回忆一下 TestStand 树状结构（见图 2-3）：序列文件包含若干个序列，每个序列包含若干个步骤，步骤是最小单元。步骤可以执行 TestStand 内部定义操作、调用代码模块，也可以调用子序列。

子序列类似于 LabVIEW 中的子 VI、文本编程中的函数。将一系列相关的步骤放到子序列中，并作为一个步骤被顶层序列调用，这使得顶层序列变得很简洁，而且更容易实现模块化，使得代码的复用变得可能，因为可以多次复用该子序列。在实际开发过程中，应尽量避免把所有的测试项都放到同一个序列中，因为这一方面会导致序列太大难以维护，另一方面该序列也难以被重用；建议按功能划分，将功能相关的步骤分类放到不同的序列中。当新建序列文件时，在序列窗格中默认只有一个主序列，右击序列窗格的空白处，选择"Insert Sequence"，即可增加新的序列，如图 4-47 所示。

如何将新添加的序列作为子序列？在插入面板中双击图标创建序列调用步骤实例。在步骤配置窗格模块页面中，在

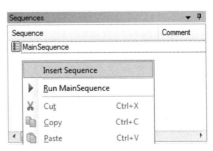

图 4-47　新建序列

"File Path"栏输入子序列所在的序列文件的路径，也可以使用表达式构造路径，如果勾选了"Use Current File"，则调用当前序列文件中的序列，接着在"Sequence"栏选择要调用的序列（如图 4-48 所示）。序列之间通过 Parameters 传递数据（关于 Parameters 会在第 5 章进行详细介绍）。

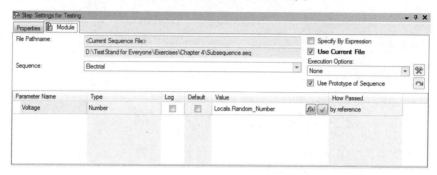

图 4-48 序列调用特定配置页（模块）

就序列文件本身而言，它的完整测试过程是从主序列开始逐步往下执行的，遇到调用序列步骤时，TestStand 会进入子序列中并逐步执行子序列中的每个步骤，子序列执行完毕后再返回到主序列，并接着往下执行。通常，序列调用步骤的状态为"Passed"或"Failed"，子序列中任何步骤失败都将导致它的状态为"Failed"，而如果有步骤产生运行时错误，它的状态将为"Error"。

在范例资源的第 4 章练习中，附有例程 < Exercises > \ Chapter 4 \ Subsequence.seq，读者可以通过菜单命令"Execute » Single Pass"运行该范例并观察结果。在该范例中，主序列调用了 Electrical 作为子序列，请观察 TestStand 的执行顺序。

4.5 无模块适配器

接下来介绍的步骤类型，它们不使用模块适配器，无须声明代码模块。

4.5.1 声明（Statement）

声明步骤执行一个或多个 TestStand 表达式。表达式用于修改或设置 TestStand 中变量的值、对象的属性。默认声明步骤执行完毕后其状态为"Done"，除非表达式出现错误时其状态被设置为"Error"。举个例子，新建一个序列文件并添加声明步骤，然后在变量窗格中创建两个局部变量 x 和 y，数据类型为数值型，初始值为 0，然后在声明步骤的表达式中输入以下语句：

Locals.y = 2,
Locals.x = Locals.y+5

在以上表达式中，先对局部变量 y 赋值，再对 x 赋值，我们可以预测 x 的值应该是 7。在 TestStand 的表达式输入框中，可以一次输入多个表达式，之间以逗号分隔（必须是英文的逗号），输入完成后，声明步骤表达式页面如图 4-49 所示。

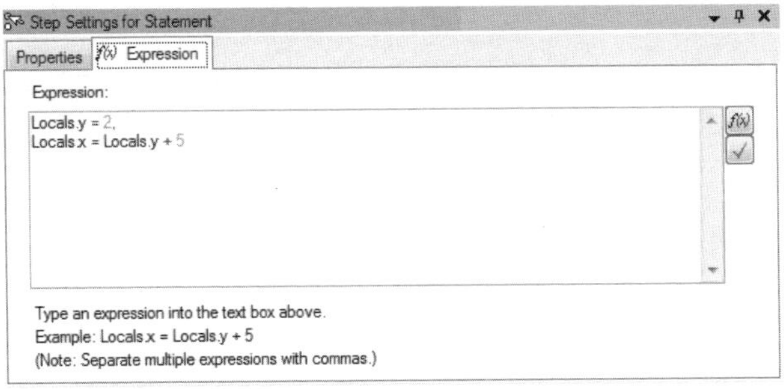

图 4-49　声明步骤表达式页面

其实，在 TestStand 中有很多地方会用到表达式，前文介绍通用设置页面的表达式面板和先决条件面板时，都接触到了表达式。细心的读者会发现，只要是在 TestStand 中能输入表达式的地方，都有一个表达式按钮图标，单击它会弹出"Expression Browser"（表达式浏览器）对话框，如图 4-50 所示。表达式浏览器更确切的说法应该是表达式构造器，通过它可以构造表达式。表达式浏览器对话框包括三个页面：在"Variable/Properties"页面中，可以访问所有的变量和 TestStand 属性；在"Operators/Functions"页面中，

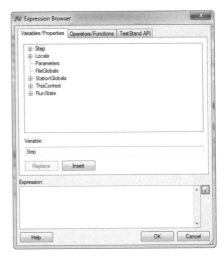

图 4-50　表达式浏览器对话框

包含常用的操作和函数，如赋值符、字符串操作、逻辑运算符等；在"TestStand API"页面中，可以使用 TestStand API，以访问对象属性或调用对象方法。

若要在表达式浏览器对话框中构造表达式"Locals.y = 2"，先在"Variables/Properties"页面的"Locals"下找到局部变量 y 并选中它（如图 4-51 所示），单击"Insert"按钮，"Locals.y"就添加到下方的"Expression"输入框中。

提示：选中变量后，通过双击同样可以将其添加到表达式中。

然后切换到"Operators/Properties"页面，在"Operators » Assignment"下找到赋值符，单击"Insert"按钮，将赋值符添加到下方的"Expression"输入框中（如图 4-52 所示）。在赋值符后添加数字"5"，就完成了表达式"Locals.y = 5"的构造。

图 4-51　添加局部变量 y　　　　图 4-52　添加赋值符

在"Expression"输入框的右侧，有一个表达式语法检查按钮☑，在输入完表达式后，可以单击该按钮以检查是否有语法错误。当然，对一个简单变量赋值，直接用键盘输入就可以了，用不着借助表达式浏览器，但若构造的表达式很复杂，尤其是表达式中要引用某些步骤属性，如 Step.Result.Status，每次手动输入会很费时间且容易出错，而在表达式浏览器中只要找到该属性并单击"Insert"按钮就可以添加了。关于 Variables/Properties、Operators/Functions 页面等将在第 5 章进一步详细介绍。

4.5.2　标签（Label）

使用标签为序列添加声明和注释，标签步骤可以作为 TestStand Goto 语句的跳转目标（关于 Goto 语句，将在 4.5.4 节介绍），还可以使用标签将其他步骤分隔开，如图 4-53 所示。但在 TestStand 中还是推荐使用序列调用或步骤组来组织步骤。

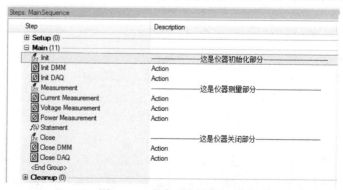

图 4-53　在序列中添加标签

在标签步骤特定配置页中（如图4-54所示），"Label Description"输入框为标签添加描述信息，"Hide Icon"和"Hide Name"选项决定标签步骤的图标、名称是否在步骤列表窗格中出现。标签步骤执行后的状态是"Done"。

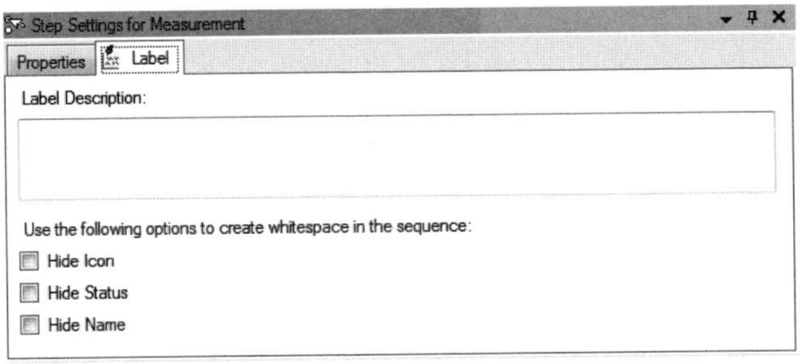

图4-54　标签步骤特定配置页

4.5.3　消息对话框（Message Popup）

消息对话框在执行时会弹出对话框，一方面呈现一些重要信息给用户，如文本或图片；另一方面也交互式提供按钮选项，供用户选择且接收用户的输入。消息对话框对于调试也很有帮助，比如通过它强制显示序列在执行过程中某个变量的值。消息对话框包含文本和按钮（Text and Buttons）、选项（Options）、布局（Layout）三个特定配置页。

1. 文本和按钮

文本和按钮配置页如图4-55所示。

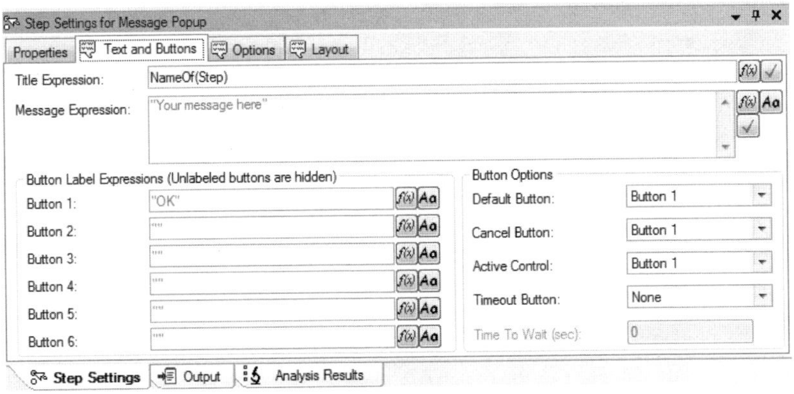

图4-55　消息对话框步骤特定配置页（文本和按钮）

当添加了一个消息对话框步骤后，如果不做任何设置就直接运行，将弹出如图4-56所示的对话框。

图 4-56 消息对话框默认设置的运行效果

☺ 标题（Title Expression）：这是一个文本输入控件，在这里输入的内容将作为消息对话框窗口的标题，默认为"NameOf（Step）"，即当前步骤的名称。

☺ 消息（Message Expression）：这是一个文本输入控件，在这里输入的内容将作为消息对话框窗口文本主体，默认为"Your message here"。

☺ 按钮标签（Button Label Expressions）：消息对话框步骤最多支持6个按钮（Button 1~Button 6），可以给每个按钮赋一个特殊的标签。如果某一按钮的标签为空，那么它将不会在弹出窗口中显示。默认只显示Button 1，其标签为"OK"。

☺ 按钮选项（Button Options）："Default Button"使用"Enter"作为快捷键，"Cancel Button"使用"Esc"作为快捷键。"Active Control"指的是在消息对话框弹出时，默认聚焦在哪个按钮；"Timeout"指的是当超过设定的时间（Time to Wait）仍然没有按钮被按下时，系统将默认激活设定的按钮。

在范例资源的第4章练习中，附有例程<Exercises>\Chapter 4\Message Popup\Message Popup-Text and Buttons.seq，它设置了文本和按钮，读者可以通过菜单命令"Execute»Single Pass"运行它，观察它和消息对话框默认设置时的运行效果有什么区别。

2. 选项

选项配置页如图4-57所示。

图 4-57 消息对话框特定配置页（选项）

在某些场合，可能不仅需要用户单击按钮，还需要输入一段应答文本以记录当前重要信息，如图4-58所示。在选项页面中，可以选择是否使用应答文本，并显示图片网页以提供更多的信息。

在范例资源的第 4 章练习中，附有例程 <Exercises>\Chapter 4\Message Popup\Message Popup-Options.seq，它使用了应答文本，并显示了一张 Logo 图片，读者可以通过菜单命令"Execute » Single Pass"运行它，观察效果。

图 4-58 消息对话框使用应答文本

对于消息对话框步骤（如图 4-59 所示），重要属性有 Step.Result.ButtonHit、Step.Result.Response、Step.TitleExpr、Step.MessageExpr。Step.Result.ButtonHit 记录用户单击了哪个按钮，Step.Result.Reponse 保存应答文本。

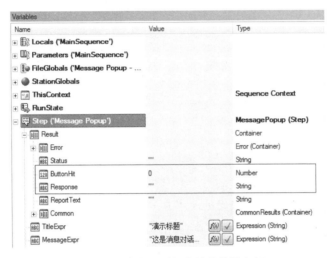

图 4-59 消息对话框步骤的数据空间

4.5.4 流程控制步骤

默认序列中的步骤是按顺序执行的，而流程控制步骤可以额外控制步骤的执行方式。比如：条件执行语句可以选择性地执行某些步骤；循环语句可以使步骤多次运行；Goto 语句可以直接跳转，打破执行顺序。如果读者有过文本编程的经验，对于这些语句应该并不陌生，它们的原理基本是相通的。大体上可将 TestStand 中的流程控制步骤分为三类。

- 条件执行语句：if-else if-else 和 Select-Case
- 循环语句：For-For Each/While-Do While 以及循环控制语句 Break/Continue
- Goto 语句

1. 条件执行语句

if 语句有三种使用方法，第一种为直接 if：

if(表达式)语句；

第二种为 if-else：

if(表达式)
　　语句1；
else
　　语句2；

以上适用于两个分支的情况，当出现多个条件分支时，可以采用第三种 if-else if-else：

if(表达式1)
　　语句1；
　else if(表达式2)
　　语句2；
　　…
　else if(表达式 m)
　　语句 m；
else
　　语句 n；

由于这些步骤的使用比较直观，也没有需要特别配置的地方，比较容易在 TestStand 中掌握上述三种 if 语句的使用方法。

在范例资源的第4章练习中，附有例程<Exercises>\Chapter 4\Flow Control\ If_ElseIf_Else.seq，读者可以通过菜单命令 "Execute » Single Pass" 运行该范例并观察结果。思考：如果将 Locals.Index 的值改为1，将会执行哪个分支？

Select-Case 步骤类似于文本语言中的 Switch-Case 语句。如果 Select 表达式的值与某个 Case 分支中的常量表达式的值相等，则执行该 Case 分支。与文本语言中 Switch-Case 语句的不同之处在于：Select-Case 步骤中，任何时候，只要有一个 Case 分支匹配，则在执行完该分支后，立刻跳出整个 Select-Case 结构，即最多只有一个 Case 分支被执行，并且它不需要 Default 默认分支。

Select-Case 的形式如下：

Select(表达式)
　Case(常量表达式1)语句1；
　Case(常量表达式2)语句2；
　Case(常量表达式3)语句3；
　　…
　Case(常量表达式 n)语句 n；
End

在范例资源的第 4 章练习中，附有例程<Exercises>\Chapter 4\Flow Control\Select_Case.seq，读者可以通过菜单命令"Execute»Single Pass"运行该范例并观察结果。思考：如果将 Locals.Name 的值改为"Short"，将会执行哪个分支？

2. 循环语句

在循环语句中，For 循环和 While 循环的区别在于 For 循环是执行固定的次数，而 While 循环的执行次数预先是不知道的，由循环继续条件（Loop Condition）决定。首先看 For 循环，当在序列中添加 For 步骤时，TestStand 会自动添加一个对应的 End 步骤，如图 4-60 所示；For Each、While、Do While 等类似。

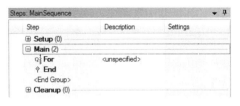

图 4-60　自动添加 End 步骤

For 循环的使用方式有两种，一种是"Fixed Number of Iterations"（固定循环次数），如图 4-61 中，配置循环次数为"3"，循环变量设为"Locals.x"，当填写完这两项设置之后，右侧的"Initialization"、"Condition"、"Increment"表达式就自动生成了。可以用如下伪码表示：

For (*locals.x* = 0, *locals.x*<3, *locals.x*++)
　　语句；
End

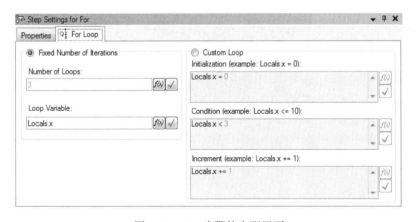

图 4-61　For 步骤特定配置页

For 循环的另一种方式是"Custom Loop"，在这种模式下，需要手动输入初始化、循环条件、循环增量，这种方式的好处是更灵活。

在范例资源的第 4 章练习中，附有例程<Exercises>\Chapter 4\Flow Control\For.seq，读者可以通过菜单命令"Execute»Single Pass"运行该范例并观察结果。

For Each 的作用和 For 类似,它是和一个数组关联起来的。举个例子,某一维数组的长度为 10,那么 For Each 就将执行 10 次,每次循环将访问该数组中当前索引下的元素。关于 For Each 不做过多介绍,有兴趣的读者可以查看帮助文档,并运行例程<Exercises>\Chapter 4\Flow Control\ ForEach.seq。

While 与 Do While 的区别在于,While 循环会先判断循环条件是否得到满足,若条件满足才执行语句,而 Do While 则会先执行语句,再去评估循环条件,所以 Do While 中包含的语句至少会被执行一次。

在范例资源第 4 章练习中,附有例程<Exercises>\Chapter 4\Flow Control\While_DoWhile.seq,读者可以通过菜单命令"Execute » Single Pass"运行该范例并观察结果,体会 While 与 Do While 的区别。

所有的循环语句都可以用 Break 语句跳出循环,用 Continue 语句结束本次循环。Break 语句用于从循环体内跳出,提前结束循环,程序接着执行循环后面的语句。Continue 语句是强制跳过当前循环中剩余的语句而执行下一次循环,其作用为结束本次循环。Continue 语句只结束本次循环,而不是终止整个循环的执行,Break 语句则是结束整个循环过程。Break 和 Continue 语句一般与 if 语句一起使用,例如:

while(表达式)
{
　　语句组 1;
　　if(表达式 2)*break*;
　　语句组 2;
}

while(表达式)
{
　　语句组 1;
　　if(表达式 2)*continue*;
　　语句组 2;
}

3. Goto 语句

Goto 语句会改变序列执行的顺序,它指向序列中的某个步骤(跳转目标),这样 TestStand 执行到 Goto 语句时,会直接跳转到该步骤。在 TestStand 中,一般会使用标签作为跳转目标,标签之后紧接着是相关的测试步骤,这样做的好处是修改或删除测试步骤时,不会影响 Goto 语句正常跳转。Goto 语句不可滥用,由于它改变了序列的执行顺序,增加了调试和追踪的难度,并且多次采用 Goto 语句跳转,可能导致死循环。

4.5.5 同步（Synchronization）

TestStand 一个很重要的特性是支持并行测试。当多个线程同时运行时，需要考虑两个问题：如何避免共享资源的访问冲突；如何在不同线程之间进行通信。TestStand 中主要采用"Lock/Unlock"以及"Use Auto Scheduled Resource"来管理共享资源的访问，比如同一时刻只能有一个 UUT 在使用共享仪器设备。而"Rendezvous"（集合点）、"Queue"（队列）、"Notification"（通知）、"Wait"（等待）可以实现在不同的线程之间进行通信和同步（如图 4-62 所示），这些内容会在第 8 章详细介绍。

图 4-62 同步

还有一些不常用的步骤类型，有些会在后续章节中用到时再进一步介绍，它们的详细用法可以参考"TestStand Reference Manual"第四章"Built-In Step Types"以及附录。

- ☺ Call Executable（调用可执行文件）：使用该步骤调用可执行文件，并且在 TestStand 中可以传递参数。
- ☺ Property Loader（属性加载器）：在 TestStand 中有一个属性导入/导出工具（通过菜单命令"Tools » Import/Export Properties"访问），它可以导出序列中所有步骤的限度、变量、属性并存储到文件或数据库中，而 Property Loader 可以从文件或数据库中导入这些数据。在第 5 章中会介绍它的使用方法。
- ☺ FTP Files（FTP 文件传输）：TestStand 支持 FTP 协议，利用 FTP 文件传输可以在本地和远程服务器之间上传或下载文件。但这个步骤并不是那么好用。
- ☺ Additional Results（额外结果）：额外结果步骤的作用和通用设置页面的额外配置面板是一样的，就是可以将一些额外的信息添加到结果列表中。在第 14 章中会介绍它的使用方法。
- ☺ Database（数据库）：TestStand 支持 Oracle、SQL Server、MySQL、Access、Sybase 等主流数据库。通过数据库步骤可以建立与数据库的链接、执行 SQL 查询语句、新建/删除/更新记录、关闭查询记录、断开与数据库的链接。
- ☺ IVI（可互换虚拟仪器驱动）：可互换虚拟仪器驱动的目的在于更换仪器时，测试程序不用更改，使得多个厂商的仪器之间可以互换。IVI 类的仪器包括数字万用表、示波器、信号发生器、程控电源、开关。一般先配置 IVI 仪器，再 Read/Fetch 数据。

☺ LabVIEW Utility（LabVIEW 功能性 VI）：使用 LabVIEW 功能性 VI 步骤可以简化 VI 在远程计算机上的运行以及共享变量的部署。

至此，TestStand 中自带的步骤类型就介绍完了，读者可以再次打开范例序列文件 <TestStand Public> \ Examples \ Demo \ LabVIEW \ Computer Motherboard Test \ Computer Motherboard Test Sequence.seq，查看其主序列由哪些步骤类型构成，并通过菜单命令"Execute » Single Pass"运行该范例，查看每个步骤的执行状态，有些步骤的状态是"合格"、"失败"，而有些步骤的状态是"完成"。

【小结】

本章带领读者进一步熟悉了序列编辑器环境，并系统介绍了 TestStand 自带的步骤类型。对于每种步骤类型，都包含通用设置页面，这对所有步骤类型而言都是一样的，也包含针对该特定步骤类型的页面。TestStand 自带步骤类型概括起来一共有三种，分别是使用任意模块适配器、使用特定模块适配器、无模块适配器。模块适配器部分，书中以 LabVIEW 和 LabWindows/CVI 两种应用开发环境为例，阐述了如何在 TestStand 中调用代码模块，并通过 TestStand 进入到应用程序开发环境，实现代码模块的修改，从中了解到模块适配器的强大之处。本章附带了大量例程，用于说明步骤的使用方法，建议读者自己动手编写序列，实现和范例同样的功能。在后面的学习中，读者会慢慢发现，再庞大复杂的序列其实也是由这些基本步骤组成的。

第 5 章　TestStand 数据空间

任何开发环境都有其数据空间，TestStand 也不例外。如何在步骤之间、序列之间、步骤和代码模块之间传递数据，如何访问步骤的结果和状态等属性，如何通过表达式计算新值，如何创建自定义数据类型，如何实现数据的导入、导出，这些都属于数据空间的范畴。

目标

- 了解 TestStand 数据空间的概念
- 了解不同变量的作用范围并掌握变量的使用
- 学习 TestStand 步骤属性
- 了解运行时属性和 ThisContext
- 掌握表达式的使用方法
- 熟悉 TestStand 常用的数据类型
- 学会创建自定义数据类型
- 掌握在 TestStand 和代码模块之间传递数据

关键术语

Data Layout（数据空间）、Variable（变量）、Local Variable（局部变量）、Parameters（参量）、File Global Variable（文件全局变量）、Station Global Variable（站全局变量）、Property（属性）、步骤属性（Step Property）、RunState Property（运行时属性）、ThisContext（上下文）、Sequence Context（序列上下文）、Expression（表达式）、Operators/Functions（操作符/函数）、Container（容器）、Custom Data Type（自定义数据类型）、Type Conflict（类型冲突）、Cluster（簇）、Structure（结构体）、Import/Export Property Tool（属性导入/导出工具）、Property Loader（属性加载器）

5.1　TestStand 数据空间概述

TestStand 管理着许多步骤和序列，从模块化的角度来说，应该尽可能让每个步骤相对独立，使得该步骤完成的是某个特定的操作或对应某个具体的测试项；子序列同样应该如此，它包含的是一系列功能相关的测试步骤。即使如此，在步骤与步骤之间、步骤与代码模块之间、步骤与序列之间还是要传递数据的，比如当前步骤可能需要使用前面步骤的结果，当前序列中某步骤的结果或变量的值需要传递给子序列等，这就涉及 TestStand 如何管理数据。在 TestStand 中，将和测试系统相关的数据统称为属性（Property），因此属性是一个很广泛的概念。第 4 章介绍不同的步骤类型时，就已经向读者提到，每种步骤类型都有其特有的重要属性，比如数值限度测试步骤中的属性 Step.Limits、Step.Result.Numeric，消息对话框中的属性 Step.Result.ButtonHit。有些属性是一直存在的，而有些属性是在 TestStand 运行时动态创建的。用户能够在变量窗格中直接创建的属性称为变量，根据变量的作用范围，又可将其分为局部变量、参量、文件全局变量和站全局变量。为了方便读者区分属性和变量的概念，本书在提到属性时，主要是指步骤的属性、TestStand 运行时动态创建的属性，而不包括变量。

在序列编辑器中，变量窗格（如图 5-1 所示）显示了所有当前序列和步骤可以访问的属性和变量。举个例子，假设当前序列选中的是一个数值限度测试步骤，那么相应地在变量窗格中将包含属性 ThisContext、RunState 和 Step（后文会分别介绍），当然任何一个上述属性下面还可以包括子属性（SubProperty）；而变量有 Locals、Parameters、FileGlobals、StationGlobals，可以在任何变量下面创建新的变量，在变量窗格中可以查看和修改所有变量。如果属性下面包含子属性，变量中包含其他变量，那么该属性或变量称为容器（Container），像 Locals 和 Parameters 都是容器。

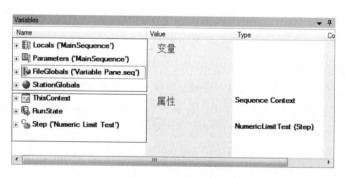

图 5-1　变量窗格

5.2　变量

用户能够在变量窗格中直接创建的属性称为变量，变量是用户可创建和定义的属性存储单元。根据变量的作用范围，又将变量分为局部变量、参量、文件全局变量和站全局变量。变量下面还可以包含变量，TestStand 中通过圆点"."来体现变量的这种嵌套层次关系。

5.2.1 局部变量（Locals）

局部变量的作用范围是最小的，它负责在同一个序列的步骤之间传递数据。一个序列的局部变量对于另一个序列而言是不可见且不可访问的。每个序列都有自己的局部变量空间，序列中的所有步骤都可以读取或更新这些局部变量的值。局部变量的创建很简单：在变量窗格中，在 Locals 容器下方提示"Right click to insert local"的地方右击，在弹出的菜单中选择"Insert Local"，并从二级菜单中选择局变量数据类型，如"Number"（数值型），如图 5-2 所示。

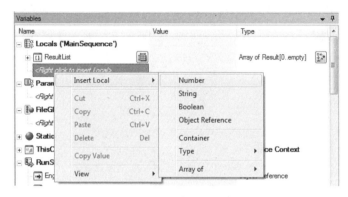

图 5-2 创建局部变量

5.2.2 参量（Parameters）

序列可以调用其他序列作为子序列，通过参量可以将数据从调用方序列传递给子序列。参量的作用范围比局部变量大一些，它类似于文本编程中函数的形参，每个序列都可以定义自己的参量。对于序列本身的步骤而言，参量的使用访问和局部变量是没有差别的。参量的创建和局部变量类似，同样在变量窗格中，选择在 Parameters 容器下方添加。参量是有方向性的，即调用方序列将数据通过参量传递给子序列。

> 【练习 5-1】使用局部变量和参量。
> 在本练习中，将要创建局部变量和参量，使用局部变量在同一个序列的步骤之间传递数据，使用参量从调用方序列给子序列传递数据。

（1）打开序列编辑器，新建序列文件并将其保存为 <Exercise>\Chapter 5\Locals and Parameters.seq。

（2）在变量窗格中新建两个数值型局部变量 Locals.a 和 Locals.Temp，其初始值为 0。

（3）在序列窗格中选择主序列，然后添加一个表达式步骤，在表达式中输入"Locals.a=2"。

（4）再添加一个表达式步骤，在表达式中输入"Locals.Temp=Locals.a+2"。

（5）在序列窗格中新建序列，并命名为"SubSequence"。选中SubSequence，然后在变量窗格Parameters容器下新建一个数值型参量frequency（初始值为0）。

（6）回到主序列，添加调用序列步骤，在步骤设置窗格"模块"页面中，勾选"Use Current File"选项，然后在序列下拉列表中选择"SubSequence"，这时会在参量一栏自动列举出SubSequence中所有的参量。在"Value"栏输入"Locals.Temp"，注意"How Passed"中数据的传递方式是"by reference"。配置完成后，调用序列步骤的设置如图5-3所示。现在主序列应该如图5-4所示。

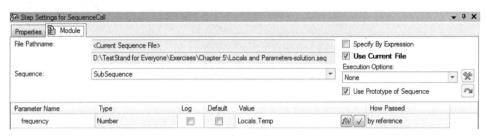

图5-3 步骤设置窗格（模块页面）

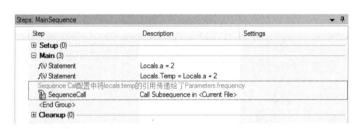

图5-4 主序列

（7）在序列窗格中选择"SubSequence"，然后在步骤列表窗格中添加一个消息对话框步骤，在消息表达式中输入""The value of parameter frequency is"+Str(Parameters.frequency)"。

（8）在消息对话框步骤之后添加一个表达式步骤，在表达式中输入"Parameters.frequency+=2"。SubSequence序列现在应该如图5-5所示。

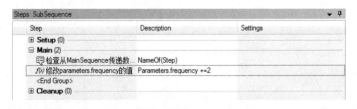

图5-5 SubSequence序列

(9) 切换回主序列，在序列调用步骤后添加一个消息对话框步骤，在消息表达式中输入""Modified frequency value is" +Str(Locals.Temp)"。

(10) 保存序列，通过菜单命令"Execute » Run MainSequence"执行序列。观察前后两次消息对话框弹出的结果。

在执行 SubSequence 序列的消息对话框时，显示参量 frequency 的结果为 4；接着在执行主序列的消息对话框时，显示结果为 6，这其中有哪些数据的传递？在主序列中有两个局部变量（a 和 Temp），主序列中的任意步骤都可以访问它们，在表达式步骤中分别对 a 和 Temp 进行了赋值，很容易得知 Temp 的值为 4。在序列调用步骤中，采用传递的方式，把 Locals.Temp 的地址传递给了 Parameters.frequency，对任何一方值的修改都会同时更新这两个变量。所以在 SubSequence 中，消息对话框显示的值应该为 4；随后，Parameters.frequency 的值加 2，这样 frequency 的值变为 6；最后序列执行到主序列的消息对话框时，显示 Locals. Temp 的值也就变为 6。

在范例资源的第 5 章练习中，例程 < Exercises > \ Chapter 5 \ Locals and Parameters-solution.seq 完成的是上面的练习，读者可以通过菜单命令"Execute » Run MainSequence"运行该范例并观察结果。

5.2.3 文件全局变量（FileGlobals）

相对局部变量和参量而言，文件全局变量的作用域范围更大一些。每个序列文件都可以定义自己的文件全局变量，在任意序列之间，都可以通过文件全局变量来传递和共享数据，不同于参量局限于调用序列之间。但是一个序列文件的文件全局变量对另一个序列文件而言是不可见且不可访问的。由于文件全局变量的作用域范围扩大，序列文件中的所有序列都可以对它进行读/写操作，这就带来了变量管理上的风险。一般在调用方序列和子序列之间，尽量用参量代替文件全局变量，因为参量可以完成从调用方序列传递数据给子序列的功能，同时参量仅对于调用方序列和子序列本身的步骤而言是可访问的。文件全局变量的创建和其他变量类似，同样在变量窗格中的 FileGlobals 容器下添加。

5.2.4 站全局变量（StationGlobals）

在 TestStand 中，作用域范围最大的是站全局变量。只要是运行于同一台计算机上同一个版本的 TestStand，任何序列文件都可以访问站全局变量。本质上讲，站全局变量其实是保存在 StationGlobals.ini 文件中的，对全局变量的访问相当于是对该文件进行读/写操作。StationGlobal.ini 文件位于<TestStand Application Data>\Cfg 目录下。

站全局变量的创建和其他变量类似，可以在变量窗格中的 StationGlobals 容器下添加。当站全局变量较多时，可单击工具条上的图标 ●，TestStand 会打开站全局变量管理窗口，用户可以方便地在管理窗口中对站全局变量进行操作。在 StationGlobals 下默认有 StationGlobals.TS 子属性，StationGlobls.TS.CurrentUser 包含的是当前账户的信息，如登录名、权限等。

> 【练习 5-2】使用文件全局变量和站全局变量。
>
> 在本练习中，将创建文件全局变量和站全局参量，使用文件全局变量在同一个序列文件的序列之间传递数据，使用站全局变量在不同的序列文件之间传递数据。

（1）打开序列编辑器，新建序列文件并将其保存为<Exercise>\Chapter 5\FileGlobals and StationGlobals\FileGlobals and StationGlobals.seq。

（2）在 FileGlobals 容器下新建一个数值型文件全局变量 Count（初始值为 0）。

（3）在序列窗格中，新建两个序列，序列名称分别是"SubSequence A"、"SubSequence B"。

（4）在序列窗格中，选中"SubSequence A"，然后添加一个表达式步骤，在表达式中输入"FileGlobals.count++"。

（5）在序列窗格中，选中"SubSequence B"，然后添加一个表达式步骤，在表达式中输入"FileGlobals.count++"。

（6）在序列窗格中，选中主序列，添加序列调用步骤，设置步骤名称为"Call SubSequence A"，在步骤设置窗格模块页面中，选中"Use Current File"选项，然后在序列下拉列表中选择"SubSequence A"。

（7）再添加一个序列调用步骤，设置步骤名称为"Call SubSequence B"，在步骤设置窗格模块页面中，勾选"Use Current File"选项，然后在序列下拉列表中选择"SubSequence B"。

（8）添加一个消息对话框步骤，设置步骤名称为"Display value of FileGlobals.count"，在消息表达式中输入""The value of count is " +Str(FileGlobals.count)"。

（9）保存序列文件，通过菜单命令"Execute » Run MainSequence"执行序列。观察消息对话框中最终显示的文件全局变量的值。

（10）右击步骤列表窗格的上方（选项卡处），关闭执行完成的窗口，如图 5-6 所示。

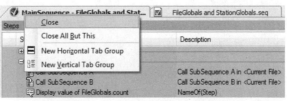

图 5-6 关闭执行完成的窗口

注意：在序列执行完成后，回到序列文件的窗口，在变量窗格中留意观察 FileGlobals.count 的值。

（11）回到序列文件的窗口，在序列窗格中选中主序列，在变量窗格中创建一个数值型局部变量 Area（初始值为 0）。

（12）在 StationGlobals 容器下创建一个数值型站全局变量 diameter（初始值为 0）。

（13）在 Display Value of FileGlobals.count 步骤后面添加一个表达式步骤，设置步骤名称为 "Compute Circle Area"，在表达式中输入 "Locals.Area = 3.14 * StationGlobals.diameter * StationGlobals.diameter"，计算圆的面积。

（14）添加一个消息对话框步骤，设置步骤名称为 "Display Value of Area"，在消息表达式中输入 ""The value of Area is " +Str(Locals.Area)"。现在，主序列步骤列表窗格如图 5-7 所示。

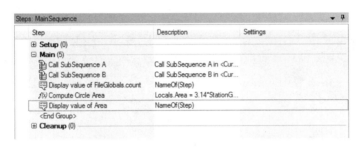

图 5-7 主序列的步骤列表窗格

（15）保存序列文件，通过菜单命令 "Execute » Run MainSequence" 执行序列。观察 Display Value of Area 消息对话框中 Locals.Area 的显示值。

（16）新建一个序列文件并将其保存为 "Set diameter.seq"。

（17）在 Set diameter.seq 的主序列中添加一个表达式步骤，在表达式中输入 "StationGlobals.diameter=3"。

（18）保存序列文件，通过菜单命令 "Execute » Run MainSequence" 执行序列。

（19）回到 FileGlobals and StationGlobals.seq 序列文件窗口，通过菜单命令 "Execute » Run MainSequence" 执行序列。观察 Display value of Area 消息对话框中 Locals.Area 的显示结果。

在步骤（9）之后，回到序列文件 FileGlobals and StationGlobalsseq 的窗口，在变量窗格中，观察发现 FileGlobals.count 的值依然为 0。而 StationGlobals.diameter 在 Set diameter.seq 中一旦被设置后，这个值将会一直保存，在 FileGlobals and StationGlobals.seq 中再次运行主序列时得到的 Locals.Area 结果就不再是 0 了。所以，如果局部变量、参量和文件全局变量的值在序列执行的过程中被修改，修改的值只会在序列执行过程中产生影响，当序列执行完成后，它们并不能保持这些修改的值，所有的变量会变回初始值。而对站全局变量的任何更新赋值都可以保留下来，即使用户退出 TestStand 或重启计算机。

在范例资源的第 5 章练习中，例程＜Exercises＞\ Chapter 5 \ FileGlobals and StationGlobals 目录下的序列完成的是上面的练习，读者可以通过菜单命令"Execute» Run MainSequence"运行该范例并观察结果。

虽然文件全局变量和站全局变量的作用域范围较大，但是用户不应滥用全局变量。如果局部变量或参量能满足数据传递的要求，就应尽量避免使用全局变量，全局变量的过多使用会带来潜在的隐患，由于多个地方都有权限对全局变量进行写操作，全局变量的值可能在预期之外被修改，这会给系统可靠性和调试带来很大的困难。

5.3 属性

在 TestStand 中，存储数据的载体称为属性。对于任何属性，它都有一定的数据类型，并存在于变量窗格中的某个位置，位于某个容器之中。变量窗格中共有 Step、RunState、ThisContext 三个一级属性，每个一级属性下面还包含很多子属性。

5.3.1 步骤（Step）属性

在第 4 章中介绍 TestStand 自带的步骤类型时，就已经提到，每种步骤都有其特有的数据空间，也就是该步骤所包含的属性。以数值限度测试步骤为例，如果选中该步骤，在变量窗格中就会显示对应的步骤属性，包括 Step.Result、Step.Limits、Step.Comp 等。属性下面还可以包含子属性，在 TestStand 中通过圆点"."来体现属性的这种嵌套层次关系，这和变量表达嵌套层次关系是一样的。比如，"Step.DataSource"表示 DataSource 属性位于 Step 属性中。

不同步骤类型之间的步骤属性是有差别的，比如 Step.Limits（如图 5-8 所示）和 Step.DataSource 是测试步骤才有的属性，而 Step.Result.ButtonHit 则是消息对话框特有的属性，但是对 TestStand 所有自带的步骤类型而言，它们都有 Step.Result 属性（如图 5-9 所示），而且总是包括子属性 Step.Result.Error、Step.Result.Status、Step.Result.ReportText、Step.Result.Common。

Step.Result.Error 反映步骤执行过程中是否发生了错误，Error 是一个容器，它包含 Step.Result.Error.Code、Step.Result.Error.Msg 和 Step.Result.Error.Occurred 三个子属性，分别是数值型、字符串型、布尔型。Occurred 表示是否发生错误，Code 是错误代码，Msg 包含错误的描述信息。如果没有发生错误，Occurred 的值为"False"，Code 值为 0，而 Msg 为空。但 TestStand 如果遇到某些状况导致序列

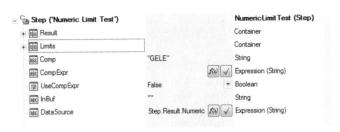

图 5-8　数值限度测试步骤属性

图 5-9　通用步骤属性 Step.Result

不能往下执行，那么它就会产生错误。一般有两种情况：一种是代码模块在执行的过程中遇到了错误，通常代码模块会直接设置 Occurred 值为"True"；另一种是步骤本身出现了意外错误，比如步骤中设置了先决条件，先决条件表达式中引用了其他步骤的属性，但是 TestStand 在计算表达式时，发现所引用步骤属性不存在，同样会报错。

Step.Result.Status 表示步骤的状态，它的数据类型是字符串。如果步骤还在运行中，它的状态有可能是 Looping、Running 或 Waiting；对于还没有被执行到的步骤，它们的状态默认为空。

- Looping：当步骤在属性配置页循环面板中设置了循环模式，该步骤在执行过程中的状态为"Looping"。
- Running：当步骤调用代码模块且仍在执行代码模块时，它的状态为"Running"。
- Waiting：步骤处于等待状态，它在等待某个事件的到来，然后才开始执行。一般同步步骤会有"Waiting"状态。

在步骤执行完成后，它的最终状态有可能是 Passed、Failed、Done、Error、Skipped、Terminated。"Passed"表示该项测试合格，而"Failed"表示失败，测试步骤类型、序列调用步骤类型才会有这两个状态。"Done"表示步骤执行完成。如果不是测试或序列调用步骤，其他步骤正常完成时的状态为 Done；如果步骤在执行的过程中遇到了错误，那么它的状态为 Error。"Skipped"表示步骤并没有被执行，这有可能是在属性配置页运行选项面板中将运行模式设置为 Skip，该步骤的执行被跳过。"Terminated"表示步骤在执行的过程中被中断了。

Step.Result.ReportText 是字符串数据类型，用户可以在步骤执行的过程中将某些信息写入这个属性中，这些信息就会最终出现在报表中。因此，如果有一些额外的内容想在报表中出现，借助于 ReportText 属性是一种选择。

Step.Result.Common 是一个容器，这个容器默认为空，用户可以自定义该容器。除了这些通用属性，Step.Result 下还有其他子属性，但这些子属性因步骤类型而异。Step.Result 属性是步骤属性中最重要的数据，像步骤状态、错误信息有可能最终出现在 TestStand 报表或记录到数据库中。

5.3.2 运行时（RunState）属性

RunState 容器中包含很多子属性，序列执行过程中的实时信息都存储在 RunState 中，这也是它的名称由来。在图 5-10 所示变量窗格中（先不关注"Object

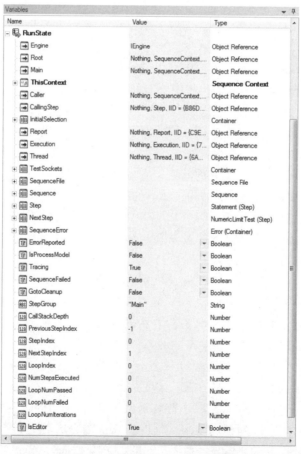

图 5-10 运行时（RunState）属性

Reference"对象引用数据类型),很多子属性是非常直观的,如"IsProcessModel"表示当前执行序列是否属于过程模型,"Tracing"表示是否使能了追踪功能,"SequenceFailed"表示序列状态,子属性保存了序列执行时的状态,读者可以逐个查看,这里不再逐一介绍。其中,RunState.SequenceFile、RunState.Sequence、RunState.Step 包含的信息较多,它们分别代表序列文件、序列和步骤。

1. RunState.SequenceFile

RunState.SequenceFile 代表的是一个序列文件对象,它表示正在执行的序列所在的序列文件,通过它可以获取序列文件的很多信息。RunState.SequenceFile 的子属性 RunState.SequenceFile.Data.Seq 则包含了该序列文件中的所有序列,是一个序列数组,但任何时候它一直保存的是所有序列的默认值,即序列在编辑状态时的值,即使序列中的变量、属性在执行过程中被更新,也不会反映到 RunState.SequenceFile.Data.Seq 中。RunState.SequenceFile 还有其他子属性,列举在表 5-1 中。

表 5-1　RunState. SequenceFile 包含的子属性

RunState. SequenceFile 子属性	描　　述
ChangeCount	序列文件修改次数
LastSavedChangeCount	序列编辑器中最后一次保存序列文件时 ChangeCount 的值
Data	包含了序列数组和文件全局变量的容器
Seq	序列数组,包含了序列文件中的所有序列,并且保存的是序列默认值
FileGlobalDefaults	包含了所有的文件全局变量,并且保存的是文件全局变量的默认值
Path	序列文件的绝对路径

2. RunState.Sequence

RunState.Sequence 代表的是一个序列对象,它表示当前正在被执行的序列,包括了局部变量、参量、序列中的所有步骤。RunState.Sequence 其实是 RunState.SequenceFileDataSeq 序列数组中某个序列元素的运行时拷贝,它保存了序列执行的实时信息,例如某个变量在执行过程中被更新了,那么在 RunState.Sequence 的子属性 RunState.Sequence.Locals 中就立刻保存了该变量的最新值。RunState.Sequence 包含的子属性列举在表 5-2 中。

表 5-2　RunState. Sequence 包含的子属性

RunState. Sequence 子属性	描　　述
Locals	包含序列中的所有局部变量,它保存了局部变量的当前值
ResultList	ResultList 数组默认为空,序列执行时,会将每一个步骤的结果作为一个元素添加到 ResultList 数组中
Main	包含 Main 步骤组中的所有步骤

续表

RunState. Sequence 子属性	描述
Setup	包含 Setup 步骤组中的所有步骤
Cleanup	包含 Cleanup 步骤组中的所有步骤
Parameters	包含序列中的所有参量，它保存了参量的最新值

3. RunState.Step

RunState.Step 代表的是一个步骤对象，它表示当前正在执行的步骤。RunState.Step 其实是 RunState.Sequence 中某个步骤组的步骤，只是 TestStand 为了方便用户的访问，将当前步骤用一个单独的属性 RunState.Step 表示。如果用数学中集合的概念来描述 RunState.Sequence 和 RunState.Step 之间的关系，则 RunState.Step 是 RunState.Sequence 的一个子集。RunState.Step 有很多子属性，这些子属性因步骤类型而异，但都会包含 Result 容器，Result 容器下面包含 Error、Status、ReportText 等通用属性，这些信息已经在前面介绍过。

4. 动态属性

RunState 容器中有一类特殊的属性，数据类型是"Object Reference"（对象引用），类似于 C 语言中的指针，对象引用默认为空（Nothing），只有在序列执行时，才会给它们分配对象引用，这时这些属性才有意义，而在序列执行结束后，TestStand 又会释放对象引用，这类属性称为动态属性。如图 5-11 所示，其中的 Engine、Root、Main、Caller、Calling Step、Report、Execution、Thread 就属于动态属性，它们的数据类型都是对象引用，且除 Engine 以外，其他的初始值都为空。还有一个动态属性 RunState.ProcessModelClient，在序列未执行时，它甚至是不可见的。

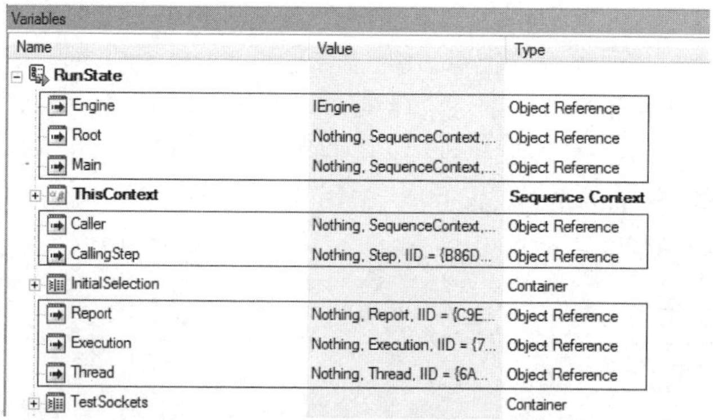

图 5-11 RunState 容器中包含的动态属性

以 RunState.Main 属性为例，它指向最少嵌套的序列，并且必须不是过程模型中的序列。假如创建了客户端序列文件且使用了过程模型，那么 RunState.Main 一般是指客户端序列文件的主序列。在序列未执行或处于编辑状态时，RunState.Main 值为空；而序列执行时，TestStand 将主序列的上下文信息（Sequence Context 数据类型）作为对象引用传递给它，此时动态属性就有了实际意义且可以被访问了，它包含了主序列的所有当前信息，如图 5-12 所示。

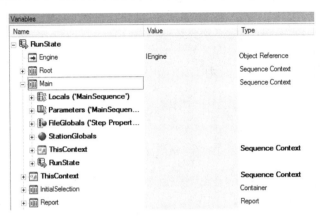

图 5-12　序列执行时 RunState.Main 动态属性的值

提示：读者目前只需要对动态属性有初步的了解，关于每个动态属性的描述说明请参考 TestStand 帮助文档，在索引中输入关键词 "RunState Subproperties"。

【练习 5-3】 **TestStand 中的属性访问。**

在本练习中，模拟测试一个多媒体器件，包含音频测试和视频测试，在某些步骤中访问步骤属性或运行时属性，并且观察这些属性如何对序列的执行产生影响。

（1）打开序列编辑器，新建一个序列文件并将其保存为<Exercises>\Chapter 5\Step Property and RunState Property.seq。

（2）在插入面板中，选择模块适配器为 "None"。

（3）在主序列中添加一个数值限度测试步骤，命名为 "Audio Test"。在属性配置页表达式面板的 "Pre-Expression" 中输入 "Step.Limits.Low = -1"，其他设置保持默认，如图 5-13 所示。

（4）在 Audio Test 步骤之后添加一个数值限度测试步骤，命名为 "Video Test"。在其属性配置页先决条件中输入 "RunState.PreviousStep.Result.Status！= "Failed""，其他设置保持默认，如图 5-14 所示。

（5）在 Video Test 步骤之后添加 If 步骤，在 "Conditional Expression" 中输入 "PropertyExists（"RunState.ProcessModelClient"）"，如图 5-15 所示。PropertyExists 函

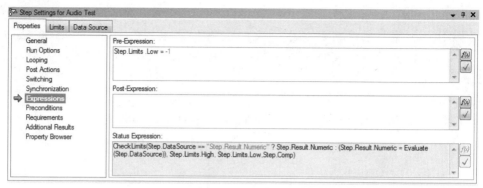

图 5-13 Audio Test 步骤设置 "Pre-Expression"

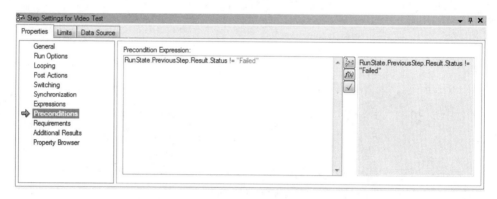

图 5-14 Video Test 步骤的先决条件设置

数用来验证某个属性是否存在。这里要验证的属性就是 RunState.ProcessModelClient，它表示客户端序列文件对象引用，只有通过过程模型执行序列时该属性才存在。

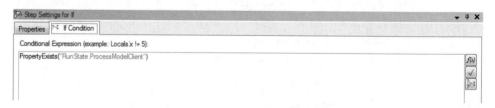

图 5-15 If 步骤的条件表达式

（6）创建 If 步骤时，TestStand 会自动添加对应的 End 步骤。在 If & End 之间添加一个消息对话框，消息表达式中输入 ""You are running within a process mode\n"+" Model Path："+RunState.Root.RunState.SequenceFile.Path"。主序列现在看起来应该如图 5-16 所示。

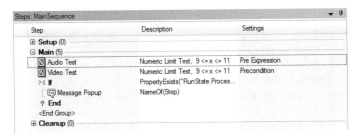

图 5-16 主序列

（7）执行菜单命令"Configure » Result Processing"，在弹出的对话框中，确认"Report"栏中"Enabled"选项是选中的，且报表格式是"XML"（这是完成 TestStand 2013 安装时的默认配置），如图 5-17 所示。

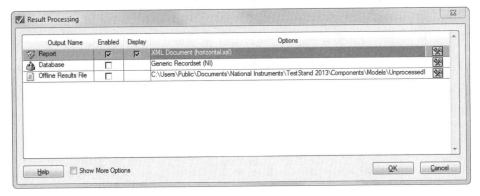

图 5-17 "Result Processing"对话框中报表栏的设置

（8）保存序列文件，通过菜单命令"Execute » Single Pass"执行序列。在序列执行完成后会生成 XML 报表，注意观察报表中 Audio Test 步骤和 Video Test 步骤的结果，如图 5-18 所示。

图 5-18 Audio Test 步骤和 Video Test 步骤的结果报表

（9）如果将 Audio Test 步骤中的"Pre Expression"删除，然后通过菜单命令"Execute » Single Pass"重新执行序列，在报表中观察"Video Test"的状态。

在步骤（3）中，Audio Test 步骤的"Pre-Expression"中输入"Step.Limits. Low = -1"，这是对步骤属性的访问，并对 Step.Limits.Low 的值进行了更新，因此

虽然 Measurement 值为 0，但它处于上下限范围之内，Audio Test 步骤的状态是"Passed"。在步骤（4）中，Video Test 步骤的先决条件是前一步骤的状态不能是"Failed"，所以在将 Audio Test 步骤中的"Pre-Expression"删除后，Audio Test 步骤的状态将变成"Failed"，那么 Video Test 步骤的先决条件不满足，因此它的状态将会是"Skipped"，没有被执行，这在实际测试中有时会用到。比如，前一项失败的话，后续的一系列测试可能也就没必要进行了。在步骤（5）中，If 语句的条件表达式为 PropertyExists（"RunState.ProcessModelClient"），而步骤（8）和（9）中是通过使用过程模型执行入口点 Single Pass 执行序列的，因此 ProcessModelClient 属性是存在的，所以会有消息对话框弹出；如果换成"Execute»Run MainSequence"，就不会弹出消息对话框了。需要注意的是，步骤（6）的消息表达式中包含了动态属性 RunState.Root.RunState.SequenceFile.Path，动态属性在序列编辑状态时不可访问，如 RunState.Root 值为"Nothing"，因此当单击表达式语法检查按钮图标时，会弹出如图 5-19 所示的警示窗口；如果确认表达式没有问题，就可以忽略该警示。

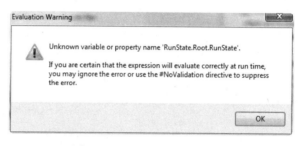

图 5-19　表达式评估警示窗口

在范例资源的第 5 章练习中，例程<Exercises>\Chapter 5\ Step Property and RunState Property-solution.seq 完成的是上面的练习，读者可以运行该范例并观察结果。

5.3.3　当前上下文（ThisContext）属性

在变量窗格中还有一级属性 ThisContext，它的数据类型很特殊，即 Sequence Context（序列上下文）。"序列上下文"从字面上理解就是一个序列的所有信息，因此展开 ThisContext 时，会发现它同样包含了 Locals、Parameters、FileGlobals、StationGlobals、ThisContext、RunState 等所有变量窗格中的一级属性，如图 5-20 所示。由此可见，ThisContext 包含的信息量是很大的。

在 5.3.2 节介绍运行时属性时，提到 RunState 容器下包含的动态属性 RunState.Root、RunState.Main、RunState.Caller 等在序列编辑状态时值为空，在序列执行时 TestStand 传递了序列上下文类型引用给它们，这样它们就包含了不同序列的上下文信息，如图 5-21 所示。

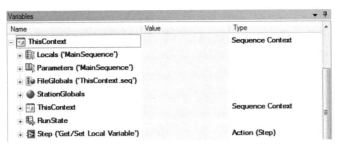

图 5-20　展开 ThisContext 一级属性

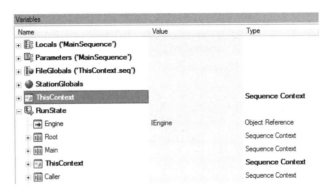

图 5-21　RunState 容器下的 Sequence Context 类型子属性

ThisContext 的数据类型是序列上下文，而且它指向的是当前序列，一般会将 ThisContext 作为参数传递给代码模块或者其他序列，这相当于把当前序列的所有信息传递了出去。细心的读者可能会发现，在图 5-21 中，变量窗格中有一个 ThisContext，而 RunState 下也有一个 ThisContext，这两个属性是否有联系？回答是肯定的，它们其实是同一个属性，ThisContext 就是 RunState.ThisContext 的拷贝，"This" 这种表达方式指的就是创建一个指向自己的引用。TestStand 为了方便数据传递和访问起见，在每个序列上下文容器中都额外创建了 ThisContext，用于指向这个序列上下文本身。可以预见的是，如果将 ThisContext 传递给代码模块，在代码模块中就可以访问当前序列的所有信息，也可以对序列中属性和变量的值进行修改。

下面的练习读者可任选其一。

【练习 5-4A】传递 ThisContext 属性给 LabVIEW 代码模块。
在本练习中，将 ThisContext 作为参数传递给 LabVIEW VI，然后在 VI 中获取 ThisContext 中属性和变量的值。

（1）打开序列编辑器，新建一个序列文件并将其保存为<Exercises>\Chapter 5\Sequence Context\ ThisContext-LabVIEW.seq。

（2）创建数值型局部变量 Locals.input_a 和 Locals.output_b，以及字符串型局部变量 Locals.status。

（3）在插入选板中选择模块适配器为"LabVIEW"。

（4）添加动作步骤，并将其命名为"Get Local Variable"，在模块页面 VI 路径中选择 Get TestStand Variable through ThisContext.vi，该 VI 位于<Exercises>\Chapter 5\Sequence Context。读者可以查看它的程序框图，如图 5-22 所示，非常简单，调用了 TestStand 选板函数 TestStand-Get Property Value.vi，它是一个多态函数，这里选择多态实例为"Number"。它的输入参数为"Sequence Context In"，结合"Lookup String"就可以获取子属性或变量，查找字符串就是子属性或变量的访问路径，如 ThisContext.RunState.Sequence。第 11 章中还会详细介绍查找字符串的方法。

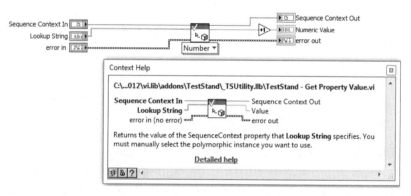

图 5-22　Get TestStand Variable through ThisContext.vi 程序框图

说明：所有 TestStand 选板函数都是在 TestStand 安装时自动添加到 LabVIEW 应用开发环境中的。

回到 TestStand，在参数列表中，Sequence Context In 的值为"ThisContext"，Lookup String 的值为""Locals.input_a""，其他参数设置如图 5-23 所示。

（5）添加动作步骤，并将其命名为"Get Property Value"，在 VI 路径中选择 Get TestStand Property through ThisContext.vi，该 VI 位于<Exercises>\Chapter 5\Sequence Context。同样可以查看它的程序框图，如图 5-24 所示，它调用的也是 TestStand 选板函数 TestStand-Get Property Value.vi，选择多态实例为"String"。

回到 TestStand，在参数列表中，Sequence Context In 的值为"ThisContext"，Lookup String 的值为""RunState.SequenceMain[Get Local Variable].ResultStatus""，其他参数设置如图 5-25 所示。

第 5 章 TestStand 数据空间

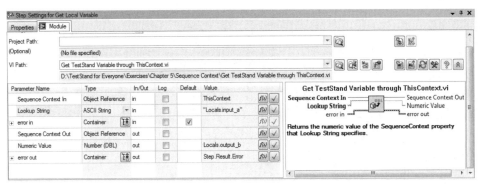

图 5-23 Get Local Variable 步骤参数列表

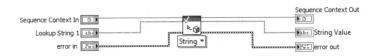

图 5-24 Get TestStand Property through ThisContext.vi 程序框图

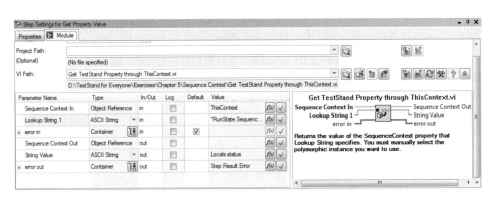

图 5-25 Get Property Value 步骤参数列表

（6）添加消息对话框步骤，在消息表达式中输入 " " The value of Locals.output_b is " +Str(Locals.output_b) +" \n" +" The status of step \" Get Local Variable\" is " +Locals.status"。

（7）保存序列文件，执行菜单命令"Execute»Single Pass"，观察消息对话框的弹出结果，如图 5-26 所示。

在范例资源的第 5 章练习中，例程 <Exercises>\Chapter 5\Sequence Context\ThisContext-LabVIEW-solution.seq 完成的是

图 5-26 消息对话框结果

上面的练习，读者可以通过菜单命令"Execute » Single Pass"运行该范例并观察结果。

> **【练习 5-4B】** 传递 ThisContext 属性给 CVI 代码模块。
> 在本练习中，将 ThisContext 作为参数传递给 LabWindows/CVI 生成的 DLL，通过 DLL 获取 ThisContext 中的属性和变量的值。

（1）打开序列编辑器，新建一个序列文件并将其保存为<Exercises>\Chapter 5\Sequence Context\ThisContext-CVI.seq。

（2）创建数值型局部变量 Locals.input_a 和 Locals.output_b，以及字符串型局部变量 Locals.status，保持初始默认值。

（3）在插入选板中选择模块适配器为"LabWindows/CVI"。

（4）添加动作步骤，并将其命名为"Get Local Variable"，在模块页面 DLL 路径中选择"PassThisContext.dll"，该 DLL 位于<Exercises>\Chapter 5\Sequence Context\CVI Project。PassThisContext.dll 一共导出两个函数：Get_Num_Variable 和 Get_Str_Variable，分别获取数值型属性/变量的值和字符串型属性/变量的值（如图 5-27 所示）。其中调用了 TestStand 函数库 TS_PropertyGetValNumber 和 TS_PropertyGetValString，位于"NI TestStand API 20××» Property Object » Values"下，如图 5-28 所示。它们有两个关键的输入参数：ThisContext 和 LookupString。ThisContext 结合 Lookup String 就可以获取子属性或变量，查找字符串就是子属性或变量的访问路径，如 ThisContext.RunState.Sequence。第 11 章中还会详细介绍查找字符串的方法。

图 5-27　PassThisContext.dll 导出函数原型

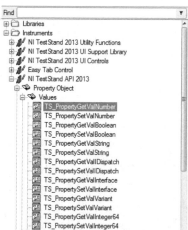

图 5-28　LabWindows/CVI 中的 TestStand 函数库

第 5 章　TestStand 数据空间

说明：关于 TestStand 函数库，第 13 章中会详细介绍，包括如何将函数库添加到工程中。

回到 TestStand，选择函数 Get_Num_Variable，在参数列表中，Sequence Context In 的值为"ThisContext"，Lookup String 的值为""Locals.input_a""，其他参数设置如图 5-29 所示。

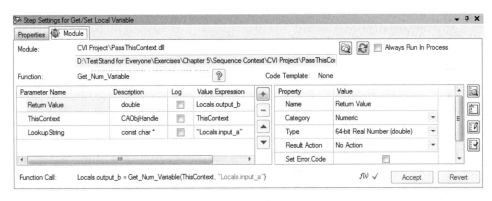

图 5-29　Get_Num_Value 步骤参数列表

（5）添加动作步骤，并将其命名为"Get Property Value"，在模块页面 DLL 路径中同样选择 PassThisContext.dll，选择 Get_Str_Variable 函数。在参数配置列表中，Sequence Context In 的值为"ThisContext"，Lookup String 的值为""RunState. SequenceMain[Get Local Variable]ResultStatus""，其他参数设置如图 5-30 所示。

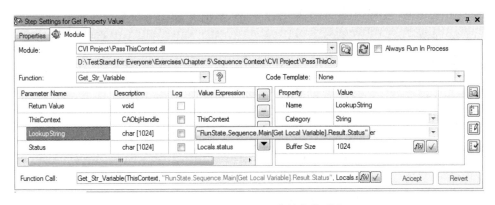

图 5-30　Get_Str_Value 步骤参数列表

（6）添加消息对话框步骤，在消息表达式中输入""The value of Locals.output_b is "+Str(Locals.output_b)+"\n"+"The status of step \"Get Local Variable\" is "+Locals.status"。

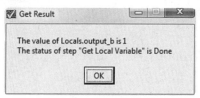

图 5-31 消息对话框结果

（7）保存序列文件，执行菜单命令"Execute » Single Pass"，观察消息对话框的弹出结果，如图 5-31 所示。

在范例资源的第 5 章练习中，例程 <Exercises> \ Chapter 5 \ Sequence Context \ ThisContext-CVI-solution.seq 完成的是上面的练习，读者可以通过菜单命令"Execute » Single Pass"运行该范例并观察结果。

因为"ThisContext"就是当前的序列上下文，动作步骤 Get Local Variable 通过查找字符串"Locals.Input_a"获取到局部变量 Locals.input_a 的值，进行一定运算后再返回给 Locas.Output_b。动作步骤 Get Property Value 通过查找字符串"RunState.Sequence.Main[Get Local Variable].Result.Status"获取前一步骤 Get Local Variable 的状态，因此在消息对话框中会得到它的状态"Done"。这个练习主要是告诉我们，将 ThisContext 传递给代码模块，只要能够提供属性和变量的访问路径，那么当前序列的所有上下文信息在代码模块中都是可以访问并被修改的。

说明：本书不会对 LabVIEW 或 LabWindows/CVI 中的具体编程做更细致的介绍，读者可以参考书中提供的范例代码，以加快对知识点的掌握。

5.4 表达式

使用表达式可以从多个变量和属性中计算出新的值。一般来说，只要是可以使用变量和属性的地方就可以使用表达式。表达式可以访问当前序列上下文中的所有属性和方法，如表达式"Locals.Mid = (Step.Limits.High+Step.Limits.Low) /2"。表达式按照一定的语法规则，通过在构造语句的过程中包含属性、变量以及运算符、操作函数的方式，实现赋值操作或返回给 TestStand 特定类型的数据。在 TestStand 中有多个地方使用到表达式：

- 声明步骤。
- 步骤的"属性配置页»表达式"面板中，有"Pre-Expression"、"Post-Expression"、"Status Expression"。
- 步骤的"属性配置页»先决条件"面板中，有"Precondition"。
- If 和 Else If 条件执行语句中，有"Conditional Expression"。
- 测试步骤的限度值。
- 代码模块中输入输出参数。

表达式大致分为三类。第一类是数据表达式，在序列执行时 TestStand 会计算该表达式，表达式返回结果（数值、字符串等）并传递给 TestStand 中的指定参数；测试步骤的限度值、代码模块输入/输出参数中表达式的使用就属于数据表达式。第二类是条件表达式，TestStand 评估该表达式，表达式返回布尔结果；先决条件、If 和 Else If 中 "Conditional Expression" 就属于条件表达式；先决条件可以决定步骤是否被执行，而 If 和 Else If 中的条件表达式会决定它所包含的语句块（在 TestStand 中就是一系列的步骤）是否被执行，如条件表达式 "RunState.PreviousStep.Result.Status != "Failed""，它要求前一步骤的状态不能为 "Failed"。第三类是通用表达式，通用表达式不需要返回结果，它执行赋值操作，更新属性和变量的值，像声明步骤和 Pre-Expression、Post-Expression、Status Expression 都使用通用表达式。在 C、C++、Java 和 Visual Basic 等标准语言里，其表达式中经常用到操作符和函数，TestStand 表达式同样支持这些操作符和函数并遵从一定的语法规则。如果对这些操作符和函数不熟悉，可以通过表达式浏览器来构造表达式。在 TestStand 中能输入表达式的地方，都有一个表达式图标，单击它就会弹出表达式浏览器（见图 4-50）。在第 4 章中介绍声明步骤时，已经讲述了表达式浏览器的使用方式。附录 A 中包含了 TestStand 表达式和函数的详细说明。

通常表达式中会涉及访问步骤属性，如果访问的是当前步骤的属性，如当前步骤的状态，只需要在表达式中输入 "Step.Result.Status" 就可以了；如果需要获取其他步骤的属性，就需要更复杂的表达式。共有以下三种方式包含步骤属性。

☺ 使用步骤索引：例如，"RunState.Sequence.Main[2].Result.Status" 访问的是当前步骤所在序列主体组中的第 3 个步骤的状态（索引从 0 开始）。

☺ 使用步骤名称：例如，"RunState.Sequence.Main["Audio Test"].ResultStatus" 返回的是当前步骤所在序列主体组中名称为 "Audio Test" 的步骤的状态。如果要在表达式中添加这个属性，除了可以手动输入，在表达式浏览器的变量/属性页面中，定位到该属性，然后单击 "Insert" 按钮将它添加至表达式这种方式将更方便。在单击 "Insert" 按钮时，可能会弹出如图 5-32 所示的 "Use Unique Step Ids?" 对话框，提示是否用步骤 ID 而非步骤名称来构造表达式，单击 "No" 按钮选择仍然使用步骤名称。需要注意的是，使用步骤索引方式时，如果步骤的顺序发生了变化，比如该步骤的前面增加了一个新的步骤，它的索引就发生了变化，需要相应地更新表达式中的索引；使用步骤名称时就不存在上述问题，但是它要求序列中不能有步骤重名，而如果步骤的名称发生了变化，同样需要手动更新表达式。

☺ 使用步骤 ID：TestStand 会随机给每个步骤产生一个 ID，每个步骤的 ID 是唯一的，这个 ID 对于用户而言没有可读性，只是步骤的代号而已。同样在表达式浏览器中引用步骤属性时，在弹出 "Use Unique Step Ids?" 对话框时，如果单击 "Yes" 按钮使用步骤 ID，则表达式看起来类似于图 5-33 所示的样子，表达式浏览器会自动添加备注信息，表示这个 ID

对应于哪个步骤，提高可读性。使用步骤 ID 的好处是避免了前面两种方法遇到的问题，不管步骤的索引、名称发生什么变化，步骤 ID 都是一成不变且唯一的。但是当表达式构造完成，退出表达式浏览器时，备注信息就消失了，并不会出现在表达式输入控件中，因此使用步骤 ID 的方式，其可读性较差。

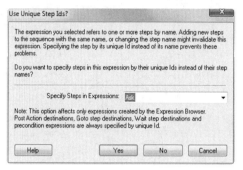

图 5-32 "Use Uniqe Step Ids?" 对话框　　图 5-33 使用步骤 ID 构造表达式

提示：如果不希望每次添加步骤属性时都弹出 "Use Unique Step Ids?" 对话框，可以在 "Specify Steps in Expressions" 下拉框中选择 "By Unique Step ID" 或 "By Step Name"，默认是 "Ask"，即每次都会弹出对话框，也可以通过菜单命令 "Configure » Station Options » Preference" 随时修改该设置。

5.5 数据类型

变量、属性都有一定的数据类型，TestStand 中提供了默认的数据类型，如数值型、布尔型，同时它也支持用户创建自定义数据类型。

5.5.1 默认数据类型

TestStand 中默认的常见数据类型有数值型（Number）、字符串型（String）、布尔型（Boolean）、对象引用（Object Reference）、容器（Container）、定义类型（Type）、数组类型（Array of），如图 5-34 所示。用户可以在局部变量、参量、文件全局变量、站全局变量中创建上述任意数据类型的变量。数值型、字符串型、布尔型与其他编程语言中的定义类似，对象引用类似于句柄和指针，而容器类似于 LabVIEW 中的簇或文本语言中的结构体。

如果将 Type 类型展开，会发现它包含 Error、Path、Expression、NI_TDMSReference、IVI 和 LabVIEW 等数据类型，如图 5-35 所示。TestStand 特意将 Error、Path、Expression 称为标准命名数据类型（Standard Named Data Type）。Error 是一个容器，它包含 Code、Msg 和 Occurred 三个子属性，TestStand 使用

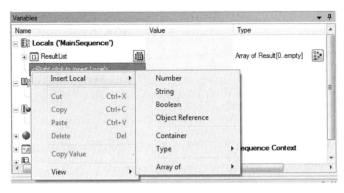

图 5-34 TestStand 默认的数据类型

Error 容器来传递错误信息。Path 和 Expression 本质上都是字符串类型,使用 Path 类型将路径存储为字符串,方便 TestStand 在部署时定位文件路径;使用 Expression 类型将表达式存储为字符串,同样是为了方便 TestStand 定位表达式。其他定义类型,如 NI_TDMSReference 是和 TDMS 格式文件相关的,IVI 是专门针对 IVI 可互换仪器驱动的,而 LabVIEW 中的 LabVIEWAnalogWaveform、LabVIEWDigitalWaveform 等是和 LabVIEW 应用开发环境中的模拟波形和数字波形对应起来的,读者稍做了解即可。

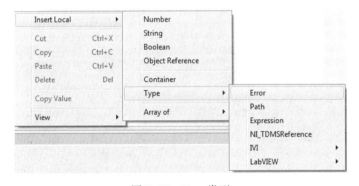

图 5-35 Type 类型

可以为以上任何的数据类型创建数组,以数值型数组为例,当新建一个数值数组时,会弹出数组设置对话框,可以设置数组的维度,然后分别设定每个维度的上界和下界。例如,图 5-36 中创建了一个二维数组,第一个维度的上、下界分别是 0 和 9,而第二个维度的上、下界分别是 0 和 1。对于每个维度,元素的个数等于 Upper Bounds-Upper Bounds+1,这样该二维数组总的元素个数就是 20。虽然 TestStand 中只要求下界的值设定不能大于上界,它可以设成-1 等其他值,但建议保持使用其默认值 0。

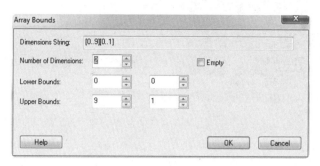

图 5-36 创建数组

如果不确定数组的最大长度,或者为了节省空间,可以在创建数组时选中"Empty"单选框,这样数组的元素个数为 0,此时上界控件会变成灰色不可设置,如图 5-37 所示。

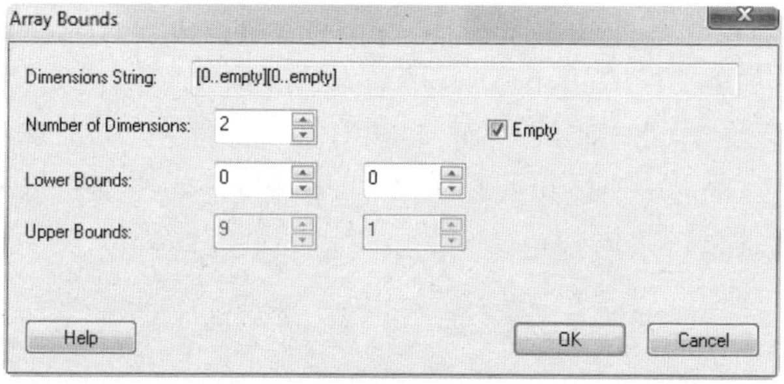

图 5-37 数组元素个数为 0

即使在创建数组时,指定了每个维度的上下界,在序列执行的过程中,也可以动态地修改数组的大小。例如,借助于表达式和数组相关函数 GetNumElements 和 SetNumElements 可以获取或设置一维数组的大小,借助于 GetArrayBounds 和 SetArrayBounds 可以获取或设置多维数组的上下界。如果需要在 TestStand 和代码模块之间传递数组,应确保代码模块中的数组与 TestStand 中定义的数组大小一致。

注意:虽然在 TestStand 和代码模块之间可以传递一维、二维甚至多维数组,但笔者建议尽量避免这种跨平台的复杂数据类型传递,尤其是二维和多维数组。在编写代码模块时,应尽量设计在 TestStand 和代码模块之间只传递类型非常简单的数据。

5.5.2 自定义数据类型

TestStand 中有一种数据类型称为容器,它类似于 LabVIEW 中的簇或文本语言中的结构体。在本章前面介绍变量和属性时就接触了容器,像 Locals、

Parameters、RunState 都属于容器。容器，顾名思义就是能够包含很多东西。在 TestStand 中，容器可以包含其他变量和属性。如图 5-38 所示，创建了一个容器 Locals.Container_Test，在其中添加了两个属性 number 和 string，分别是数值型和字符串型，还可以右击"<Right click to insert Field>"区域往容器中添加新的属性。在实际项目中，可以根据需要创建多种不同的容器。

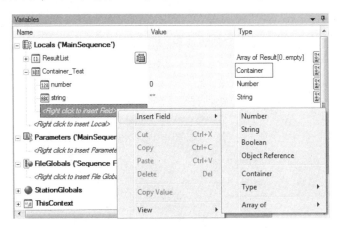

图 5-38　创建容器

如果某一容器在序列中的多个地方反复被用到，而在开发的过程中发现需要修改容器的定义，如添加或删除属性，这时就需要逐个去修改每处使用该容器的地方，这种做法的效率很低，且容易遗漏。解决这一问题的办法就是在 TestStand 中使用自定义数据类型。单击工具栏上的类型选板图标，进入图 5-39 所示的类型选板窗口。TestStand 中有两个地方可以保存自定义数据类型，一个是类型选板（Type Palettes）下的 MyTypes.ini 文件，另一个是序列文件。如图 5-39 所示，选择 MyType.ini 文件后，在其右侧视图中的 Custom Data Types 中新建 Container_Test 容器，Container_Test 自定义数据类型就存储在 MyTypes.ini 文件中。在 MyType.ini 文件中创建的自定义数据类型是全局的，同一工作站中所有的序列文件都可以使用。如果自定义数据类型是在序列文件中创建的，同样是在类型选板窗口中，选择序列文件，如图 5-39 中的 Container.seq，然后在其右侧视图的自定义数据类型栏中创建自定义数据类型，自定义数据类型就保存在序列文件中。在序列文件中创建的自定义数据类型只能被序列文件使用。因此，存储于 MyTypes.ini 文件中的自定义数据类型，其作用范围要大一些，可在任何序列文件中使用。然而，如果不是特别通用的自定义类型，建议将它的定义保存于序列文件中，没必要使 MyTypes.ini 中包含太多的数据类型定义。

在 MyType.ini 或序列文件中创建自定义数据类型很简单：在类型选板窗口中右击"<Right click to insert Type>"区域，在弹出的菜单中选择"Insert Custom

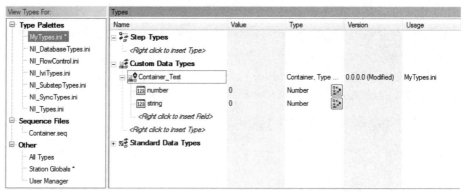

图 5-39　类型选板窗口

Data Type",如图 5-40 所示;然后添加字段属性,完成数据类型定义后,保存 MyType.ini 文件或序列文件即可。

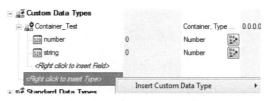

图 5-40　新建自定义数据类型

接下来就可以在变量窗格中使用该自定义数据类型了,前面例子中在 MyType.ini 中创建了"Container_Test",现在注意到"Type"列表中出现了数据类型"Container_Test",如图 5-41所示。

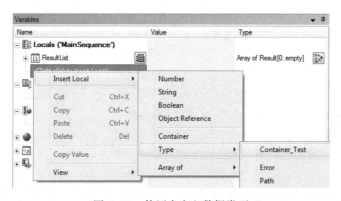

图 5-41　使用自定义数据类型

提示:如果想在类型选板窗口中删除某自定义类型,却发现删除菜单是灰色的,通常是因为当前序列文件使用了该自定义数据类型并创建了实例,需要先删除这些实例后才能将该自定义数据类型删除。

如果要修改自定义数据类型，就需要回到类型选板窗口，在定义它的地方进行修改。例如，给 Container_Test 容器添加一个布尔属性，完成后需要保存 MyType.ini，这时系统可能会弹出警告窗口，提示 MyType.ini 文件中某些类型被修改，如图 5-42 所示。在警告窗口的"Modified Types"框中会列举出被修改的自定义类型，可以通过选择"Increment Type Version"或"Do Not Increment Type Version"选项来过滤列举内容。

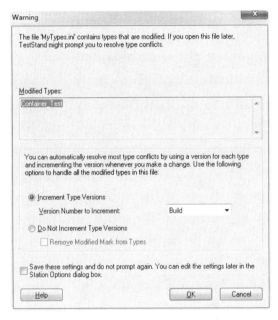

图 5-42　自定义类型警告窗口

在新建一个自定义数据类型时，TestStand 会给它分配初始版本号 0.0.0.0。在类型选板窗口中选择该自定义数据类型并右击，然后在弹出菜单中选择"Property"，打开"Container_Test Properties"对话框，选择"Version"页面，可以查看自定义数据类型当前版本号。当更新了该自定义数据类型时，TestStand 会自动勾选"Modified"属性，因此保存 MyTypes.ini 或序列文件时就会弹出如图 5-42所示的警告窗口，提示是否增加版本号，可以选择不增加版本号且不勾选"Modified"标记，如图 5-43 所示。

任何时候，对于给定名称的自定义数据类型，在 TestStand 内存空间中只能有一个定义。如果存在同名称的多个定义，会出现类型冲突问题。例如：在文件 A 和 B 中都包含自定义数据类型 C，但是对 C 的定义不同；如果 TestStand 已经加载了文件 A，当用户接着加载文件 B 时，就会由于 C 的多个定义存在而导致类型冲突。当出现类型冲突时，如果以下几个条件同时满足，TestStand 能自动解决类型冲突问题，它会选择版本号较高的定义：

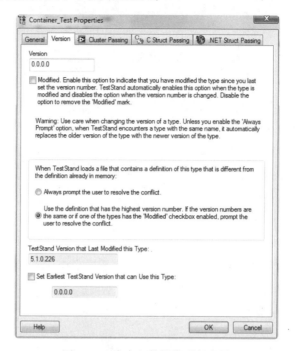

图 5-43　自定义数据类型版本号

◇ 两边的自定义数据类型都没有勾选"Modified"标记；
◇ 版本号不一样；
◇ Type Palette 文件不会被修改。

说明： 关于上述第三点，如果自定义数据类型都存储于序列文件中，就不存在这个问题；但若自定义数据类型存储于 Type Palette 文件（如 MyTypes.ini）中，版本号高的定义必须在 Type Palette 文件中，并且版本号低的定义是在序列文件（而不是 Type Palette 文件）中。这保证了 Type Palette 文件不会被修改，因为 Type Palette 文件中的定义作用范围较大，有可能其他序列文件中也用到，非预期地修改 Type Palette 有可能导致其他序列文件无法正常运行，需要避免这种不必要的类型扩散。

如果上述条件有任何一条不满足，TestStand 就会弹出类型冲突窗口，如图 5-44 所示。在此可以选择使用已加载至内存中的定义，或者新打开的文件中的定义，或者对二者之一进行重命名，以避免同名冲突。读者可以自己做一个简单的测试，创建两个序列文件，在每个序列文件中都创建同名称但定义不同的数据类型（注意，任何一个序列文件创建完自定义数据类型后，应关闭该序列文件),再先后打开两个序列文件,观察当弹出类型冲突窗口时,选择不同的选项后结果会有什么区别。

图 5-44 类型冲突窗口

5.5.3 使用容器传递数据给代码模块

如果 TestStand 步骤调用了代码模块,且代码模块中包含簇或结构体类型的参数,该如何匹配数据类型才能在 TestStand 和代码模块之间进行正确的数据传递呢?下面分别以 LabVIEW 和 LabWindows/CVI 为例进行介绍。

1. LabVIEW 代码模块

举例:TestStand 动作步骤使用了 LabVIEW 代码模块,该代码模块中有一个簇输入参数"Cluster",簇的结构中包含数值型和字符串型元素。在步骤设置窗格模块页面的参数列表中,可以为簇中的每个元素单独设置值。如图 5-45 所示,将 Numeric 元素的值设置为"Locals.number",将 String 元素的值为空字符串""。

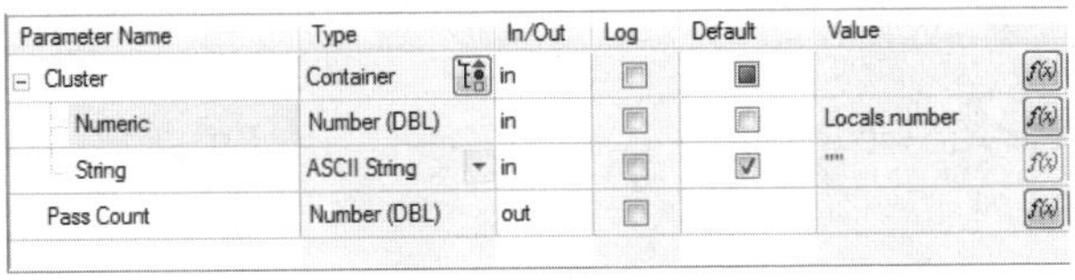

图 5-45 为簇元素单独设置值

如果觉得单独设置簇的每个元素比较烦琐,那么可以在 TestStand 中创建一个容器和簇进行匹配。最好的方法就是单击图 5-45 中"Type"列"Container"容器旁边的创建自定义数据类型图标,在弹出对话框(如图 5-46 所示)的

"Type Name"栏输入将要创建的容器名称,而在参数列表中,TestStand已经自动为簇中的每个元素进行了数据类型匹配。在该对话框的最下方可以选择自定义数据类型保存的位置,图5-46中选择了保存在序列文件中。

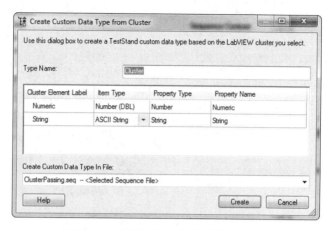

图5-46　通过簇创建自定义数据类型

切换到类型选板窗口,选择刚才保存自定义数据类型"Cluster"的序列文件,可以看到Cluster已自动创建且保存在了序列文件中,如图5-47所示。

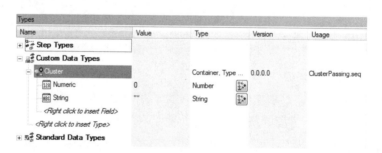

图5-47　自定义数据类型Cluster已创建

通过簇创建自定义数据类型这种方式有两个好处:一是TestStand和LabVIEW簇的数据类型完全匹配,二是TestStand在自定义数据类型的属性中自动设置了其"Cluster Passing"页面。如图5-48所示,TestStand已经自动选中了"Allow Objects of this Type to be Passed as LabVIEW Clusters"选项,即可以将这一自定义数据类型作为簇传递。选择每个属性,可以看到,TestStand已设置好它的类型和标签。属性窗口的"C Struct Passing"和".NET Struct Passing"页面则分别对应于配置如何将该自定义数据类型作为结构体传递至使用C或.NET编写的代码模块。

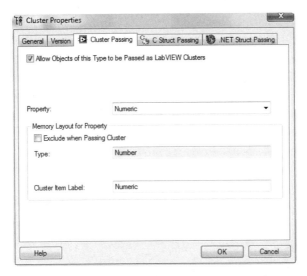

图 5-48　簇传递属性页面

创建一个“Cluster”自定义数据类型的局部变量 Locals.cluster，回到动作步骤设置窗格中，将 Locals.cluster 赋予簇参数，可以观察到簇的每个元素已自动与自定义数据类型的每个子属性完全匹配，无须单独设置，如图 5-49 所示。

Parameter Name	Type	In/Out	Log	Default	Value
⊟ Cluster	Container	in	☐	☐	Locals.cluster
Numeric	Number (DBL)	in	☐	☐	Locals.cluster.Numeric
String	ASCII String	in	☐	☐	Locals.cluster.String
Pass Count	Number (DBL)	out	☐		

图 5-49　簇整体设置

如果在参数列表中看到图标，说明存在数据类型不匹配的问题。如图 5-50 所示，将 Cluster 参数展开，会发现 Numeric 元素出现了类型不匹配。可能用户会感到奇怪：有时 TestStand 创建的容器明明包含的子属性和 LabVIEW 簇中包含的元素是完全一样的，为什么还会有类型不匹配的问题？这往往是由于子属性的标签没有和簇元素完全一致导致的。比如，簇中的数值元素标签为“Numeric”，而如果在 Cluster Passing 页面中簇元素标签设置的是“Number”，如图 5-51 所示，由于二者标签不同，就会出现这样的问题。解决的办法很简单，就是在“Cluster Passing”页面中将簇元素标签同样设置为“Numeric”，之后单击图标，在弹出的对话框中单击“Yes”按钮应用更新即可。

2. LabWindows/CVI 代码模块

举例：TestStand 动作步骤调用 LabWindows/CVI 所生成的 DLL 中的函数，该函数的输入参数包含结构体，如图 5-52 中的 test 参数，它的数据类型是

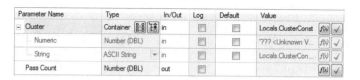

图 5-50 簇元素不匹配

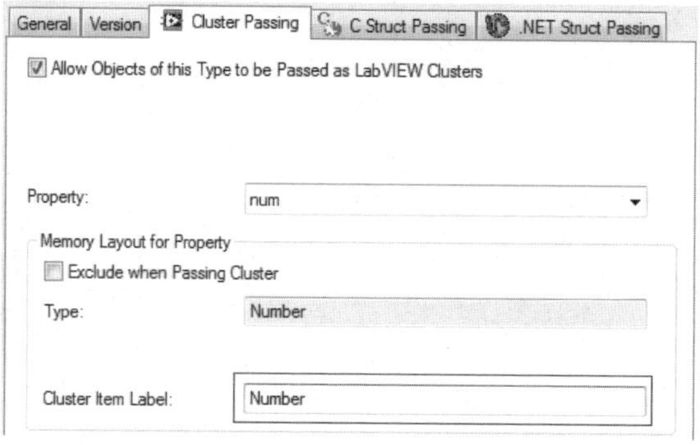

图 5-51 簇元素标签

compound 结构体。在参数列表中选中"test",在其右侧相应参数配置区,TestStand 已经自动选择参数类别为"C Struct",类型为"compound",红色表示 TestStand 暂时没有一个 compound 的自定义数据类型与之对应(TestStand 能自动选择参数类别为 C Struct,需要的前提条件是它能自动识别 DLL 的函数原型,否则参数配置区所有的设置都要手动完成)。不同于 LabVIEW 的是,虽然函数的原型已被识别,但是 TestStand 并不会提供容器来自动匹配结构体。TestStand 尚不支持对结构体的内容进行解析,只能通过在 Teststand 中手动创建自定义数据类型,让自定义数据类型匹配结构体。

图 5-52 CVI 函数中包含结构体参数

注意:若 DLL 中的函数包含了某些参数而导致 TestStand 不能自动解析,有可能在模块页面选择该函数时,TestStand 弹出对话框提示"在 DLL 中找不到该函数的参数信息或参数类型不能被 TestStand 识别"。遇到这种情况时,参数列表将为空,只能手动去添加并配置参数(除非修改 DLL 中函数原型)。

以 compound 结构体为例,在 CVI 中它的定义如下:

typedef struct compound{
    int numeric;
    char ＊ status;
}*compound*;

在 TestStand 中先手动创建一个自定义数据类型容器 compound，在容器中添加数值和字符串子属性，然后在其属性窗口"C Struct Passing"页面中，选中"Allow Objects of the Type to be Passed as Structs"选项，即可以将这一自定义数据类型作为结构体传递。如图 5-53 所示，选择每个属性，可以看到，TestStand 已设置好了它的类型。对于数值型，需要额外设置数值类型；对于字符串型，需要额外设置字符串类型和缓存大小。

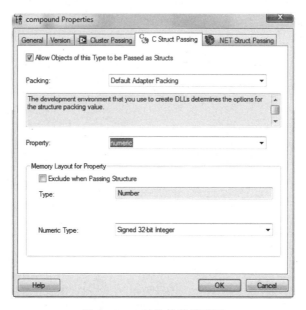

图 5-53　C 结构体传递页面

自定义数据类型"compound"创建好后，就可以创建 compound 类型的变量，并且在步骤设置窗格中，将变量赋给结构体参数，匹配的工作就完成了。实际上，这样做并不是很方便，一来手动创建自定义类型的容器很麻烦（特别是结构体较复杂时），二来 TestStand 不会对创建的容器和结构体内容是否匹配做检查（即使匹配错误也不会有提示）。如果 DLL 源项目文件存在，那么可以借助于调试的方式，修改 DLL 中的函数甚至是函数原型，在函数内部检查结构体是否正常获取到 TestStand 传递过来的值，通过这种查错机制可以在一定程度上判断 TestStand 容器和 CVI 结构体是否匹配。

3. 关于数据传递

正如在前文提及多维数组的传递一样，虽然在 TestStand 和代码模块之间可以传递簇、结构体，但是笔者建议尽量避免跨平台的复杂数据类型的传递，尤其是簇和结构体中还包含复杂的数据类型，甚至是嵌套结构体，在这种情况下做数据类型匹配是一件很痛苦的事情，而且容易出错。更合理的方式应该是：①DLL 导出函数原型时，尽量只包含简单数据类型；② 如果 DLL 是第三方提供的，试着在 LabWindows/CVI 先调用该 DLL，再封装一层，将复杂的数据类型隐藏起来，然后 TestStand 再调用 CVI 新编译生成的 DLL，避开复杂数据类型，在 Visual Studio 中也可以采用类似的处理方式。

提示：在<TestStand Public>\Examples\StructPassing 目录下有关于 LabVIEW、CVI、C/C++、.NET 和 TestStand 之间传递结构体的序列文件示例以及代码模块的源代码，读者可以学习该范例，观察数据类型的匹配。使用 CVI 和 C/C++中的 DLL 时，请注意 Struct Packing 设置（Struct Packing 可以通过菜单命令"Configure»Adapters"进入相应模块适配器页面进行设置）。

下面的练习读者可任选其一。

> **【练习 5-5A】** 容器和 LabVIEW 簇之间的数据传递。
>
> 在本练习中，将在 TestStand 容器与 LabVIEW 簇之间传递数据，并使读者掌握通过簇创建自定义数据类型的方法。

（1）打开序列编辑器，新建一个序列文件并将其保存于<Exercise>\Chapter 5\StructPassing\ClusterPassing.seq。

（2）在插入选板中选择模块适配器为"LabVIEW"。

（3）添加动作步骤，选择代码模块 ClusterPassing.vi。ClusterPassing.vi 是笔者事先创建的，位于目录<Exercise>\Chapter 5\StructPassing。StructPassing.vi 有一个簇输入和一个数值型输出，程序框图很简单，就是当簇中的字符串为"Pass"时，数值输出加 1，如图 5-54 所示。

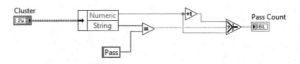

图 5-54 ClusterPassing.vi 的程序框图

（4）在步骤设置窗格模块页面的参数列表中，单击 Cluster 参数"Type"列旁的图标，在弹出的"Create Custom Data Type from Cluster"对话框中，在"Type Name"栏中输入名称"Cluster"，在对话框的最下方选择自定义数据类型保存于当前序列文件中，如图 5-55 所示。然后单击"Create"按钮。

第 5 章　TestStand 数据空间

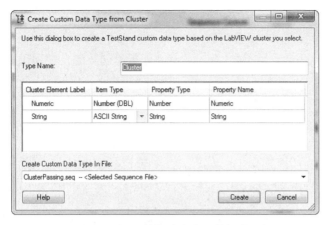

图 5-55　通过簇创建自定义数据类型

（5）在序列中创建一个局部变量 Locals.cluster，数据类型为"Cluster"，设置 cluster 变量的 Numeric 属性初始值为 1，String 属性初始值为"Pass"。另外创建数值型局部变量 Locals.count，初始值为 0。

（6）回到步骤设置窗格模块页面，完成参数列表设置，如图 5-56 所示。

图 5-56　参数列表设置

（7）添加消息对话框步骤，在消息表达式中输入"Str(Locals.count)"。

（8）保存序列文件，通过菜单命令"Execute » Run MainSequence"执行序列。观察消息对话框弹出的结果。

（9）将 cluster 变量的 String 属性初始值设置为"Fail"，重新运行序列，观察结果。

在范例资源的第 5 章练习中，< Exercise > \ Chapter 5 \ StructPassing \ ClusterPassing - solution.seq 完成的是上面的练习，读者可以通过菜单命令"Execute » Run MainSequence"运行该范例并观察结果。

> 【练习 5-5B】容器和 LabWindows/CVI 结构体之间的数据传递。
> 　　在本练习中，将在 TestStand 容器和 CVI 结构体之间传递数据，并使读者掌握在 TestStand 中创建自定义数据类型来匹配结构体的方法。

（1）打开序列编辑器，新建一个序列文件并将其保存于<Exercise>\Chapter 5 \StructPassing\StructPassing.seq。

（2）在插入选板中选择模块适配器为"LabWindows/CVI"。

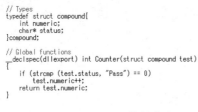

图 5-57 Counter 函数的定义

（3）添加动作步骤，选择代码模块 StructPassing-CVI.dll。StructPassing-CVI.dll 是笔者事先创建的，保存于目录<Exercise>\Chapter 5\StructPassing\Struct-CVI，它包含一个导出函数 Counter，Counter 的定义很简单，就是当 status 为 "Pass" 时，numeric 加 1，如图 5-57 所示。

（4）在模块页面的 "Function" 栏中选择 "Counter"，如图 5-58 所示，TestStand 自动解析到函数中包含了结构体，但是 TestStand 暂时没有一个 "compound" 的自定义数据类型，所以在 "Type" 栏中 "compound" 是红色的。

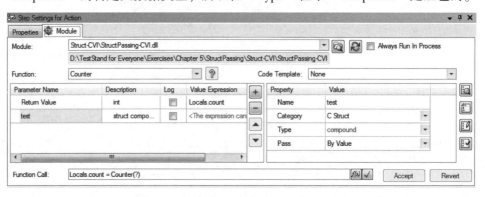

图 5-58 在模块页面选择 Counter 函数

（5）打开类型选板窗口，在视图左侧选择 "StructPassing-CVI.seq"，在相应的右侧视图中创建自定义数据类型 "compound"，添加数值属性 "numeric" 和字符串属性 "status"，如图 5-59 所示。

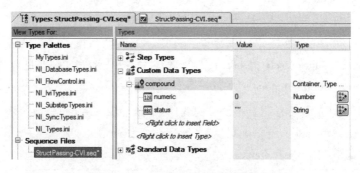

图 5-59 创建自定义数据类型

（6）右击 "compound"，然后打开其属性窗口，在 "C Struct Passing" 页面

中选中"Allow Objects of the Type to be Passed as Structs"选项。

（7）返回序列文件窗口，创建局部变量 test，其类型为"compound"。设置 test 变量的 Numeric 属性的初始值为 1，String 属性的初始值为"Pass"；创建数值型局部变量 Locals.count。

（8）在步骤设置窗格模块页面，完成参数列表设置，如图 5-60 所示。

Parameter Name	Description	Log	Value Expression
Return Value	int	☐	Locals.count
test	struct compound	☐	Locals.test

图 5-60 Counter 函数的参数列表

（9）添加消息对话框步骤，在消息表达式中输入"Str(Locals.count)"。

（10）保存序列文件，通过菜单命令"Execute》Run MainSequence"执行序列。观察消息对话框弹出的结果。

（11）将 test 变量的"String"属性初始值设置为"Fail"，重新运行序列，观察结果。

在范例资源的第 5 章练习中，＜Exercise＞\ Chapter 5 \ StructPassing \ StructPassing-CVI-solution.seq 完成的是上面的练习，读者可以通过菜单命令"Execute》Run MainSequence"运行该范例并观察结果。

5.5.4 数据类型匹配

可能有读者会问：LabVIEW、LabWindows/CVI 等应用开发环境中的数据类型非常多，远远多于 TestStand 中的数据类型，如果要在 TestStand 和代码模块之间传递数据，该如何匹配数据类型呢？确实如此，TestStand 中的数据类型有限或者说非常少，因此需要进行数据类型匹配和转换。表 5-3~表 5-5 分别列举了 LabVIEW、LabVIEW 控件、LabWindows/CVI 与 TestStand 的数据类型匹配。

表 5-3 LabVIEW 与 TestStand 的数据类型匹配

LabVIEW 数据类型	TestStand 数据类型
实数(U8、U16、U32、I8、I16、I32、SGL、DBL 或 EXT)	Number(TestStand 将任何 EXT 转换为 DBL 类型)
I64	Number {Signed 64 bit Integer}
U64	Number {Unsigned 64 bit Integer}
Fixed-point numeric(定点数)	不支持
复数(CSG、CDB 或 CXT)	Number TestStand 将复数的实部和虚部分别用一个值表示

表 5-4 LabVIEW 控件与 TestStand 数据类型的匹配

LabVIEW 输入或显示控件	TestStand 数据类型
Enum（U32、U16 或 U8）	Number
Ring	Number
String	String
Path	String
Picture	String
Timestamp	String
Cluster	Container
Error I/O	Error
ActiveX Control 或 Automation Refnum	Object Reference
.NET Refnum	Object Reference
LabVIEW Object	Object Reference
Waveform	LabVIEWAnalogWaveform
Digital Waveform	LabVIEWDigitalWaveform
Digital Data	LabVIEWDigitalData

提示：关于 TestStand 转换 LabVIEW 数据类型的详细信息，请查看 Help 帮助文档，在索引中输入关键词"LabVIEW Data Types"。

表 5-5 LabWindows/CVI 与 TestStand 的数据类型匹配

LabWindows/CVI 数据类型	TestStand 数据类型
char、unsigned char、short、unsigned short、long、unsigned long、float 或 double	Number
_int64、long long	Number｛Signed 64-bit integer｝
unsigned __int64、unsigned long long	Number｛Unsigned 64-bit integer｝
const char *、char[ ]、const wchar_t *、const unsigned short *、wchar_t [ ] 或 unsigned short[ ]	Path、String 或 Expression
enum	Number
Struct	Container
IDispatch *pDispatch、IUnknown *pUnknown 或 CAObjHandle objHandle	Object Reference
Pointer to x	Object Reference
Array of x	Array of TestStand（x）

5.6 工具

本节介绍两个工具，分别是 Import/Export Properties 和 Property Loader，利用它们可以将变量和属性按特定的格式导出到文件中，或者读取文件从而更新变量和属性的值。

5.6.1 属性导入/导出工具

在序列编辑器中通过菜单命令"Tools » Import/Export Properties"打开属性导入/导出(Import/Export Properties)工具。在"Source/Destination"页面中主要是配置文件的格式和路径,它支持 .txt、.csv 和 .xls 文件格式。在"Start of Data Marker"栏和"End of Data Marker"栏中可以指明有效数据的开始和结束位置,这是用户可以自定制的,如图 5-61 中分别是"Start_<Sequence>"和"End_<Sequence>"。在文件中,用户可以额外添加注释以提高可读性,如在"Skip Rows That Begin With"栏中设置"\\",则 TestStand 在从文件中导入属性时会自动跳过以"\\"开头的行。

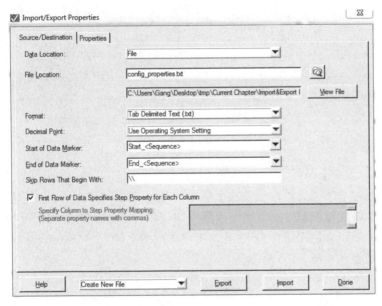

图 5-61 属性导入导出工具"Source/Destination"页面

在"Properties"页面中,主要设置需要导入/导出哪些属性。在"Sequence"栏中可以选择从哪个序列或整个序列文件中导入/导出属性。在"Properties"区域,TestStand 会列举出所有可以导入/导出的属性,可通过单击按钮将它们添加到右侧列表中,或者从右侧列表中移除,如图 5-62 中将导出限度值和局部变量。单击已被选择的属性,在"Property Name"栏中会显示它的名称,可以选择修改名称。如果选中了"Import All Properties from Data Location"选项,那么将忽略属性栏中所有的设置,TestStand 会从文件中读取所有属性。

以上所有设置完成后,就可以单击"Export"按钮导出属性,或者单击"Import"按钮导入属性,单击"Done"按钮关闭窗口。在导出属性时,可以选择是否新建文件或将内容添加到已有文件中。

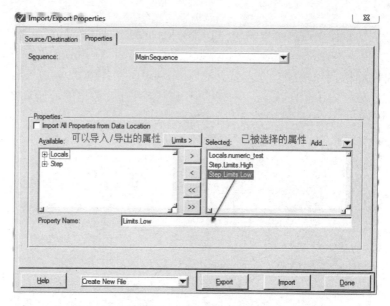

图 5-62 属性导入/导出工具"Properties"页面

5.6.2 属性加载器

使用属性导入工具可以手动从文件导入属性,如果期望在序列执行的过程中自动读取文件并更新属性,可以使用属性加载器(Property Loader)步骤(注意,这里的文件限定为使用属性导入/导出工具生成的文件),一般将属性加载器步骤放置到设置组,如图 5-63 所示。

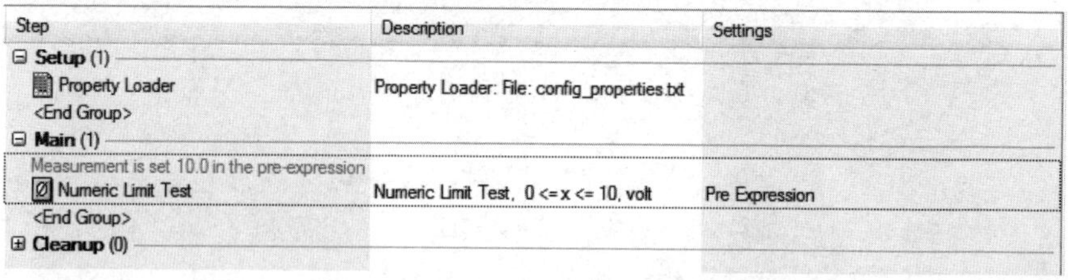

图 5-63 添加属性加载器步骤

在步骤设置窗格中,单击"Edit Property Loader"按钮打开配置对话框,在"Source"页面(如图 5-64 所示)中选择要读取的文件,其他选项只要保持和属性导入/导出工具生成该文件时的设置一致就可以了;切换到"Properties"页面(如图 5-65 所示),选择要导入的属性,操作也是一样的。

第 5 章　TestStand 数据空间

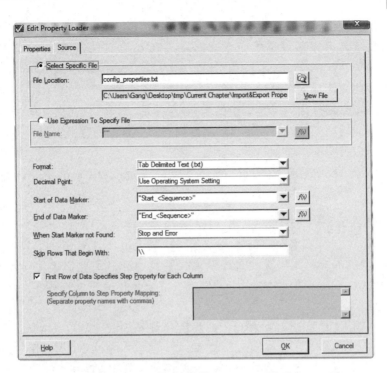

图 5-64　属性加载器 "Source" 页面

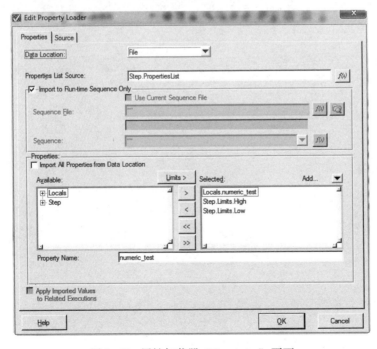

图 5-65　属性加载器 "Properties" 页面

在范例资源的第 5 章练习中，有范例位于<Exercise>\Chapter 5\Import&Export Properties，读者可以通过菜单命令"Execute » Single Pass"运行该范例并观察结果。

虽然使用属性导入/导出工具可以将变量和属性读/写到文件中，但笔者感觉这个工具并不是很好用：一是数组的导入/导出很麻烦，且在文件中的可读性较差；二是不同的序列文件往往导出的属性列表不一样，而这个工具并不会保存这个列表，所以每次都需要手动添加。

提示：关于数组的导入/导出，可以参考链接 http://www.ni.com/white-paper/3481/en。

【小结】

本章系统介绍了 TestStand 数据空间。通过变量可以实现在步骤之间、序列之间、步骤和代码模块之间传递数据。属性部分，每种步骤类型都有其特有的属性，RunState 容器包含很多子属性，序列执行过程中的实时信息都存储在 RunState 容器中。对于动态属性，只有在序列执行时，才会给它们分配对象引用，此时这些属性才有意义。结合操作符和函数，使用表达式可以从多个变量和属性中计算出新的值。一般来说，只要是可以使用变量和属性的地方，就可以使用表达式。在 TestStand 中，除了默认数据类型，还可以通过容器创建自定义数据类型，实现和代码模块的簇或结构体之间数据传递。

第 6 章　在 TestStand 中调试

本章将学习如何在 TestStand 中调试序列。任何时候，测试软件的开发都不可能一步到位，往往需要经过反复修改才能最终达到要求。TestStand 提供了丰富的调试工具，如断点、单步执行、交互式执行步骤等，并且在一定条件下，TestStand 还允许进入代码模块的应用开发环境进行调试。

目标

- ☺ 熟悉 TestStand 执行窗口
- ☺ 学会使用监视窗格
- ☺ 了解序列调用堆栈的概念
- ☺ 学会在 TestStand 中使用断点和单步执行
- ☺ 掌握在 TestStand 中交互式执行序列
- ☺ 配置 TestStand 如何处理运行时错误
- ☺ 在 TestStand 中使用查找工具
- ☺ 学习如何调试代码模块
- ☺ 学习序列分析器工具的使用

关键术语

Execution Window（执行窗口）、Execution Pointer（执行指针）、Breakpoint（断点）、Call Stack Pane（调用堆栈窗格）、Watch View Pane（监视窗格）、Threads Pane（线程窗格）、Step Into（单步进入）、Step Over（单步跨过）、Step Out（单步跳出）、Resume（继续）、Terminate（终止）、Abort（强制退出）、Interactive Execution（交互式执行）、Tracing（追踪）、Step Run Mode（步骤运行模式）、Sequence Failure（序列失败）、Run-time Error（运行时错误）、Debugging Code Module（调试代码模块）、Find Tool（查找工具）、Sequence Analyzer（序列分析器）

6.1 TestStand 执行窗口

自动化测试系统在开发阶段经常会遇到各种问题，这可能是系统硬件或软件引起的，也可能是待测件本身的设计缺陷造成的，因此需要借助诊断和调试工具,找出问题所在。在序列编辑器中,当新建或打开某个序列文件时,会看到类似图6-1所示的界面布局,这是序列文件窗口。用户可以在序列文件窗口中编辑序列文件,如添加序列、插入步骤、修改变量等。

图6-1　序列文件窗口

仍以<TestStand Public>\Examples\Demo\LabVIEW\Computer Motherboard Test\Computer Motherboard Test Sequence.seq 为例,通过菜单命令"Execute » Single Pass"执行序列。在序列执行的过程中,会看到序列执行窗口,如图6-2所示。TestStand通过序列执行窗口显示序列执行的实时信息(如监视变量和属性的值、显示调用堆栈和线程、执行指针等),因此它是调试和诊断程序的主要工作界面。

1. 步骤列表窗格

在序列执行的过程中,步骤列表窗格中显示的是当前正在执行的序列的步骤列表,如图6-3所示。执行指针指向当前正在执行的步骤,如果设置了断点,在该窗格中同样会显示出来。每个步骤执行完成后,在状态栏会立即显示步骤执行完成的状态,如"Pass""Fail""Done"等。这些都很直观,用户可以很容易地了解序列的大体执行情况。

第 6 章 在 TestStand 中调试

图 6-2 序列执行窗口

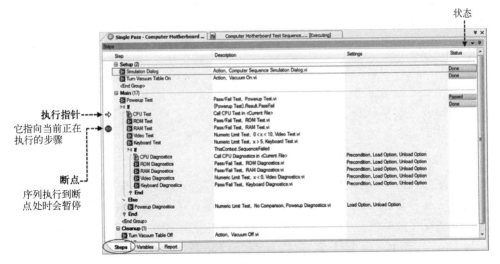

图 6-3 步骤列表窗格

2. 变量窗格

变量窗格显示的是当前执行序列中的所有变量和属性，其中一些是动态属性，TestStand 在执行过程中动态地给它赋值（在第 5 章介绍过）。如图 6-4 所示，通过变量窗格可以查看所有变量和属性的当前值，它可以帮助开发人员在调试的过程中对结果进行分析。对于变量，还可以随时修改它的值。

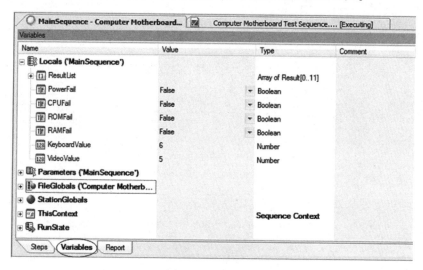

图 6-4　变量窗格

提示：只有当序列执行到断点处暂停时，才能在变量窗格查看到变量或属性的值，否则变量窗格为空。

3. 报表窗格

序列执行完成后，报表窗格中会显示报表，报表中包含了序列执行的详细结果，如图 6-5 所示。默认情况下，TestStand 只在序列执行完成后才产生报表，用户可以通过菜单命令"Configure » Result Processing » Report Options"来设置是否实时产生报表。关于报表设置将在第 7 章详细介绍。

4. 监视窗格

在序列执行的过程中，除了可以通过变量窗格在断点处查看变量和属性的值，另一个非常有用的工具就是监视窗格，如图 6-6 所示。相对变量窗格而言，监视窗格更有针对性，可以从变量窗格中通过拖曳的方式将变量或属性添加到监视窗格。如图 6-6 中添加了监视变量 Locals.PowerFail、RunState.StepIndex、RunStatePreviousStepResultStatus。同时，可以构建各种表达式并监测它们的值，如 Locals.PowerFail && Locals.CPUFail。在监视窗格中，可以在"Value"列修改每个监视项的值。在"Breakpoint"列可以选择当监测项的值改变或值为真时是

第 6 章 在 TestStand 中调试

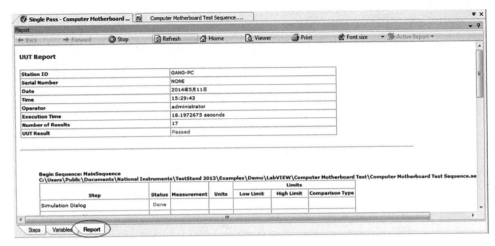

图 6-5 报表窗格

否产生断点以暂停序列的执行,这些设置对于调试而言都是很有帮助的,如图 6-7 所示。通常监视窗格会和断点、单步执行等工具配合使用。

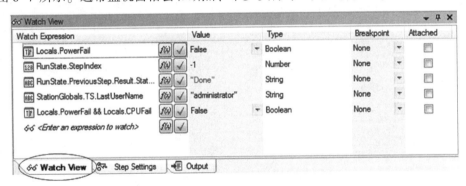

图 6-6 监视窗格

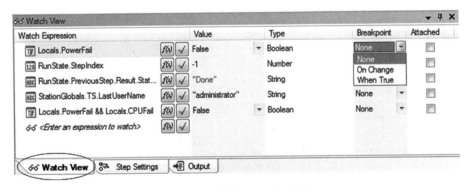

图 6-7 在监视窗格中设置断点

5. 调用堆栈窗格

在 TestStand 中，通过序列文件、主序列、子序列、步骤组、步骤这种树状结构来组织测试项。主序列可以调用子序列，子序列还可以进一步调用子序列，这就形成了一条序列调用链（称为序列调用堆栈）。仍以 Computer Motherboard Test Sequence.seq 为例，通过菜单命令"Execute » Single Pass"执行序列，Computer Motherboard Test Sequence.seq 在 SequentialModel 过程模型中运行，它的主序列调用了 CPU Test 子序列，这就形成了序列调用堆栈 Single Pass → MainSequence → CPU Test，如图 6-8 所示。其中，CPU Test 处于堆栈的顶层，它是嵌套最深的序列。在子序列执行的时候，它的调用方通常处于等待状态，直到子序列执行完成后，执行指针才返回调用方。

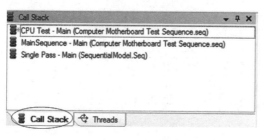

图 6-8 调用堆栈窗格

当序列执行暂停时（如执行到断点处或单步执行），在调用堆栈窗格中选择某个序列，则在步骤列表窗格相应显示该序列的步骤，监视窗格中的值也会随之变化。如图 6-9 所示，选择了主序列，步骤列表窗格显示正在执行 CPU Test 步骤，监视窗格中 RunState.StepIndex 的值为 2，说明 CPU Test 步骤在 Main 步骤组中的索引为 2。

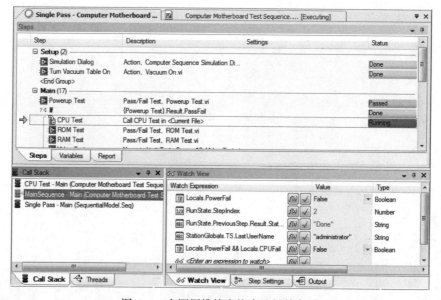

图 6-9 在调用堆栈窗格中选择某序列

6. 线程窗格

序列执行时，默认会开辟一个线程，用户也可以通过设置使步骤在新的线程中运行，在线程窗格中会显示当前执行中的所有线程。例如，同样是 CPU Test 序列，如果让它在新的线程中运行，那么会在线程窗格中观察到两个线程，分别是 MainSequence 和 CPU Test，如图 6-10 所示。任意选择某个线程，在调用堆栈窗格、步骤列表窗格、变量窗格、监视窗格中显示的均是该线程所对应的信息。关于步骤如何在新线程中运行，将在第 8 章详细介绍。

7. 序列执行状态

序列执行时，在执行窗口左侧会有 LED 图标显示它的执行状态。在图 6-11 中，下方的黄色 LED 图标表示序列处于暂停状态。表 6-1 列举了不同序列执行状态对应的 LED 图标。

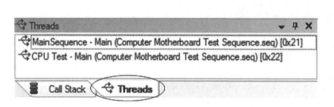

图 6-10　线程窗格

图 6-11　序列执行状态的 LED 图标

表 6-1　不同序列执行状态对应的 LED 图标

序列执行状态	LED 图标	序列执行状态	LED 图标
序列处于执行状态		UUT 测试失败	
序列处于暂停状态		序列执行被终止	
UUT 测试通过		序列执行被强制退出	

另外，在序列执行窗口的最下方是状态栏，它会显示一些基本的信息，如当前用户、过程模型（若使用）、当前选中步骤的索引、步骤数量等，如图 6-12 所示。

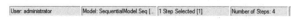

图 6-12　状态栏

6.2 在序列中调试

熟悉了序列执行窗口后，现在可以开始尝试在序列中进行调试。如果读者有过编程经历，对应用开发环境中的断点、单步执行等工具应该并不陌生。而作为自动化测试管理开发平台，TestStand 同样拥有这些调试手段。不仅如此，TestStand 还提供了序列追踪、错误处理和交互式执行等工具，提高了调试和诊断的效率。

6.2.1 断点

TestStand 中断点的作用就是在特定的位置暂停序列的执行。断点的创建很简单，在步骤列表窗格中某个步骤的前面单击，即可添加一个断点，如图 6-13 所示；再次单击，则删除该断点。当序列执行到断点处时，会暂停，执行指针指向的是断点处的步骤，如图 6-14 所示。可以单击"Resume"按钮▶或者使用单步执行工具继续序列的执行。

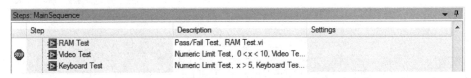

图 6-13 创建断点

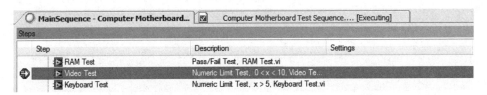

图 6-14 序列执行到断点处

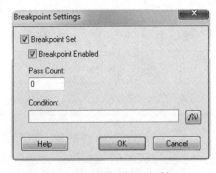

图 6-15 断点设置对话框

如果创建了断点，再右击该断点，从弹出的菜单中选择"Breakpoint » Breakpoint Settings"，则会弹出"Breakpoint Setting"（断点设置）对话框，如图 6-15 所示。其中，"Condition"栏默认为空，如果在这里输入条件表达式，则只有当条件表达式评估结果为真时，断点才会起作用。在序列编辑器的"Execute"菜单下还有其他类型的断点，包括 Break on First Step（执行第一个步骤时暂停）、Break on Step Failure（在步骤失败时暂停）和 Break on

第 6 章 在 TestStand 中调试

Sequence Failure（在序列失败时暂停）。利用"Break on First Step"断点可以在一开始就中断序列的执行，方便用户进行单步执行；利用"Break on Step Failure"断点和"Break on Sequence Failure"断点，可以决定在步骤或整个序列测试失败时是否先暂停序列的执行，这样便于查找失败的原因。

6.2.2 单步执行

单步执行工具包括单步进入（Step Into）、单步跨过（Step Over）和单步跳出（Step Out）。在文本编程环境中，单步进入就是调试进入到子函数中；单步跳出则是从子函数中跳出；而单步跨过相当于越过子函数，忽略子函数细节。

- ☺ 单步进入：如果当前步骤调用了子序列或代码模块，则它会进入子序列，逐步执行子序列的每个步骤，或者进入代码模块的应用开发环境中运行。
- ☺ 单步跨过：对于任何的步骤类型，它都将步骤看作一个整体执行，而不会进入到步骤中。如果当前步骤没有调用子序列或代码模块，则单步跨过和单步进入的效果是一样的。
- ☺ 单步跳出：与单步进入相对应，当调试进入子序列或代码模块时，单步跳出会结束子序列和代码模块的单步执行方式并返回调用方。如果当前步骤没有调用子序列或代码模块，则单步跳出等同于继续执行（Resume）。

图 6-16 所示的是 TestStand 的调试工具条。当序列执行到断点处暂停下来时，单击"Resume"（继续执行）按钮，则序列接着往下执行，直到完成或遇到下一个断点为止。在序列执行的过程中，随时可以通过"Break"按钮暂停执行，而单击"Terminate"按钮则直接终止执行。"Resume All"、"Break All"和"Terminate All"按钮分别与"Resume"、"Break"、"Terminate"按钮相对应，只是它们可以同时启动或终止所有的执行。通常，单步执行是需要和断点配合使用的，即首先要让执行中的序列在断点处暂停下来，然后才可以使用单步执行或其他调试工具。图 6-17 所示的是调试工具条的菜单，显示了命令按钮的快捷方式，如继续执行按钮的快捷键是"F5"键。

图 6-16 调试工具条

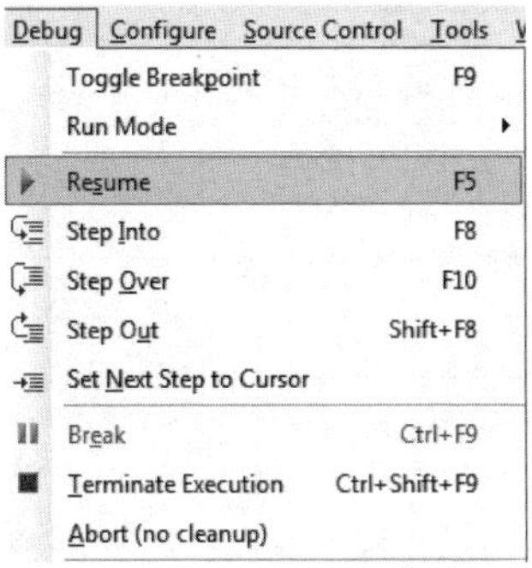

图 6-17 调试工具条的快捷方式

提示：当序列执行到断点处暂停时，通过菜单命令"Debug》Set Next Step to Cursor"，可以让执行指针直接跳转到用鼠标选中的步骤，这有点类似于 Goto 跳转。

6.2.3 交互式执行步骤

第3章曾介绍过使用不同方式执行主序列，如菜单命令"Execute》Run MainSequence"、"Execute》Single Pass"或"Execute》Test UUTs"，不管是哪种方式，都发起了对序列的执行；而交互式执行步骤，其实也是采用某种方式发起对步骤的执行。在此，有必要解释一下"执行"的概念。

在 TestStand 中，"执行"本身同时是一个名词。什么是执行？执行是 TestStand 创建的一个对象，用于包含当前序列运行所需要的一切信息，包括变量、属性、执行指针、调用堆栈、线程等。当 TestStand 开始运行某个序列时，它会创建一份序列变量和属性的运行时拷贝（Run-Time Copy），序列运行过程中对变量或属性的修改只会影响这个运行时拷贝，而不会对序列文件本身产生影响。除此之外，对每个执行，它都有一个执行指针指向当前步骤，调用堆栈信息也包含在其中。因此，执行这个对象其实就是包含了序列运行过程中所有运行时信息的一个大集合。

菜单命令"Execute》Single Pass"或"Execute》Test UUTs"采用的是执行入口点运行序列；而通过菜单"Execute》Run Sequence Name"可以只运行序列窗格中当前选中序列的步骤，不涉及输入序列号、生成报表等过程模型中定义的操作。无论通过执行入口点运行序列、直接运行序列，还是下面介绍的交互式执行步骤，TestStand 都先创建一个执行。对于每个执行，TestStand 默认启动了一个线程。当然，由于可以设置使步骤在新的线程中运行，因此一个执行可以包含多个线程，当使用断点、单步执行等调试工具暂停或终止执行时，TestStand 会暂停或终止执行中的所有线程。关于执行、线程将在第8章作进一步介绍。

回到交互式执行步骤，在这种模式下，只有步骤列表窗格中被选中的步骤才会被执行。在"Execute"菜单下，包含了4种交互式执行步骤的方法，即运行选定的步骤（Run Selected Steps）、使用执行入口点运行选定的步骤（Run Selected Steps Using Execution Entry Point）、循环执行选定的步骤（Loop on Selected Steps）、使用执行入口点循环执行选定的步骤（Loop on Selected Steps Using Execution Entry Point），如图 6-18 所示。

图 6-18　交互式执行步骤菜单栏

如图 6-19 所示，当在步骤列表中选中一个或多个步骤，并通过菜单命令"Execute » Run Selected Steps"运行时，可以看到在序列执行窗口中，只有选中的步骤被执行了。默认情况下，TestStand 仍然会执行 Setup 和 Cleanup 步骤组，可以通过菜单"Configure » Station Options » Execution » Interactive Execution"改变这种行为。只运行选定的步骤，可以进一步提高调试的效率。

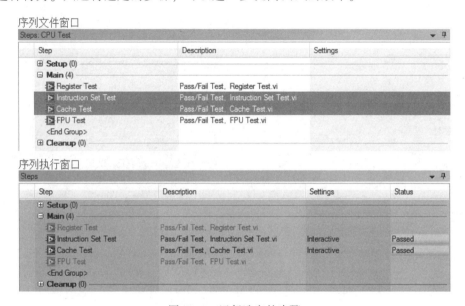

图 6-19 运行选定的步骤

提示：在步骤列表窗格中，按住"Shift"键可以一次选择一系列连续步骤，而按住"Ctrl"键可以多次选择任意步骤。

使用执行入口点运行选定步骤的特点在于仍然会执行过程模型中的操作（如输入序列号、生成报表、访问数据库等），另外还包括客户端序列文件中选定的步骤，这样操作是把调试放到整个过程模型的环境中。循环执行选定的步骤和使用执行入口点循环执行选定的步骤则分别是在前两者的基础上，对选定的步骤添加了循环。例如，通过菜单命令"Execute » Loop on Selected Steps"，在弹出的"Loop on Selected Steps"对话框中可以设置步骤循环次数，同时可以设置循环停止条件，如图 6-20 所示。

默认情况下，TestStand 执行完每个步骤时，会依据某些步骤属性得出最终步骤状态（如 Pass、Fail 或 Done），通过步骤运行模式（Run Mode）可以强制设置步骤状态。在步骤设置窗格属性配置页的运行选项面板中，可以设置运行模式，默认是正常（Normal），也可以选择强制合格（Force to Pass）、强制失败（Force to Fail）或跳过（Skip），如图 6-21 所示。从字面上很好理解上述选项的意思：

"强制合格"是指不管步骤实际运行结果如何，都强制将其状态设置为合格；"强制失败"是指不管步骤实际运行结果如何，都强制将其状态设置为失败；如果选择"跳过"，则该步骤将不被执行，TestStand 直接跳过。另一种更快捷的设置运行模式的方法是在步骤列表窗格中右击某步骤，然后在弹出的菜单中选择运行模式即可。

图 6-20 循环执行选定的步骤

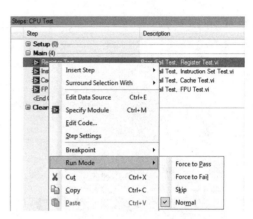
图 6-21 步骤运行模式

步骤运行模式很实用。例如，开发人员编写了测试序列，其中包含硬件通信、初始化、测试、数据分析等一系列步骤，但由于项目进展原因，很可能手上没有硬件，此时可以将硬件相关的步骤设置为强制合格，以验证序列整体运行情况。再比如，在测试 UUT 时遇到了错误或系统异常，可以通过设置步骤运行模式为强制合格、强制失败或跳过，逐一排查并定位到引起问题的步骤。

6.2.4 与调试相关的工作站选项

通过菜单命令"Configure » Station Options"可以打开工作站选项对话框，如图 6-22 所示。工作站选项对话框中的任何设置都是全局的，作用于任何运行于本地计算机上的序列文件。与调试相关的选项位于"Execution"（执行）页面。

"Enable Breakpoints"区域用于决定断点是否生效，如果取消勾选该复选框，序列执行到断点处时并不会暂停。在交互式执行部分，选中"Run Setup and Cleanup"选项后，TestStand 除了执行选定的步骤，还会执行 Setup 和 Cleanup 中的步骤，因为有些初始化和清理的工作是必须做的；选中"Evaluate Preconditions"选项后，TestStand 同样会评估先决条件是否满足，以决定是否需要执行该步骤；"Record Results"选项用于决定是否记录步骤结果并将其添加到 ResultList 中；"Propagate Failures and Errors from Nested Interactive Execution to Calling Execution"选项决定子序列中的失败或错误是否传递到调用方序列中，如

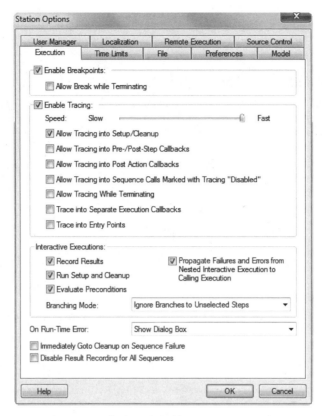

图 6-22 工作站选项对话框"Execution"页面

果选中该选项，那么子序列中任何步骤失败或产生错误都会导致调用方序列状态为失败或错误。

在 TestStand 中，可以使用追踪（Tracing）功能来降低步骤执行的速度。默认追踪选项是选中的，因此在序列执行窗口，可以看到执行指针，并观察每个步骤执行完成后的状态，如图 6-23 所示。如果使用了监视窗格，还可以观察变量的动态变化。在工作站选项对话框"Execution"页面的追踪设置部分，通过"Enable Tracing"区域决定是否使能追踪功能，用户可以调整追踪的速度，当速度调节滑杆靠近"Slow"一侧时，步骤的执行节奏会减慢，这时会有充足的时间来观察执行过程，定位问题区域，并在问题区域设置断点，结合单步执行等调试工具找到问题的所在。在追踪设置部分还有其他选项，如"Allow Tracing into Setup/Cleanup"、"Allow Tracing into Pre-/Post-Step Callbacks"，它们将 TestStand 追踪的功能进一步延伸。

注意：追踪功能会明显增加系统执行的时间，降低系统效率，因此对于最终要部署的系统，应当禁用追踪功能。有些用户会通过追踪功能的速度调整来控制系统的执行速度,这是不推荐的,因为追踪速度的调整是全局的,它会影响所有的步骤,更合理的方式是使用同步类型步骤,如 Wait 函数,或者在代码模块中控制执行时间。

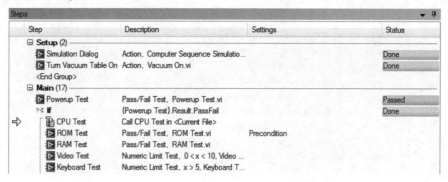

图 6-23　显示执行指针和步骤状态

1. 测试失败

在产品测试的过程中,当有些步骤测试失败时,根据该步骤所对应的测试项的重要程度,需要决定是否将整个序列状态设置为失败并立即停止后续步骤的执行。在步骤设置窗格属性配置页的运行选项面板中,有一个"Step Failure Cause Sequence Failure"选项,默认是选中的,即步骤失败导致整个序列失败,如图 6-24 所示。对于某些无足轻重的步骤,可以不选中该选项。

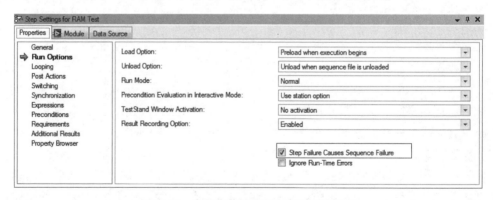

图 6-24　步骤失败导致整个序列失败选项

在工作站选项对话框"Execution"页面的下方有一个"Immediately Goto Cleanup on Sequence Failure"选项,即在序列失败时,立即停止后续步骤的执行,直接跳转到清理组。如果是子序列中的步骤失败,TestStand 会先执行子序列中的清理组,然后返回调用方序列并执行其中的清理组,保证整个序列调用链中的清理组都得到执行。在有些场合,如某重要的测试项失败,那么后续的测试项也就没必要进行了，选中这一选项可以提高测试效率。

2. 运行时错误

无论是开发阶段还是部署阶段，系统在运行过程中都有可能遇到错误。产生错误的原因有很多，只要 TestStand 遇到某种异常状况导致序列不能往下执行，它就会报错。对于出现错误的步骤，它的状态会被设置为"Error"，这就需要开发者或技术人员通过调试找到错误原因，同时在系统中应当建立一套错误处理机制，以避免错误扩大而造成不可挽回的损失。在工作站选项对话框"Execution"页面的下方有一个"On Run-Time Error"栏，其中有 4 个选项，分别是显示对话框（Show Dialog Box）、运行清理组（Run Cleanup）、忽略错误（Ignore）、立即退出（Abort Immediately（no cleanup）），如图 6-25 所示。

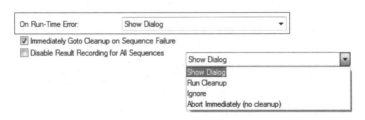

图 6-25　运行时错误处理方式

默认的是显示对话框，即在出现错误时，以弹出对话框的形式告知用户系统出现了异常，如图 6-26 所示。在该对话框中，会显示错误的代码、出现错误原因的详细描述和出现错误的具体位置。针对该错误，可以选择运行清理组、重试、忽略或者直接退出。还可以同时选中"Break"复选框，这样单击"OK"按钮退出该对话框时，序列会在出现错误的位置处暂停。如果选择运行清理组，当遇到运行错误时，TestStand 的执行指针会直接跳到清理组，而清理组通常包含关闭设备会话、释放动态分配的内存空间、停止文件读/写操作等，这保证了系统在出现意外错误后能进入确定的安全状态，这种方式称为终止（Terminate）。立即退出则是另一种处理方式，如果选择该项，系统出现错误时会直接停止所有的操作，强制退出，没有收尾工作，这称为强制退出（Abort）。除非是系统出现非常严重的错误，到了非立即关闭系统不可的地步，否则就不应该直接退出，而应该在运行清理组后再结束序列执行。

有些开发人员可能会把测试失败（Failure）和测试错误（Error）搞混淆。测试失败是指系统在正常的运行状态下，执行到某些测试步骤时，得到测试结果处于限度范围之外，即产品性能不达标，属于不良品，测试失败；而测试错误则是指测试系统出现故障，导致测试不能往下进行，和产品指标无关。

图 6-26　运行出现错误时弹出的对话框

【练习 6-1】

在本练习中，将使用断点、单步执行等工具进行调试，同时借助监视窗格、步骤列表窗格、变量窗格、调用堆栈观察序列执行状态和调用关系。通过这一练习可熟练掌握在 TestStand 中调试的方法。

（1）在序列编辑器中打开序列文件 <TestStand Public> \ Examples \ Demo \ LabVIEW \ Computer Motherboard Test \ Computer Motherboard Test Sequence.seq。

（2）在主序列的 CPU Test 步骤前单击，设置断点，如图 6-27 所示。

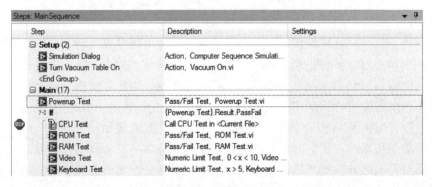

图 6-27　设置断点

(3)通过菜单命令"Execute»Single Pass"执行序列,在弹出的"Motherboard Test Simulator"对话框中不选中任何选项,单击"OK"按钮。

(4)序列会在设置的断点处停下来,此时执行指针指向 CPU Test 步骤。注意观察调试工具条(如图 6-28 所示),当序列处于运行状态时,用户可以随时暂停或执行,但"单步执行"按钮处于灰色的不可用状态;当序列在断点处停下来时,用户可以重启或终止序列,且可以使用单步执行工具。

(5)单击调试工具条的单步进入按钮,由于 CPU Test 调用了子序列,调试会进入到子序列中,且在它的第一个 Register Test 步骤处停下来,如图 6-29 所示。

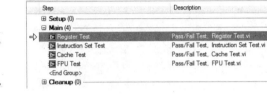

图 6-28 调试工具条状态　　　　图 6-29 单步进入子序列

(6)单击调试工具条的单步跨过按钮,虽然 Register Test 步骤调用了代码模块,但是采用单步跨过的方式,所以调试并不会进入代码模块内部,该步骤作为整体被执行,之后执行指针指向 Instruction Set Test 步骤。

(7)单击调试工具条的单步跨出按钮,会结束子序列单步执行方式。TestStand 依次执行完子序列中的后续步骤,然后返回调用方序列并暂停,此时执行指针应该指向主序列的 ROM Test 步骤。

(8)单击调试工具条的继续执行按钮,将终止调试并恢复序列的正常执行模式,直到序列结束或遇到下一个断点为止。

(9)右击 CPU Test 步骤前的断点,在弹出的菜单中选择"Breakpoint»Breakpoint Settings",在断点设置窗口的"Condition"栏输入"Locals.PowerFail==True",如图 6-30 所示。只有当条件表达式评估的结果为真时,断点才会起作用。条件断点的图标和普通断点有差异,颜色要浅一些。

(10)在序列窗格中选择"CPU Test",然后在 Register Test 步骤前添加断点。

(11)通过菜单命令"Execute»Break on First Step"使能执行第一个步骤时暂停。

(12)重新通过菜单命令"Execute»Single Pass"执行序列,由于设置了"Break on First Step",序列会在最开始步骤 Simulate Dialog 处暂停下来。如图 6-31 所示,在监视窗格中添加监视项"Locals.PowerFail",在"Breakpoint Type"(断点

类型）栏还可以选择监视项是否触发断点。采用同样的方法添加监视项"Locals.PowerFail || Locals.ROMFail"。

图 6-30　设置条件断点

图 6-31　监视项设置

（13）监视窗格现在看起来如图 6-32 所示，"Value"列显示监视项的值，用户可以修改它。

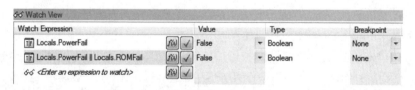

图 6-32　监视窗格当前状态

提示：如果不需要构造表达式，比如直接监视某变量或属性的值，可以从变量窗格通过拖拽的方式直接将变量或属性添加到监视窗格。

（14）单击调试工具条中的继续执行按钮，在弹出的"Motherboard Test Simulator"对话框中选中"ROM"选项，序列在 Register Test 步骤所设置的断点处暂停下来，而并没有在 CPU Test 处暂停，这是因为断点的条件表达式"Locals.PowerFail == True"并不满足。注意观察此时的调用堆栈窗格，CPU Test 处于堆栈的最顶层，它是嵌套最深的序列，如果此时在调用堆栈窗格中选择主序列，则在步骤列表窗格相应显示的是主序列的步骤。

（15）单击调试工具条中的单步跨出按钮，跳出子序列，此时执行指针指向主序列的 ROM Test 步骤。观察此时监视项的值，Locals.PowerFail ‖ Locals.ROMFail 的值已更新为"True"，如图 6-33 所示，这是因为在前面对话框中选中了"ROM"选项，使得 Locals.ROMFail 值为"True"，经过逻辑或运算后表达式的值也为"True"。

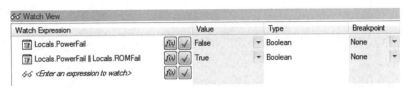

图 6-33　表达式值的变化

（16）除了使用监视窗格，在序列执行处于暂停状态时，可以切换到变量窗格，观察变量和属性的最新值，如 RunState 容器下各个属性的值。

（17）在步骤列表窗格的任意位置右击，在弹出的菜单中选择"Step List Configuration » Execution Times"，如图 6-34 所示。

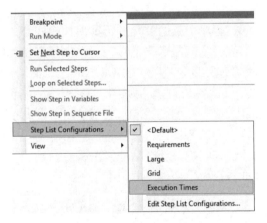

图 6-34　步骤列表窗格配置

（18）由于在步骤列表窗格中添加了"Module Time"列，它会显示每个步骤执行所花费的时间，如图 6-35 所示。这在有些时候对于调试是很有帮助的，可以根据执行时间的长短判断步骤运行是否异常。

提示：执行菜单命令"Step List Configuration » Edit Step List Configurations"，弹出配置窗口，在此可以进一步自定制步骤列表窗格，如可以将步骤结果作为一列单独显示出来。

（19）单击调试工具条中的继续执行按钮，在序列执行完毕后，关闭序列窗口。

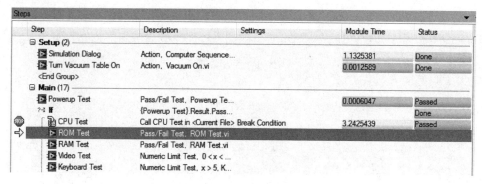

图 6-35 添加执行时间列

6.2.5 Find 工具

在 TestStand 中，属性可以包含子属性，子属性还可以包含子属性，因此有些属性会嵌套得很深，这给定位并访问该属性带来一些困难，往往很难确切地知道该属性的具体位置。同时，TestStand 中有很多动态属性，它们能在任何时候被赋值，且在序列执行的过程中会随时变化，因此属性的嵌套关系并不固定。对于一些指向对象引用的属性，它们是和当前序列上下文紧密相关的，在执行的不同阶段，它们所指向的对象也不同，这就更加不好定位了。使用查找工具可以帮助定位属性，通过菜单命令"Edit » Find/Replace"可以调出查找对话框，如图 6-36 所示。在"Find"栏中输入要查找的变量和属性，在"Elements to Search"区域中可以设置搜索变量或属性的哪些特征，默认特征包括名称、属性、值。只要变量和属性的任一特征和关键词匹配，就会被搜索出来。

提示：打开查找对话框的快捷键是"Ctrl+F"键。

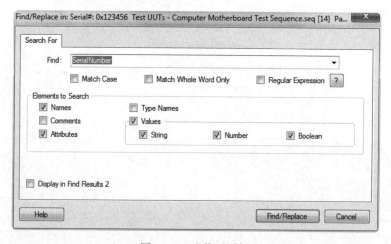

图 6-36 查找对话框

如果要搜索的是动态属性，就需要先设置断点，在序列处于调试模式时再进行查找。比如，在搜索栏中输入"SerialNumber"，然后单击"Find/Replace"按钮，TestStand 将在"Find Result"窗口中列举出所有搜索结果，可以看到 SerialNumber 存储于 RunState.Root.Locals.UUT.SerialNumber 中，如图 6-37 所示。

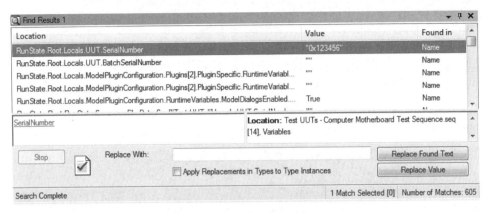

图 6-37　序列号属性查找结果

6.3　调试代码模块

TestStand 支持在代码模块的应用开发环境中进行调试，前提是计算机上安装了相应的应用开发环境。对于 LabVIEW 代码，要求在计算机上安装 LabVIEW，且通过序列编辑器菜单命令"Configure » Adapters » LabVIEW"打开适配器配置对话框，选中"Development System"（开发系统）选项。对于 LabWindows/CVI 代码模块，要求在计算机上安装 LabWindows/CVI，且通过序列编辑器菜单命令"Configure » Adapters » LabWindows/CVI"打开适配器配置对话框，选择"Step Execution"方式为"Execute Steps in an External Instance of LabWindows/CVI"，并在步骤设置窗格的模块页面设置 DLL 的源文件和工程项目文件（参见 4.3.6 节）。另外很重要的一点，DLL 文件本身必须是可调试的，这需要在 DLL 源工程文件中进行设置。一般调试是针对源文件的，在 CVI 中，可以选择编译生成可调试 DLL 或已发布 DLL。如果是可调试类型 DLL，那么在生成该 DLL 时，CVI 会同时产生一个 cdb 文件，其中包含了源文件的位置信息，这些信息就可以用于调试了。如果是 Visual Studio 生成的 DLL 文件且在 TestStand 中直接调用，则通过序列编辑器菜单命令"Configure » Adapters » C/C++DLL"打开适配器配置对话框，选择调试和修改代码模块的 Visual Studio 版本。

对于每种应用开发环境，满足上述相应的前提条件后，序列执行时通过单步进入工具就可以进入代码模块的应用开发环境，利用应用开发环境的调试工具调试代码模块内部程序，并在调试结束时从应用开发环境中退出，返回 TestStand。

下面的练习读者可任选其一。

> 【练习 6-2A】调试 LabVIEW 代码模块。
> 在本练习中,将在序列编辑器中通过单步进入工具调用 LabVIEW 应用开发环境,实现对代码模块的调试。完成这一练习的前提是计算机上安装了 LabVIEW 软件。

(1) 在序列编辑器中打开序列文件 <TestStand Public> \ Examples \ Demo \ LabVIEW \ Computer Motherboard Test \ Computer Motherboard Test Sequence.seq。

(2) 通过菜单命令 "Configure » Adapters » LabVIEW" 打开 LabVIEW 适配器配置对话框,如图 6-38 所示。确保 LabVIEW 服务器类型选择为开发系统,如果选择了 "LabVIEW Run-Time Engine",则不能支持 VI 调试功能。

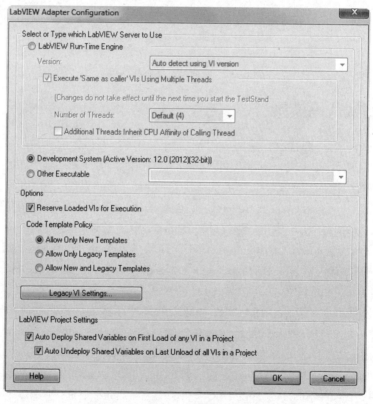

图 6-38　LabVIEW 适配器配置对话框

(3) 回到序列文件窗口,在主序列 ROM Test 步骤处添加断点。

(4) 通过菜单命令 "Execute » Single Pass" 开始执行序列,在弹出的 "Motherboard Test Simulator" 对话框中不选中任何选项,单击 "OK" 按钮。

（5）序列在断点处暂停下来，执行指针指向 ROM Test 步骤，单击调试工具条中的单步进入按钮，由于 ROM Test 的代码模块是 LabVIEW 的 VI，VI 前面板将在 LabVIEW 中自动打开，且此时 VI 还没有开始执行，处于暂停状态。

（6）打开 VI 的程序框图，如图 6-39 所示。这是示例性的 VI，因此程序框图本身很简单，可以设置断点和探针，也可以利用 LabVIEW 开发环境的调试工具，如单步执行、暂停、终止、高亮执行。单击运行按钮，VI 开始运行，如果没有设置断点，则将一直执行完毕，可以在前面板观察结果，也可以使用探针在程序框图中检查中间量的值。

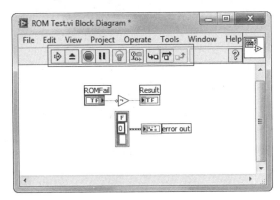

图 6-39　ROM Test 程序框图

（7）VI 执行完成后，并没有立即退出。单击返回到调用方按钮后，VI 前面板关闭，回到序列编辑器，执行指针指向 RAM Test 步骤。LabVIEW 的返回到调用方按钮类似于单步跳出。

（8）在序列编辑器中，单击调试工具条中的继续执行按钮，在序列执行完毕后，关闭序列窗口。

> 【练习 6-2B】调试 LabWindows/CVI 代码模块。
> 在本练习中，将在序列编辑器中通过单步进入工具调用 LabWindows/CVI 应用开发环境，实现对代码模块的调试。完成这一练习的前提是计算机上安装了 LabWindows/CVI 软件。

（1）在序列编辑器中打开序列文件 <TestStand Public> \ Examples \ Demo \ C \ computer.seq。

（2）通过菜单命令 "Configure » Adapters » LabWindows/CVI" 打开 LabWindows/CVI 适配器配置对话框，确保步骤执行类型选择为 "Execute Steps in an External Instance of LabWindows/CVI"，如图 6-40 所示。如果选中 "Execute Steps In-Process [LabWindows/CVI is not Required for this Mode]" 选项，则不支持调试功能。

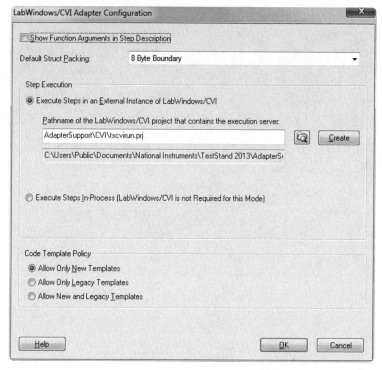

图 6-40 LabWindows/CVI 适配器配置对话框

（3）回到序列文件窗口，在主序列 ROM Test 步骤处添加断点。

（4）在 ROM Test 步骤列表窗格的模块页面，单击"Source Code Files..."按钮，弹出"CVI Source Code Files"对话框，查看 CVI 源文件设置，如图 6-41 所示。

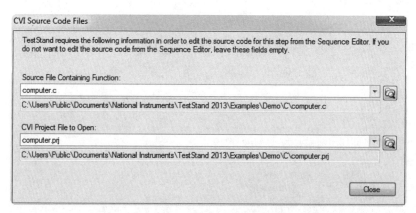

图 6-41 查看 CVI 源文件设置

（5）通过菜单命令"Execute » Single Pass"开始执行序列，在弹出的"Motherboard Test Simulator"对话框中不选中任何选项，单击"OK"按钮。

（6）序列在断点处暂停下来，执行指针指向 ROM Test 步骤，单击调试工具条中的单步进入按钮，由于 ROM Test 代码模块是 DLL，函数是 ROMTest，在 LabWindows/CVI 中将进入到该入口函数处并暂停下来，如图 6-42 所示。

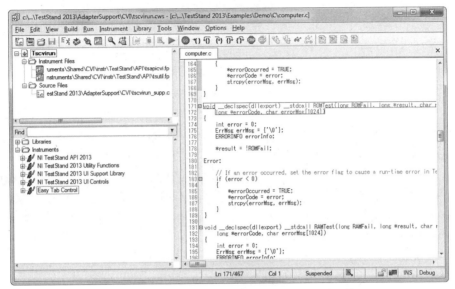

图 6-42　调试进入 LabWindows/CVI 应用开发环境

注意：对于 LabWindows/CVI 中的 DLL 项目，在 LabWindows/CVI 应用开发环境中，必须选择"Build » Configuration » Debug"菜单命令，编译生成 DLL 文件的同时会将函数位置信息保存在 .cdb 文件中，只有这种配置的 DLL 才支持在 TestStand 中调试。

（7）接下来可以利用 LabWindows/CVI 中的调试工具，如单步执行、终止、重启等，也可以在监视窗口中添加监测项。单击"Finish Function"按钮，ROMTest 函数开始执行，如果函数中没有设置断点，则将一直执行完毕，LabWindows/CVI 窗口关闭，返回序列编辑器。

（8）单击调试工具条中的继续执行按钮，在序列执行完毕后，关闭序列窗口。

（9）通过菜单命令"Configure » Adapters » LabWindows/CVI"打开 LabWindows/CVI 适配器配置对话框，步骤执行类型还原为"Execute Steps In-Process"，一般在不需要调试时都应选择这种方式，其执行性能更好。

6.4　序列分析器

在测试系统开发过程中，以及系统部署之前，可以随时使用序列分析器，它有助于发现序列开发过程中的错误,强制序列遵循特定的规范,并收集一些统计信息。序列分析器使用的是一系列内建的规则(Rules)以及支撑这些规则的分析模块(Analysis Module),当序列还处于编辑状态时,这些内建的规则能对常见的有可能引发序列产生运行时错误的情况进行探知。当用户声明了要分析的序列文件时,它会借助分析模块利用不同规则对序列文件进行全面分析,然后将违反规则的项列举出来。通过序列分析器可以提早发现序列开发中最常见的错误。图 6-43 所示的是序列分析器的工作流程,它可以分析工作区文件、序列文件、整个文件目录、自定义类型文件、站全局变量文件、代码模块文件和用户文件。

☺ 序列分析器引擎是整个系统最核心的部分,它可以分析上述各种文件,图 6-43 中待分析的是序列文件和自定义类型文件。
☺ 不同规则使用的是不同的分析模块,如针对变量的规则、针对步骤类型的规则,分析器引擎通过分析模块对文件进行分析。
☺ 当分析模块发现违反规则的项时,会报告给分析器引擎。
☺ 分析器引擎会给违反规则的项添加额外信息并进行过滤,添加的额外信息包括规则的严重程度(Severity)以及对应的描述信息。如果违反规则项所对应的规则在当前序列分析器项目(Sequence Analyzer Project)中并没有使能,那么系统会忽略它。
☺ 分析器引擎将上述整理的信息最终输出到分析结果窗口。

默认情况下,在发起序列执行时,序列分析器会提前运行,如果发现错误,则会以对话框的形式提示用户是否纠正错误。如果不希望在序列执行前对文件进行分析,可以通过单击序列分析器工具条中的"Toggle Analyze File Before Executing"按钮禁用该行为(图标变为）。在序列编辑过程中,可以随时单击分析序列按钮分析序列,而单击停止分析按钮可以终止分析过程,如图 6-44 所示。

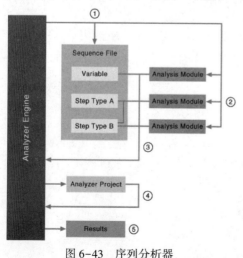

图 6-43 序列分析器   图 6-44 序列分析器工具条

6.4.1 分析序列文件

在序列编辑过程中,可以随时分析序列。现在还是以 TestStand 演示序列文件 Computer Motherboard Test Sequence.seq 为例,对序列文件做三处改动:①在序列窗格中选择主序列,然后在变量窗格中创建新的数值型变量,名称为"NoValue";②在步骤列表窗格中,将"ROM Test"步骤的运行选项设置为"Force Pass";③ 在"Turn Vacuum Table On"步骤的属性配置页表达式面板中,在状态表达式栏中输入"Step.Result.Status = = " Done " "(这个表达式其实是有问题的)。接下来单击序列分析器工具条中的开始分析按钮,TestStand 会自动显示分析结果"Analysis Results"窗格,显示分析进度,并创建消息列表,消息列表中的每个条目对应的是具体规则项或者是统计信息。将 Computer Motherboard Test Sequence.seq 做上述修改后,分析序列时在消息列表中会发现有一条错误消息、两条警告消息、三条统计消息。不同类型消息的图标不一样,如图 6-45 所示。任意选择某个条目,在消息列表的下方会显示它的更多细节。

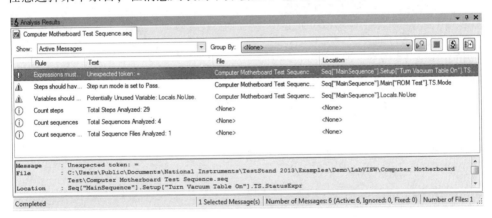

图 6-45 分析结果窗格

选中第一条消息,类型为错误,右击并在弹出的菜单中选择"Goto Rules",TestStand 会自动定位到规则项,可以看出这是违反了规则"Expression must evaluate to a value of the expected type",并且该规则的严重程度级别是"Error"。在 TestStand 中有一系列内建规则,每条规则都可以单独设置严重程度级别,且有详细的描述信息,当然有些规则是强制性的,用户不能任意修改。返回分析结果窗格,仍然右击错误项并在弹出的菜单中选择"Goto Location",TestStand 会定位到出现错误的位置,并且以框选的方式提醒用户,应将 Turn Vacuum Table On 步骤的状态表达式更改为"Step.Result.Status = " Done " ",因为状态表达式期望的结果是一个字符串,而之前的表达式返回的是布尔结果。修改完毕后,返回分析结果窗格，右击该错误项并在弹出的菜单中选择"Mark Message as Fixed"，即已经修复这一错误。在消息列表中还有两条警告消息，分别是违反了规则项"Steps should have Normal run mode"和"Variables should be used"。右击"Variable should be used"条目并在弹出的菜单中选择"Ignore Message"，即忽略该消息。一般在涉及表达式中包含 RunState 动态属性，并且确定该动态属性在运行时是存在的，即使分析检查出错误条目，也可以忽略该条目。现在查看分析结果窗格的状态栏，如图 6-46 所示，它显示一共有 6 条消息，其中 4 条处于活跃状态，一条被忽略，一条被修复了，分析的文件数量是一个。

图 6-46　分析结果窗格的状态栏

单击分析结果窗格上的产生分析报表（Generate Analysis Report）按钮，在弹出的文件对话框中选择保存报表的路径，然后单击"Save"按钮保存。如图 6-47 所示，报表是 xml 格式的，可以用 IE 浏览器打开，在报表中除了包含基本信息，还会将消息列表和序列分析项目中使能的规则项都列举出来。

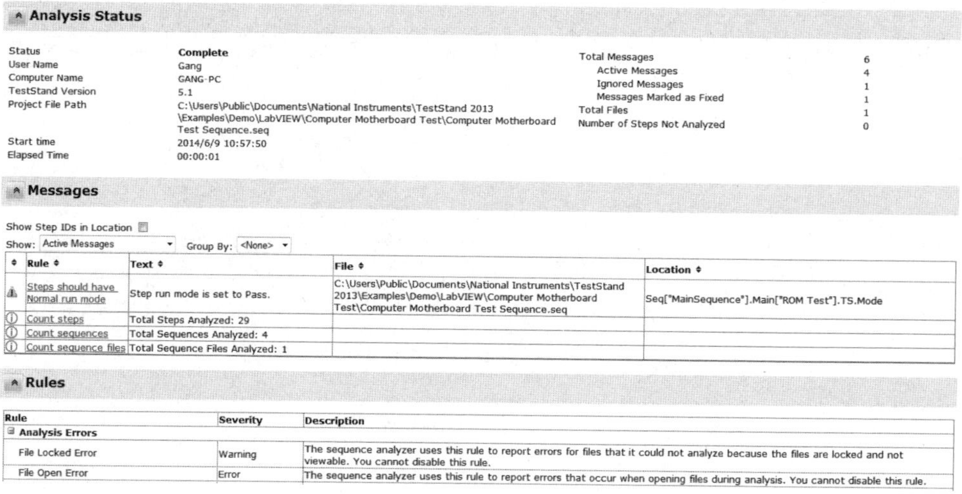

图 6-47　分析报表

提示：用 IE 浏览器打开报表时，可能会弹出提示信息"Restricted webpage from running scripts or ActiveX controls"，可以选择允许打开被阻塞的内容。

如果要同时分析多个文件，就需要用到序列分析器项目。单击序列分析器工具条中的当前序列分析器项目按钮，会加载序列分析器项目窗口，如图 6-48 所示。默认序列编辑器会创建名称为"MyAnalyzerProject.tsaproj"的项目，在

"Files"页面选择要分析的文件，可以多次添加序列文件，添加多个目录，并选中 TestStand 文件，如自定义类型文件、站全局变量文件等。在"Options"页面中设置分析选项，如是否分析被跳过的步骤、是否分析子序列等。在"Rules"页面中是一系列的规则，可以根据需要进行使能或设置级别，设置完成后就可以对选择的文件进行分析了。

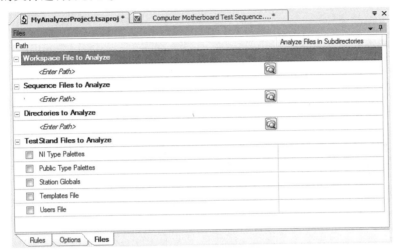

图 6-48 序列分析器项目窗口

6.4.2 自定制序列分析器

除了 TestStand 内建的一系列规则，用户还可以创建新的规则，如设定步骤名称允许的最大长度、限定单个序列中局部变量的个数等。在前面介绍序列分析器的工作流程时提到，对于每条规则，它对应于单个任务，而这个任务是由分析模块来完成的，分析模块可以是 LabVIEW VI、DLL 函数、.NET 集方法，分析模块负责执行该规则所定义的任务，并在分析完成后输出消息。因此，如果要增加新的规则，需要相应设计新的分析模块，然后将其添加到序列分析器中。单击序列分析器工具条的序列分析器选项按钮，在弹出的对话框中单击"Available Rules"按钮，会调出"Configure Sequence Analyzer Available Rules"（配置序列分析器规则）对话框，如图 6-49 所示。在"Rules"页面的"CustomRules.tsarules"下添加新的规则，并在"Analysis Modules"页面添加分析模块。

关于自定制序列分析器就介绍到这里，感兴趣的读者可以通过 TestStand 帮助文档在"Environment Reference » TestStand Sequence Analyzer » Customizing the Sequence Analyzer"下查看更详细的信息。

提示： 在<TestStand Public>\Examples\AnalyzerCustomRules 目录下有两个范例，介绍如何将新的规则导入序列分析器。

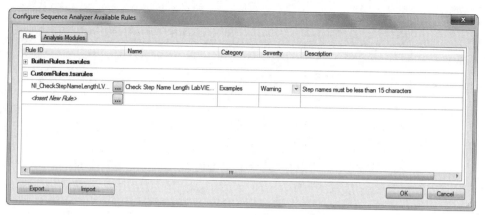

图 6-49 配置序列分析器规则对话框

【小结】

本章介绍了如何在 TestStand 中进行调试。任何自动化系统的开发都不是一步到位的，调试是必不可少的阶段，因此熟练掌握 TestStand 中的调试工具对于加速系统的开发是非常有帮助的。开发人员应充分利用执行窗口中各种窗格所提供的信息，并结合各种调试工具和不同调试策略，快速诊断问题所在。从 TestStand 进入到代码模块的应用开发环境中进行调试是 TestStand 的一个增强功能，这种交叉调试有时非常有用。序列分析器工具可以在序列执行前通过一系列规则发现潜在的问题，提高系统鲁棒性。

第 7 章 TestStand 常用配置

本章将介绍 TestStand 中常用的配置：有些配置是全局性的，会对运行于当前计算机中的所有序列产生影响；有些配置是针对代码模块的，会影响代码模块的加载和执行方式；而有些配置是针对测试结果处理的，如报表的样式和数据库的记录等。理解并掌握这些常用配置对开发和调试都有很大帮助。

目标
- 了解序列编辑器环境的配置
- 熟悉 TestStand 工作站选项
- 理解搜索路径的作用
- 学会配置各种模块适配器
- 掌握报表的基本设置
- 掌握数据库的基本设置

关键术语

Sequence Editor Options（序列编辑器选项）、Station Options（工作站选项）、Search Directory（搜索路径）、Adapters Configuration（适配器配置）、Struct Packing（结构体对齐方式）、Result Processing（结果处理）、Report Options（报表选项）、XML（可扩展标记语言）、ATML（自动测试标记语言）、Style Sheet（样式表文件）、Database Options（数据库选项）、DBMS（数据库管理系统）

7.1 序列编辑器选项

TestStand 中常用的配置可以通过配置菜单进行设置，包括序列编辑器选项、工作站选项、搜索路径设置、外部查看器、适配器、结果处理、模型选项，如图 7-1 所示。

首先看序列编辑器选项（Sequence Editor Options）对话框，它包含两个配置页面：通用（General）和 UI 配置（UI Configuration），这些设置是针对序列编辑器环境本身的。在通用页面中，从字面描述就可以理解每个选项的作用，如 "Make Step Name Unique When Inserting

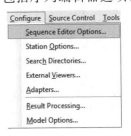

图 7-1 配置菜单

Steps"表示是否让新添加的步骤名称唯一,如图 7-2 所示。大多数选项保持默认设置即可。有一个"Save Before Running"区域,默认造选中的是"Prompt"选项,即在序列执行之前会提示用户是否保存序列文件,笔者在调试时为了方便,有时会选中"Never"选项,即不需要弹出提示对话框。

UI 配置页面中,在"Configuration"区域的"Saved Configurations"列表中包含了所有的序列编辑器视图,每种视图各自保存了窗格位置、尺寸、菜单和工具条的设置信息,默认有"Large Screen Example"和"Small Screen Example"两种视图,如图 7-3 所示。用户可以在视图的基础上进行修改,比如调整要显示的窗格以及它们的尺寸,找到最适合自己使用习惯的视图,然后使用"Save Current"按钮将它另存为一种新的视图。任何时候都可以通过"Load Selected"按钮从"Saved Configurations"列表中加载所选择的视图。

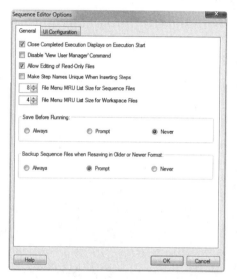

图 7-2 序列编辑器选项对话框
(通用页面)

图 7-3 序列编辑器选项对话框
(UI 配置页面)

7.2 TestStand 工作站选项

通过菜单命令"Configure » Station Options"可以打开工作站选项对话框,其中的任何设置都是全局的,作用于任何运行于本计算机上的序列。有些用户的计算机上可能同时安装了多个版本的 TestStand,那么每个版本的 TestStand 都有各自的工作站选项配置,这些配置保存在 <TestStand Application Data > \ Cfg \ testexec.ini 文件中。第 6 章曾介绍过与调试相关的工作站选项的执行页面,读者已经体会到在该页面中的追踪、交互式执行等设置对调试的影响。在工作站选项对话框中还有其他页面，很多页面中的设置从它们的字面意思上基本上就可以理解，而且很多设置其实是较少用到的，采用默认就可以了。在模型页面中，用户可以给工作站设置过程模型，默认使用的是<TestStand>目录下的顺序执行模型SequentialModel.seq，可以从下拉列表中选择BatchModel.seq 或 ParallelModel.seq，也可以从<TestStand Public>目录下选择用户自定制的过程模型。如果工作站模型选择了SequentialModel.seq，那么在序列编辑器中新建序列文件时，默认它使用的过程模型即 SequentialModel.seq。

提示：关于过程模型的自定制会在第12章详细介绍，如果对过程模型的基本概念不了解，可以参考第3章中的相关内容。

如图7-4所示，在模型页面还有两个复选框："Use Station Model"是指是否给工作站设置默认过程模型；选中"Allow Other Models"选项后，新建的序列文件虽然默认使用的是工作站指定的过程模型，但是它可以在其序列文件属性中另设定过程模型。通过菜单命令"Edit » Sequence File Property"打开序列文件属性对话框，如图7-5所示，在"Advanced"页面"Model Options"栏中选择"Require Specific Models"，然后在"Model File"中选择特定过程模型文件，这样序列文件将采用新的过程模型。

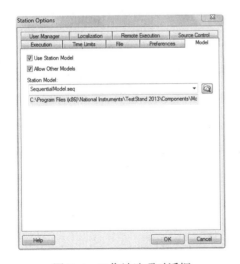

图7-4　工作站选项对话框
（模型页面）

图7-5　序列文件属性对话框
（"Advanced"页面）

工作站选项对话框中还有其他页面。

☺ User Manager：与用户登录、管理相关的设置。

☺ Localization：TestStand语言设置，可以先创建本地化的语言（如简体中文）并在这里将语言设置为简体中文，这样序列编辑器或TestStand用户界面就可以是汉化的了。
- ☺ Remote Execution：设置是否允许远程计算机以 Remote Execution 的方式访问并执行其序列。
- ☺ Source Control：源码控制，TestStand 可以和支持 Microsoft SCC 接口的任何源码控制系统集成。
- ☺ Time Limits：设定时间限制，如用户发起强制退出当前执行操作时，如果在设定的时间内操作未完成，则可以弹出对话框提示用户或直接结束线程。
- ☺ File：TestStand 文件类型、版本等的设置管理。
- ☺ Preference：一些偏好设置，如在表达式中引用步骤属性时，使用步骤 ID 还是步骤名称。

7.3 搜索路径

在 TestStand 中可以设置搜索路径，主要用于解决序列文件、代码模块或其他引用文件的路径问题。以代码模块为例，如果测试步骤调用了代码模块，且使用的是相对路径，当重新打开序列文件时，TestStand 会根据相对路径，结合序列文件的当前路径，计算出代码模块的绝对路径，并预期从该绝对位置加载代码模块。采用相对路径方式时，如果将序列文件及其引用文件整体复制或移植到其他地方，只要相对路径关系不变，那么在新的位置打开序列文件时，就不会出现代码模块加载失败、文件找不到的问题。但在有些时候，可能人为地挪动了代码模块的位置，或者删除了某些文件，导致 TestStand 从预期路径找不到这些文件，这时 TestStand 就会接着在搜索路径中按列表顺序逐个查找；如果遍历了搜索路径列表下的所有位置还是不能找到文件，就会显示"文件找不到"的信息。通过菜单命令"Configure » Search Directories"可以打开搜索路径编辑对话框，如图 7-6 所示。

有些路径是 TestStand 默认就添加到搜索路径列表中的，如当前序列文件所在的目录、当前工作区所在的目录、<TestStand Public>目录、<TestStand>目录等。TestStand 会依照列表按顺序进行搜索，所以排在前面的路径会被优先搜索。可以在任何时候通过"Move Up"和"Move Down"按钮调整列表的顺序，也可以根据需要通过"Add"按钮添加新的路径，提高序列文件的加载速率。需要注意的是，如果列表过长，可能会导致 TestStand 每次都花很长的时间来加载序列文件及其依赖关系，因为可搜索的路径太多，所以应该经常将不需要的路径删除，并将最常用的路径放在列表的前面。如果某个路径目录太大，它下面还包含很多子目录，子目录有可能还有嵌套，这种情况下，最好将这个大目录放在列表的后面。除了上面这些优化的方法，对于每个路径，还可以通过文件扩展名约束、禁用递归搜索等方式加快搜索的速度。如图 7-7 所示，对于新添加的路径 D:\TestStand for Everyone\Exercises，限定搜索的文件扩展名是"vi"、"dll"和"exe"，但这里选中了"Search Subdirectories"（搜索子目录）选项，TestStand 会递归搜索到它的子目录中。如果选中了"Exclude"选项，就意味着除扩展名是"vi""dll"和"exe"的文件被忽略外，搜索所有其他类型的文件。

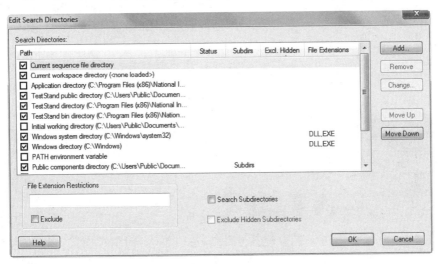

图 7-6　搜索路径编辑对话框

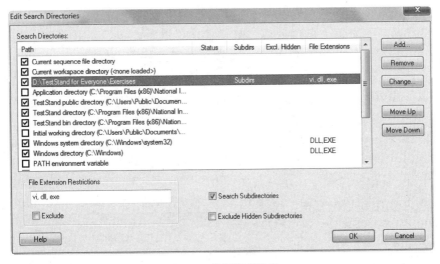

图 7-7　编辑搜索路径

若想将搜索路径列表复制到其他计算机上（如部署系统），则只需要将 <TestStand Application Data>\Cfg\testexec.ini 文件以某种方式复制到目标计算机中。

7.4 配置模块适配器

在第 6 章的调试代码模块部分，曾经介绍过 LabVIEW 和 LabWindows/CVI 模块适配器的设置对调试的影响，本节将更详细地介绍模块适配器的配置，如 VI 的保留、结构体对齐方式等。通过菜单命令"Configure》Adapters"打开适配器配置对话框，如图 7-8 所示。该对话框中包含了 TestStand 支持的所有适配器类型，通过"Hidden"列可以选择是否在插入选板中隐藏某适配器。当选择了某一适配器后，可以通过单击"Configure"按钮进入它的设置对话框。

图 7-8 适配器配置对话框

7.4.1 LabVIEW 模块适配器

LabVIEW 服务器可以设置为开发环境模式或运行时引擎模式：在开发环境模式下，可以在 TestStand 中通过调用 LabVIEW 应用开发环境编辑、新建或调试 VI，使用这种模式的前提是计算机上安装了 LabVIEW 开发版本软件；在运行时引擎模式下，不能编辑或调试 VI，步骤设置窗格中的新建 VI 和编辑 VI 按钮都变为灰色不可用，但这种模式只要求计算机上安装 LabVIEW 运行时引擎就可以了，不涉及 LabVIEW 版权，通常在部署的系统中选择这一模式。如果在一台计算机上同时安装多个版本的 LabVIEW，应确保选择的运行时引擎的版本必须和序列文件中所调用 VI 的版本一致，或者选中"Auto detect using VI version"选项。

在 LabVIEW 适配器设置对话框（如图 6-38 所示）中有一个"Reserved Loaded VIs for Execution"选项，默认是被选中的，这意味着当 TestStand 打开并加载序列文件时，序列文件所调用的 VI 如果也被加载至内存中，这些 VI 将被 TestStand 占用、保留，这样做的好处是可以在序列执行时节省 VI 加载的时间。当 VI 被 TestStand 保留时，如果从 LabVIEW 应用开发环境中直接打开 VI，会发现它处于不可编辑状态，如图 7-9 所示。修改 VI 的途径

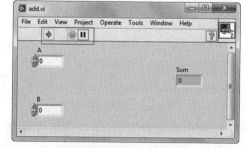

图 7-9 VI 处于不可编辑状态

是在步骤设置窗格中通过单击"编辑 VI"按钮，取消对 VI 的保留。另外，通过序列编辑器菜单命令"File » Unload All Modules"，同样可以取消对 VI 的保留。

7.4.2　LabWindows/CVI 模块适配器

在 LabWindows/CVI 适配器设置对话框（如图 6-40 所示）中，可以选择代码模块是否运行于原有的线程中，或者是在新开辟的线程中运行，这由"Step Execution"步骤执行选项决定。如果选择在新的 LabWindows/CVI 外部实例中执行步骤，且配置了包含相应执行服务器的 LabWindows/CVI 项目路径，那么 TestStand 会开辟新的线程，使代码模块在 LabWindows/CVI 的开发环境中运行，这样就可以调试 DLL 文件了（要求 DLL 的类型是 Debug，而非 Release）。由于调试会影响序列执行的速度，因此在这种模式下执行效率会低一些，一般只在开发阶段采用这种模式，且要求在计算机上安装 LabWindows/CVI 开发版本软件。另一种步骤执行方式是让代码模块运行于原有的线程中（In-Process），比如就在序列编辑器的原有进程中执行，这种模式下是不能调试的，因此执行速度更快，也不需要在计算机上安装 LabWindows/CVI 开发版本软件。

说明：对于 TestStand 2013 以前的版本，如果测试或动作步骤类型模块适配器选择为"LabWindows/CVI"，在步骤设置窗格中，代码模块可以选择 dll、obj、c 或 lib 文件，而对于 2013 及之后的版本，只能选择 dll 文件。

在 LabWindows/CVI 适配器设置对话框中有一个"Default Struct Packing"（默认结构体对齐方式）选项。结构体对齐其实是程序编译器对结构体的存储的特殊处理，有助于提高 CPU 存储变量的速度，比如按 4 字节对齐的方式，在结构体中 char 类型变量占用的将是 4 字节，以保证结构体其他成员的起始地址偏移量为 4 的整数倍。在文本语言编译器中，提供了 #pragma pack(n) 来设定变量以 n 字节方式对齐。在 TestStand 中，默认选择的是 8 字节对齐方式，在下拉列表中还有其他对齐方式。在 LabWindows/CVI 2009 版本以前，用户可以在 LabWindows/CVI 中通过菜单命令"Options » Build Options"设置它的兼容模式：Microsoft Visual C++和 Borland 兼容模式，前者兼容模式将使用 8 字节对齐方式，而后者使用 1 字节对齐方式，因此需要根据兼容模式在适配器设置对话框选择正确的结构体对齐方式。从 LabWindows/CVI 2009 版本开始，取消了对 Borland 模式的兼容性支持，主要原因是 Borland C++ Builder 6 编译器始于 2002 年，已经是相对较旧的技术，不能和很多新技术（如 Real-Time、64 bit OS）相容。在 TestStand 帮助文档中，关于结构体对齐设置还有相关描述，但其实只是针对较早版本的 LabWindows/CVI，读者可以参考。

7.4.3　C/C++ DLL 模块适配器

在 C/C++ DLL 模块适配器设置对话框（如图 7-10 所示）中，可以选择创建、修改源代码、调试源代码的 Visual Studio 版本。如果计算机上安装了 Visual Studio，同样支持代码模块调试。此外，也有结构体对齐选项，创建 DLL 的应用开发环境决定了结构体的对齐方式，对于 Visual C++和 Symantec C++，默认为 8 字节对齐；对于 LabVIEW、Borland C++和 Watcom C++，默认为 1 字节对齐。

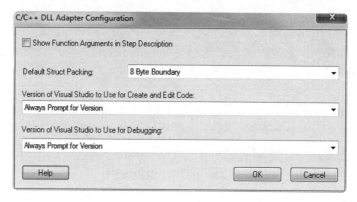

图 7-10　C/C++ DLL 适配器设置对话框

7.5　报表选项

本质上，大部分报表生成功能并不是由 TestStand 引擎或序列编辑器自身提供的，而是由过程模型定义的。过程模型定义了最终生成的报表的内容及其格式，体现在报表生成方式和报表选项两部分。在第 3 章曾提到，过程模型定义了一系列通用操作，而客户端序列文件的主序列可以看作是这一系列操作中的某一个。当序列执行时，TestStand 不是仅仅执行客户端主序列，而是会按照过程模型定义的顺序依次执行所有的操作，报表生成就属于这其中的一种通用操作，因此通过菜单命令"Execute»Single Pass"或"Execute»TestUUTs"方式会在序列执行完成后生成报表文件。虽然 TestStand 引擎不直接负责生成报表，但是对于 TestStand 默认自带的以及绝大多数用户自定制的过程模型，其报表的数据来源依赖于 TestStand 引擎对原始结果数据的自动收集。可以将报表生成分为两个阶段，第一阶段是 TestStand 引擎将每个步骤的结果按一定格式收集到临时结果列表中；第二阶段就是过程模型利用临时结果列表中的数据按一定格式生成最终报表文件。第 14 章会详细介绍报表生成方式，包括在过程模型中有哪些序列是负责报表生成的，有哪些序列是用户可以在客户端序列文件中修改以实现自定制需求的，从中可以发现，TestStand 针对报表生成从过程模型的结构上有非常细致的考虑。除了报表生成方式，过程模型还定义了报表选项，可以通过报表选项设置报表的名称、格式、显示内容等。本节主要介绍报表选项。

在 TestStand 2012 版本以前，报表选项和数据库选项是分开的两个菜单项，用户可以通过"Configure"菜单分别进入。在 2012 版本之后，对这两项进行了合并，统一通过菜单命令"Configure » Result Processing"访问。打开结果处理对话框，其中有一个表格，列举了当前配置下可用的结果处理实例，如报表、数据库、离线结果文件。对于每项实例，可以通过"Enabled"复选框列决定是否使能它，比如在图 7-11 中，开启了生成报表功能，但是记录结果到数据库和离线结果文件都是禁用的。对于报表，还有额外的"Display"复选框列，它决定序列执行时是否通过报表窗格显示报表。

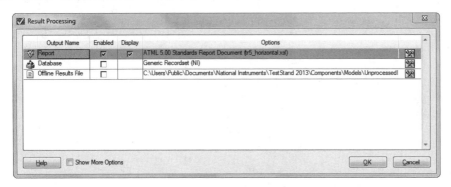

图 7-11 结果处理对话框

单击报表栏右侧的"Options"图标，会弹出报表选项对话框，如图 7-12 所示。它包含内容和报表文件路径两个配置页面。在内容页面，可以选择报表的格式、报表所包含的步骤结果、数组的显示方式、开启动态即时报表生成和报表生成器设置。TestStand 默认的过程模型支持生成 ASCII、HTML、XML 和 ATML 四种格式的报表。ASCII 报表就是平时纯文本文件，用记事本就可以打开；HTML（HyperText Markup Language，超文本标记语言）即常见的网页文件，可以用浏览器打开，浏览器会自动解析其中的标记符，从而显示图片、动画、文字特殊显示效果等；XML（Extensible Markup Language，可扩展标记语言），它很像超文本标记语言，独立于软件和硬件的信息传输载体，因此是各种应用程序之间进行数据传输的最常用的工具，被设计用来传输和存储数据，其焦点是数据的内容，旨在传输信息；而 HTML 被设计用来显示数据，其焦点是数据的外观，旨在显示信息。由于 XML 文件本身仅仅是存储数据，在报表选项中它相对 ASCII 和 HTML 多了一个设置项"Style Sheet"（样式表文件）。样式表文件的作用是将 XML 文件转换成其他格式的文件，如图 7-12 中使用"horizontal.xsl"，它会将 XML 文件转换为 HTML 文件输出，这样使用浏览器打开 XML 文件时，看到的已经是自动转换后的可视化信息而非原始的 XML。第 14 章会介绍如何通过修改 .xsl 文件使得 XML 报表显示变得多样化。最后一种报表格式 ATML（Automatic Test Markup Language，自动测试标记语言），其实也是 XML 格式文件，信息的存储符合 XML 标准，只是它额外定义了一些标准规范，目的在于使自动化测试系统之间更好地交换测试信息，如测试配置、UUT 描述、仪器描述、测试结果等信息，具有互操作性，由 IEEE SCC20 组织负责制定。由于是采用 XML 标准，因此在报表选项中同样需要设置样式表文件。

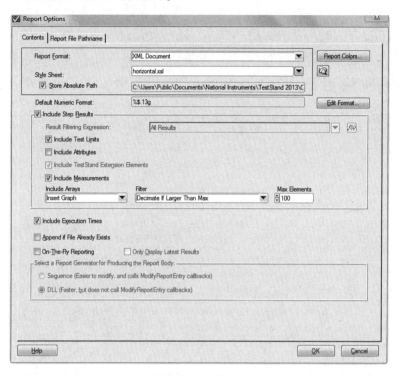

图 7-12　报表选项对话框（内容页面）

在报表选项中可以设置将哪些步骤结果添加至报表中，如是否包含测试限度值、属性、TestStand 扩展元素、测量值，默认测试限度值和测量值是选中的。报表选项的所有设置都会保存到文件中，这样在序列执行并生成报表之前，会先从文件中读取设置信息，以决定是否将上述属性添加到报表中。

除 XML 格式报表外，都可以使用 "Result Filtering Expression"（结果过滤表达式）栏，默认显示所有的结果，但通过下拉列表可以选择只显示某些结果，如选择 "Passed/Done Only" 只显示状态为 "Passed" 或 "Done" 的步骤结果，选择 "Exclude Flow Control" 可以去除流程控制类型步骤的结果。如图 7-13 中选择了 "Pass/Done Only"，如果单击输入框，会发现它其实是一个表达式 "Result.Status = = "Passed" || Result.Status = = "Done""，表达式很好理解，可以根据实际需要定制其他表达式。

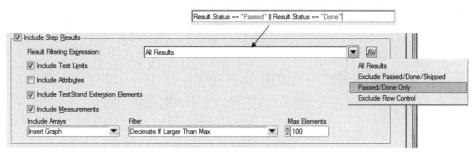

图7-13 结果过滤表达式

在内容页面中还有一些选项,"On-The-Fly Reporting"选项用于决定是否开启动态即时报表生成,在开启的情况下,在序列执行的过程中会实时更新报表文件,同时可以在报表窗格中实时查看,但这会影响测试执行的速度,所以默认是关闭的。内容页面的最后一个设置区域是"Select a Report Generator for Producing the Report Body"(选择一种报表生成器来生成报表主体),这涉及报表生成方式,因为过程模型中定义了一些序列来负责报表生成工作,这些序列可以调用DLL代码模块或子序列来生成报表主体。对于ASCII和HTML格式报表,可以选择使用Sequence和DLL两种方式;对于XML和ATML报表,这个设置项是被禁用的,只能使用DLL方式。在速度方面,使用DLL生成报表主体要比序列的方式快一些,但是序列更易于修改,而修改DLL文件相对不是那么简单,需对它的源文件进行修改并重新编译。

切换到报表文件路径页面,这个页面主要是设置将要生成的报表的文件名称以及保存路径。如果选择"Specify Fixed Report File Path"选项,即声明固定的报表文件路径,如图7-14所示,那么每次报表内容都将保存至该文件中,新的报表内容会覆盖原有的内容,除非在内容页面中选中了"Append if File Already Exist"选项。

更多的时候,是根据一定的命名规则动态生成报表文件名称,并保存到特定的路径下面。以在"Type of Model"(过程模型类型)栏中选择为"Sequential"为例,将会有一系列的选项可以设置,包括File Name/Directory Options(报表文件路径)、Base Name(报表文件基本名称)、Prefix Sequence File Name to Report File Name(将序列文件名称作为报表文件名称的前缀)、Add Time and Data to File Name(将时间和日期添加到报表文件名称)、Fore File Name to Be Unique(强制报表文件名称唯一)、New UUT Report File for Each UUT(将UUT的序列号添加到报表文件名称)、Use Standard Extension for Report Format(使用标准报表文件扩展名)。通过基本名称结合上述一系列复选框的设置,就构成了特定的文件名称。在图7-15中,选择了序列文件所在的目录作为报表文件保存的路径,文件名称是"SeqFileName_Report[Time][Date]_00001.xml"。如果将 UUT 的序列号添加到报表文件名称中，则预览的文件路径将是"SeqFileName_Report[UUT][Time][Date]_00001.xml"。如果只是希望在序列执行完成时显示报表的内容，但不需要保存报表文件，可以勾选"Use Temporary File"选项，这样 TestStand 会将每次生成的报表都保存到临时文件中，并会在退出序列编辑器时将临时文件删除。

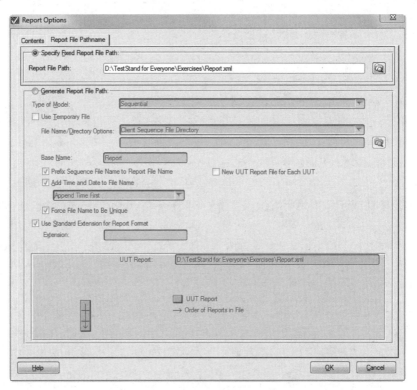

图 7-14 声明固定的报表文件路径

如果报表文件路径选择"Specify Report File Path by Expression"（基于表达式的方式），就可以完全自定制报表文件的路径和名称。TestStand 中包含了一些预定义宏（也可以理解为关键词），将它们添加到表达式中，可以实现将测试结果为"Pass"和"Fail"的 UUT 报表分别保存在不同的目录下。在图 7-16 中，表达式"<ClientFileDir>\\<ClientFileName>_Report[<FileTime>][<FileDate>]<Unique>.<FileExtension>"其实和前面通过单选框设置的方式所产生的效果是一样的，<ClientFileDir>、<FileDate>、<Unique>等就是宏定义。再举个例子，表达式"<ClientFileDir>\<UUTStatus>Report.<FileExtension>"就是依据 UUT 的状态将报表文件分别保存至不同的目录下，使用的宏定义是<UUTStatus>。更多关于报

第 7 章　TestStand 常用配置

表宏定义和表达式的内容，请读者参考 TestStand Reference Manual 第 6 章的 *Using Expression to Customize Reports* 一节。

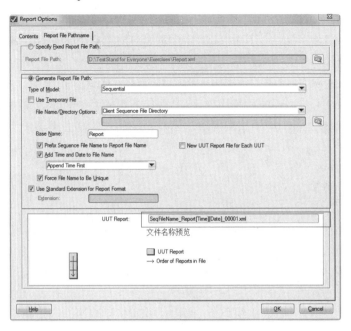

图 7-15　动态生成报表文件路径

图 7-16　使用宏定义和表达式生成报表文件路径

7.6 数据库

TestStand 可以将序列执行的结果记录到数据库中。在使用数据库前，应对数据库基础知识有一定的了解，包括数据库管理系统（Database Management System，DBMS）、关系型数据库、结构化查询语言（Structured Query Language，SQL）、ActiveX 数据对象（ActiveX Data Object，ADO）和开放式数据库互连（Open Database Connection，ODBC）技术。数据库的诞生源于人们对数据管理和共享的要求越来越高，传统的文件系统已经不能满足要求。第一个数据库是美国通用电气公司查尔斯·巴赫曼等人在 1961 年成功开发的 IDS（Integrated Data System），它奠定了数据库的基础，并在当时得到了广泛的应用。1970 年，IBM 公司的研究员埃德加·科德博士在刊物 Communication of the ACM 上发表了一篇名为 A Relational Model of Data for Large Shared Data Banks 的论文，提出了关系模型的概念，奠定了关系模型的理论基础，这篇论文被普遍认为是数据库系统历史上具有划时代意义的里程碑。科德的心愿是为数据库建立一个优美的数据模型，后来他又陆续发表多篇论文，提出"科德十二准则"，用数学理论奠定了关系数据库的基础。关系模型就是指二维表格模型，一个关系型数据库就是由二维表及其之间的联系组成的一个数据组织。1974 年，IBM 公司的 Boyce 和 Chamberlin 将"科德十二准则"的数学定义以简单的关键字语法表现出来，提出了具有里程碑意义的 SQL 语言。SQL 语言的功能包括查询、更新和管理关系数据库系统，它是一种高度非过程化的语言，只要求用户指出做什么而不需要指出怎么做，因此即使是完全不同底层结构的不同数据库系统，也可以使用相同的 SQL 语句作为数据输入与管理的接口。SQL 语言的这个特点使它成为一种真正的跨平台、跨产品的语言。如今，数据库技术已经发展得非常成熟，常见的数据库管理系统有 Oracle、SQL Server、MySQL、Sybase、Access、Informix、DB2 等。

数据库是数据的有组织的集合，既可以存储数据，也可以提取数据。对于关系型数据库，采用表格存储数据，表格的行称为记录，而列称为字段。一个数据库可以包含多个表格，这要求每个表格的名称必须是唯一的；在每个表格中，可以有多个字段，每个字段都有各自的数据类型，而每个字段的名称同样必须是唯一的。举个例子，表格 7-1 中包含了 5 条记录，字段分别是 UUT 序列号、步骤名称、结果状态和测量值。

表 7-1 数据库表格示例

UUT 序列号	步 骤 名 称	结 果 状 态	测 量 值
20860B456	电压	通过	0.5
20860B456	电流	通过	0.3

续表

UUT 序列号	步骤名称	结果状态	测量值
20860B123	电压	失败	0.1
20860B789	电压	通过	0.3
20860B789	初始化	通过	(NULL)

在表格中，数据的顺序是不重要的。排序、分组等操作是在用户从表格中提取数据时才进行的，比如使用 SQL SELECT 语句从数据库中获取记录，查询语句定义了要获取的内容和顺序。可以从一个表格中获取某些行记录和相应的列字段，也可以一次从不同的表格中提取数据。那么对数据库的操作是怎样的流程呢？一般会定义数据库会话（Database Session），所有的数据库操作都在会话中完成，一个简单的数据库会话包含以下操作：

◇ 链接数据库；
◇ 打开数据库表格；
◇ 从打开的表格中提取或者存储数据；
◇ 关闭表格；
◇ 断开数据库链接。

TestStand 使用了 Microsoft ADO 客户端数据库技术（如图 7-17 所示）。ADO 是建立在对象链接和嵌入数据库（Object Linking and Embedding Database，OLE DB）之上的，而 OLE DB 是众多数据库接口技术中的一种，使用非常广泛，已经集成到 Windows 操作系统中。应用程序（如 TestStand）通过各自的 OLE DB 提供者和数据库管理系统进行通信。OLE DB 层也可以通过 ODBC 提供者，借助于针对每种数据库管理系统的特定 ODBC 驱动，实现数据库的访问。这里提一下 ADO 和 ODBC 的区别。ODBC 是一种数据库访问协议，提供了访问数据库的 API 接口。基于 ODBC 的应用程序，对数据库操作不依赖于具体的 DBMS，不直接与 DBMS 打交道，所有数据库操作由对应 DBMS 的 ODBC 驱动程序完成，即系统中不需要安装 DBMS 系统，比如不需要安装 SQL Server 2005，但必须有 SQL Server 2005 的 ODBC 驱动程序，然后在 ODBC 管理器中注册数据源，就可以在应用程序中通过 ODBC API 访问该数据库。ADO 直接对 DBMS 数据库进行操作，即系统中必须有 DBMS，但不需要驱动程序，不需要注册数据源，所以具有更好的移植性。ODBC 是微软公司引进的一种早期数据库接口技术，素以最慢的数据访问方法而著称，可以看作是 ADO 的前身，而 ADO 方法是针对新的程序设计情形而采用的，它克服了早期技术的诸多限制，依赖于微软新的底层访问方法 OLE DB。但是，当 ADO 不支持某个 DBMS 而 ODBC 支持时，仍然需要使用 ODBC。

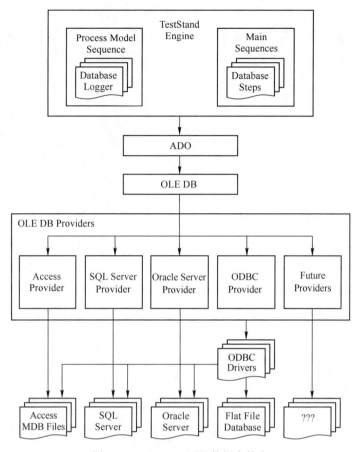

图 7-17　Windows 下的数据库技术

　　和报表生成功能一样，数据库操作功能并不是由 TestStand 引擎或序列编辑器自身提供的，而是由默认的过程模型定义的。过程模型定义了最终记录到数据库的内容以及各种配置选项，这通过一系列可定制化的序列来实现，在任何时候都可以修改或替换这些序列。数据库记录同样属于过程模型中的某一通用操作，当使能了数据库记录功能后，通过菜单"Execute » Single Pass"或"Execute » Test UUTs"的方式可在序列执行完成后将结果记录到数据库中。虽然 TestStand 引擎不直接负责数据库操作，但是对于 TestStand 默认自带的以及绝大多数用户自定制的过程模型，数据库的数据来源依赖于 TestStand 引擎对原始结果数据的自动收集。同样，可以将记录数据库分为两个阶段：第一阶段，TestStand 引擎将每个步骤的结果按一定格式收集到临时结果列表中；第二阶段，过程模型将临时结果列表中的数据按一定的格式写入数据库。

7.6.1 数据库选项

由于 TestStand 2012 版本之后，报表选项和数据库选项合并了，需要通过菜单命令"Configure » Result Processing"打开结果处理对话框，如图 7-18 所示。如果要将结果记录到数据库中，需要使能数据库记录。

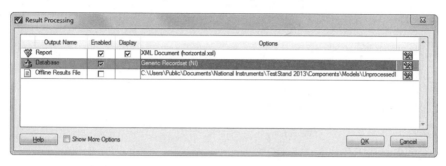

图 7-18　使能数据库记录

单击数据库栏右侧的"Options"图标，弹出数据库选项对话框，如图 7-19 所示。在记录选项（Logging Options）页面可以选择将哪些项目写入数据库，如测量结果、测试限度值、额外的结果、执行时间；使用过滤表达式可以选择性地记录特定的结果；"Use On-The-Fly Logging"选项用于决定是否开启动态即时数据库记录，它会影响序列执行的速度，但可以避免系统崩溃时数据的丢失，比较适合序列执行要花费很长时间的场合。

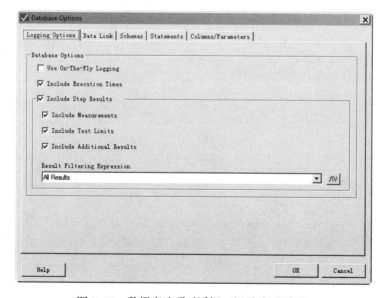

图 7-19　数据库选项对话框（记录选项页面）

如图 7-20 所示，在数据链接（Data Link）页面，可以选择采用的 DBMS 系统。TestStand 默认提供了 Access、Oracle、SQL Server、MySQL、Sybase 五种数据库的支持，由于 Access 作为 Office 组件之一，支持 SQL 语言，所以本节就基于 Access 来介绍数据库的操作。

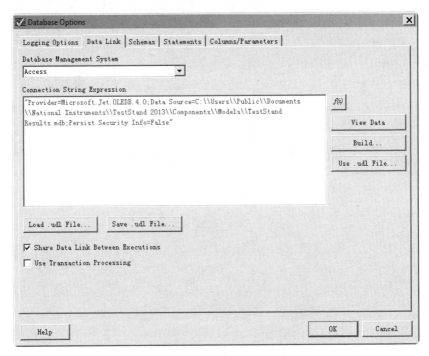

图 7-20　数据库选项对话框（数据链接页面）

由于 TestStand 是基于 ADO 技术，它使用通用数据链接（Universal Data Link，UDL）来获得数据库信息以实现数据库链接，通常保存为 UDL 文件。UDL 文件存储了 OLE DB 链接信息，如 OLE DB 提供者、用户名、密码和其他选项。UDL 文件包含的内容其实就是"Connection String"（连接字符串），如" Provider = Microsoft.Jet.OLEDB.4.0;Data Source = C:\\Users\\Public\\Documents\\National Instruments\\TestStand 2013\\Components\\Models\\TestStand Results.mdb;Persist Security Info=False"。

在 TestStand 中，可以单击"Load.udl File"按钮加载事先创建的 UDL 文件，可以对它进行编辑并使用"Save.udl File"按钮保存。如果单击"Build"按钮，会弹出数据链接属性窗口，如图 7-21 所示，这和用户在 Windows 系统下直接双击 UDL 文件时弹出的窗口是完全一样的。在"Provider"页面设置 OLE DB 提供者，由于本节使用的是 Access 数据库，因此选择"Microsoft Jet 4.0 OLE DB Provider"。

在"Connection"(链接)页面,如图 7-22 所示,设置要链接的数据库文件以及用户名和密码。TestStand 默认提供了示例 Access 数据库文件 TestStand Results.mdb,位于<TestStand Public>\Components\Models 目录下。设置完毕后,单击"Test Connection"按钮,正常情况下会显示"Test Connection Succeeded",表明链接成功。单击"OK"按钮退出数据链接属性窗口并返回数据库选项对话框,可以看到链接字符串表达式已自动生成。单击"View Data"按钮可以打开"Database Viewer"(数据库查看器),在数据库查看器中可以查看数据库文件。

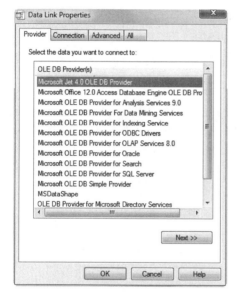

图 7-21 数据链接属性窗口
("Provider"页面)

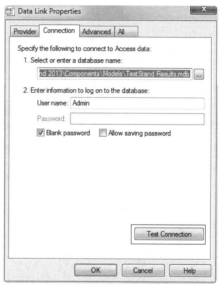

图 7-22 数据链接属性窗口
(链接页面)

切换到模式(Schemas)页面,如图 7-23 所示。模式其实就是数据库的布局,对关系型数据库而言,数据库就是由一系列表格组成的,而每个表格存储一定的内容,模式定义了数据库文件中包含哪些表格及每个表格所要存储的内容。TestStand 为每种数据库都创建了默认的模式,这些默认模式是不能修改的,但可以复制或新建模式,这样就可以在现有模式的基础上进行修改了。

如果选定了某种模式,切换到声明(Statements)页面(如图 7-24 所示),将显示当前模式定义的所有表格。选中某个表格,如"UUT_RESULT",在"Columns/Parameters"页面将显示该表格中所有的列。模式→声明→列,基本上就是这样一种关系,读者对此有个了解就可以了。

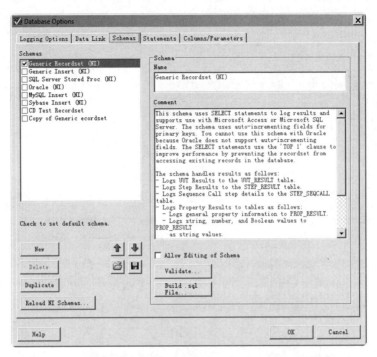

图 7-23 数据库选项对话框（模式页面）

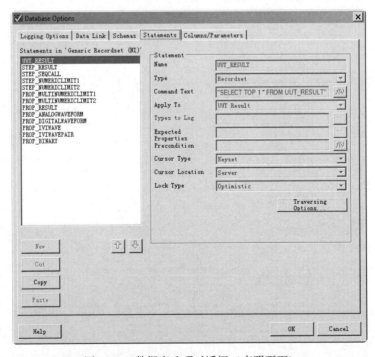

图 7-24 数据库选项对话框（声明页面）

TestStand 默认的数据库模式包含了以下表格：
◇ UUT_RESULT；
◇ STEP_RESULT；
◇ STEP_SEQCALL；
◇ PROP_RESULT；
◇ PROP_BINARY；
◇ PROP_ANALOGWAVEFORM；
◇ PROP_DIGITALWAVEFORM；
◇ PROP_NUMERICLIMIT。

每个表格分别存储了不同的内容：UUT_RESULT 包含每个 UUT 的信息（如序列号、测试状态等），它的一条记录对应一个 UUT；STEP_RESULT 包含每个步骤的信息（如步骤名称、步骤状态、步骤 ID、步骤执行时间等），它的一条记录对应一个步骤；STEP_SEQCALL 包含的是子序列步骤；PROP_RESULT 包含了步骤的属性，每条记录对应一个属性；其他以 PROP 为前缀的表格，分别保存特定的属性，如 PROP_NUMERICLIMIT 针对限度属性，它的每条记录又有更详细的描述限度属性的信息。

7.6.2 数据库查看器

在配置了连接 TestStand Results.mdb 数据库之后，在数据库选项对话框数据链接页面单击"View Data"按钮，可以调用数据库查看器查看该数据库。通常，数据库都要求一个特定的应用程序来访问它，该应用程序能查看、更新其中的数据，并通过查询的方式显示结果，TestStand 的数据库查看器就是这样一个简单的接口应用程序。在图 7-25 中，显示 TestStand Results.mdb 包含 8 个表格，如果选

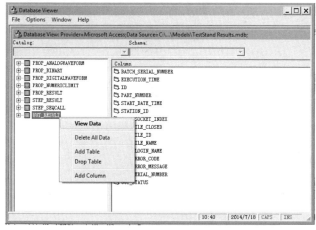

图 7-25　数据库查看器

择了某一表格如 UUT_RESULT，在"Column"中会相应地显示它的所有列。右击"UUT_RESULT"表格并选择"View Data"，就可以查看它的数据记录了。读者可以尝试在序列编辑器中使用菜单命令"Execute»Test UUTs"方式运行任意序列文件，多次测试多个 UUT 后，在数据库查看器中依次打开 UUT_RESULT、UUT_STEP 等表格，查看它们的数据。

【小结】
　　本章系统地介绍了 TestStand 中常用的配置，包括序列编辑器环境设置、TestStand 工作站选项、设置搜索路径、配置模块适配器、报表选项、数据库选项。这些设置项会影响序列开发、调试、部署、结果存储等方面，因此熟悉这些设置是非常有益的。

第 8 章 并 行 测 试

TestStand 的一个重要特性是支持并行测试。并行测试在任何时候都是非常有吸引力的，它可以在不增加或增加很少成本投入的情况下大大提高测试系统的效率，从而满足产能要求。但是，引入并行测试需要解决很多问题，包括多线程的管理、数据空间的安全、竞争、资源冲突、死锁等，因此对于刚开始接触测试管理或自动化测试开发的工程师而言，任务是非常重的，这将花费大量的时间，而且系统还随时有可能出现不可预期的错误。作为商用的测试管理软件，TestStand 直接集成了并行测试功能，它不仅提供了并行测试的过程模型供用户直接使用，而且自带了很多同步操作相关的步骤类型，如上锁/解锁、通知、队列、集合点、批量同步、自动协作等，以解决上述问题。不仅如此，TestStand 针对并行测试有其规范的多线程结构，读者会发现在其中实现并行测试原来是一件比较简单的事情。

目标

- ☺ 了解并行测试的概念
- ☺ 学习 TestStand 的多线程结构
- ☺ 掌握如何在新的线程中执行序列
- ☺ 初步接触过程模型的内部结构
- ☺ 学习并行过程模型和批量过程模型
- ☺ 理解数据空间的独立性
- ☺ 合理使用同步步骤类型
- ☺ 学习常用并行测试模式
- ☺ 了解使用并行测试带来的潜在问题

关键术语

Parallel Testing（并行测试）、Multithreading（多线程）、Execution（执行）、Thread（线程）、Process Model（过程模型）、Parallel Process Model（并行过程模型）、Batch Process Model（批量过程模型）、Test Socket（测试工位）、Execution Entry Point（执行入口点）、Synchronized Section（同步区段）、Lock/Unlock（上锁/解锁）、Semaphore（信号量）、Auto Schedule（自动协作）、Notification（通

知)、Queue（队列）、Rendezvous（集合点）、Race Condition（竞争）、Resource Conflict（资源冲突）、Dead Lock（死锁）

8.1 并行测试概述

当需要不间断地测试大量 UUT 时，如产线测试，需要评估现有的测试站能否满足高密集测试的要求。因为测试每个 UUT 都需要花费一定的时间，包括操作员放置 UUT、UUT 控制、执行测试、数据分析等，而测试站的数量是有限的，如果单位时间内测试的 UUT 数量低于新生产的 UUT 数量，就会导致大量待测 UUT 的堆积，测试环节成为整个流水线的瓶颈。测试经理或测试研发工程师应该如何评估所需要的测试站的数量呢？一般而言，需要量化两个重要的参数：生产节拍和测试周期。生产节拍指的是单位时间内从产线脱落出来而等待测试的 UUT 的数量，它一般是固定值，由整个流水线的速度所决定。测试周期指的是测试每个 UUT 花费的时间。如果测试周期和生产节拍刚好成倒数关系，则测试站的数量刚好满足要求，但很多时候，测试周期往往大于生产节拍的倒数，因此就需要更多的测试站。这里有一个经验公式：最少需要的测试站数量＝产线节拍×测试周期。例如，产线节拍是每秒 1/10 UUT，测试周期是 30s，则最少的测试站数量要求是 3，即需要使用 3 个测试站来满足测试要求。如果测试站数量不够，如何避免测试环节成为瓶颈呢？办法有两个：一是增加测试站的数量，如上面核算需要的测试站数量；二是采用并行测试。增加测试站的方法最直接，就是简单复制测试系统，但这会带来成本的线性增加。而并行测试是在不增加硬件配置，或者更多的时候只增加部分配置的基础上，通过引入多线程机制提高测试效率，缩短测试时间。还是上面的例子，测试周期是 30s，假定每个测试站的花费是 10 万元，如果仅使用 1 个测试站，花费较少，但测试时间是 30s；如果复制成 3 套系统，则花费是 30 万元，而综合平均测试时间缩短到 10s；如果使用并行测试方式，有可能做到只花费 20 万元或者更少，而综合平均测试时间缩至 10s。相关示意图如图 8-1 所示。

读者可能会有疑问，并行测试为何能够缩短测试时间呢？当遇到测试瓶颈时，是否只要使用并行测试而不用增加测试站，就能解决所有的问题呢？首先看一下为什么并行测试可以降低测试时间。因为一个测试站中可能包含多种测试仪器，每种仪器负责 UUT 的某一项测试，当按顺序依次执行每个测试项时，会出现仪器闲置的情况，即它一旦完成所对应的测试项工作，就处于等待下一个 UUT 的状态，而并行测试的工作就是要尽可能减少仪器的闲置时间，使得多个 UUT 可以分时交替使用不同的仪器，让多个 UUT 都处于测试状态。在并行测试系统中，通常一个工作站会同时测试两个或更多的 UUT，多个 UUT 之间共享较昂贵的设备，而普通的设备还是可以给每个 UUT 单独配置的。这种系统配置可能只需要一个操作员就可以同时处理多个 UUT 的测试，并且相对于直接复制系统的方式，它还可以减少空间的占用。并行测试对软件的要求增加了，软件部分需要处理 UUT 追踪、资源分配、同步、线程管理等各种问题。并行测试带来测试效率的提升是巨大的，但不是无限的，因此不能期望通过它而完全不需要增加硬件成本的方式解决问题，只有适当增加投入并引入并行测试机制，才能取得最佳的效果。

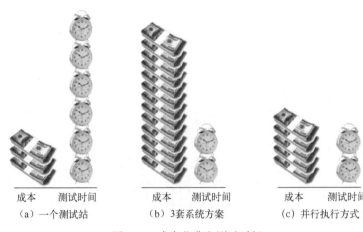

图 8-1 成本花费和测试时间

8.2 TestStand 中的多线程结构

并行测试必然引入多线程，它让多个 UUT 的测试在不同的线程中同时进行。在半导体技术飞速发展的今天，多线程早已不是新鲜的概念。无论是计算机硬件，如多核处理器，还是主流操作系统都支持多个线程的并发执行。通常把运行于计算机上的每个应用程序称为进程；进程可以包含多个子任务，子任务称为线程。因此，线程是利用 CPU 的基本单位且花费最小开销的实体。操作系统通过调度在多个线程之间进行高速切换，使得用户感觉多个线程在同时执行。在 TestStand 中，序列编辑器和 TestStand 用户界面是进程，它们负责调用 TestStand 引擎，TestStand 引擎可以同时启动多个执行，而每个执行中又包含至少一个线程。TestStand 就是采用这样一种多级的方式来实施并行测试的，如图 8-2 所示。

TestStand 的进程和线程之间多了一层，称之为执行。6.2.3 节曾介绍了执行的概念：执行是 TestStand 创建的一个对象，包含当前序列运行所需要的一切信息。对于每个执行，TestStand 默认启动了一个线程，由于可以设置让某些步骤在新的线程中运行（这也是 8.3 节要介绍的内容），因此一个执行中可以包含多个线程。同一个执行的多个线程之间虽然是彼此独立的，但是当用户暂停、终止某个执行时，TestStand 会暂停、终止执行包含的所有线程。通常来说，进程可以包含多个线程，而线程已经是程序执行流的最小单元，那么在 TestStand 的多线程结构中，"执行"这个对象和什么对应起来呢？笔者的理解是，执行作为 TestStand 中特有的一个概念，它本身应该也是线程，通过该线程可以开辟新的线程并对这些新线程进行额外的管理和追踪处理工作，因此同一个执行内的多个线程是受统一管理的。

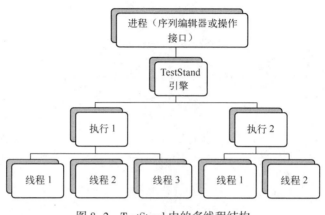

图 8-2　TestStand 中的多线程结构

8.3　多线程过程模型

第 3 章介绍了过程模型，它定义了一系列通用操作，而客户端序列文件的主序列可以看作是这一系列通用操作中的某一项。当序列执行时，TestStand 不仅执行客户端主序列，而是会按照过程模型定义的顺序依次执行所有的操作。TestStand 自带了三种过程模型，分别是 SequentialModel.seq、ParallelModel.seq、BatchModel.seq，位于<TestStand>\Components\Models\TestStandModels 目录下，默认序列编辑器使用的是 SequentialModel，即顺序模型。在顺序模型中，一次只能测试单个 UUT，不能进行多 UUT 并行测试，而并行过程模型（ParallelModel）和批量过程模型（BatchModel）则支持多 UUT 的并行测试。在序列编辑器中，通过菜单命令"Configure » Station Options"打开工作站选项窗口，并在模型页面中可以给工作站全局设置过程模型，这样后续新建的序列文件默认都将采用工作站设定的过程模型。对于新建的序列文件，也可以在其序列文件属性中另外设定过程模型，这些内容在第 7 章有过详细介绍。

注意：ParallelModel 和 BatchModel 都是多线程过程模型，支持 UUT 并行测试。但并行过程模型在本书中专指 ParallelModel。

第 8 章 并 行 测 试

读者不妨先体验一下客户端序列文件在并行过程模型中执行时的效果。打开范例<TestStand Public>\Examples\Demo\DoNet\Computer.seq，通过菜单命令"Edit»Sequence File Property"打开序列文件属性窗口，并在高级页面选择新的模型文件 ParallelModel.seq；通过菜单命令"Configure»Model Options"打开模型选项窗口，"Number of Test Sockets"（测试工位数量）设置为"2"，即假定是两个 UUT 的并行测试；通过菜单命令"Configure»Station Options"打开工作站选项窗口，在执行页面中将追踪的速度滑杆调节到中间位置，这是为了放慢步骤的执行速度，以方便观察运行效果；最后通过菜单命令"Execute»Single Pass"执行序列，此时 TestStand 自动产生两个序列执行窗口，分别是 Socket 0 的执行和 Socket 1 的执行，这两个执行同时进行，它们都会弹出"Motherboard Test Simulator"对话框，可以分别勾选不同的选项以示区别。从图 8-3 中可以看出，两个 UUT 彼此独立运行，执行指针显示了每个 UUT 当前的测试进度，在测试结束后会分别产生各自的报表。

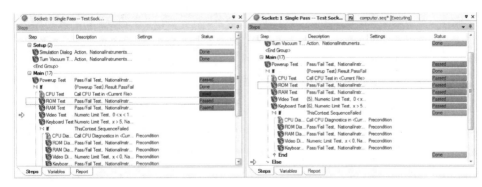

图 8-3 两个 UUT 并行执行

提示：练习完成后，在序列文件属性高级页面中恢复默认的"Model Option"选项。

8.3.1 在新的执行中运行序列

为什么多线程过程模型可以同时进行多个 UUT 的测试？回顾 TestStand 中的多线程结构可知，两个 UUT 并行测试的多线程结构如图 8-4 所示。由于是两个 UUT，则 TestStand 引擎同时启动了两个执行，而每个执行中包含一个线程（范例 Computer.seq 中的步骤没有另外开辟新的线程，每个执行

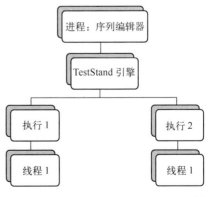

图 8-4 两个 UUT 并行测试的多线程结构

默认包含一个线程）。所以，答案的关键在于并行模型同时启动了多个执行。

调用序列步骤类型提供了启动多个执行的方法，在其步骤设置窗格中有一个"Execution Options"执行选项，如图8-5所示。在此可以选择子序列是否在新的执行或新的线程中运行，默认是"None"，即子序列和调用方序列在同一个执行中运行。对于多线程过程模型，它多次调用了客户端序列文件的主序列，并且本质上就是让主序列在新的执行中运行，有多少个UUT，它就相应启动多少个新的执行。

图8-5　子序列执行选项

如果在新的执行中运行，还可以单击执行选项旁边的序列调用高级设置图标，在弹出的"Process Model Option"对话框中选中"Use a Specific Process Model"选项，序列将在新的执行中运行，并采用并行过程模型的Test UUTs执行入口点，如图8-6所示。

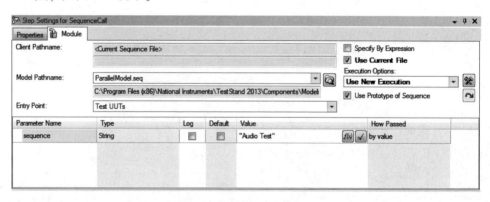

图8-6　使用指定的过程模型

在执行选项中可以选择在新的执行或在新的线程中运行，无论是哪一种方式，都可以实现子序列和调用方并行运行，两者有什么区别呢？首先从TestStand

的多线程结构中可以看到，一个执行可以包含多个线程，线程是最小单元，而执行是一个更大的实体。如果选择在新的执行中运行，TestStand 将给子序列创建一个全新的执行对象，新的执行对象可以包含多个线程，并拥有独立的执行窗口、数据空间、报表对象等。因此，在前述的两个 UUT 并行测试中，用户可以看到两个执行窗口、两个报表窗格。如果在新的线程中运行，不会增加新的执行对象，TestStand 只是在当前执行对象中添加了一个新的线程，新的线程不具有独立执行窗口和报表对象。如果希望子序列能在新的过程模型中运行，子序列拥有独立的执行窗口和报表对象，子序列拥有足够的独立性使得调用方序列由于某种原因挂起时子序列仍能正常运行，那么可以选择子序列在新的执行中运行。图 8-7 所示为执行对象的结构图，由此可以看到，执行对象包含多个线程、报表对象，以及运行序列所需要的全部信息，如调用堆栈、执行指针，当然还有变量空间。因此，执行是一个很完整的对象，在多线程过程模型中，默认有多少个 UUT 就对应多少个执行对象。

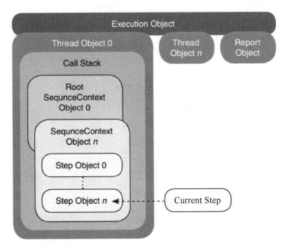

图 8-7　执行对象的结构图

提示：这里提一下 TestStand 的对象模型。TestStand 是基于 ActiveX/COM 技术的，采用服务器/客户端模式，TestStand 引擎是服务器，它严格遵循面向对象编程方式，通过方法和属性给客户端提供访问接口（TestStand API）。线程、执行代表着 TestStand 中的不同对象，客户端都可以通过 TestStand API 访问这些对象。

【练习 8-1】在新的执行中运行序列。

在本练习中，通过设置执行选项，观察序列在新的执行和在普通模式下运行时的区别。

（1）在序列编辑器中打开序列文件<TestStand Public>\Examples\Executing SequencesInParallel\parallelexec_results.seq。

（2）初次打开序列文件时会弹出对话框，阅读后单击"OK"按钮关闭该对话框。

（3）在步骤列表窗格中，有两个调用序列步骤，子序列都是 DemoSequence，区别在于 Parallel Call 中的执行选项是"Use New Execution"，而 Sequential Call 中的执行选项是"None"，如图 8-8 所示。DemoSequence 子序列本身很简单，就是一个对话框步骤。

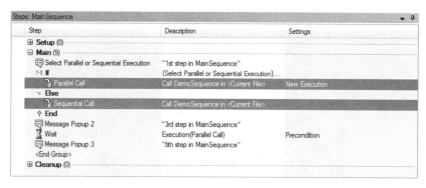

图 8-8　Parallel Call 和 Sequential Call

（4）使用菜单命令"Execute » Single Pass"，在弹出的"1st Step in MainSequence"对话框中，选择"Run DemoSequence Sequentially"。当出现"This is a step in DemoSequence"对话框时，单击"OK"按钮；接着出现"This is the 3rd step in MainSequence"对话框，单击"OK"按钮；然后出现"This is the 5th step in MainSequence"对话框，单击"OK"按钮。由于 DemoSequence 在原有的执行中，因此 Message Popup 2 步骤必须在 Sequential Call 完成之后才能运行。

（5）回到序列文件窗口，使用菜单命令"Execute » Single Pass"再次运行，在弹出的"1st Step in MainSequence"对话框中选择"Run DemoSequence in New Execution"，会发现 DemoSequence 中的对话框和主序列中的 Message Popup 2 对话框几乎同时出现，且有两个执行窗口，因为 Message Popup 2 步骤不需要等待 DemoSequence 运行完。依次单击"OK"按钮关闭对话框，接着出现"This is the 5th step in MainSequence"对话框，单击"OK"按钮。

（6）关闭序列文件 parallelexec_results.seq。

8.3.2　并行过程模型

TestStand 从 2.0 版本开始引入多线程过程模型，支持多 UUT 的并行测试，其自带两个多线程过程模型，即并行过程模型和批量过程模型，这也是并行测试常采用的两种方式。当然,用户也可以自定制新的过程模型,或对现有的模型进行修改,以满足灵活测试的需求,这些将在第 12 章中详细介绍。先看并行过程模型,想象以下测试场景:一个操作员正同时处理 4 个 UUT 的测试,每个 UUT 在开始测试前都被放置到测试工位上,启动测试,并在测试完成后从测试工位上取出。给 4 个测试工位进行编号,分别是 0、1、2、3,对应的 UUT 分别是 UUT 0、UUT 1、UUT 2、UUT 3。此刻操作员刚好完成了 UUT 0 的测试并将它从测试工位 0 上取出,然后装入新的 UUT 并紧接着启动下一轮测试,他并不管其他 UUT 处于什么状态,也不需要任何等待。同一时刻,UUT 1、UUT 2、UUT 3 还处于测试中。过了一会儿,UUT 3 测试完成,他同样将 UUT 3 取出并装入新的 UUT,立即启动测试工位 3 上的新一轮测试。可以看到,在上述场景中,4 个 UUT 的测试是彼此独立的,每个 UUT 都有独立的测试工位用于和测试仪器及外围设备连接,它们之间没有测试的先后顺序之分,也没有相互的依赖关系。这就是并行过程模型的使用场合,在很多大规模测试应用中是极其常见的。由图 8-9 所示的并行过程模型测试流程示意图可见,所有 UUT 测试不需要在同一时刻开始,也不需要在同一时刻结束。

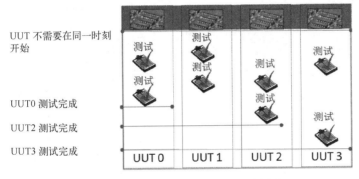

图 8-9 并行过程模型测试流程示意图

提示:测试工位有可能共用同一个测试夹具,但只要每个测试工位用户可以单独操作,自由装入和取出 UUT,就可以认为它们是彼此独立的。

【练习 8-2】 使用并行过程模型运行序列。

回顾 8.3 节,客户端序列文件使用并行过程模型后,两个 UUT 并行测试。在这个练习中将使用并行过程模型的 Test UUTs 执行入口点方式,使读者进一步体会并行过程模型的特点。

(1)打开范例<TestStand Public>\Examples\Demo\DoNet\Computer.seq。

(2)通过菜单命令"Configure » Station Options"打开工作站选项对话框,在模型页面设置工作站模型为"ParallelModel.seq",切换到执行页面,将追踪的速度滑杆调节到中间位置，放慢步骤的执行速度以方便观察运行效果。

（3）通过菜单命令"Configure》Model Options"打开模型选项对话框，将测试工位数量设置为2。

（4）通过菜单命令"Execute》Test UUTs"执行序列。

（5）TestStand会弹出UUT消息对话框，根据模型选项中测试工位数量设置，对话框中相应包含两个UUT的独立控制按钮，如图8-10所示。

（6）在测试工位0的序列号栏中输入"A-001"，单击对应的"OK"按钮，则工位0开始测试，在弹出的"Motherboard Test Simulator"对话框中不勾选任何选项，序列执行完成后，会在"Status Message"文本框中显示测试结果，并以背景颜色区分状态，绿色表示测试通过，红色表示测试失败，此时可以单击"View Report"按钮查看报表，如图8-11所示。单击"Next UUT"按钮，则测试工位0的两个按钮的文本恢复到初始状态，分别是"OK"和"Stop"。

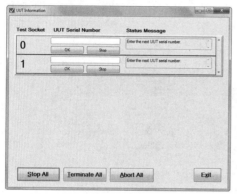

图8-10　UUT消息对话框

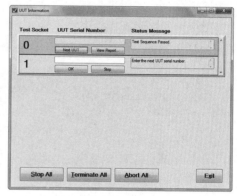

图8-11　UUT消息对话框（测试通过）

注意： 如果报表的格式是.xml或.atml，有可能在单击"View Report"按钮时提示文件无法打开。可以等待测试退出后再查看，或者找到报表保存的位置直接打开文件。

（7）在测试工位1的序列号栏中输入"B-001"，单击对应的"OK"按钮，则工位1开始测试，在弹出的"Motherboard Test Simulator"对话框中不勾选任何选项，单击"OK"按钮继续。

（8）当测试工位1正在测试进行中时，在测试工位0所在的序列号栏中输入"A-002"，单击对应的"OK"按钮，在弹出的"Motherboard Test Simulator"对话框中选中"CPU"选项，单击"OK"按钮继续。

（9）注意到UUT消息对话框下方还有4个按钮，分别是"Stop All"、"Terminate All"、"Abort All"和"Exit"，因此该对话框同时是所有测试工位的控制中心，任何时候都可以单击这些按钮终止UUT的测试。

(10) 如图 8-12 所示，当工位 0 和工位 1 测试完成时，单击"Stop All"按钮停止所有 UUT 测试，然后单击"Exit"按钮退出。

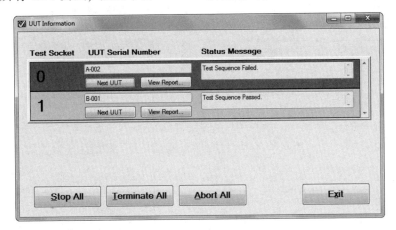

图 8-12　UUT 消息对话框（停止测试）

(11) 在序列执行窗口查看报表，注意对应报表中 UUT 的序列号，它可以用于测试结果的追踪。

(12) 关闭所有打开的对话框。

并行过程模型的关键在于同时启动了多个执行，而实现的方式就是在调用子序列时，执行选项设置为"在新的执行中运行"。接下来剖析并行过程模型，看它是如何工作的。在序列编辑器中打开并行过程模型文件 < TestStand > \ Components \ Models \ TestStandModels \ ParallelModel.seq，如图 8-13 所示。在序列窗格中会有很多的序列，而且图标各不相同，这些不同的颜色代表的是不同类型的序列。在此只关心执行入口点（红色图标）Test UUTs、Single Pass 和隐藏的执行入口点 Test UUTs—Test Socket Entry Point、Single Pass—Test Socket Entry Point。其实在前面的很多章节练习中，读者已经体验过通过菜单命令"Execute » Single Pass"或"Execute » Test UUTs"的方式执行序列，Single Pass 和 Test UUTs 就是两种不同的执行入口点，TestStand 自带的过程模型都包含有这两种执行入口点。执行入口点的本质就是序列，在过程模型中对它的类型做了特殊的标记，因此它的图标以红色表示，而执行入口点的含义就在于"整个执行是从它这里开始的"。

提示：关于过程模型中各种不同类型的序列及其作用将在第 12 章进一步介绍。如果当前序列文件使用了并行过程模型，在序列编辑器的最下方状态栏中会显示"Model：ParallelModel.seq"，双击此处就可以打开模型文件。

在序列窗格中选择"Test UUTs"，在步骤列表窗格中就相应地显示其包含的所有步骤。除一些表达式、等待、队列、通知器等步骤不同外，Test UUTs 序列的执行流程基本上如图 8-14 所示。

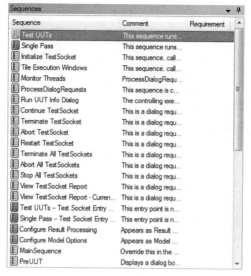

图 8-13 并行过程模型的序列窗格

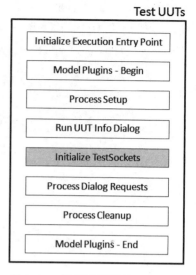

图 8-14 并行过程模型 Test UUTs 的执行入口点

提示：本章介绍过程模型的主要目的在于让读者了解多线程在 TestStand 中是如何实现的。介绍执行入口点是为了更好地说明整个并行的结构，而对于执行入口点中涉及的很多子序列的意义和作用暂时不做解释。这些序列，尤其是一些回调序列，将在第 12 章详细介绍。上述说明同样适用于 8.3.3 节。

在 TestStand 2012 及之后的版本，过程模型有了很大的改动，数据处理部分采用了 Model-Plugin 结构。本书使用的是 TestStand 2013，因此很多序列（如 Test UUTs）中的内容会和 TestStand 2010 及更早的版本有较大差异，后文的批量过程模型同样存在这种差异。

仔细观察 Initialize TestSockets 子序列，在属性设置页的循环面板中，它被设置为循环执行，而循环的次数就是模型选项中所设置测试工位数量，如图 8-15 所示，请留意它的参量 TestSocketEntryPointName 和 TestSocketIndex。

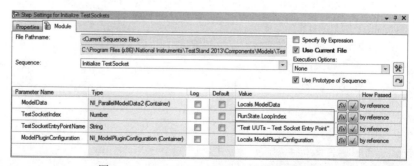

图 8-15 Initialize TestSockets 步骤设置窗格

在序列窗格中选择 Initialize TestSockets 序列，相应地在它的步骤列表窗格中观察步骤 Create Test Socket Execution，其执行选项是"Use New Execution"，它将使用过程模型的执行入口点，如图 8-16 所示。这里，Parameters.TestSocket EntryPointName 的值即为"Test UUTs-Test Socket Entry Point"，是由调用方序列传递过来的。

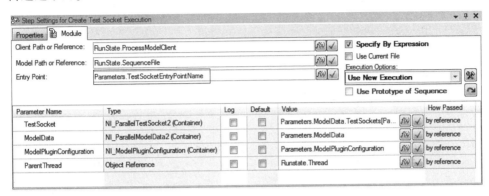

图 8-16　Create Test Socket Execution 步骤设置窗格

把 Initialize TestSockets 和 Create Test Socket Execution 链接起来，假设模型选项中测试工位数量为 4，当用菜单命令"Execute » Test UUTs"执行序列时，循环 4 次调用序列 Initialize TestSockets 和 Create Test Socket Execution。这意味着通过 Test UUTs 开辟 4 个新的执行，每个执行都将运行 Test UUTs-Test Socket Entry Point 序列，只是传递的参数有区别，而 Test UUTs-Test Socket Entry Point 才是具体的跟测试相关的内容。因此，一般将 Test UUTs 所在的执行称为"Controlling Execution"，将新开辟的执行称为"Test Socket Execution"。在序列窗格中选择"Test UUTs-Test Socket Entry Point"，在步骤列表窗格中相应显示的步骤还是比较简洁直观的，其流程如图 8-17 (b) 所示。其中，虚线框中的部分是循环执行的，这是由于 Test UUTs 执行入口点针对的是多 UUT 连续测试。PreUUT、PostUUT 等通用操作都是过程模型定义的，而客户端主序列也在这里，这就是为什么说 Test UUTs-Test Socket Entry Point 才是执行具体的测试内容。

图 8-17 所示为 Test UUTs 和 Test UUTs-Test Socket Entry Point 之间的关系。

顺便提一下 Test UUTs 中的 Process Dialog Requests 子序列，它一直处于运行状态，直到用户退出。默认在使用 Test UUTs 执行入口点时会弹出 UUT 消息对话框（见练习 8-2），通过消息对话框可以控制下一轮 UUT 测试，也可以使用"Stop All"、"Terminate All"、"Abort All"和"Exit"按钮结束测试，而这些功能最终都是由 Process Dialog Request 序列响应并触发调用相关序列或发送通知等方式发起的，这也就是为什么 Test UUTs 所在的执行称为"Controlling Execution"

的原因。Test UUTs 使 Test UUTs-Test Socket Entry Point 在新的执行中运行；相应地，"Single Pass"使"Single Pass-Test Socket Entry Point"在新的执行中运行，只是"Single Pass-Test Socket Entry Point"中没有循环部分，它是一次性测试，但并行部分的原理是完全一样的。

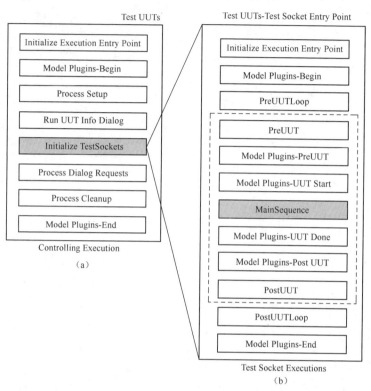

图 8-17　Test UUTs 和 Test UUTs-Test Socket Entry Point 之间的关系

8.3.3　批量过程模型

想象以下测试场景：一个操作员正同时处理 4 个 UUT 的测试。在每一轮测试开始之前，他需要将 4 个 UUT 作为一组分别放置到不同的测试工位上，待所有 UUT 的放置且链接完成后，启动测试。在测试过程中，有可能 UUT 0 率先完成测试，但是操作员不能立即将它从测试工位上取下来，UUT 0 必须等待其他 UUT 都完成测试后，再由操作员统一取出，这一轮测试才算结束。上述场景多出现在几个 UUT 共享同一个测试夹具装置的情况下，它的特点就在于多个 UUT 以组为单元，测试同时开始、同时结束，而不对测试过程中的同步做要求，但是也可以通过一定的手段对特定部分做额外的同步处理。以上就是批量过程模型的使用场合，这在很多大规模测试应用中同样很常见，比如拼板测试。图 8-18 所示的是批量过程模型的测试流程示意图，4个UUT同时开始测试，并同时结束，先完成测试的UUT必须等待。

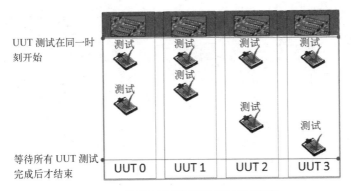

图8-18 批量过程模型测试流程示意图

【练习8-3】使用批量过程模型运行序列。

在这个练习中将使用批量过程模型的执行入口点Test UUTs运行序列，使读者体会批量过程模型的执行特点。

（1）打开范例<TestStand Public>\Examples\Demo\DoNet\Computer.seq。

（2）通过菜单命令"Configure » Station Options"打开工作站选项对话框，在模型页面设置工作站模型为"BatchModel.seq"；切换到执行页面，将追踪的速度滑杆调节到中间位置，放慢步骤的执行速度以方便观察运行效果。

（3）通过菜单命令"Configure » Model Options"打开模型选项对话框，将测试工位数量设置为2。

（4）通过菜单命令"Execute » Test UUTs"开始执行序列。

（5）TestStand会弹出UUT消息对话框，根据模型选项中测试工位数量设置，对话框中相应有两个UUT的序列号输入栏，并多了一个批次序列号"Batch Serial Number"栏，如图8-19所示。

（6）在测试工位0对应的序列号栏中输入序列号"A-001"，在测试工位1对应的序列号栏中输入序列号"B-001"，并在批次序列号栏中输入"Batch-001"。单击"Go"按钮开始测试。

提示：和并行过程模型中的UUT消息对话框中不同的是，批量过程模型的每个UUT并没有单独的控制开始或停止测试的按钮，它只有一个"Go"按钮和一个"Stop"按钮，多了一个批次序列号输入栏，这和批量过程模型的特点是相符的。

（7）两个UUT都会弹出"Motherboard Test Simulator"对话框，在第一个对话框中不选中任何选项，第二个的对话框中选中"Power"选项。只有当两个

UUT 的测试都完成时，才会出现批次结果对话框，如图 8-20 所示。此时可以单击"View Report"按钮或"View Batch Report"按钮查看报表。

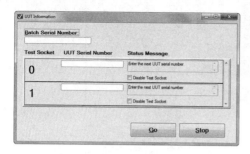
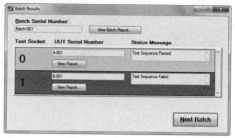

图 8-19　UUT 消息对话框　　　　　图 8-20　UUT 消息对话框（显示测试结果）

（8）单击"Next Batch"按钮进入下一轮测试，UUT 消息对话框将恢复到初始状态。

（9）单击"Stop"按钮结束测试。

（10）在序列执行窗口查看报表，注意对应报表中 UUT 的序列号，它可以用于测试结果的追踪。

（11）关闭所有打开的对话框。

1. 批量过程模型分析

和并行过程模型一样，批量过程模型实现并行测试的关键同样在于同时启动了多个执行，实现的方式同样是在调用子序列时，执行选项设置为在新的执行中运行，只不过批量过程模型对 UUT 测试顺序和方式有额外的约束。接下来剖析批量过程模型，看它是如何工作的。在序列编辑器中打开批量过程模型文件 <TestStand>\Components\Models\TestStandModels\BatchModel.seq，在序列窗格中同样会有很多序列，不过序列的名称、数量和并行过程模型大体是相同的，因此这两个模型之间本身有很多相同的地方。这里只关注执行入口点 Test UUTs、Single Pass 和隐藏的执行入口点 Test UUTs-Test Socket Entry Point、Single Pass-Test Socket Entry Point，它们是测试开始的地方。在序列窗格中选择"Test UUTs"，在步骤列表窗格中相应地显示其包含的所有步骤。除一些表达式、等待、队列、通知器等步骤不同外，Test UUTs 序列的执行流程基本如图 8-21（a）所示，它和并行过程模型类似。不同的是，批量过程模型增加了一些额外的步骤，如"Add TestSocket Threads to Batch"会将多个 UUT 的线程添加到批次中以方便后续同步。虚线框部分代表循环执行，在每个批次开始时会运行"PreBatch"，在每个批次之后会运行"PostBatch"。

仔细观察 Initialize TestSockets 序列，它同样被循环执行，循环的次数是模型选项中所设置测试工位数量。在序列窗格中选择 Initialize TestSockets 序列，在它的步骤列表窗格中观察序列调用步骤 Create Test Socket Execution，其执行选项是使用新的执行，并使用过程模型的执行入口点"Test UUTs-Test Socket Entry Point"。假设测试工位数量为 4，当用菜单命令"Execute》Test UUTs"执行序列时，将通过 Test UUTs 开辟 4 个新的执行，同样将 Test UUTs 所在的执行称为"Controlling Execution"，将新开辟的执行称为"Test Socket Execution"。在序列窗格中选择"Test UUTs-Test Socket Entry Point"，如图 8-21（b）所示，在步骤列表窗格中相应显示的步骤还是比较简洁直观的。如果只看序列调用步骤，它和并行过程模型的 Test UUTs-Test Socket Entry Point 序列是完全一样的。

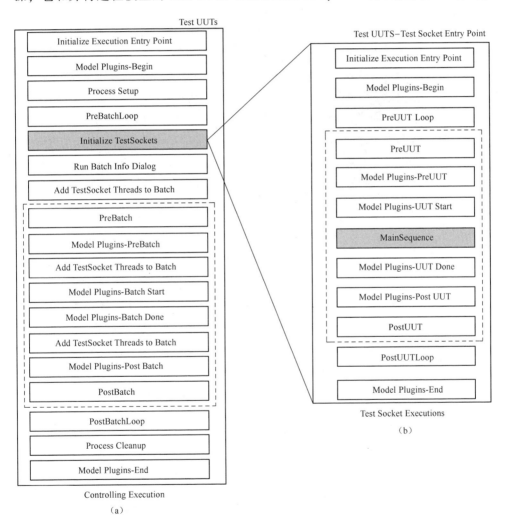

图 8-21 批量过程模型中 Test UUTs 和 Test UUTs-Test Socket Entry Point 之间的关系

图 8-21 展现了批量过程模型 Test UUTs 和 Test UUTs-Test Socket Entry Point 之间的关系。

那么批量过程模型中所有 UUT 同时开始并同时结束测试是如何实现的呢？仔细观察 Test UUTs，其中的步骤 Wait For TestSockets 和 Allow TestSocket Threads to Continue 基本是成对出现的，而在 Test UUTs-Test Socket Entry Point 中，有 Sync With Controller 步骤与之呼应。具体的工作流程是：控制端先运行 Wait For TestSockets，然后等待所有 Test Socket 端运行至节点 Sync With Controller，接着控制端运行 Allow TestSocket Threads to Continue，于是 Test Socket 端接着往下运行。通过这种握手机制，使测试的同步约束得以执行，如图 8-22 所示。Test UUTs 的多个地方使用了这种握手机制，相当于将整个序列的执行分段同步。对于批量过程模型中使用的这种同步方法，笔者认为只需要对它有基本的了解，在实际的项目中，只要会利用批量过程模型的这一特性就可以了。因为在过程模型这一层，即使对批量过程模型自定制，也是在现有模型的基础上进行修改，而很少在同步方法、同步区间方面做改动。如果对客户端主序列中的步骤有额外的同步要求，会发现有更简单的实现方式，那就是下面要介绍的同步区段。

图 8-22　批量执行的同步机制

2. 同步区段

在批量过程模型的隐藏执行入口点 Test UUTs-Test Socket Entry Point 中，客户端序列文件的主序列是其中的一个步骤；而在批量过程模型的分段同步机制中，是将主序列作为一个区间的，保证所有 UUT 的主序列同时开始运行。但正如在批量过程模型测试流程示意图中所看到的那样，具体执行到主序列中的步骤时，不再有同步的要求。因此，对于某特定步骤或一系列步骤，如果也要求所有 UUT 同时开始和结束，需要使用"Synchronized Section"（同步区段），如图 8-23 所示。

同步区段分为 3 种，分别是并行同步区段、串行同步区段和单线程执行同步区段。并行同步区段做的事情就是让区段内的步骤同时开始和同时结束，除此之外不做其他任何事情，所以并行同步区段只是在更小的范围内对步骤运行做限定，图 8-24 中标记"等待所有 UUT"处分别为同步区段的开始处和结束处。不论是哪种同步区段，所有的 UUT 都将同时进入，并在最后同时退出。

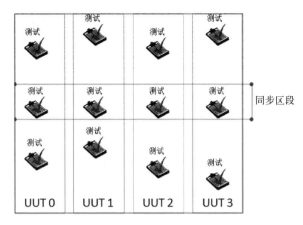

图 8-23 同步区段

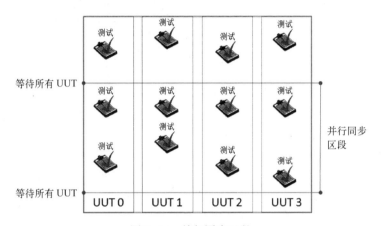

图 8-24 并行同步区段

串行同步区段要求在同一批次中的所有线程按顺序执行步骤,如图 8-25 所示。当所有线程进入串行同步区段入口时,TestStand 会每次释放一个线程并让它去执行串行同步区段内的步骤,该线程执行完成后到达串行同步区段的出口,然后处于等待状态,接下来释放另一线程并进行同样的操作;当所有线程都执行完成并都到达串行同步区段出口时,它们再一起退出。对于某些共享设备的步骤,就很适合使用串行同步区段,可避免共享资源的访问冲突。

单线程执行同步区段保证某些步骤只被执行一次。比如,在图 8-26 中,同一批次的 UUT 都被放置在同一个温/湿度控制箱中,对温度、湿度的设置将适用于所有的 UUT,但是并不需要在每个 UUT 所在的线程中都执行一次设定操作,只需要保证它被执行一次就可以了。当所有线程到达单线程执行同步区段的入口时,TestStand 会释放编号最低的线程,该线程运行单线程执行同步区段内的步骤并到达同步区段的出口,这时其他线程都直接跳过步骤而到达出口处,它们再一起同时退出同步区段。

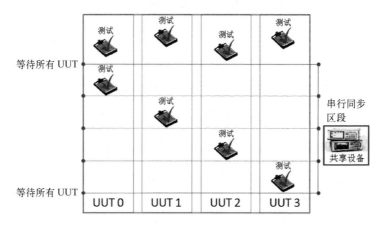

图 8-25 串行同步区段

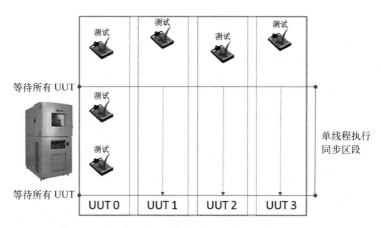

图 8-26 单线程执行同步区段

以上介绍了同步区段的三种不同形式,但如何使用呢?有两种方式声明同步区段,最简单的方式就是在步骤属性配置页同步面板的"Batch Synchronization"(批量同步)下拉列表中设置,如图 8-27 所示。在此可以选择"Use sequence file setting""No Synchronization""One thread only""Parallel""Serial""Use model setting"。

另一种方法就是使用"Batch Synchronization"步骤类型,它的图标是▩。批量同步步骤有两种操作,分别是进入同步区段、退出同步区段。在它的设置窗格中可以给区段命名,并选择同步区段类型,如图 8-28 所示。

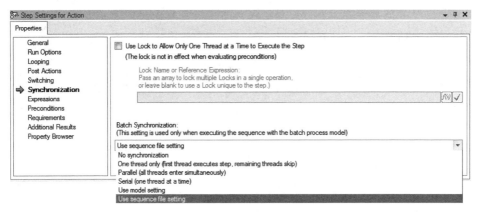

图 8-27 步骤属性配置页（同步面板）

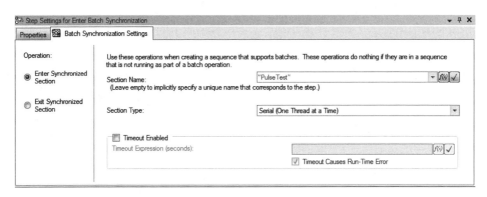

图 8-28 批量同步步骤设置窗格

有进入同步区段的操作，就应有退出操作，因此批量同步步骤是成对使用的，一连串步骤夹在两个批量同步操作之间，如图 8-29 所示。与在属性配置页同步面板中直接设置相比，采用批量同步步骤有两个好处：一是当同步区段包含的步骤较多时，不需要逐一设置；二是它的使用更直观，可读性要好很多。

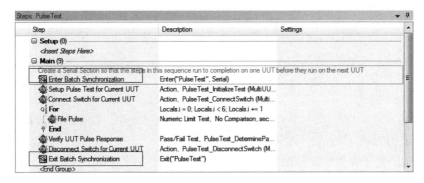

图 8-29 进入和退出同步区段

注意：无论是哪种方式，只有当客户端序列文件在批量过程模型或基于批量过程模型基础所修改的过程模型中运行时，同步区段才起作用。

> 【练习8-4】使用同步区段。
>
> 通过本练习，读者可以学习在 TestStand 中同步区段的使用方法，并从中体会同步区段的各种应用场景。

（1）打开序列文件<Exercise>\Chapter 8\Synchronized Section\Testing UUTs in Parallel-Batch Model。

（2）在序列文件属性的高级页面中，查看并确认它使用的过程模型为 BatchModel.seq。

（3）通过菜单命令"Configure » Model Options"打开模型选项对话框，将测试工位数量设置为 4。

（4）在序列窗格中选择主序列，在相应步骤列表窗格中，其主体组主要包含三项操作，分别是"Set Chamber Temperature"、"Pulse Test"和"Frequency Sweep"，其他是一些表达式和对话框，用于计算并显示时间。

（5）选择 Set Chamber Temperature 步骤，在它的属性配置页同步面板中，批量同步类型选择"One thread only"。因为温度的设置是针对同一批次的所有 UUT，所以只要有一个线程执行就可以了。

（6）在序列窗格中选择 Pulse Test 序列。在步骤列表窗格中，其主体组的步骤夹在两个批量同步步骤之间，分别是进入同步区段和退出同步区段。同步区段类型是"Serial"，意味着之间的步骤整体将以串行的方式执行。这里模拟 UUT 脉冲测试，该测试用到的设备脉冲发生器是共享的，因此需要采用串行的方式避免该设备同时被多个 UUT 使用。

（7）在序列窗格中选择主序列，在步骤列表窗格中查看 Frequency Sweep 步骤，它没有任何特殊的设置。这里模拟扫频测试，每个 UUT 都有独立的扫频设备。这意味着该项测试是完全独立的，UUT 之间可以完全并行执行。

（8）通过菜单命令"Execute » Test UUTs"开始执行序列。

（9）注意观察，只有一个设置腔体温度的对话框弹出，即它只运行一次。

（10）Pulse Test 序列每次只有一个线程在执行，执行完成后，会在窗口右侧更新 UUT 的状态，绿色表示合格，红色表示不合格，如图 8-30 所示。可以观察到 4 个 UUT 的状态是依次被更新的。

（11）由于 4 个 UUT 刚从 Pulse Test 序列中同时退出，因此 Frequency Sweep 步骤几乎是同时进行的，如图 8-31 所示。

（12）待序列执行完成后，关闭所有打开的窗口。

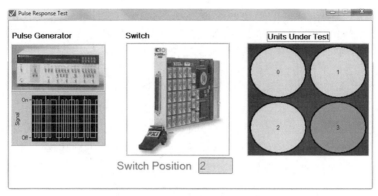

图 8-30 "Pulse Response Test" 窗口

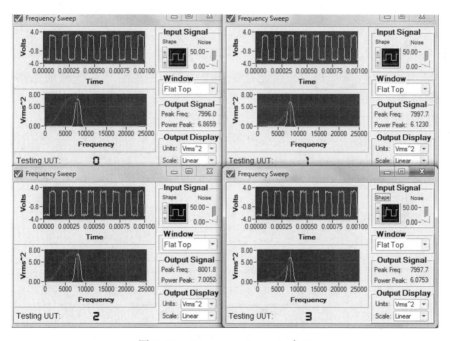

图 8-31 "Frequency Sweep" 窗口

3. 并行过程模型与批量过程模型

在并行过程模型中,多个 UUT 之间的运行是完全独立的,UUT 具有独立的测试工位。在批量过程模型中,多个 UUT 作为一组同时开始测试,并同时结束,它们一般会共用测试夹具。二者都是多线程过程模型,实现的原理也是一样的,只是批量过程模型增加了额外的同步限制。无论是哪种模型,都支持仪器设备共享。在批量过程模型中,通过串行同步区段避免共享设备被多个线程同时访问;而在并行过程模型中,可以使用上锁/解锁的方法,这会在 8.5 节做介绍。多线程过程模型提高测试效率的重要原因就在于尽可能缩短仪器的闲置时间。

8.4 数据空间的独立性

并行测试要解决的问题之一是数据空间的安全，要保证收集的每个 UUT 结果准确无误。数据归根到底就是变量和属性，这可能是局部变量、参量、文件全局变量、站全局变量或属性。在并行过程模型、批量过程模型中，并行测试的关键在于同时启动了多个执行，有多少个测试工位，就对应创建多少个新的执行。执行是 TestStand 中非常重要的一个对象，可以包含多个线程，并拥有独立的执行窗口、报表对象，以及运行序列所需要的全部信息，如调用堆栈、执行指针，当然还有数据空间。以并行过程模型为例，它让 Test UUTs-Test Socket Entry Point 在新的执行中运行。新的执行代表着一个独立的数据空间，这意味着 TestStand 将创建一个 Test UUTs-Test Socket Entry Point 序列的运行时拷贝，这其中就包括所有的变量和属性。Test UUTs-Test Socket Entry Point 包含了很多的步骤，客户端主序列位于其中，因此主序列中的所有变量和属性相应地也都有拷贝。既然如此，在序列运行时，对于某一个 UUT，所有的读/写操作都只作用于它所在的执行中的变量和属性，而不会对内存中的其他 UUT 的数据拷贝产生影响。UUT 测试完成后，可能会生成报表或将结果记录到数据库中，报表和数据库的数据源来自于变量和属性，因此每个 UUT 的报表内容和记录到数据库的结果也是各异的，如图 8-32 所示。

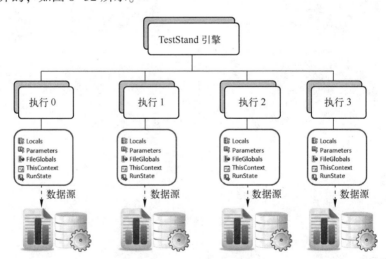

图 8-32 执行的独立数据空间

注意观察图 8-32 中，每个执行包含了 Locals、Parameters、FileGlobals、ThisContext 和 RunState，即这些数据都是有独立拷贝的，唯独站全局变量是所有执行共享的。因为站全局变量其实是保存在 StationGlobals.ini 文件中的，对站全局变量的访问，本质上相当于是对该文件进行读/写操作。默认情况下，文件全局变量是有独立拷贝的，如果希望所有执行共享文件全局变量，可以在序列文件属性对话框通用页面中，将"Sequence File Globals"下拉控件的值从"Seperate File Globals for Each Execution"改为"All Executions Share the Same File Globals"。因为每个执行的数据空间都是序列的拷贝，只是在运行时变量和属性的值会有差别。那么怎么区分某个运行时属性是属于哪个执行的？或者说，当将执行的数据传递给用户界面时，如何加以区分？默认的，TestStand 会按顺序给每个执行分配一个索引号，它存储于 RunState.TestSockets.MyIndex 属性中，利用该属性就可以加以区分，如图 8-33 所示。RunState.TestSockets.Count 表明总共有多少个测试工位。

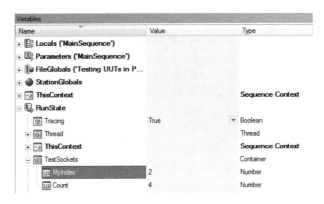

图 8-33 执行索引

8.5 同步步骤

除了多线程过程模型，TestStand 还提供了同步步骤，用于在线程、执行之间进行同步，包括上锁/解锁、集合点、队列、通知、等待、批量同步、自动协作、使用自动协作资源、信号量、批量声明，如图 8-34 所示。其中，通知、队列还可以选择性地携带数据，用于线程之间的数据传递。

8.5.1 等待

等待步骤很容易理解，就是在运行的过程中让执行处于等待状态。等待的方式有多种，可以是等待一定的时间间隔、等待内部计时器的整数倍、等

图 8-34 同步步骤类型

待某个线程或等待某个执行。图 8-35 所示为设置等待 2s，也可以用表达式声明等待的时间。

图 8-35　等待步骤设置窗格

等待线程可以等待某个指定的线程，而等待执行可以等待某个指定的执行，只有当指定的线程或执行完成后等待结束，等待函数之后的步骤才能接着往下运行。比如，图 8-36 中的 Initialize Test Fixture 序列（它在新的执行中运行），只有当该序列运行完成后，等待函数才结束等待并返回。为了避免等待时间过长，可以设定超时，当在规定的时间内线程或执行没有完成时，等待函数直接跳出。

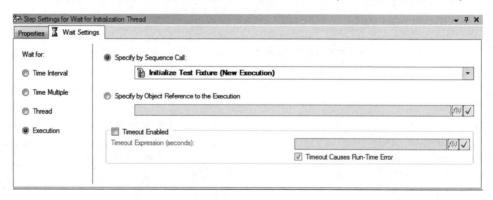

图 8-36　等待执行

8.5.2　上锁/解锁

对于共享资源，如果多个线程同时访问而不加限制，会存在共享资源访问冲突、竞争等潜在隐患，通过上锁/解锁步骤可以解决这个问题。当共享资源被上锁时，只有当前线程才能够对它进行访问，其他线程就处于等待状态，直到该线程结束资源访问并进行解锁操作为止。因此，上锁和解锁是成对出现的，夹在它们中间的是一连串步骤。当然，在批量过程模型中，还可以通过串行同步区段避免共享设备被多个线程同时访问，不过这种方法仅限于使用批量过程模型的序列。锁步骤一共有 4 种操作,分别是创建锁、上锁、解锁、查询锁状态。以图 8-37 所示的上锁操作为例,需要设置锁名称(锁名称最好有一定的含义,如"Scope"可以代表锁定的是示波器资源)。如果选中了"Create lock if it does not exist"选项,那么不需要事先创建锁,即可直接上锁。为了避免上锁操作等待的时间过长(如果线程运行异常导致其他线程一直处于等待锁定资源的状态),可以设定超时,当在规定的时间内未能成功上锁时,函数直接跳出并默认产生运行时错误。对于后面要介绍的通知、队列、集合点等步骤,它们的使用和设置都有一些共同点,如设定名称、超时设置、有效期。

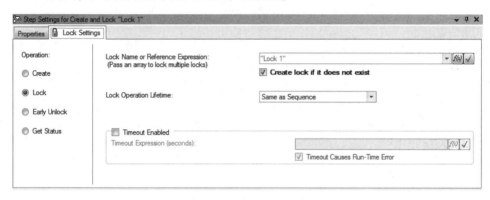

图 8-37 上锁步骤设置窗格

图 8-38 所示的是一个使用批量过程模型的序列,在上锁和解锁步骤之间夹着 Single-Threaded Test 步骤。可以预见的是,一旦该步骤被锁定,一次只能有一个线程调用它。上锁/解锁可以用于任何多线程模型,它的作用就是锁定共享资源。和批量过程模型中串行同步区段不同的是,一旦当前线程解锁,它紧接着运行后续的步骤,不需要等待其他线程,没有同步的限制。

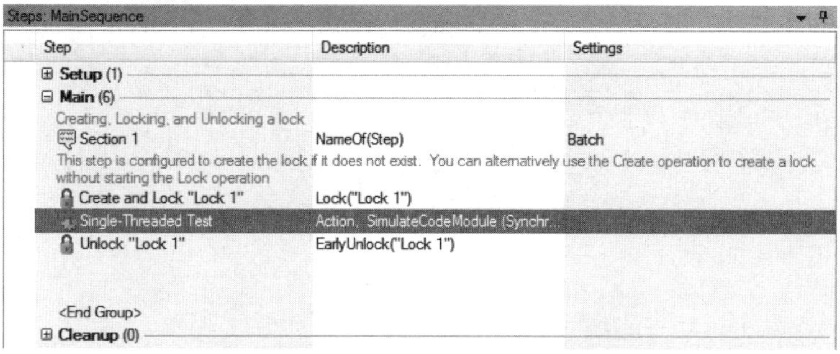

图 8-38 上锁和解锁

在范例资源的第 8 章练习中,附有例程<Exercises>\Chapter 8\Synchronization Step Types\Synchronization Step Types-Lock.seq,读者可以通过菜单命令"Execute

》Single Pass"运行该范例体会上锁/解锁的使用。

和锁作用相类似的步骤是 Semaphore（信号量），它同样是在多线程环境下使用的一种机制，用来保证关键代码或共享资源不被并发调用。在进入一个关键代码段之前，线程必须获取一个信号量，一旦该关键代码段完成了，该线程就必须释放信号量。信号量是一个非负整数，所有通过它的线程都会将该整数减 1，当该整数值为 0 时，所有试图通过它的线程都将处于等待状态。因此，与锁的区别在于，锁只允许一个线程访问关键代码，而信号量可以允许多个线程同时访问，只要线程的数量不超过信号量设定的值即可。举个例子，在网络通信中，使用信号量限定访问线程的数量以保证已有线程的带宽。通常情况下，共享资源只允许单个线程访问，因此一般用锁，而信号量用得较少。

8.5.3 自动协作

假定有 4 个 UUT 的测试，每个 UUT 有 3 个测试项要完成，每个测试项对应不同的设备，设备在 UUT 之间是共享的，通过开关切换复用，同一时刻一台设备只能有一个 UUT 访问。假定每个测试项需要的时间都是 t，如果采用顺序执行的方式，一个 UUT 的测试时间是 $3t$，那么 4 个 UUT 总共的测试时间将是直接线性累加 $12t$，如图 8-39（a）所示；如果采用并行测试，基于流水线的方式，在 UUT 1 完成了 Test1 并开始 Test2 时，同时刻 UUT 2 就可以开始执行 Test1 了，这种方式将测试时间缩短了 30%~60%，如图 8-39（b）所示。是否有可能进一步提高测效率？答案就是 TestStand 中的自动协作功能。

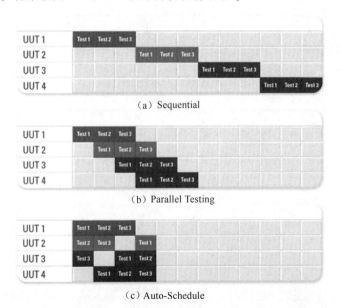

图 8-39 自动协作对测试的优化

相对流水线并行的方式，自动协作将设备的闲置时间进一步缩短。如图 8-39（c）所示，当 UUT 1 运行 Test1 时，其他 UUT 并非处于等待状态，它们会主动去寻找可用的设备，因此同一时刻 UUT 2 在运行 Test2，UUT3 在运行 Test3；而当 UUT 1 运行 Test2 时，UUT 4 开始运行 Test1。这有点类似于见缝插针，将设备充分利用起来，因此自动协作有可能在流水线并行的基础上将测试时间进一步缩短 15%~20%。

注意： 使用自动协作是有前提的，那就是对测试项之间的先后顺序不做要求。如上例中，Test1 可以在最前面运行，也可以在 Test2 和 Test3 之后。

在实际应用中，对步骤先后顺序并非完全没有要求，因此，较好的方式是针对序列的局部使用自动协作进行优化。具体到序列的编写，流水线并行的方式其实就是使用上锁/解锁，而自动协作机制使用的是自动协作步骤，如图 8-40 所示。

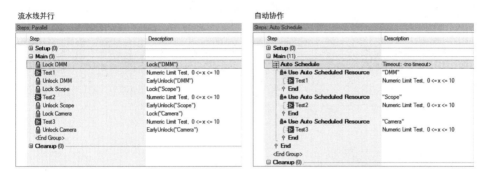

图 8-40　流水线并行和自动协作序列编写

自动协作的使用很简单，从结构层次上分为自动协作组、自动协作段，如图 8-41 所示。每个自动协作段内对应一个共享资源，同一自动协作组内的多个段的执行顺序可以是任意的。

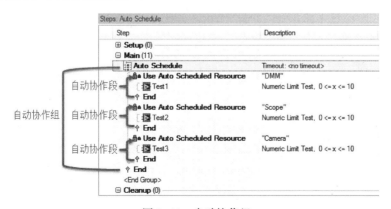

图 8-41　自动协作组

在范例资源的第 8 章练习中,附有例程<Exercises>\Chapter 8\Synchronization Step Types\Auto Schedule\AutoSchedule.seq,它主要是比较顺序、并行、自动协作三种不同方式的测试时间。其中,主序列先后在新的执行中调用 Sequential、Parallel、Auto Schedule 子序列,并让它们在 "BatchModel" 中运行。Sequential 序列中的步骤 DMM Test、Scope Test 设置了批量同步 "Serial(one thread at a time)",Parallel 序列中使用了锁,Auto Schedule 序列中使用了自动协作。读者可以使用 "Single Pass" 执行入口点运行该范例,并对比三种不同方式的运行时间和运行效果,如图 8-42 所示。

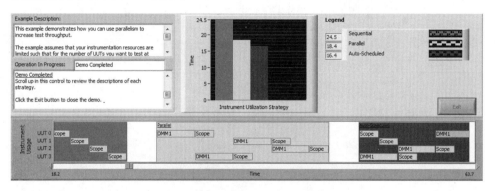

图 8-42　三种不同方式运行时间结果

8.5.4　通知和队列

通知可用于在不同的线程之间通信,一个线程以通知的方式告知另一线程某一事件已发生或某种条件状况已满足。例如,并行过程模型的 Test UUTs 执行入口点中就使用了通知,如图 8-43 所示。Test UUTs 中先创建通知,然后在新的线程中运行 Run UUT Info Dialog 序列,接着等待通知。在另一边,当 Run UUT Info Dialog 序列完成对话框初始化等工作后,通过 Sync With Calling Sequence 步骤发出通知,告诉 Test UUTs 它准备好了将要运行对话框。Test UUTs 所在的线程立刻收到该通知,跳出等待通知的状态,这才往下进行 "Initialize TestSockets"。使用通知这种简单的机制,可以实现多个线程之间的通信。

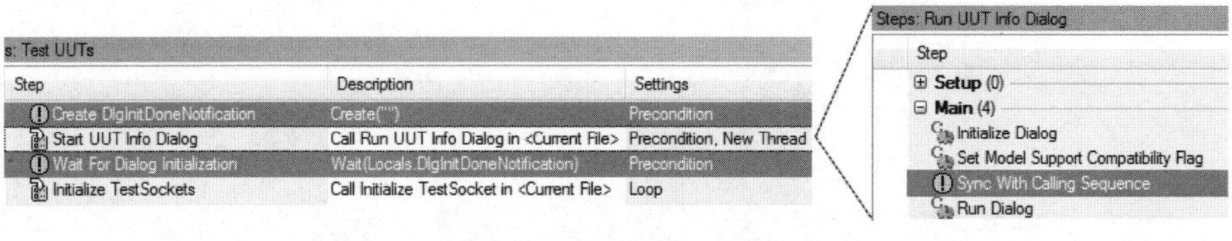

图 8-43　在并行过程模型 Test UUTs 中使用通知

第8章 并行测试

通过上面的例子可以看到，通知最常用的操作就是创建通知（Create）、等待通知（Wait）、发送通知（Set）。创建通知很简单，就是设定名称；在发送通知设置窗格中，需要指定通知的名称，"Data Value"栏选择性地携带数据，且"Auto Clear After Notifying One Thread"选项默认是选中的，即只要通知到一个线程后，它会立刻将通知的"Set"状态清除，后续的等待通知线程将会被阻塞，直到新的通知到来为止，如图8-44所示。

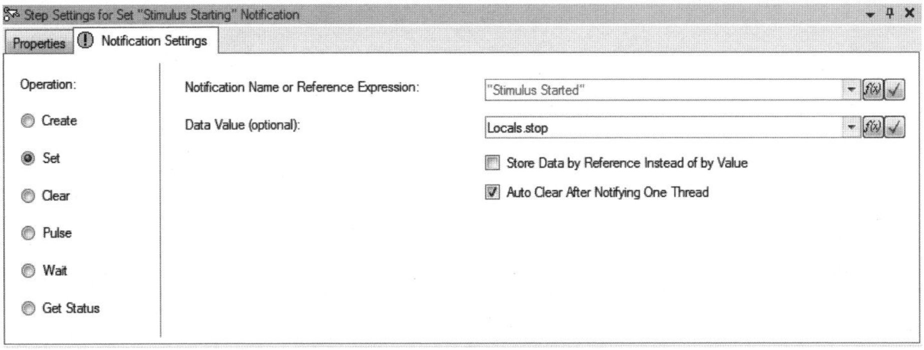

图8-44 发送通知设置窗格

在等待通知设置窗格（如图8-45所示），需要指定通知的名称，可以设置通知数组，即等待多个通知，只要任意一个通知有消息发出，则等待结束。"Location to Store Data"栏用于设置接收通知携带的数据，同样可以设置超时。和"Set"类似功能的是"Pulse"操作，它只通知已处于等待状态的线程，并且默认是通知所有处于等待的线程。

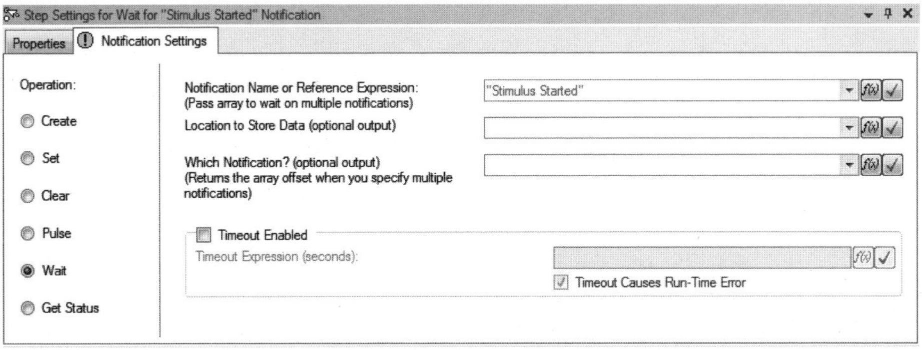

图8-45 等待通知设置窗格

在范例资源的第8章练习中，附有例程<Exercises>\Chapter 8\Synchronization Step Types\Synchronization Step Types-Notification.seq，它主要演示通知的使用，从图8-46中可以看到，左侧的线程正处于等待通知的状态，读者可以运行该范例体会通知的使用。

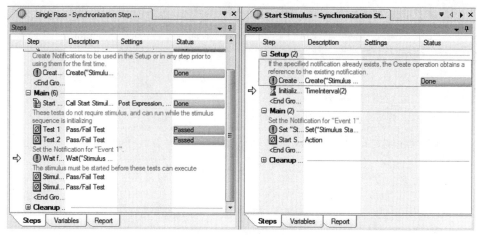

图 8-46　等待通知状态

通知采用的是广播的方式，而队列的特点是先进先出。借助于元素入队列、元素出队列操作，使用队列同样可以实现在不同的线程间通信并传递数据，并且可以缓存数据。队列的使用和通知类似，在此不再做更多介绍，可以查看例程<Exercises>\Chapter 8\Synchronization Step Types\Synchronization Step Types-Queue.seq。

8.5.5　集合点

集合点用于同步多个线程，以便恰好在同一时刻开始执行后续任务。顾名思义，就是大家先集合到一起，然后一起行动。可以将集合点放在解锁、信号量步骤之后，这样多个线程可以同时开始运行集合点之后的步骤，实现同步的效果。不同于批量同步步骤，集合点不要求在批量过程模型中运行，即使在其他模型中，它依然有效。在集合点的步骤设置窗格（如图 8-47 所示）中，它有三种操

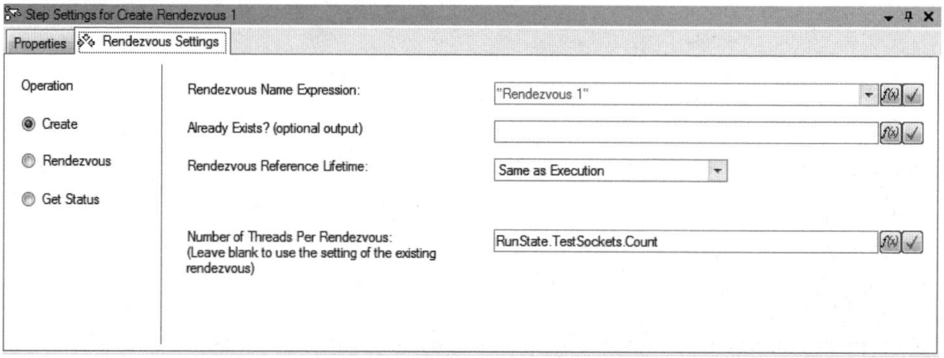

图 8-47　集合点步骤设置窗格

作:创建集合点、等待集合点、获取集合点状态。一般的过程是先创建集合点,设置它的名称和集合数量,然后在需要同步的地方再设置等待操作,如图8-48所示。在等待操作中同样可以设置超时。

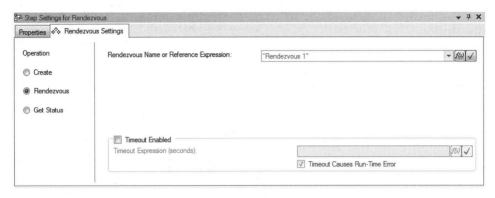

图8-48 等待集合点设置

图8-49所示的是一个使用批量过程模型的序列,在设置组中创建了集合点,主体组 Wait Random Time 步骤等待时间随机,不同线程的等待时间是不一样的,但由于在该步骤之后等待集合点,可以预见的是,所有线程中的"Multi-Threaded Test"测试将同时进行。

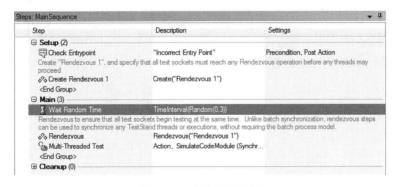

图8-49 等待随机时间

在范例资源的第8章练习中,附有例程<Exercises>\Chapter 8\Synchronization Step Types\Synchronization Step Types-Rendezvous.seq,完成的就是上述工作,读者可以通过菜单命令"Execute»Single Pass"运行该范例,体会集合点的作用。

8.6 常用多线程测试模式

引入并行测试可以优化资源使用,它通过缩短闲置时间提高了资源的利用率。并行过程模型、批量过程模型在多个 UUT 运行方式上进行了定义,并提供了共享资源访问的保护机制和线程之间通信的方法,至于实际应用中到底该选择哪种过程模型,还是很容易确定的。但是,应用需求总是千差万别的,即使选定了过程模型,还需要对并行测试的具体实施做仔细的规划,协调好资源的分配。归纳起来还是有一些通用的模式可以借鉴,这些模式既可以用在并行过程模型中,也可以用在批量过程模型中。下面就结合笔者的一些开发经验,分享几个常用的多线程测试模式。

8.6.1 混合多线程模式

在多线程过程模型中,对于多个 UUT,有两种理想的情况:①每个 UUT 都拥有完成测试所需要的各自的独立资源;②所有资源都是由全部 UUT 共享的。实际情况往往都不大可能是这两种理想情况,更多的是一部分资源共享,而一部分资源是每个 UUT 独立拥有的。以仪器设备为例,在做自动化测试规划时,从测试效率和成本两个角度全面考虑,一般会通过开关切换共享昂贵的设备,而对于费用较低的设备,则为每个 UUT 独立配置,通过这种方式在效率和成本之间取得平衡,这种资源分配方式称为混合多线程模式,如图 8-50 所示。其实,混合多线程模式是非常通用和基础的,其他模式都是在它的基础上演变而来的。本节所用资源就以仪器设备为例进行讲解。

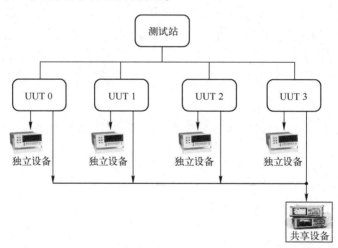

图 8-50 混合多线程模式

对于独立设备,访问它的步骤可以同时运行,每个 UUT 都不需要等待而直接运行;把访问共享设备对应的步骤放在靠后的位置,并通过上锁/解锁避免访问冲突。当然,不可能完全设定步骤在整个序列中的位置和顺序,尤其在现实情况中,往往步骤的顺序是跟 UUT 本身的测试要求相关的,比如手机 WiFi 测试,要求先上电、夹具动作、检查连接性,然后是电压/电流测试,最后是发射/接收测试,这些测试项是有明确的先后顺序的,因为如果前面的失败则后面的测试就不需要进行了。在这种限制下,局部的步骤微调对测试效率的优化比较有限。额外的优化还包括,如果对测试项顺序不做要求,则图 8-51 中的上锁/解锁操作可以替换成自动协作步骤,以进一步优化测试时间。对于有额外同步要求的步骤,在批量过程模型中可以使用同步区段,而在并行过程模型中可以使用通知和消息等手段。为了改善序列的可读性并使主序列保持简洁,可以将一系列相关的步骤放在子序列中,以保持层次清晰。

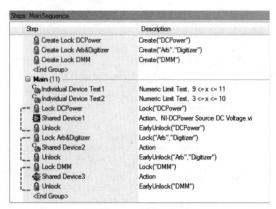

图 8-51 基于混合多线程模式序列的编写

8.6.2 资源局部共享模式

混合多线程模式很通用,它包括了独立设备和共享设备。但在某些时候,共享设备并不提供给所有的 UUT,有可能从测试效率和资源数量的角度,只让设备局部共享。如图 8-52 所示的例子,一台共享设备只提供给两个 UUT,这称为资源局部共享模式。

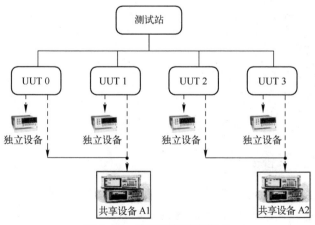

图 8-52 资源局部共享模式

资源局部共享带来一个问题：如何确保 UUT 调用的是正确的资源？如图 8-52 所示例子中，在序列中如何保证 UUT 0 使用的是共享设备 A1，而 UUT2 使用的是共享设备 A2？在多线程过程模型中，TestStand 只是重复创建了多个执行，每个执行都会运行同一个客户端主序列、同样的步骤列表，这就需要在主序列的编写中做额外的工作。还记得 RunState.TestSockets.MyIndex 属性吗？它是 TestStand 给每个执行分配的索引号，利用它就可以解决上述难题。例如，图 8-53 中使用了 Select-Case 语句，当 MyIndex 的值为 0 和 1 时，即 UUT0 和 UUT1 会分别运行 Share Device A1 步骤，由于有上锁/解锁保护，它们两个不会有访问冲突；UUT2 和 UUT3 类似。

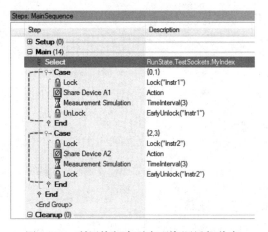

图 8-53　利用执行索引实现资源局部共享

如果为了使主序列更简洁一些，可以把每个 Case 内的步骤放到子序列中，并在序列调用步骤属性配置页先决条件面板中设置判决表达式，如图 8-54 所示。

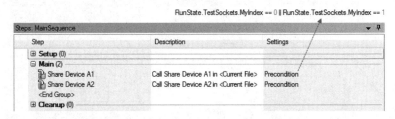

图 8-54　使用子序列并设置先决条件

8.6.3　主/从模式

有些时候，为了提高测试的效率，包括测试执行和数据处理性能，会采用主/从模式。在主/从模式中，每个 UUT 的控制（DUT Control）、独立设备/共享设备的通信和工作、结果的收集和预处理等都由各自的测试机（从系统）完成，有多少 UUT 就对应多少测试机，如图 8-55 所示。测试机可以是一台 PC 或者 PXI 系统。主系统负责整体测试的规划，提供人机界面，启动 TestStand 引擎并执行序列，通过 TCP/UDP 网络（实际情况不局限于网络方式，也可以是其他总线方式）通信方式向从系统发送命令，接收从系统返回的结果数据。

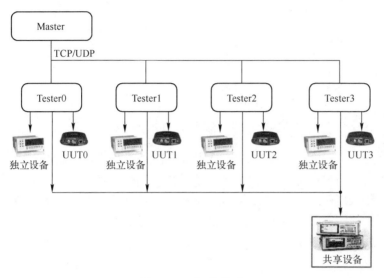

图 8-55　主/从模式

主系统运行 TestStand 或 TestStand 运行时引擎，它所加载的序列中有很多步骤调用了代码模块，而代码模块本身包含了一些指令（最好是 SCPI 格式的，这样具有一定的通用性）。这些指令通过 TCP/UDP 方式发送到从系统，主系统等待从系统接收指令并返回数据，然后将结果显示在操作界面上，或者生成报表、记录至数据库。所以主系统的主要工作就是发送命令、接收数据。由于涉及从系统对共享设备的访问，而从系统是在接收到指令之后才进行动作的，避免资源访问冲突的工作同样由主系统完成，这通过锁机制就可以很好地解决。从系统本身相当于有一个后台进程在不停地运行，这个后台进程所做的工作包括：①接收指令；②依据指令执行相应测试或动作；③数据处理并通过 TCP/UDP 返回结果给主系统。

主/从模式的一种变化形式如图 8-56 所示，测试设备都连接到主系统，而从系统只负责 UUT 控制。这种模式下，大部分工作都是由主系统来完成的。之所以会有这种模式，是因为有些 UUT 如果同时接入同一测试机上，则只有一个 UUT 能被系统识别，因此必须有多个测试机与每个 UUT 对应，进行独立控制。这归根到底还是 UUT 驱动的问题，应该是可以解决的。

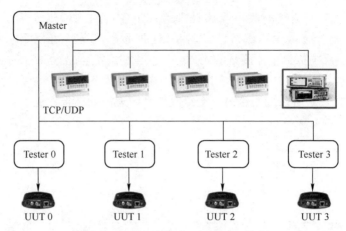

图 8-56　主/从模式—UUT 独立控制

还有其他一些模式，如类似主/从模式，不过主系统端 TestStand 引擎和从系统端后台进程都运行于同一台 PC，两个进程之间同样使用 TCP/UDP 方式通信，这样做的好处是将测试的后台应用程序和 TestStand 序列开发工作分开。还有一些应用，测试的夹具设计成轮转式的，上面有多个测试工位，只要有空闲的工位，操作员就可以把新的 UUT 放入其中进行新一轮测试，由于操作员并不关心该 UUT 放置的测试工位编号，所以需要给夹具本身设计一个控制台，告知 TestStand 当前的测试工位编号，以便实施正确的开关路由。

8.7　使用并行测试的注意事项

多线程并行测试带来的好处很多，它允许多个 UUT 同时进行测试，提高了共享资源的利用率，而且现在 CPU 性能越来越高，并行测试还可以充分利用 CPU 的处理性能。但是，多线程同样会带来一些潜在的问题，最常见的是竞争、资源冲突、死锁。

8.7.1　竞争

竞争源自线程之间存在的交互，这种交互导致程序运行的结果变得不可预期。不同的线程好比在高速赛道上行驶的赛车，当赛车在各自的赛道上互不影响而各自行驶时，可以相安无事。但这是一场比赛，必然有并线、超车的行为，此时两辆赛车很可能会挤到赛道中公共的部分，如果此时两车速度接近，而且距离相差不大，就极有可能发生事故。在计算机世界里，如果各个线程相互独立，完全没有交互，就不会相互影响。但实际情况往往没有这么简单，线程可能会共同访问某个共享资源，并操作这些共享资源，如果程序逻辑依赖于这些资源，那么不同线程执行的先后次序就很有可能会影响到程序的执行结果。如果不对线程间的访问加以协调和控制,就可能导致错误的结果。在 TestStand 中,当多个线程同时运行时,其底层是操作系统在多个线程之间进行快速的切换,用户是感觉不到的。比如有两个线程,如果共享同一个数据项,如全局变量,它们都可以对全局变量进行读/写,如果不加保护,两个线程对全局变量访问的先后顺序不同,就有可能导致最终局部变量的值不一样,因为任何一个线程在读/写这个全局变量前,都是假定在该时刻,全局变量的值是不变的。如图 8-57 所示,初始值 X 为 0:如果线程 1 先执行,然后是线程 2 的执行,则最终 X 的值是 3;而如果线程 2 先执行,则最终 X 的值是 2;最终结果到底是哪个值,无法确定。

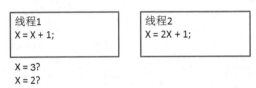

图 8-57 竞争

竞争是不太容易被察觉的,有可能运行成百上千次,它才突然出现一次,这无疑给调试带来了极大的麻烦——问题不容易复现。避免竞争最直接的办法就是尽量减少线程之间数据的共享,在 TestStand 中,可以使用同步步骤对共享数据的访问进行管理,比如上锁/解锁、队列、同步区段等。并且,TestStand 的数据空间,默认只有站全局变量是线程间共享的,其他如局部变量、参量、文件全局变量,每个线程都有自己独立的拷贝,不存在共享问题。

8.7.2 资源冲突

资源可以是一个内存空间、文件、测试设备、网络端口或计算机外围设备。通常,对于某个资源,同一时刻只能有一个线程访问它,如果多个线程对它同时进行访问,就会出现资源冲突。在某些情况下,有可能多个线程可以同时访问资源,但这是有所限制的。例如,有多个线程同时访问某个文件,它们可以同时读取文件的内容,但是只能有一个线程可以进行写文件操作,如果另一个线程也试图去写文件,则文件驱动 API 函数会返回错误,提示当前线程只能以只读模式访问文件。为了避免资源冲突,需要采用互斥锁机制,即当一个线程获取了独占资源时,它将设置互斥锁标记,其他线程只能处于等待状态,直到该线程资源使用完毕并取消互斥锁标记,这样就保证了资源的访问安全。在 TestStand 中,上锁/解锁、自动协作、单线程执行同步区段都采用了互斥锁机制。其实有一些资源,如测试设备,它们的驱动本身有可能就提供了多线程安全访问保护机制,即使应用程序本身不加任何控制,多个线程同时访问也是安全的,但笔者还是建议在 TestStand 中明确使用互斥锁,以提高程序的鲁棒性。

8.7.3 死锁

上锁/解锁可以防止竞争和资源冲突，但它会带来另一个问题——死锁。所谓死锁，是指两个或两个以上线程在执行过程中，因争夺资源而造成的一种互相等待的现象，若无外力作用，它们都将无法往前执行，此时称系统处于死锁状态或系统产生了死锁，这些永远在互相等待的线程称为死锁线程。如图 8-58 所示，线程 1 锁定了 DMM，然后等待 Scope，只有当获取到 Scope 资源后它才能往下执行测试；而线程 2 锁定了 Scope，正在等待 DMM。线程 1 和线程 2 都在等待对方的资源，在没有外力的作用下，没有任何一方会先解锁自己的资源，它们将无止境地等待下去。

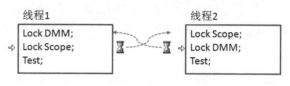

图 8-58 死锁

一种解决死锁的办法是设置超时，即设定一个适当的时间，如果在该时间内还没能上锁并获取到资源，则强制终止等待并产生超时错误，如图 8-59 所示。

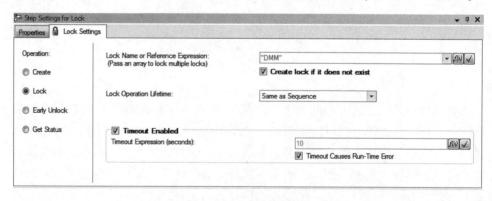

图 8-59 上锁超时设置

设置超时毕竟是死锁已经发生后的一种补救措施，更好的方式是从源头上尽量避免可能导致死锁的编程习惯。在 TestStand 中，就是要求编写序列时，上锁某一资源、执行测试，然后一定要及时解锁释放资源。如图 8-58 所示中的两个线程分别处于等待 Scope 和 DMM 的状态，如果线程 1 在执行完 Test1 之后，立刻解锁 DMM，则线程 2 就可以得到 DMM 了；同样线程 2 解锁 Scope 后，线程 1 就可以得到 Scope 了，如图 8-60 所示。其实锁的名称本身只是个逻辑符号，如果两个测试项 Test1 和 Test2 是相关的，那么可以一次锁定多个资源，在上锁/解锁

第 8 章 并 行 测 试

之间，包含了 Test1 和 Test2，如图 8-61 所示。锁的名称不重要，关键是夹在它们中间的步骤，必须作为一个整体一次只能被一个线程访问。

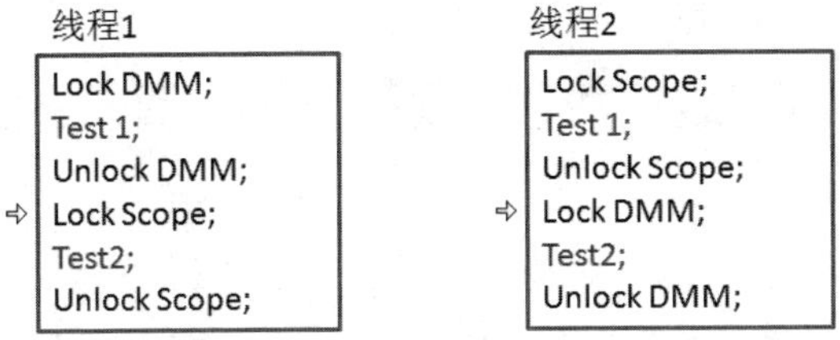

```
线程1                        线程2
Lock DMM;                   Lock Scope;
Test 1;                     Test 1;
Unlock DMM;                 Unlock Scope;
Lock Scope;                 Lock DMM;
Test2;                      Test2;
Unlock Scope;               Unlock DMM;
```

图 8-60　及时解锁释放资源

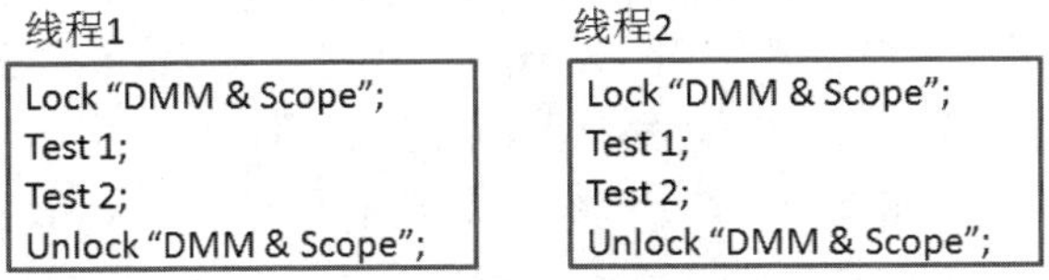

```
线程1                              线程2
Lock "DMM & Scope";              Lock "DMM & Scope";
Test 1;                          Test 1;
Test 2;                          Test 2;
Unlock "DMM & Scope";            Unlock "DMM & Scope";
```

图 8-61　锁定多个资源

【小结】

并行测试可以提升测试效率并节省硬件成本的投入。本章从并行测试的概念开始，继而引入 TestStand 的多线程结构，TestStand 通过直接提供多线程过程模型和内置同步步骤，简化了用户处理并行测试中所面临的多线程管理、数据空间安全、竞争、资源冲突、死锁等各种问题。对于多线程过程模型，本章介绍了它是如何实现多 UUT 并行测试的，并对过程模型本身进行了分析。最后从并行测试具体实施的角度出发，介绍了几种常用的并行测试模式，这些模式具有一定的通用性，可供读者借鉴。

第 9 章 用户管理

在打开序列编辑器时，默认会弹出用户登录对话框，要求输入用户名和密码。不同用户拥有的权限可能会有差别，这会直接影响其可操作的功能。TestStand 正是采用了用户管理策略，使得有些用户可以对序列进行编辑和调试，而有些用户只能运行序列。本章将介绍 TestStand 用户管理，包括如何创建新的用户并配置其权限，了解用户管理策略是如何有效地将 TestStand 功能选择性地开放给不同的用户。

目标

☺ 了解用户列表的保存位置
☺ 了解通过前端回调序列修改用户登录方式
☺ 熟悉用户管理器窗口
☺ 了解 TestStand 常用权限
☺ 掌握如何创建新的用户和用户组
☺ 了解自定义用户数据类型和自定义权限
☺ 了解如何通过 TestStand API 识别用户所具有的权限

关键术语

User Privileges（用户权限）、User Manager（用户管理器）、Front–End Callback（前端回调序列）、User Group（用户组）、Operate Privilege（运行权限）、Debug Privilege（调试权限）、Develop Privilege（开发权限）、Configure Privilege（配置权限）、User Data Type（用户数据类型）、Custom Privilege（自定义权限）

9.1 工作站选项»用户管理

在序列编辑器中，通过菜单命令"Configure » Station Options"进入工作站选项对话框用户管理器页面，如图 9-1 所示。在该页面中可以指定用户管理器文件，默认的是<TestStand Application Data>\Cfg\User.ini，它保存着 TestStand 的用户列表和用户数据类型。还有几个复选框："Check User Privileges"强制权限检查机制；选中"Automatically Login Windows System User"选项后，如果在 TestStand 中已经有一个和 Windows 操作系统当前账户同名称的用户，那么在启动

第 9 章 用户管理

序列编辑器时,不会再弹出用户登录对话框要求输入用户名和密码,利用这个功能,可以将 Windows 和 TestStand 账户关联起来。比如,有 Windows 账户 Administrator 和 Guest,相应地在 TestStand 中创建用户 Administrator 和 Guest 并分别设置它们的权限。用 Adminstrator 和 Guest 账户分别进入 Windows 时,启动序列编辑器自动登录后,就相应拥有不同的操作权限。

默认序列编辑器启动时,会弹出用户登录对话框,如图 9-2 所示。在此对话框中要求输入用户名和密码(除非在工作站选项对话框用户管理页面中选中"Automatically Login Windows System User"选项,且在 TestStand 中创建了和 Windows 账户同名的用户),这是 TestStand 实施用户管理策略的默认登录和退出方式。

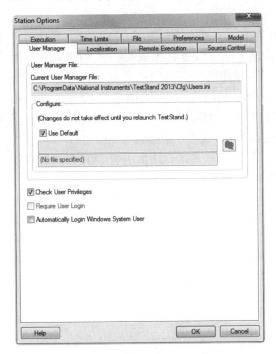

图 9-1 工作站选项对话框(用户管理页面)　　图 9-2 序列编辑器用户登录对话框

这一默认方式其实是通过"Front-End Callback"(前端回调序列)来定义的,包含在 FrontEndCallbacks.seq 序列文件中,该文件位于<TestStand>\Components\Callbacks\FrontEnd 中。它默认包含了 LoginLogout 序列,该序列用于定义用户登录和登出方式,所有用户界面包括序列编辑器共享该序列,它们在启动时将调用 LoginLogout 序列。将用户登录/退出统一定义在一个地方,即前端回调序列中。这样做的好处是,当需要修改登录行为时,只需要修改前端回调序列,而不用更改用户界面的源代码并重新编译成可执行文件。在修改前端回调序列前,最好先将序列文件从<TestStand>\Components\Callbacks\FrontEnd 目录中复制到 TestStand

公共目录<TestStand Public>\Components\Callbacks\FrontEnd，因为<TestStand Public>目录下的文件不会因为重装 TestStand 而被覆盖，也不会在卸载 TestStand 时被删除。举个修改用户登录方式的例子，比如希望使用程序直接指定登录用户，而不需要出现用户登录窗口，实现原理是利用 TestStand API 先调用 Engine.GetUser（LoginName）方法获取用户对象，然后调用 User.ValidatePassword （passwordString）方法验证密码的正确性，最后利用 Engine.CurrentUser（User）属性将验证过的用户设置为当前用户，可以用一个表达式步骤替换 LoginLogout 序列默认的 Login 步骤，这样只需一个改动就可以实现需要的效果。

9.2 用户管理器

在序列编辑器中，通过菜单命令"View » User Manager"打开用户管理器窗口，如图 9-3 所示。在用户管理器窗口中，可以查看 TestStand 的用户列表、用户组。默认包含一个"administartor"管理员用户，而用户组有 4 种类型，分别是 Operator、Technician、Developer、Administrator。如果当前账户拥有足够的权限，那么可以任意创建新的用户和用户组。如果展开"administrator"用户，会发现它包含了 Password、FullName、Privileges 属性，而 Privileges 属性中又包含 Operate、Debug、Develop、Configure 子属性，不同用户之间的区别其实主要在于 Privileges 属性中所具有的权限的差异。

TestStand 将所有的权限分为四大类，就是图 9-3 中所列出的 Operate、Debug、Develop、Configure（Custom 是自定义权限，后文再介绍），每一大类下又细分了很多项。默认的 4 种用户组其实就是依据这四大类来定义的，如"Operator"用户组具有操作权限，但不能调试。从图 9-4 中可以看出，"Administrator"用户组拥有最大的权限，可以操作、调试、开发和配置。

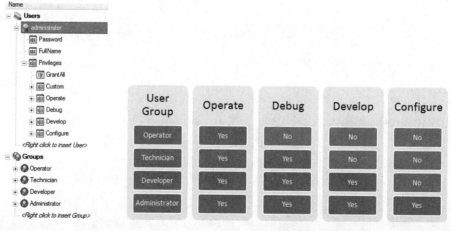

图 9-3　用户管理器窗口　　　　　　　图 9-4　用户组权限

如图9-5所示，将四大类权限进一步展开，会发现Operate权限下包含Grant All、Execute、Terminate、Abort，Debug权限下包含Grant All、ControlExecFlow、SinglePass等，Develop和Configure权限下包含许多类似的子项目。对于每个子项目，可以单独设置其权限为"True"或"False"。对于每个大类，如果设置了Grant All子项目为真，则用户就具有该类别下面的所有权限，而不管子项目如何单独设置。

新建一个用户，如"David"，右击该用户并从弹出的菜单中选择"Properties…"，在弹出的用户属性对话框中可以设置用户的基本信息，并设定它为某个用户组成员。如图9-6所示，"David"的用户组为"Operator"，则"David"具有了"Operator"用户组的所有权限，因此当展开"David"用户Privileges属性下的Operate权限时，会出现"Granted True by Operator"的描述，说明它已经拥有这些权限，由用户组授权，这与图9-5中"administrator"用户的很多权限"Granted True by Administrator"是类似的。那么一个用户在什么情况下拥有某权限呢？以Debug权限下的SinglePass子项目为例，以下任意一种情况满足时用户都将获得该权限：①用户直接设置SinglePass子项目的值为真；②所在的用户组中已经设置了SinglePass子项目的值为真；③用户或用户组中Debug权限的Grant All子项目的值为真。

图9-5　四大类权限

图9-6　用户属性窗口

当用户隶属于某个用户组时，该用户是不能取消用户组所赋予的权限的，也就是说，当看到有些项中有"Granted True by UserGroup"描述时，意味着它已经拥有了该权限，虽然在"Value"栏它的值还是假，这已经无关紧要了。但是仍然可以明确地设置它的值为真，这样当用户不再是用户组成员后，它还是拥有该权限。用户组的好处是便于管理，更好地实施用户管理策略，如默认的用户组Operator、Technician、Developer和"Administrator"，它们的权限有很大的不同。对于新添加的用户，根据其角色不同选择对应的用户组，很容易就限定其所拥有的权限，而且通过直接显示的设置还可以实现同一用户组下不同用户之间权限的差异化。除了默认的这 4 种类型用户组，还可以根据需要创建新的用户组，推荐的方式是在现有的 Operator、Technician、Developer 和 Administrator 基础之上，通过复制、粘贴某用户组后，再进行修改和定制。做一个简单的测试，在用户管理器窗口中创建新用户"David"，并设置用户组为 Operator，退出序列编辑器并重新启动，在用户登录窗口中选择"David"，之后任意打开某事先创建好的序列文件，然后查看菜单"Execute"，会发现只有"Test UUTs"可用，其他项都被禁用了，没有操作权限。对于其他菜单（如 Debug、Configure）也类似，很多功能由于权限问题同样被禁用了，如图 9-7 所示。

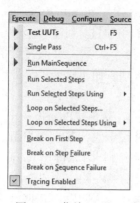

图 9-7 菜单 Execute 很多项被禁用

当创建新的用户后，它包含的属性及其内部数据结构与其他用户是相同的，都是基于 TestStand 的标准用户数据类型。如图 9-8 所示，打开类型选板窗口，在窗口视图的左侧定位到"User Manager"，单击后在右侧视图就可以查看到标准数据类型"User"和"NI_UserCustomPrivileges"。它们都是容器类型，并且可自定义，例如在 User 容器中可以添加新的属性。默认无论用户或是用户组，在其 Privileges 子属性中都含有一个初始为空的 Custom 权限，Custom 权限由"NI_UserCustomPrivileges"定义，修改"NI_UserCustomPrivileges"即可添加自定义权限，但是自定义权限需要开发人员自己编写代码处理权限问题。

提示：标准数据类型"User 和 NI_UserCustomPrivileges"同样保存于 user.ini 文件中。

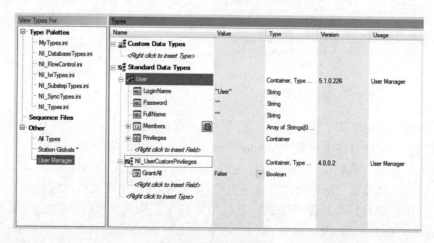

图 9-8 用户数据类型

9.3 识别用户权限

对于当前已登录的用户，如何判断它是否具有某权限？最简单的方式是在 TestStand 中使用表达式函数 CurrentUserHasPrivilege()（如图 9-9 所示）或者在 TestStand API 中使用方法 Engine.CurrentUserHasPrivilege（如图 9-10 所示），这两者的效果是一样的，返回布尔结果"True"或"False"。无论是哪种方式，都要求将 Privileges 属性下具体项的名称作为输入参数，如" Terminate"或" Operate.Terminate"都是可以的。

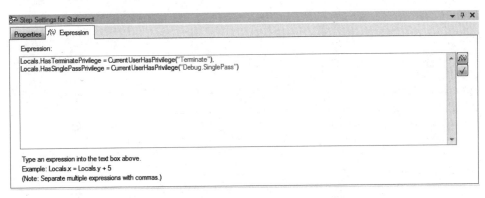

图 9-9　使用表达式函数识别用户权限

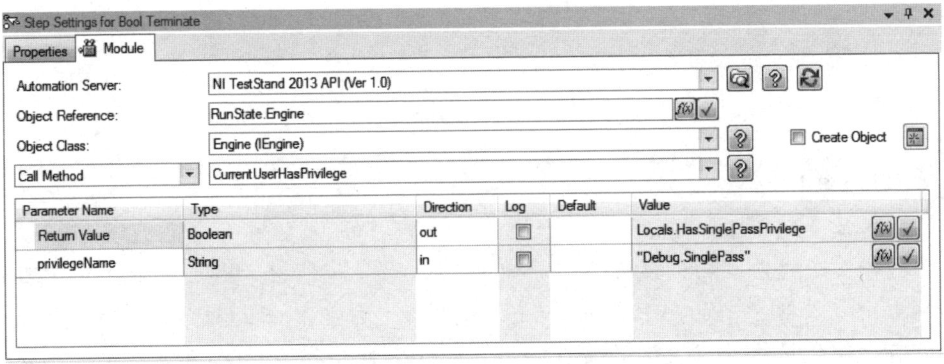

图 9-10　使用 TestStand API 识别用户权限

CurrentUserHasPrivilege(" Terminate")
CurrentUserHasPrivilege(" Operate.Terminate")

提示：如果传递" * "作为字符串输入参数，可以检测是否有用户登录。

如果要识别任意用户的权限，先通过方法 Engine.GetUser 获取用户对象引用（如图 9-11 所示），然后调用方法 User.HasPrivilege（如图 9-12 所示），使用两个动作步骤（模块适配器类型为"ActiveX"）来判断"David"用户是否具有终止序列运行的权限。

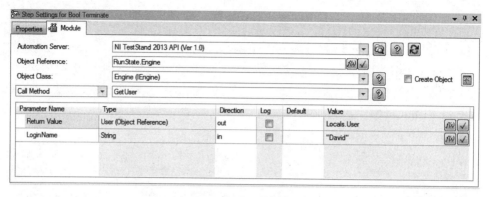

图 9-11　获取用户对象引用

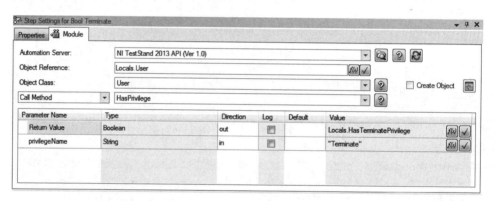

图 9-12　检查用户权限

【小结】

　　本章介绍了 TestStand 用户管理，在工作站选项对话框中可以设置强制权限检查，通过前端回调序列可以自定制用户登录和退出方式，在用户管理器窗口中可以创建新的用户和用户组，不同的用户组具有的权限是不一样的，它可以简化用户管理策略的实施。用户的权限能通过表达式函数或 TestStand API 识别，之后可能作为某些判断的依据。需要留意的是 user.ini 文件，部署系统时需要将它添加到部署的工程项目中。

第 10 章 自定义步骤

第 4 章系统地介绍过 TestStand 自带的步骤类型，如消息对话框、声明、动作、测试等，从插入选板中通过拖曳的方式就可以将步骤添加到序列中。除通用设置页面对所有步骤类型而言均相同外，每种步骤类型都还有其特定配置页，这构成了步骤类型之间的差异。如果期望步骤实现更灵活的功能，而现有的步骤类型不能满足要求，比如步骤运行时数据处理、借助界面简化步骤参数设置、步骤包含额外数据、禁用某些步骤内置属性等，这就需要自定义步骤来完成。

目标

☺ 了解自定义步骤的概念
☺ 剖析自定义步骤的结构
☺ 掌握如何创建自定义步骤
☺ 熟练设置内在属性和添加自定义属性
☺ 掌握在自定义步骤中添加子步骤
☺ 了解自定义步骤类型版本管理
☺ 为自定义步骤创建代码模板
☺ 掌握步骤模板的使用
☺ 理解自定义步骤和步骤模板的区别

关键术语

Custom Step（自定义步骤）、Custom Step Type（自定义步骤类型）、Built-in Properties（内置属性）、Custom Properties（自定义属性）、Substeps（子步骤）、Pre-Step Substeps（前处理子步骤）、Post-Step Substeps（后处理子步骤）、Edit Substeps（编辑子步骤）、Custom Substeps（自定义子步骤）、Code Templates（代码模板）、Type Palette File（类型选板文件）、Type Conflict（类型冲突）、Step Templates（步骤模板）

10.1 自定义步骤概述

除了 TestStand 自带的步骤类型，为了实现更灵活的功能，用户还可以自定义新的步骤类型。比如下述这些场合：①在步骤运行时，除了运行步骤主体代码模块本身，还可以添加后处理（如引入错误处理机制）；②添加配置对话框，以界面的形式对步骤属性进行设置，以简化步骤配置工作；③在步骤中添加新的属性，并决定这些属性是否被记录到报表和数据库中；④禁用某些内置属性设置，提高系统安全性；⑤定义代码模板，简化代码模块的创建。这些都可以通过自定义步骤来实现。简单来说，自定义步骤就是在现有步骤类型的基础上，根据实际需要进行修改，形成新的步骤类型。正是因为 TestStand 对自定义步骤保留了足够的开放性，所以它们在一些场合会被大量应用。如图 10-1 中，在插入选板窗格中添加了 TCP 网络通信、GPIB 仪器控制、数据采集的自定义步骤类型，序列编写人员不必关心底层的代码实现，只要将这些不同类型的步骤添加到序列中并进行配置即可。其实，NI 公司在一些特定的行业领域，如半导体、射频通信、汽车电子、多媒体音/视频等，就提供了专门的自定义步骤类型，以缩短这些领域自动化测试的开发周期。

图 10-1　在插入选板中增加自定义步骤类型

创建并保存自定义步骤后，它就成为一种新的步骤类型。如图 10-1 中，"GPIB Open"属于自定义步骤类型，而在序列中添加该类型的步骤后，即创建了它的步骤实例，一般来讲，自定义步骤指的就是自定义步骤类型，不对二者的概念进行严格的区分。有一个事实可能会使读者感到比较惊讶，即 TestStand 插入选板中包含的众多不同类型的步骤，其底层都是由同一个可定制化的基础对象衍变而来的（对象的概念会在第 11 章进行更好的阐述），对象的可定制化部分形成了它们之间的差异。TestStand 自带的步骤类型如此，用户自定义步骤类型则同样遵循这一结构框架，通过定制形成新的步骤类型。那么自定义步骤类型的结构究竟是怎样的？概括来说，主要包括属性和子步骤两大部分，如图 10-2 所示。属性可进一步分为内置属性和自定义属性；子步骤则包括编辑子步骤、前处理子步骤、后处理子步骤（其实还有自定义子步骤）。因为编辑子步骤主要和属性设置相关，所以在图 10-2 中将它和属性放到一起。

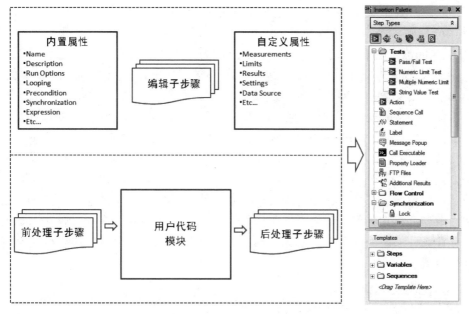

图 10-2　自定义步骤类型的结构

10.2　创建自定义步骤

单击工具栏上的类型选板图标，进入类型选板窗口，如图 10-3 所示。在"Type Palettes"下加载了一系列 ini 文件，它们保存了所有步骤类型的定义，比如：NI_Database Type.ini 文件中定义了数据库步骤类型；NI_FlowControl.ini 文件定义了流程控制步骤类型。以"NI_"为前缀的 ini 文件包含了所有 TestStand 自带步骤类型的定义，存储于 <TestStand>\Components\TypePalettes 目录下。

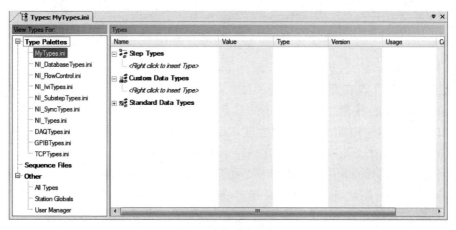

图 10-3　类型选板窗口

而用户自定义步骤类型定义则保存在 MyType.ini 文件中，选择 MyType.ini 后，在右侧"Types"窗格的"Step Types"中可以添加新的步骤类型。在 MyType.ini 中创建的自定义步骤类型是全局的，这些自定义步骤类型会自动出现在插入选板中，同一工作站中所有的序列文件都可以使用它创建步骤实例。类似于自定义数据类型，自定义步骤类型同样可以在序列文件中创建，且只提供给该序列文件使用。例如，在图 10-4 中，在"Sequence File 1"中新建自定义步骤类型"HardwareConfig"，那么"HardwareConfig"只能被"Sequence File 1"使用。这里涉及的问题就是自定义步骤类型究竟保存在哪里：如果是在 MyType.ini 文件中，那么它是全局的，这便于所有序列文件共享它，需要注意的是在后期系统部署时，要将 MyType.ini 文件同样打包；如果是在特定的序列文件中，那么它的作用范例限定于该序列文件，由于保存在序列文件中，因此不存在额外部署的问题。开发人员应该根据实际情况，决定自定义步骤类型保存的位置。

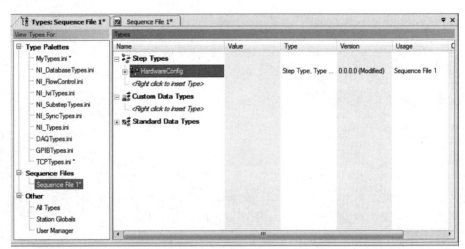

图 10-4　在序列文件中新建自定义步骤类型

除了 MyType.ini，也可以创建新的 ini 文件，并将它添加到"TypePalettes"列表中，然后可以在新 ini 文件中创建自定义步骤类型，这是通过在"Type Palettes"列表的任意空白处右击，然后从弹出菜单中选择"Customize Type Palettes"，并在弹出的对话框中通过"Create"或"Add"完成设置的，比如图 10-4 中添加了 DAQType.ini、GPIBTypes.ini、TCPTypes.ini。

提示：MyType.ini 文件位于<TestStand Public>\Components\TypePalettes 目录下，建议用户新建的 .ini 文件同样保存在该目录下，这样重新运行序列编辑器时，在插入选板窗格中会自动加载这些文件及其定义的步骤类型。

10.2.1 添加属性

在自定义步骤类型的结构图中看到，它的两个重要方面就是属性和子步骤。首先看属性部分，它包括内置属性和自定义属性。

1. 内置属性

对于步骤类型，它包含内置属性和自定义属性。内置属性如 Preconditions、Name、Description、Run Options 等对于所有步骤都是存在的，无论该步骤属于什么步骤类型，当创建了步骤实例后，主要通过步骤设置窗格设置这些内置属性。假如事先在 MyTypes.ini 文件中创建"HardwareConfig"自定义步骤类型，右击它并从弹出的菜单中选择"Properties"，弹出的步骤属性对话框中包含了很多的页面，用于设定内置属性以定制步骤的方方面面，如图 10-5 所示。概括起来主要包含以下部分：

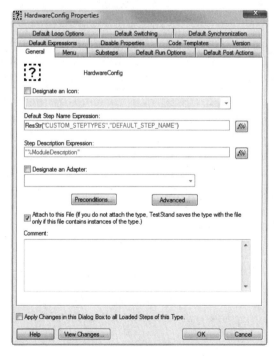

图 10-5 步骤属性对话框

◇ 步骤通用设置；
◇ 菜单设置；
◇ 子步骤设置；
◇ 属性禁用设置；

◇ 代码模板设置；

◇ 版本管理设置；

◇ 各种默认设置。

关于每个默认页面，如"Default Run Options"、"Default Loop Options"等，与实际编写序列时步骤设置窗格中的属性配置页相比较，其中大部分内容是对应的，这里的默认页面用于设定它们的初始值。

内置属性又分为步骤类型属性和步骤实例属性。如果在步骤属性对话框中修改了步骤类型属性，那么这种修改会应用到所有的步骤实例中。对于步骤实例属性，在步骤属性对话框中对它赋值，相当于设置它的默认值，但并不会影响到已有的步骤实例。典型的步骤实例属性有 Default Run Options、Default Loop Options 等。表 10-1 按顺序列举了所有的内置属性，并对它们的类型进行了区分，这样在创建自定义步骤时，就可以知道哪些属性是可以一次性修改并应用到所有步骤实例中的。

表 10-1 内置属性类型

属性页面	属性名称	类型
General	Icon	步骤实例属性
	Default Step Name Expression	步骤类型属性
	Step Description Expression	步骤类型属性
	Preconditions	步骤实例属性
	(Code) Module	步骤实例属性
	Comment	步骤实例属性
Menu	Item Name Expression	步骤类型属性
SubSteps	Post-Step substep	步骤类型属性
	Pre-Step substep	步骤类型属性
	Edit substep	步骤类型属性
	Custom substep	步骤类型属性
DefaultRunOptions	Load Option	步骤实例属性
	Unload Option	步骤实例属性
	Run Mode	步骤实例属性
	Precondition Evaluation in Interactive Mode	步骤实例属性
	Record Results	步骤实例属性
	Step Failure Causes Sequence Failure	步骤实例属性
	Ignore Run-Time Errors	步骤实例属性
Default Post-Actions	On Pass post-action	步骤实例属性
	On Fail post-action	步骤实例属性
	Custom condition post-action	步骤实例属性
Default Expressions	Pre-Expression	步骤实例属性
	Post-Expression	步骤实例属性
	Status Expression	步骤实例属性
Disable Properties	<All>	步骤类型属性

续表

属 性 页 面	属 性 名 称	类　　型
Code Template	Code templates	步骤类型属性
Version	Version	步骤类型属性
Default Loop Options	Loop 相关属性	步骤实例属性
Default Switching	Switching 相关属性	步骤实例属性
Default Synchronization	Synchronization 相关属性	步骤实例属性

这里额外介绍一下"Disable Properties"页面（如图 10-6 所示）。该页面中列举了所有的内在属性。比如，在图 10-6 中，勾选了 Ignore Run-Time Errors 属性，这意味着在步骤实例中将不能再对它进行设置，只能采用默认值。利用这一特性，可以通过步骤属性对话框预设定某些内在属性的值，然后禁用单独设置功能，如数值限度测试步骤，它的状态表达式是不可修改的，就是这一道理。

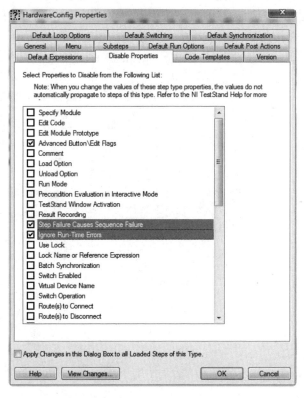

图 10-6　步骤属性对话框（"Disable Properties"页面）

2. 自定义属性

不同于内置属性，自定义属性因步骤类型而异，如图 10-7 所示。正如在第 4 章中所介绍的那样，每种步骤类型有不同的数据空间，这其实是各步骤类型之间所包含自定义属性的不同造成的。比如，数值限度测试步骤和动作步骤，它们包含的自定义属性差别就很大，像 Step.Limits、Step.DataSource、Step.Comp 等，是数值限度测试步骤特有的。

下面仍以在 MyType.ini 中新创建的"HardwareConfig"步骤类型为例，在类型选板窗口的右侧"Types"窗格中，展开"Step Types"下的"Hardware Config"，其中默认包含 Result 容器，而 Result 容器中包含一些基本的子属性，如 Error、Status、Report Text、Common。在 Result 容器中可以添加子属性，可通过单击"<Right Click to insert Field>"区域实现，也可以在 Result 容器之外添加新的属性。自定义属性可用于存储数据，但在添加自定义属性时，需要考虑应该是将它添加到 Result 容器中，还是放置在步骤的根目录中与 Result 容器平行。一般来说，只在 Result 容器中保存步骤的重要数据，而且这些数据可能会用来生成报表或记录到数据库中，而步骤的根目录用来储存临时数据和一些中间过程配置信息。如图 10-8 中，在 Result 容器中添加了 UUT_Classification 和 SerialNumber 子属性，而在步骤根目录下添加了 Custom_Menu 和 Test_Data 子属性。

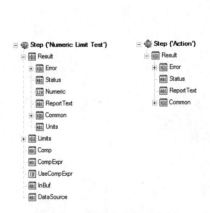

图 10-7 不同步骤类型之间自定义属性的差别

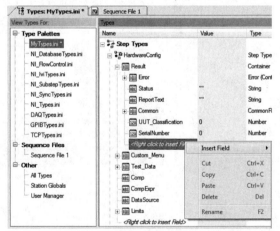

图 10-8 添加自定义属性示例

10.2.2 添加子步骤

除了设置和添加属性，还可以为自定义步骤声明一些代码模块，它们将在步骤实例的编辑或运行阶段被调用，提供某些定制化的功能，这些代码模块称为子步骤。子步骤由步骤类型定义，因此对它的设置和修改会应用于所有步骤实例，子步骤所使用的代码模块必须由外部应用开发环境编写。一共有 4 种类型的子步骤：前处理子步骤（Pre-Step Substeps）、后处理子步骤（Post-Step Substeps）、编辑子步骤（Edit Substeps）和自定义子步骤（Custom Substeps）。在步骤属性对话框的子步骤页面，从"Adapter"栏中选择代码模块适配器类型，然后单击"Add"按钮添加子步骤，之后单击"Specify Module"按钮为该子步骤声明代码模块。比如，图 10-9 中添加了后处理子步骤，且适配器类型为"LabVIEW"，那么在声明代码模块的对话框中就需要选定某个 VI 程序来实现后处理功能。

1. 前/后处理子步骤

前处理子步骤和后处理子步骤主要用于定制化步骤运行时的行为。当步骤即将执行时，前处理子步骤先运行，然后是步骤的主体代码模块（若有），最后是后处理子步骤。当出现多个前/后处理子步骤时，它们将按定义时的先后顺序依次运行。一般前处理子步骤主要用于获取配置参数、检查属性的值；而后处理子步骤则可以做数据的后处理，比如将主体代码模块的测试结果和限度值进行比较，添加结果到 Result 容器中，等等。例如，多数值限度测试步骤类型就包含后处理子步骤，它会在主体代码模块运行之后，将测试结果和限度值进行比较，并决定最终步骤的状态，如图 10-10 所示。

图 10-9　添加子步骤

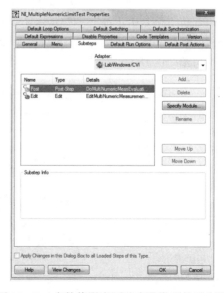

图 10-10　多数值限度测试步骤类型的子步骤

当一个步骤真正运行时，其实触发了很多动作，比如评估先决条件、计算表达式、前处理子步骤，然后是主体代码模块，以及后续的动作，它们的顺序如

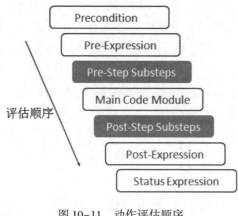

图 10-11 动作评估顺序

图 10-11 所示。采用前/后处理子步骤的好处在某些场合是显而易见的，对它的设置和修改会被及时更新并应用于所有步骤实例，所以会把某些通用的操作放在子步骤而非主体代码模块中，因为声明主体代码模块只作用于特定的步骤实例，并不能影响到其他步骤实例。而子步骤则不同，例如 TestStand 自带步骤类型消息对话框，就是完全使用后处理子步骤计算窗口的标题、消息表达式，并弹出对话框。

提示：参考 TestStand Reference Manual 第三章 Execution 中的表格 Order of Actions a Step Performs 所列举的步骤运行时所有可能操作的顺序。

2. 编辑子步骤

编辑子步骤用于定制化步骤实例在编辑阶段的行为。它一般用于在编辑状态下设置步骤的自定义属性，如限度值或其他配置参数，同一步骤类型可以有多个编辑子步骤。在创建步骤实例后，可通过右击该步骤并从弹出的菜单中选择编辑项，或者在步骤设置窗格中通过单击按钮来触发编辑子步骤运行。以 TestStand 自带的"IVI DMM"步骤类型为例，可以分别通过上述两种方式调用编辑子步骤，如图 10-12 所示。

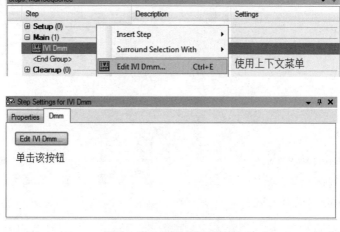

图 10-12 调用编辑子步骤

无论是哪种方式,编辑子步骤在运行时一般都以对话框的形式出现。如图 10-13 所示的 IVI DMM 的编辑子步骤对话框,它包括了设置 DMM 所需的各种参数,并使用 Tab 页面对参数整理分类,强制输入文本语法检查,通过直观的界面,序列编写人员可以很方便地设置诸多属性的值;否则,如果直接在步骤设置窗格的"Property Browser"中设置,工作量将是巨大的,还容易出错,如图 10-14 所示。

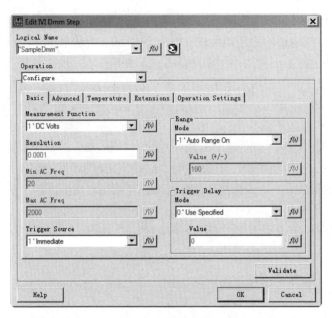

图 10-13　IVI DMM 的编辑子步骤对话框

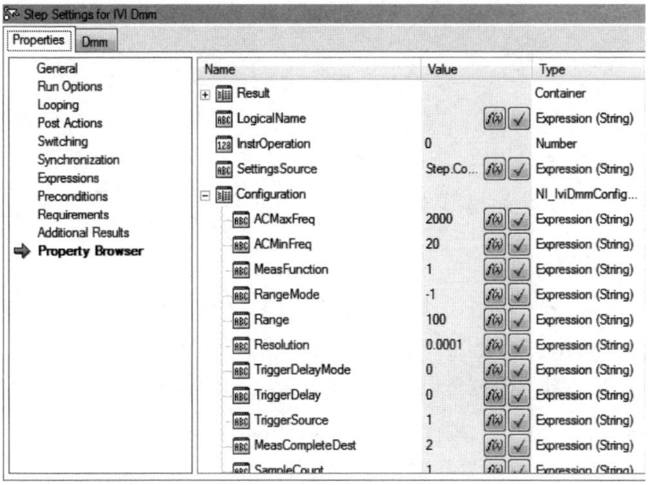

图 10-14　使用"Property Browser"设置属性

注意：在使用编辑子步骤时，一定要将它的窗口模式设置为模态窗口（Modal），因为在调用编辑子步骤时，TestStand 会禁用序列编辑器，而如果未将编辑子步骤的窗口设置成模态，一旦被序列编辑器窗口本身遮挡，将使用户误以为编辑子步骤不起作用。关于在不同的语言中设置模态窗口，读者可查看相应语言环境的内部方法。

3. 自定义子步骤

与编辑子步骤不同，自定义子步骤声明的代码模块并不由步骤本身调用，而是提供给其他代码，其他代码通过调用 Step.ExecuteSubstep 方法来运行自定义步骤所声明的代码模块。Step.ExecuteSubstep 属于 TestStand API 范畴，第 11 章将进一步讲解。简单来说，自定义子步骤相当于步骤类型这个对象实体的某个方法，用户可以选择在特定事件发生时调用该方法。有一个比较特殊的自定义子步骤是 OnNewStep，假如在步骤类型中添加了自定义子步骤，且命名为"OnNewStep"，那么 TestStand 会在每次创建该步骤类型的实例时，执行该子步骤所关联的代码模块。一个非常明显的例子就是 TestStand 自带的流程控制步骤，比如添加 Select 步骤至序列中，TestStand 会自动添加一个 Case 步骤和两个 End 步骤进行匹配，其原理就是利用了自定义子步骤。如果想了解 Select 步骤中"OnNewStep"关联的代码模块的具体实现，读者可以参考"SelectDlg.cpp"中定义的函数"OnNewSelectStepFunction"。SelectDlg.cpp 程序位于<TestStand>\ Components \ StepTypes \ FlowControl 目录下。

> **【练习 10-1】** 创建自定义步骤类型。
>
> 在这个练习中，将逐步创建一个类似于多数值限度测试步骤的自定义步骤类型，其中涉及自定义属性的添加、内置属性的设置、添加编辑子步骤和后处理子步骤。假定该自定义步骤类型是为某种功率元器件的测试而设计的，需要对功率元器件的电压、电流、功率测量值和限度值进行比较，决定元器件的测试状态。限度值的设定通过编辑子步骤完成，测量结果和限度值的比较通过后处理子步骤完成，限度值和测量结果存储于自定义属性中。虽然 TestStand 中已经提供了多数值限度测试步骤来满足上述测试场景的需求，但通过这个练习主要是让读者掌握自定义步骤类型创建的完整过程。

（1）新建 ini 文件。

① 在序列编辑器中，单击工具栏上的类型选板图标 ，进入类型选板窗口。

② 在 Type Palettes 列表的任意空白处右击，在弹出的菜单中选择"Customize Type Palettes"，并在弹出的对话框中单击"Create"按钮新建 .ini 文件，设置文件名"ElectricComponent.ini"，并保存在<TestStand Public>\Components\TypePalettes 目录下（在本练习中，自定义步骤类型将保存于 ElectricComponent.ini 文件中），如图 10-15 所示。

（2）新建自定义步骤类型。

在 Type Palettes 列表中选择"ElectricComponent.ini",然后在右侧"Type"窗口的"Step Types"中新建自定义步骤类型,将其命名为"ElectricComponent"。

（3）添加自定义属性。

① 展开 ElectricComponent 步骤类型,添加自定义属性 Step.Voltage、Step.Current、Step.Power（均为数值型）,它们用于存储主体代码模块返回的测试结果。

② 添加自定义属性 Step.Limits（数值型数组,数组元素个数为6）,它用于存储编辑子步骤的返回值。

③ 添加自定义属性 Step.FinalResult（布尔型）,它用于存储后处理子步骤的返回值。添加完成后,属性列表如图10-16所示。

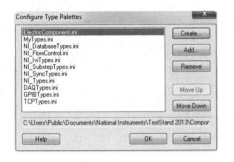

图 10-15 新建 ini 文件

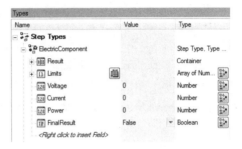

图 10-16 "ElectricComponent"添加自定义属性

（4）添加编辑子步骤。

① 笔者事先编写了一些代码并封装成 DLL 文件,其中定义了若干函数提供给子步骤。DLL 文件位于 <Exercise>\Chapter 10\ElectricComponent,将整个 ElectricComponent 目录复制至 <TestStand Public>\Components\StepTypes 目录下（它的源代码位于<Exercise>\Chapter 10\Source Code）。

② 右击"ElectricComponent"步骤类型并在弹出的菜单中选择"Properties",弹出步骤属性对话框。

③ 切换到"Substeps"页面,在"Adapter"栏选择"C/C++ DLL",单击"Add"按钮添加编辑子步骤,然后单击"Specify Module"按钮声明代码模块,弹出如图10-17所示的编辑窗口,在"Module Pathname"栏中选择 DLL 文件 <TestStand Public>\Components\StepTypes\ElectricComponent\CustomStep.dll,从"Function Name"栏中选择"EditLimits"函数,然后配置参数列表。函数的作用主要是将用户在界面中设定的限度值写入 Step.Limits 数组。

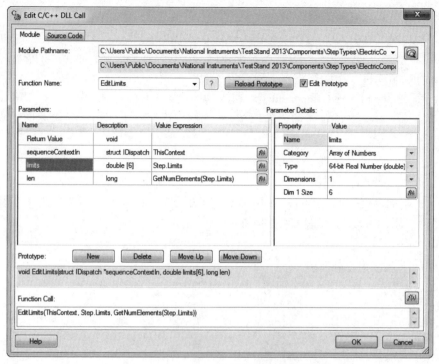

图 10-17　编辑子步骤声明代码模块

（5）添加后处理子步骤。回到"Substeps"页面，单击"Add"按钮添加后处理子步骤，然后单击"Specify Module"按钮声明代码模块。系统会弹出如图 10-18 所示的编辑窗口，在"Module Pathname"栏中同样选择 CustomStep.dll，并从"Function Name"栏中选择 PostCompare 函数，最后配置参数列表。该函数的作用主要是将测量值 Step.Voltage、Step.Current、Step.Power 和限度值 Step.Limits 中的元素分别进行比较，只有当测量值都位于各自的上下限范围之内，Step.FinalResult 的值才为"True"。

（6）设置状态表达式。

① 切换到"Default Expression"页面，在"Status Expression"栏中输入"Step.FinalResult?（Step.Result.Status="Pass"）:（Step.Result.Status="Fail"）"，这样当 Step.FinalResult 值为真时，Step.Result.Status 的状态为合格，否则为失败。

② 切换到"Disabled Properties"页面，勾选"Status Expression"，它将禁用在步骤实例中单独设置状态表达式。

（7）设置 icon 图标。

① 将<Exercise>\Chapter 10\ElectricComponent\Component.ico 文件复制到<TestStand Public>\Components\Icons 目录下。

第 10 章 自定义步骤

图 10-18 后处理子步骤声明代码模块

② 在步骤属性对话框中，切换到"General"页面，选中"Designate an Icon"选项，并在栏中选择"Component.ico"图标，如图 10-19 所示。

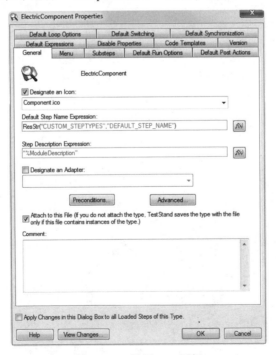

图 10-19 设置 icon 图标

提示：只有将 ico 图标文件复制至上述指定目录，并重启序列编辑器后，栏中才会加载新的图标供用户选择。

（8）保存自定义步骤类型。

① 返回类型选板窗口，在"TypePalettes"栏中选择"ElectricComponent.ini"，保存。

② 如果弹出警告对话框，选择"Increment Type Version"并单击"确定"按钮即可。

（9）创建步骤实例。

① 新建序列文件，添加 ElectricComponent 步骤实例。

② 在步骤设置窗格，可以观察到多出了"ElectricComponent"页面和"Edit"按钮，如图 10-20 所示。

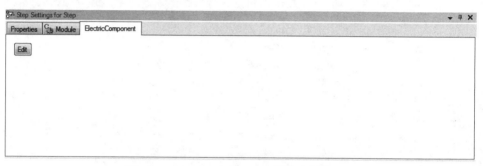

图 10-20　ElectricComponent 编辑子步骤页面

③ 单击"Edit"按钮，将弹出配置限度值对话框，如图 10-21 所示，在此配置限度参数。这些控件都被指定了有效范围，在范围之外（如输入-2）就会被强制转换，这也是使用编辑子步骤的好处。单击"Confirm"按钮，这些值将被写入 Step.Limits 数组中。

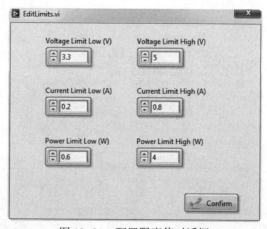

图 10-21　配置限度值对话框

第10章　自定义步骤

提示：可以查看 EditLimits 函数的源代码，了解在 LabVIEW 中如何设置模态窗口。

④ 切换到步骤设置窗格的模块页面，指定主体代码模块，如图 10-22 所示。在此同样使用 CustomStep.dll，并选择函数"ComponentsMeasurement"，然后配置参数列表。函数的作用是模拟测量过程并返回测量值，并将值赋给自定义属性 Step.Voltage、Step.Current、Step.Power。

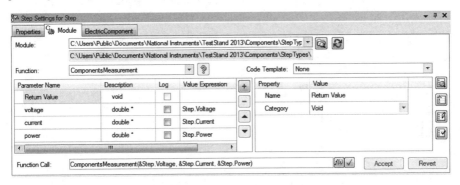

图 10-22　指定主体代码模块

⑤ 如图 10-23 所示，切换到属性配置页的表达式面板，查看状态表达式，在此可见它处于不可编辑的状态。

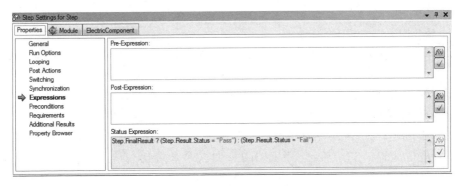

图 10-23　属性配置页的表达式面板

（10）运行测试。

通过菜单命令"Execute » Run MainSequence"运行主序列，注意观察步骤实例的状态结果。并且，可以在步骤实例之后添加标签步骤并设置断点，当运行至断点处时切换到变量窗格查看 RunState.PreviousStep 中变量的值，以验证整个过程，如图 10-24 所示。

如何得到步骤的最终状态？首先通过编辑子步骤设定 Step.Limits 数组，然后步骤运行主体代码模块时将结果赋给 Step.Voltage、Step.Current、Step.Power，在

237

后处理子步骤中,将它们分别和 Step.Limits 的元素进行比较,比较结果赋给 Step.FinalResult。而在状态表达式中,Step.FinalResult 直接决定着 Step.Result.Status。在创建自定义步骤类型时,涉及<TestStand Public>\Components 下的三个目录:TypePalettes、StepTypes、Icons,对这些目录的后期维护在一定程度上增加了测试系统管理和部署的工作量。

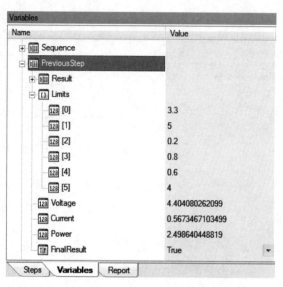

图 10-24　查看自定义属性的值

提示:虽然在本练习中从零开始,逐步创建了类似于多数值限度测试步骤类型,但是在很多情况下,可以基于 TestStand 已有的步骤类型,在它们的基础上进行修改,形成新的类型。比如,数值限度测试步骤位于 NI_Types.ini 文件中,在类型选板窗口中选择 NI_Types.ini 文件,然后在右侧"Types"窗格中选中"NumericLimitTest",复制再粘贴,TestStand 会生成名称唯一的新步骤类型"NumericLimitTest_2",再把"NumericLimitTest_2"剪切/粘贴到 MyTypes.ini 或其他 ini 文件中,然后在它的基础上进行修改。

10.2.3　类型管理

与第 5 章中的自定义数据类型类似,自定义步骤类型同样存在版本管理和类型冲突的潜在问题。在任何时候,对于给定名称的自定义步骤类型,TestStand 内存空间中只能有一个定义,如果存在同名称的多个定义,则出现类型冲突。同样,在出现类型冲突时,若以下几个条件同时满足时,TestStand 能自动解决类型冲突问题,它会选择版本号较高的定义:

◇ 两边的自定义步骤类型都没有勾选"Modified"标记。

◇ 版本号不一样。

◇ Type Palette 文件不会被修改。

类型选板文件不修改，主要是为了避免自动解决冲突引入的类型扩散问题，因为一旦类型选板文件被更改，就意味着后续所有步骤实例都将使用新的类型定义，包括其他使用了该类型选板文件定义的序列文件，这并不一定是我们想要的。其实，TestStand 在工作站选项的文件页面中默认采用了"Only if Type Palette Files will not be Modified（Default）"选项，如图 10-25 所示，即自动解决类型冲突问题的前提是类型选板文件不被修改。在下拉列表中还有其他选项：Always、Never、Only if a Type Palette File has the Higher Version。如果采用"Never"，则意味着更严格的策略，它禁用了自动解决类型冲突的功能，强制用户手动选择某一类型。

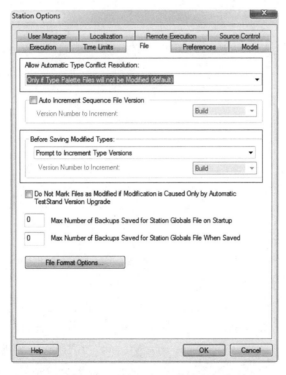

图 10-25　工作站选项对话框（自动类型冲突设置）

在工作站选项中的设置是全局的，如果自动解决类型冲突的策略选择"Never"，那么所有的类型冲突问题都得手动解决，这比较麻烦。如果只是希望对一些特殊的类型做这种强制要求，可以单独在该自定义类型的属性对话框的"Version"页面设置"Always prompt the user to resolve the conflict"，如图 10-26 所示。

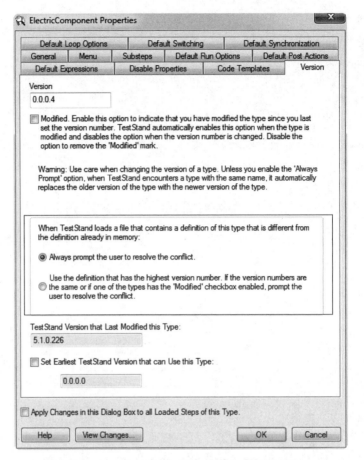

图 10-26 步骤属性对话框（强制解决类型冲突）

在工作站选项对话框的文件页面中，还有一个设置项"Before Saving Modified Types"，默认为"Prompt to Increment Type Versions"。举个例子，假如更新了 MyTypes.ini 中某个自定义步骤类型，当保存 MyType.ini 文件时，就会弹出警告窗口，提示 MyType.ini 中某些类型被修改，可以在警告窗口中选择"Increment Type Version"或"Do Not Increment Type Version"，之所以会弹出窗口，就是因为有这个设置。也可以从下拉列表中选择"Auto Increment Type Versions"、"Do Not Increment Type Versions"。

10.2.4 创建代码模板

在自定义步骤过程中，除了使用子步骤简化序列编写工作，还可以创建代码模板。代码模板就是主体代码模块的框架，开发人员在为某个步骤声明主体代码模块时，可以从零开始编写代码模块，也可以利用代码模块，在框架的基础上完成后续代码模块的编写。以数值型限度测试步骤为例，假设适配器选择"LabVIEW"，在步骤设置窗格的模块页面，单击"Create VI…"（新建 VI）按钮（如图 10-27 所示），TestStand 将会自动生成 VI 代码，并定义了它的图标、接线端模式、输入输出参数列表以及示例前面板和程序框图（如图 10-28 所示），后续就可以在模板基础上进一步完善该 VI 了。

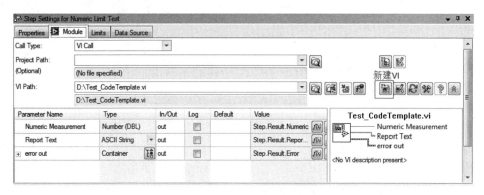

图 10-27　利用代码模板创建 VI

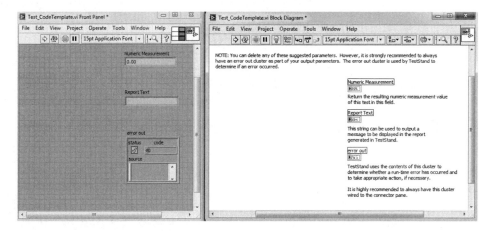

图 10-28　基于模板自动生成的 VI

像 LabVIEW、LabWindows/CVI、Visual C#.NET、Visual C++.NET、Visual Basic.NET、C/C++等适配器类型都可以为之设置代码模板。在步骤属性对话框的"Code Templates"页面，可以为自定义步骤添加代码模板，如图 10-29 所示。对于某一适配器，可以有多个代码模板。代码模板存储于 < TestStand > \ CodeTemplates 目录，对于新添加的代码模板，建议保存在<TestStand Public>\ CodeTemplates 目录下。

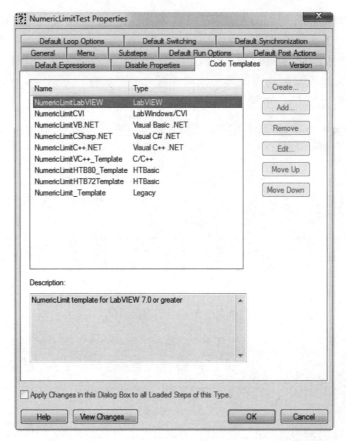

图 10-29　代码模板

10.3　步骤模板

步骤模板和自定义步骤类型完全是两回事。回顾一下自定义步骤类型，它带来了极大的灵活性，可以自定义很多方面，包括属性、子步骤、代码模板等。经过精心设计的自定义步骤类型可以加速序列开发，减少调试工作，且允许开发者共享标准化的代码，同时能够在不同的工作站之间维护测试系统风格的一致性。在以下情况下可以考虑创建自定义步骤类型：

◇ 现有的步骤类型不能满足要求。

◇ 在主体代码模块运行之前（或之后）需要重复执行一些动作。

◇ 希望借助于界面简化步骤参数的设置。

◇ 希望创建可重用的模块，供其他组、公司或客户使用。

但是正如读者在前面的练习中所经历的，自定义步骤类型是需要花费时间来设计、编程、调试、部署、维护的，所以它增加了一定的工作量。有一种情况可

第 10 章　自定义步骤

能会经常遇到：基于现有的步骤类型做一些设置，比如指定主体代码模块、设定限度值，然后需要多次重复用到这种相同设置的步骤实例。这里并不涉及创建新的步骤类型，只是在现有步骤类型基础上做一定的设置，并希望把这种设置保存下来，重复利用，对于这种情况，使用步骤模板最合适。举个例子，"IVI Power Supply"步骤类型，有可能经常要用到 5V、3.3V、0V 电压，同时需要设置电源的输出范围、限流值、触发等参数，如果将每种情况下的步骤实例设置完成后拖曳到步骤模板列表中，如图 10-30 所示，就完成了步骤模板的创建过程，任何时候都可以在不同的序列文件中使用这些模板。与自定义步骤类型相比，使用步骤模板的好处是它不需要版本管理，也不存在类型定义冲突问题，且不需要额外目录的维护。因此，如果只是通过设置内在属性和自定义属性的方式就可以完成定制化的需求，那么尽量使用步骤模板。

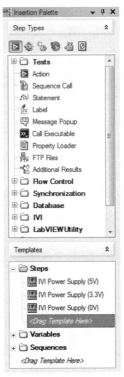

图 10-30　步骤模板

提示：模板列表保存于<TestStand Application Data>\Cfg\Templates.ini 中。

【小结】
　　本章系统介绍了自定义步骤类型的概念和结构，以及如何通过设置内置属性、添加自定义属性、添加子步骤、设置代码模板创建新的自定义步骤类型。自定义步骤类型以其灵活性加速了序列的开发，但同时需要考虑维护它所带来的额外成本。相较之下，如果只是通过设置属性就可以完成定制化的需求，那么可以使用步骤模板。

第 11 章　TestStand API

在第 2 章介绍 TestStand 系统组成时，描述了 TestStand 的通用组件，包括序列编辑器、用户界面、TestStand 引擎、模块适配器、部署工具。TestStand 引擎是系统的核心部分，无论是序列编辑器，还是后面章节要介绍的用户界面，它们在实现序列的编辑、运行、测试结果的收集和显示、开辟线程、用户管理等功能时，都是通过访问 TestStand 引擎实现的，这种访问基于引擎提供的 TestStand API 接口函数。虽然在很多场合不需要直接使用 TestStand API 访问引擎，比如序列编辑器中往序列添加步骤的这个操作，通过鼠标拖曳就完成了，它是图形化的，但底层其实是调用了 TestStand API，只是这个调用过程被封装起来了，用户无须关心这些细节。但是在某些场合还是会直接用到它，像当前用户权限检查、过程模型中自定制结果的收集、用户界面中数据的传递，还有一些表达式等，TestStand API 不仅可以满足这些场合的应用需求，更重要的是可以帮助我们更好地理解 TestStand 的工作方式，以实现对系统的优化。

目标

- ☺ 回顾 TestStand 架构，了解 TestStand API 在架构中的作用
- ☺ 了解 TestStand API 的组织结构
- ☺ 掌握 TestStand 对象的继承性
- ☺ 掌握 TestStand 对象之间的包含关系
- ☺ 理解通过查找字符串获取子属性
- ☺ 理解如何查看引用路径从而通过当前对象获取其他对象
- ☺ 掌握在序列编辑器中使用 TestStand API
- ☺ 掌握在应用开发环境中使用 TestStand API
- ☺ 了解如何通过 TestStand API 在代码模块中终止序列执行

关键术语

TestStand API（TestStand 应用程序编程接口）、Object-Oriented Architecture（面向对象架构）、ActiveX/COM Server（ActiveX/COM 服务器）、Class（类）、Object（对象）、Reference（引用）、Property（属性）、Method（方法）、Inheritance（继承）、Parent Class（父类）、Child Class（子类）、Containment（包含）、PropertyObject（属性对象）、Lookup String（查找字符串）

第 11 章 TestStand API

11.1 TestStand API 概览

第 2 章曾介绍了 TestStand 系统组成（见图 2-5），其中 TestStand 引擎是系统的最核心部分，它在后台支撑着一切操作。无论序列编辑器，还是用户界面，它们实现的一系列功能，都是通过访问 TestStand 引擎实现的，而这种访问是基于引擎提供的 TestStand API 接口函数来进行的。

那么 TestStand 引擎究竟是什么呢？它本质上是 ActiveX/COM 自动化服务器，严格遵循面向对象编程方式，通过属性和方法将访问的接口提供给客户端，这些接口即 TestStand API。客户端通过 TestStand API 得以创建、编辑、执行或调试序列，像序列编辑器、用户界面、模块适配器都属于其客户端。虽然在很多场合不需要直接使用 TestStand API 访问引擎，如本章开始所提及的情况，在序列编辑器中向序列添加步骤的操作，通过鼠标拖曳就完成了，但底层其实是调用了一系列 API 函数。它需要先创建一个步骤对象，然后设置对象的属性，最后把步骤对象添加到序列中。其实，TestStand 提供了一个分层体系结构：表达层（用户看到的）和逻辑层（用户的某个操作所对应的在后台执行的操作）。序列编辑器和用户界面都属于表达层，而 TestStand API 属于逻辑层，用户只在某些场合直接通过逻辑层访问引擎，而这就是本章要介绍的内容。

说明： ActiveX 最核心的是 COM 技术，ActiveX 建立在 COM 之上。TestStand 同样是建立在 COM 之上的，因此即使将来操作系统不再支持 ActiveX，TestStand 的架构仍然有效。ActiveX 采用服务器/客户端的工作模式，ActiveX 服务器就是一个可执行程序或可执行代码，而 ActiveX 客户端基于 ActiveX 标准可以对它进行访问。ActiveX 服务器严格遵循面向对象编程，在 ActiveX 服务器中的所有对象都遵从该规范，具有封装性、继承性、抽象性和多态性。在这里，TestStand 引擎就是服务器端，而 TestStand API 则是 TestStand 引擎提供给序列编辑器和用户界面这些客户端的访问接口。

11.2 TestStand API 的组织结构

TestStand 引擎中包含了许多对象，每个对象都具有一定的属性和方法，TestStand API 其实就是读/写对象属性、调用对象方法。在面向对象架构中，类、对象、属性、方法是重要的基本概念。

- ☺ 类：类是对象的抽象，它定义了一系列的属性和方法，可以把类理解为某种数据类型定义，但定义的是对象，而非变量。
- ☺ 对象：对象是类的具体实例，对象所属的类决定了该对象所具有的属性和方法。

☺ 属性：属性是对象的一种特性或对象行为的一个方面。

☺ 方法：方法是对象可以执行的操作。

TestStand 中有很多的类，如 Engine、PropertyObject，与执行相关的类（如 Execution、Thread、Report、SequenceContext），与文件相关的类（如 PropertyObjectFile、SequenceFile、UserFile、WorkspaceFile），与序列步骤相关的类（如 Sequence、Step、StepType），与模块适配器相关的类（如 Adapter、Module）。其中，Engine、PropertyObject、PropertyObjectFile 是比较通用的类。对象则是类的具体实例。例如，SequenceFile 是一个类，而具体序列文件 C:\mysequence.seq 就是一个对象；Sequence 是一个类，而序列文件的主序列就是一个对象；同样，Step 是一个类，而序列中的某特定步骤则是一个对象。有一点非常重要，就是对象所属的类决定了该对象所具有的属性和方法。

11.2.1 继承性

类之间的继承性是面向对象的一大特点。很多类会有父类，且父类可以有多个；父类还可以有父类。父类描述的是通用的属性和方法，这些属性和方法是其子类所共有的特征，如 PropertyObjectFile 具有 Lock 方法，它的子类 SequenceFile、UserFile、WorkspaceFile 都可以继承该方法；而子类则包含更特定的属性和方法，如 SequenceFile 类包含 GetSequence 方法，而其他类型的文件是没有该方法的。通过一定的方法，子类总能够转换为它的父类，如果读者对面向对象有一定的了解，这部分内容还是比较容易理解的。在 TestStand API 中谈到继承性，最重要的类就是 PropertyObject，它几乎是所有类的父类，代表了 TestStand 中所有能存储数据的对象，TestStand 中的任何对象，如 Execution、Thread、Sequence 等都可以归结为是某个属性，因此它们都属于 PropertyObject 的子类。图 11-1 所示为 TestStand 类之间的继承关系。

在介绍类之间的关系时，TestStand 帮助文档会非常有用。比如，图 11-2 来自于

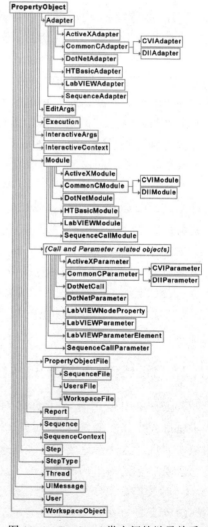

图 11-1 TestStand 类之间的继承关系

帮助文档的 *API Inheritance*，它除了显示出类之间的继承关系，单击每个类，还可以迅速查看该类的属性和方法，包括后文要介绍的类之间的包含关系（API Containment），以及如何通过引用路径从当前对象获取其他对象（Referencing TestStand API Object）。同样，可以通过图表提供的链接方式快速查看每个类的属性和方法。

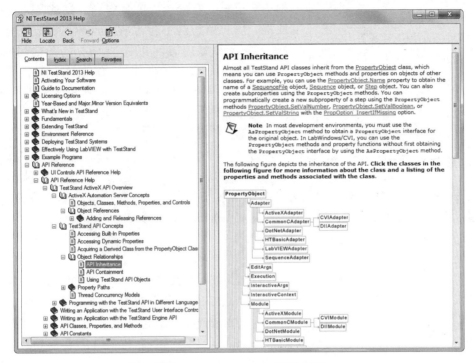

图 11-2　TestStand API 帮助文档

提示：<TestStand>\Doc\Manuals\TestStandAPIReferencePoster.pdf 详细描述了 TestStand API 中所有的类及类之间的继承关系，并列举每个类的属性和方法。

　　PropertyObject 几乎是所有类的父类，它包含的属性都是非常通用的。在图 11-3 中，PropertyObject 是 PropertyObjectFile 的父类，PropertyObjectFile 是 SequenceFile 的父类。对于 SequenceFile，GetSequence 方法是它特有的，如果它要调用 Lock 方法，必须先转换为它的父类 PropertyObjectFile，这要通过 AsPropertyObjectFile 方法实现；当它已经转换为 PropertyObjectFile 类时，如果要调用 Clone 方法，必须先转换为父类 PropertyObject，这要通过 AsPropertyObject 方法实现。当然，SequenceFile 类也可以通过 AsPropertyObject 方法直接转换为 PropertyObject 类，从而使用 Clone 方法。所以，子类总是可以转换为它的任何父类，而只有进行了转换之后，它才能使用父类的属性和方法。知道了类之间的继

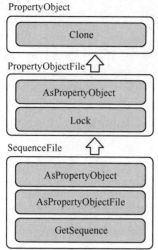

图 11-3 子类可以向父类转换

承关系，并且通过帮助文档图表提供的链接快速查看类的属性方法，按图索骥，就能找到正确的方法灵活地实现各种功能。

利用父类的属性方法可以编写一些通用程序。例如，编写一个步骤，它检查所有对象名称的语法拼写，对象有可能是序列、变量、执行、线程、用户等，这个步骤将 PropertyObject 对象作为输入参数，访问 PropertyObject 属性名称（Name），而任何对象先预处理转换为 PropertyObject 类后就可以作为输入参数并使用该步骤进行名称检查了。

注意：像序列、执行、线程、用户等是一些特定的类，PropertyObject 是它们的父类，然而在 TestStand 中，有些对象就直接定义为 PropertyObject，它们并非什么特定的类，也没有子类，一般是指变量（局部变量、参量、文件全局变量、工作站全局变量）或自定义步骤中添加的属性。

11.2.2 包含性

TestStand 类之间的另一种关系是包含性（如图 11-4 所示），这和面向对象无关，它是 TestStand 为了方便地从一个对象获取其他对象所采取的策略。比如，SequenceFile 对象包含 Sequence 对象，而 Sequence 对象包含 Step 对象；Execution 包含 Thread，Thread 包含 SequenceContext。虽然 SequenceFile 包含了 Sequence，但不能说 SequenceFile 是 Sequence 的父类，它们是完全不同的类。

为什么要设计对象之间的包含关系呢？先介绍一下引用的概念，引用其实就是某数据项或变量指向某一对象，类似于 C 语言中的指针，TestStand API 获取对象引用后就可以读/写对象的属性或调用方法，许多属性和方法都接收引用类型输入参数，或者函数返回引用。在 TestStand 中，如果要访问某对象，需要先获取它的引用，但是很多时候，要访问对象的引用并不能立刻获取，而用户可能拥有其他对象的引用，如果能够借助某种关系通过其他对象的引用获取到感兴趣的对象的引用，问题就解决了，这种关系就是类的包含性。为了更清晰地查看类之间的包含或者相互引用关系，TestStand 帮助文档 *Referencing TestStand API Objects* 中详细描绘了这种关系，如图 11-5 所示。图 11-4 中类之间的包含关系都可以在这个描述中体现出来，彩色部分代表重复的对象。例如，通过 SequenceContext 可以获取 Engine、Thread、Execution、Report 等对象；通过 SequenceFile 获取 Sequence，再到 Step；通过 Execution 获取 Thread，而通过 Thread 获取 SequenceContext。

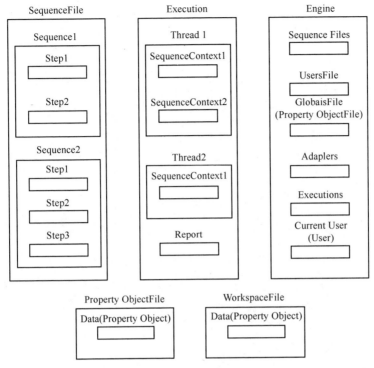

图 11-4　TestStand API 的包含性

在图 11-5 中，SequenceContext 是 TestStand API 中访问较频繁的类，它代表了序列的执行状态，可以将它理解为序列运行时的快照，通过它按照一定的路径可以获取大部分对象的引用。还有一些重要的类，如 Execution、Thread、SequenceFile、Engine。在使用 TestStand API 时，很多开发者遇到最多的问题是不知道该如何正确地获取对象的引用，从而使用它的属性和方法得到需要的信息。而借助于这张关系图，通过类之间的包含关系，就可以找到方向了。例如，要获取某序列文件主序列中主体步骤组的第一个步骤对象引用，在 TestStand API 中比较容易先得到 TestStand 引擎引用（关于引擎引用为何比较容易获得会在 11.3 节介绍），但如何通过引擎对象引用得到步骤对象引用？按图 11-5 中的关系查找，引用路径是 Engine→SequenceFile→Sequence→Step，相应的伪码如下：

mySequenceFile = Engine.GetSequenceFileEx（sequenceFilePath,,）
mySequence = mySequenceFile.GetSequence（index）
myStep = mySequence.GetStep（index, stepGroupParam）

在上例中，每获取到下一个对象引用时，利用该对象引用的方法或属性，就可以沿着路径获取再下一个对象的引用，直到取得最终步骤对象的引用为止，这样才可以使用步骤类特有的属性和方法，如 SpecifyModule。

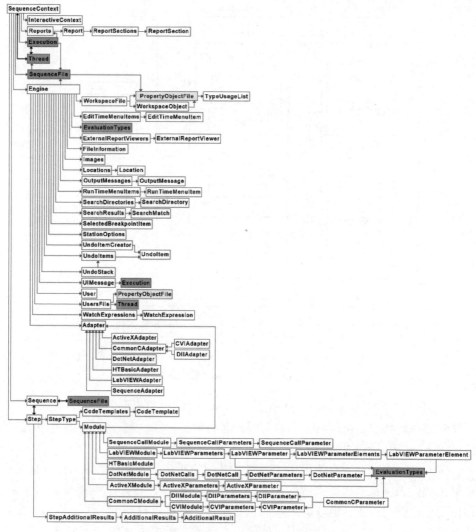

图 11-5　TestStand API 对象之间的关联

在上面的例子中采用的方法还是有点烦琐，因为需要经过多个阶段才能得到步骤的引用，还需要额外管理中间过程产生的引用。有些时候，如果并不需要使用步骤类特有的属性和方法，而只是获取步骤名称、步骤状态等通用信息，那么借助于查找字符串（Lookup String），问题可以更简单地解决，前提是先把对象转换成 PropertyObject 类。首先通过 Engine 获取 SequenceFile 引用，然后将它转换为 PropertyObject 类，利用 PropertyObject 类的 GetPropertyObject（lookupString，options）方法，它接受查找字符串输入，就可以得到步骤的引用，只是通过查找字符串返回的引用属于 PropertyObject 类，并非步骤类，基于该对象引用并不能访问步骤类特有的属性和方法。伪码如下：

mySequenceFile = Engine.GetSequenceFileEx (sequenceFilePath , ,)
myStep = mySequenceFile.AsPropertyObject.GetPropertyObject(Data.Seq[MainSequence].Main[0])

其中，AsPropertyObject 方法先将 SequenceFile 类转换为 PropertyObject 类，而 Data.Seq[MainSequence].Main[0]就是查找字符串，查找字符串路径所指向的对象其实就是 SequenceFile 的某个子属性，用圆点"."分隔以体现属性之间的嵌套层次关系，这和第 5 章曾介绍的容器中包含子属性，子属性再包含子属性的多级嵌套是同一个概念。PropertyObject 类是属性类的通称，利用 GetPropertyObject （lookupString, options） 可以获取到其他 PropertyObject 对象的引用，而利用 GetVal（lookupString, options）可以获取其他 PropertyObject 对象的值。这两种方法的详细介绍都可以在帮助文档 PropertyObject 对象的方法列表中找到。

11.3 使用 TestStand API

了解了类之间的继承性、包含性，以及通过对象之间的关联，按一定的路径可以从一个对象获取另一个对象的引用，从而访问另一个对象的属性和方法之后，由于 TestStand API 本质上就是对象的属性和方法，接下来就可以在使用的过程中体会对象的继承性，并充分利用包含性带来的便利，以及查找字符串的灵活性。同时，理解一些重要的类，如 Engine、PropertyObject。任何能够访问 ActiveX 服务器或 .NET 集的编程语言都可以调用 TestStand API，如 LabVIEW、C、C++、Visual Basic、C#以及 TestStand 本身。当用户在计算机上安装 TestStand 时，安装程序就已经安装并注册了 TestStand API 20××服务器（20×× 指的是 TestStand 的版本）供客户端访问；同时，TestStand 提供了 .NET 集 NationalInstruments.TestStand.Interop.API，它对 ActiveX 服务器进行了封装，供用户在 .NET 环境下开发使用。在<TestStand>\API 目录下包含了大量的库、头文件、VIs 以及其他文件供各开发环境使用 TestStand API。

11.3.1 在 TestStand 中使用 TestStand API

对 TestStand 引擎而言，序列编辑器和用户界面都是它的客户端，因此无论在序列编辑器还是用户界面中，都会使用 TestStand API 访问引擎，以完成一些操作。本节就以在序列编辑器中使用 TestStand API 为例进行介绍。在序列编辑器中，有多种方式使用 TestStand API，第一种方式是选择适配器类型为"ActiveX"的动作步骤，图 11-6 所示的是步骤设置窗格模块页面。

☺ Automation Server：当前步骤使用的是 ActiveX 服务器，其下拉列表中会枚举所有注册到 Windows 系统的 ActiveX 服务器；对于使用 TestStand API，总是选择"NI TestStand 20××API（Ver 1.0）"。

☺ Object Class：对象类。选择了"ActiveX"服务器之后，对象类下拉列表会自动枚举服务器中所有的类，并用一条分隔线将类进行划分，分隔线之上的类属于一级类，可以直接创建对象；分隔线之下的类则是通过访问属性或调用方法才获得的，不能直接创建。

☺ Object Reference：对象引用，一般是填写某个变量。对象引用指向的对象必须属于 Object Class 中设定的类。如果选中了"Create Object"选项，则相当于新创建对象并将它保存在变量中。

☺ Call Method or Access Property：选择调用对象方法或访问对象属性。对象类决定了下拉列表所枚举的方法和属性。

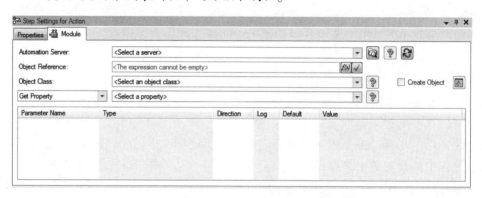

图 11-6　适配器类型为"ActiveX"的动作步骤

例如，需要获取某序列文件 Demo.seq 的引用，在图 11-7 中，服务器选择"NI TestStand 2013 API（Ver 1.0）"，类选择"Engine"，选中"Create Object"选项，该步骤将创建一个引擎对象，并将它存储在变量 Locals.engineRef 中。通过调用引擎对象的 GetSequenceFileEx 方法，就可以获取序列文件的引用。当选择了某方法或属性时，步骤设置窗格会自动列出所有的参数。

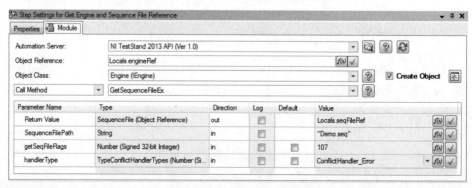

图 11-7　获取序列文件引用

第 11 章 TestStand API

在 TestStand 中，要访问某对象，需要先获取它的引用，有了引用之后才可以使用 TestStand API。在上面的例子中，是通过 Create Object 直接创建了引擎引用，并将其存储到变量中的。是否所有类的对象都可以这样直接创建？答案是否定的。在 TestStand 中，只有引擎对象可以直接创建，其他类的对象都只能从引擎开始，通过访问引擎对象的属性和方法获取，如上例中序列文件的对象引用。因此，可以引擎对象为起点，对于其他对象引用，有可能需要多次 TestStand API 调用后才能获取到。引擎对象确实具有一定的特殊性和重要性，它包含了很多属性（如 Engine.ComputerName、Engine.CurrentUser、Engine.Globals、Engine.LicenseType），以及常用的方法（如 Engine.NewStep、Engine.NewSequence、Engine.NewSequenceFile、Engine.NewPropertyObject、Engine.NewExecution、Engine.CurrentUserHasPriviledge、Engine.GetSequenceFileEx、Engine.ReleaseSequenceFileEx）。通过引擎可以获取其他所有对象的引用。既然只有引擎对象可以直接创建，在上面的例子中，如果要得到 Demo.seq 文件中序列的数量，那么可以利用 GetSequenceFileEx 方法返回的序列文件引用 Locals.seqFileRef，并访问序列文件 NumSequences 属性，如图 11-8 所示。

注意： 在所有操作完成后，记得调用 Engine.ReleaseSequenceFileEx 方法释放序列文件引用。

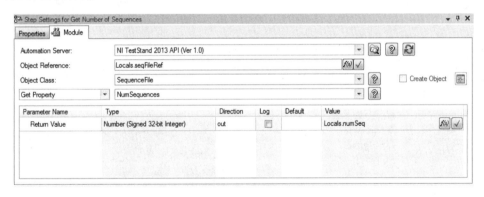

图 11-8　获取文件中序列数量

在范例资源的第 11 章练习中的 <Exercise>\Chapter 11\Using TestStand API in TestStand\Creatable Object（Engine）.seq 中，提供了示例供读者参考。

1. 引用的创建和释放

在上例中，如果要得到 Demo.seq 的主序列中第一个步骤的引用，还需要继续通过序列文件对象的 GetSequence 方法获取序列引用，最后通过序列对象的 GetStep 方法获取步骤引用，可以看到，这中间创建了多个对象引用。通常来说，创建了引用后，就应及时释放它（Engine.GetSequenceFileEx 创建序列文件引用，而 Engine.ReleaseSequenceFileEx 释放序列文件引用）。然而在 TestStand 中不需要这么麻烦，除了某几个特定的方法（如 GetSequenceFileEx）在打开引用之后，需要明确地释放引用，对于其他大部分 TestStand API，引用创建之后无须管理，它们会自我销毁。但是，如果在应用开发环境中使用 TestStand API，就必须严格地遵循"创建—使用—关闭"的流程。从这个角度来说，在 TestStand 自身中使用 TestStand API 要比在应用开发环境中更简单一些。

提示：对于要求明确释放引用的方法，在 TestStand 帮助文档中关于该方法的使用说明中会特别注明对象引用、关闭的方法。

2. RunState 中缓存对象的引用

引擎是唯一可以直接创建的对象，而在实际测试过程中，需要经常访问其他类的对象，如序列文件、序列、步骤、线程等，以引擎为起点，通过多次 TestStand API 调用之后才能获取到感兴趣对象的引用，这确实比较麻烦。所幸 TestStand 在 RunState 一级属性中存储了大量对象的引用，可以简单理解为 TestStand 在后台以引擎对象为起点通过 TestStand API 调用，最终创建好一系列对象引用并将它们存储在 RunState 中，如图 11-9 所示。比如，RunState.SequenceFile 是当前序列文件对象引用，RunState.Sequence 是当前序列对象引用，RunState.Step 是当前步骤对象引用，RunState.Thread 是当前线程对象引用。

图 11-9　RunState 一级属性

还是以前面的例子为例，如果要获取当前序列文件中序列的数量，可以直接选择序列文件类，在对象引用中输入"RunState.SequenceFile"，然后选择 NumSequences 属性，如图 11-10 所示。

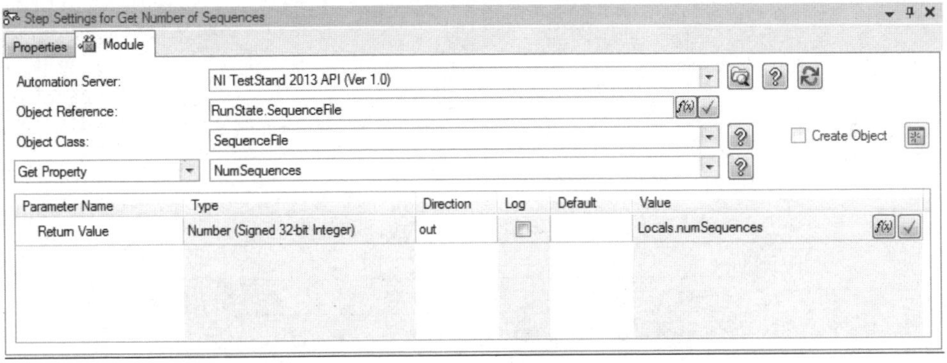

图 11-10　利用 RunState.SequenceFile 对象引用

在范例资源的第 11 章练习中的<Exercise>\Chapter 11\Using TestStand API in TestStand\Object References in RunState.seq 中，提供了示例供读者参考。

利用 RunState 缓存对象引用带来了极大的方便，但需要注意的是，RunState 和当前序列上下文密切相关。比如，在序列运行过程中，如果执行指针位于主序列中，则 RunState.Sequence 代表主序列的引用；而如果是在 PreUUT 回调序列中，RunState.Sequence 则指向的是 PreUUT 回调序列。所以在使用 RunState 中的对象引用时，需要记住这个对象引用只是针对当前上下文的！在图 11-10 中，利用 RunState.SequenceFile 获取序列数量，针对的也是当前的序列文件，并不能获取到任意指定某个序列文件的序列数量；对于当前上下文之外的对象引用，还是只能从引擎对象开始一步步创建。尽管如此，大多数情况下，用户关心的也就是当前上下文，因此 RunState 一级属性中提供的对象引用还是非常有用的。

3. 基于表达式使用 TestStand API

在序列编辑器中使用 TestStand API 的另一种方式是表达式。TestStand 中很多地方都可以使用表达式，这样做的好处是使代码更紧凑，类似于文本编程，减少了序列中步骤的数量。图 11-11 所示为使用表达式获取 Demo.seq 中序列的数量，效果和前文用 ActiveX 动作步骤完全相同。不过表达式不宜过于复杂，因为这会增加理解和调试的难度。

在构造表达式的过程中，可以借助于表达式浏览器，在表达式浏览器的"TestStand API"页面中选择类、对象、方法和属性，减少手动输入的麻烦以及可能的语法错误，如图 11-12 所示。

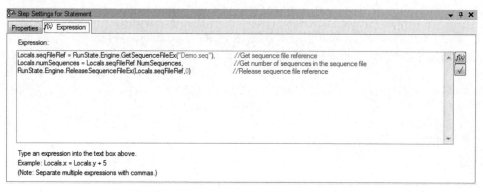

图 11-11 使用表达式获取序列数量

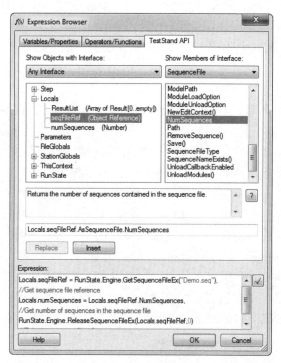

图 11-12 在表达式浏览器中使用 TestStand API

在范例资源的第 11 章练习中的<Exercise>\Chapter 11\Using TestStand API in TestStand\Using API with Expressions.seq 中,提供了示例供读者参考。

【练习 11-1】使用 TestStand API 动态创建序列。

在这个练习中,将使用 TestStand API 动态地创建新的序列文件,在主序列中添加消息对话框步骤,设置步骤的属性。读者通过这个练习可掌握在 TestStand 环境中使用 TestStand API 的方法。

(1) 创建局部变量。

① 新建序列文件并将其保存为"Dynamic Sequence Creation.seq"。

② 在这个练习中，会涉及对象引用，包括序列文件引用、序列引用、步骤引用、执行引用，因此事先创建局部变量 Locals.NewSeqFile、Locals.MainSeq、Locals.NewStep、Locals.NewExecution，数据类型为对象引用。

③ 创建局部变量 Locals.PathString、Locals.MessageExpr，其值可以任意设置，如图 11-13 所示。

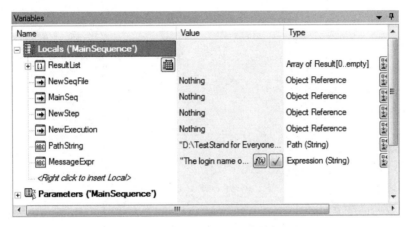

图 11-13　创建对象引用类型局部变量

(2) 加载类型选板。

① 在序列窗格中，选择主序列，并添加 ActiveX 动作步骤，设置步骤名称为"Load Type Palette Files"。

② 使用 TestStand API 从引擎开始，调用引擎对象的 LoadTypePalleteFilesEx 方法加载类型选板文件，如图 11-14 所示。步骤类型和数据类型等都是存储在类型选板文件中的，所以一般在获取引擎对象后应立即加载它们。

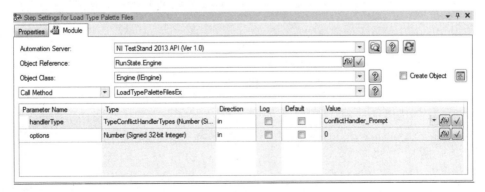

图 11-14　加载类型选板

(3) 调用 TestStand API 新建序列文件。

① 添加 ActiveX 动作步骤,设置步骤名称为 "Create New Sequence File"。

② 调用引擎对象的 NewSequenceFile 方法,将返回的序列文件引用保存到局部变量 Locals.NewSeqFile 中,如图 11-15 所示。

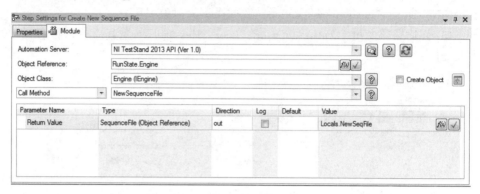

图 11-15 新建序列文件

(4) 获取序列文件主序列对象引用。

① 添加 ActiveX 动作步骤,设置步骤名称为 "Get MainSequence"。

② 调用序列文件类的 GetSequenceByName 方法,并将返回的序列引用保存到局部变量 Locals.MainSeq 中,如图 11-16 所示。序列文件对象引用使用的是 Locals.NewSeqFile。

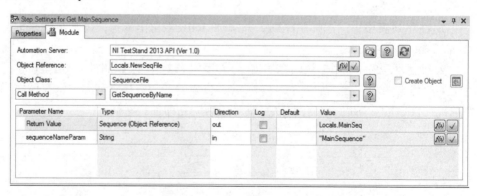

图 11-16 获取主序列对象引用

(5) 创建消息对话框步骤。

① 添加 ActiveX 动作步骤,设置步骤名称为 "Create New Instance of Step"。

② 调用引擎的 NewStep 方法,将返回的步骤引用保存到局部变量 Locals.NewStep 中(步骤类型为消息对话框),如图 11-17 所示。

③ 添加 ActiveX 动作步骤,设置步骤名称为 "Set Name of New Step"。

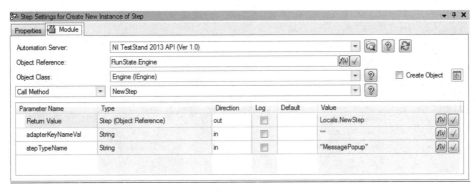

图 11-17　创建消息对话框步骤

④ 设置步骤 Name 属性，名称为"Display Current User Login Name"，如图 11-18 所示。

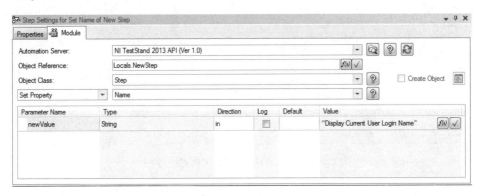

图 11-18　设置消息对话框步骤名称

⑤ 添加 ActiveX 动作步骤，设置步骤名称为"Set Message Expression of New Step"。

⑥ 调用 PropertyObject 类的 SetValString 方法，设置消息对话框步骤的 MessageExpr 属性，如图 11-19 所示。SetValString 方法用于查找字符串，注意此时 Locals.NewStep 其实是先转换为它的父类 PropertyObject，然后使用父类的方法，否则无法直接设置 MessageExpr 属性。

（6）添加消息对话框步骤到主序列中。

① 添加 ActiveX 动作步骤，设置步骤名称为"Insert New Instance of Step"。

② 调用序列类的 InsertStep 方法，将消息对话框步骤添加到主序列的主体步骤组中，如图 11-20 所示。

（7）保存序列文件。

① 添加 ActiveX 动作步骤，设置步骤名称为"Save New Sequence File"。

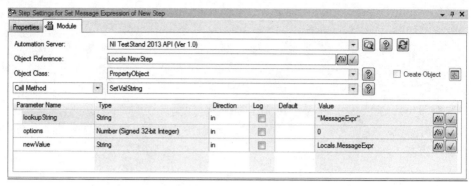

图 11-19　设置消息对话框步骤表达式

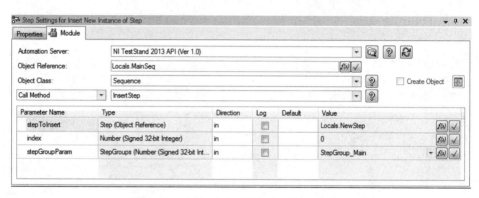

图 11-20　添加消息对话框步骤到主序列中

② 调用序列文件类的 Save 方法，设置序列文件保存的路径为 "Locals.PathString"（在步骤 1 中事先为局部变量设定了一个路径），如图 11-21 所示。

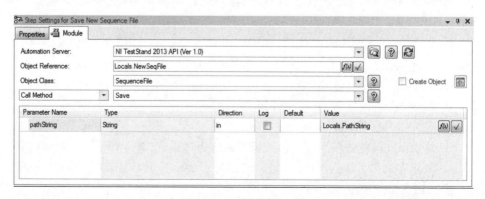

图 11-21　保存序列文件

(8) 释放序列文件引用。

① 添加 ActiveX 动作步骤,设置步骤名称为 "Release New Sequence File"。

② 调用引擎类的 ReleaseSequenceFileEx 方法,释放序列文件引用 Locals.NewSeqFile,如图 11-22 所示。

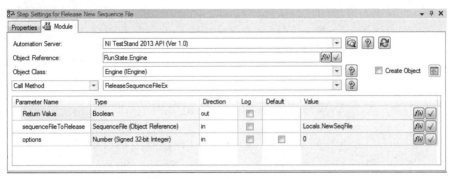

图 11-22 释放序列文件引用

提示:主序列、消息对话框步骤的引用不需要手动关闭,TestStand 会自动释放。

③ 最终的步骤列表如图 11-23 所示。

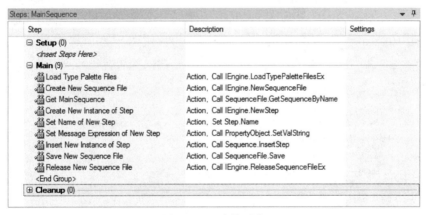

图 11-23 步骤列表

(9) 运行序列。

通过菜单命令 "Execute » Run MainSequence" 运行序列,在序列运行完后,检查所设置的 Locals.PathString 路径下是否有新增加的序列文件,且其主序列中包含消息对话框步骤。

在范例资源的第 11 章练习中,例程<Exercise>\Chapter 11\Dynamic Creating Sequence\Dynamic Sequence Creation.seq 完成的是上面的练习,读者可以运行该范例并观察结果。

如果换作用序列编辑器来实现练习 11-1 完成的功能，似乎非常简单，就是新建一个序列文件，然后通过拖曳的方式添加消息对话框步骤到主序列，并设置步骤属性，工作就完成了，而用 TestStand API 从最底层开始编写，却需要这么多步骤来实现。这就是为什么大多数情况下选择用引擎的表达层——序列编辑器或用户界面，而不直接使用逻辑层——TestStand API 的原因。表达层对逻辑层进行了封装，看起来像一个黑盒子，只要会使用它就好了，但是了解了这种底层调用，知道 TestStand 的工作方式和实现原理，对于开发一些更灵活复杂的应用会很有帮助。

11.3.2 在代码模块中使用 TestStand API

在 TestStand 数据空间中，SequenceContext 是很重要的数据类型，它代表着序列上下文的所有信息，如图 11-24 所示。SequenceContext 包含了 Locals、Parameters、FileGlobals、StationGlobals、ThisContext、RunState、Step 这些一级属性。其中，ThisContext 以及 RunState.ThisContext 的数据类型也是 SequenceContext，它们是同一个数据的两份拷贝，代表着当前序列上下文，通俗地说，就是指向自己的引用，这是为了方便数据传递和访问的惯用手段。在对象的包含性中，SequenceContext 是 TestStand API 中访问较频繁的类，通过它按照一定的路径可以获取大部分对象的引用，而且 RunState 一级属性中存储了大量对象的引用。如果将 SequenceContext 作为参数从 TestStand 传递给代码模块，其实也就是传递 ThisContext，那么有可能利用 TestStand API 在代码模块中对各种对象进行操作。

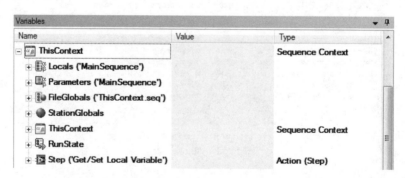

图 11-24　展开 SequenceContext

1. 在 LabVIEW 中使用 TestStand API

如果要将 ThisContext 作为参数从 TestStand 传递给 LabVIEW 代码模块，从而获取当前序列文件中序列数量，如何实现？对于 ActiveX 对象，在 LabVIEW 中就是使用属性节点和方法节点进行访问。如图 11-25 所示，利用 ThisContext 的包含

第 11 章　TestStand API

关系获取了当前序列文件的引用，然后读取序列文件对象的 NumSequences 属性获得序列数量，利用"Close Reference" VI 关闭在 LabVIEW 中打开的引用。

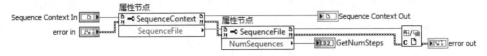

图 11-25　获取序列数量

在 TestStand 函数选板（如图 11-26 所示）中包含了使用 TestStand API 的 VI，大部分是用于开发用户界面的，这些 VI 的底层同样是使用属性节点和方法节点，基本上都要求 TestStand 对象引用输入。其中，TestStand-Get Property Value.vi 和 TestStand-Set Property Value.vi 接收 SequenceContext 输入，结合查找字符串，用于获取或设置属性的值。

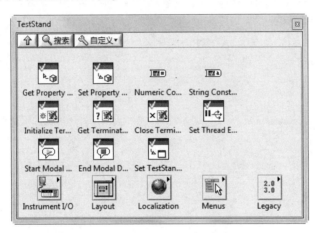

图 11-26　TestStand 函数选板

以 TestStand-Get Property Value.vi 为例，它的输入端参数有 SequenceContext 和 Lookup String。剖析其程序框图，它先将 SequenceContext 对象转换为 PropertyObject，然后利用查找字符串和 PropertyObject 的方法就可以获取 SequenceContext 下的所有子属性，练习 5-4A 就是使用它获取局部变量的值的。如图 11-27 所示，假设查找的字符串是"RunState.Sequence"，那么 TestStand-Get Property Value.vi 返回当前序列引用，只是这时返回的引用还是 PropertyObject 类，需要利用变体操作函数将它转换为序列引用，这样才可以调用序列类的 GetNumSteps 方法。

2. 在 LabWindows/CVI 中使用 TestStand API

在 CVI 中，TestStand API 是以仪器驱动形式提供的，位于 <TestStand>\API\CVI 目录，在 CVI 中通过菜单命令 "Instrument » Load" 从该路径加载 tsutil.fp 文

件，它会自动加载如图 11-28 所示的一系列库。其中，"NI TestStand 20××UI Support Library"与"NI TestStand 20××UI Controls"是与 TestStand UI 控件相关的库，通常是在编写用户界面时使用；而"NI TestStand API 20××"则是通用的库，它列举了每个类所提供的属性和方法，如 PropertyObject、Engine、SequenceFile 类。

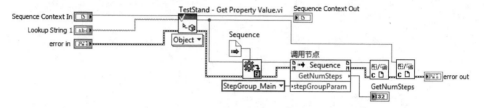

图 11-27　将 PropertyObject 类转换为序列类

以序列文件类为例，如图 11-29 所示，将它展开之后，第一个方法是 GetSequence，只不过它加了"SeqFile"前缀，表明是序列文件类的函数，同时增加了"TS"前缀，表明是 TestStand 函数。序列文件类的属性相关函数统一放在"Static Properties"子目录下。

图 11-28　TestStand API 仪器驱动　　　　图 11-29　序列文件类的属性和方法

如果将 ThisContext 作为参数从 TestStand 传递给 CVI 代码模块，还是要获取当前序列文件中序列数量的，在 CVI 中如何实现？在仪器驱动 NI TestStand API 20××下首先找到 SequenceContext 类，选择 SequenceContext 类的 TS_SeqContextGetSequenceFile 属性获取序列文件引用，然后利用序列文件类的 TS_SeqFileGetNumSequences 属性即获得序列数量，如图 11-30 所示。

注意：序列文件引用是在代码中间产生的，一定要使用 CA_DiscardObjHandle

(CAObjHandle objHandle)释放它。

```
long GetNumSequences(CAObjHandle ThisContext)
{
    TSObj_SeqFile SequenceFileRef=NULL;
    long numSequences;
    TS_SeqContextGetSequenceFile (ThisContext, NULL, &SequenceFileRef); // Get SequenceFile Reference from SequenceContext
    TS_SeqFileGetNumSequences (SequenceFileRef, NULL, &numSequences);   // Get number of sequences
    return numSequences;
    CA_DiscardObjHandle(SequenceFileRef); //Release SequenceFile reference
}
```

图 11-30　在 CVI 中利用 TestStand API 获取序列数量

在 CVI 仪器驱动中，将 PropertyObject 作为重要的类单独列举出来，如图 11-31 所示。其中，"Values"子目录下的函数是利用查找字符串以获取或设置属性的值。以 TS_PropertyGetValNumber 为例，假如将 ThisContext 从 TestStand 传递给 CVI 代码模块，查找字符串是"RunState.Sequence.Main[0].Step.Limits.High"，那么函数将返回当前序列的主体步骤组中的第一个步骤的限度值。还有其他函数，如 TS_PropertyGetValDispatch 返回的是对象引用。在练习 5-4B 中就是使用查找字符串和 ThisContext 获取变量的值的。

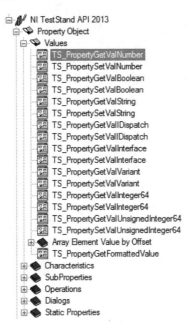

图 11-31　PropertyObject 类的函数

11.4　监测序列执行状态

当用户单击终止按钮时，TestStand 将立即停止并运行清理组步骤，结束测试。然而，如果 TestStand 此刻正在运行代码模块，而代码模块在执行耗时任务或者是等待某一触发条件的到来，亦或是等待用户输入，则 TestStand 必须等待代码模块执行完成并返回后才能终止序列。如果外部条件未能到来，或者是耗时代码运行时间过长，给用户的感觉就是单击终止按钮后程序并不响应，这种情况是应该避免的。基于此，在可能预见耗时较长的代码模块中，应添加对序列执行状态监测的代码，一旦发现执行被终止，它应能立即跳出，这可以通过 TestStand API 实现。使用 Execution.GetTerminationMonitorStatus 方法可以进行监测，当用户终止或强制退出序列时，它返回布尔值"True"。不过在使用 Execution.GetTerminationMonitorStatus 方法前，需要先通过 Execution.InitTerminationMonitor 函数初始化。在 LabVIEW 的 TestStand 函数选板中包含了序列执行状态监测的 VI，它封装了上述 TestStand API。以 TestStand 自带范例<TestStand>\Examples\Demo\LabVIEW\Computer Motherboard Test\Computer Motherboard Test Sequence.seq 为例，在主序列的"Simulation Dialog"步骤中，代码模块运行时会弹出对话框等待用户输入，如图 11-32 所示。在它的程序框图中，While 循环的终止条件之一就是 Execution.GetTerminationMonitorStatus 返回的值。

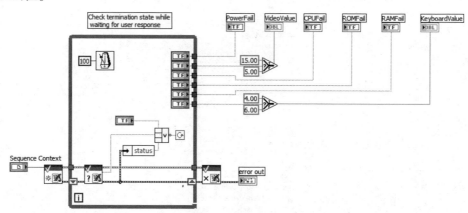

图 11-32　等待用户输入

对于 CVI 的情况，可以查看 TestStand 自带范例<TestStand>\Examples\Demo\C\computer.seq，其主序列的"Simulation Dialog"步骤在运行时会弹出对话框等待用户输入，而它的函数原型中调用了 TS_CancelDialogIfExecutionStops，其作用就是周期性地检查序列执行的状态，一旦序列执行状态变为终止或强制退出，则立即调用 QuitUserInterface 函数关闭窗口。另一个函数 TS_CancelDialogIfExternalExecutionStops 同样可以检查序列执行的状态，但它不要求运行对话框的线程必须在所监测的执行中。

除了终止和强制退出，还有一种情况是暂停。对于同一个执行，它可能包含了多个线程，在调试过程中，如果暂停序列，则必须等待所有线程将当前的步骤运行完成后才行，同样地，如果某线程中正在运行耗时很长的代码模块，将导致用户感觉暂停并不起作用。解决的办法是在代码模块内部，在耗时代码之前设置 Thread.ExternallySuspended 属性为"True"，而在耗时代码之后重新将它设置为"False"。当 Thread.ExternallySuspended 属性为"True"时，执行会认为该线程已经被外部挂起，无须等待。

> 【小结】
> 　　通过本章可了解 TestStand API 的结构，掌握类之间继承和包含关系，并学会在 TestStand 和代码模块中使用它，像监测序列执行状态其实就是 TestStand API 使用的一个具体例子。在后续的第 12~14 章中还会使用到 TestStand API。虽然初次使用会觉得比较困难，但是掌握之后对于深入理解 TestStand 会很有帮助。

第 12 章　过 程 模 型

在第 3 章中曾简单介绍了过程模型。TestStand 包含了一些基本组件，如引擎、用户界面、模块适配器等；而过程模型才是真正展现 TestStand 强大、灵活、开放式架构的最重要部分。过程模型的各种元素（如执行入口点、配置入口点、过程模型回调序列、引擎回调序列），结合客户端序列文件，这种结构极大地便利了自动化测试系统的开发。TestStand 默认提供三种过程模型：顺序过程模型、并行过程模型、批量过程模型。顺序过程模型最简单，也比较好研究，可以作为本章解析过程模型的样本；而后两者是多线程模型，支持多 UUT 的并行测试，在本书第 8 章曾对这两个过程模型的执行入口点做了讲解，让读者了解了多线程是如何实现的。这些自带的过程模型都包含了对测试结果的收集并完成报表生成和数据库记录，因此对过程模型的研究有助于了解 TestStand 实施结果收集的策略。除此之外，可以根据实际项目的需求修改并定制新的过程模型，通过修改执行入口点或重写一些回调序列，使得整个测试架构清晰，方便团队中的不同成员有针对性地完成各自角色所定义的工作。本章将对过程模型的结构、元素和定制进行深度剖析和讲解，力求让读者慢慢理解 TestStand 开放式架构的强大和灵活性。

目标

☺ 了解过程模型的概念
☺ 认识过程模型的结构
☺ 理解执行入口点和配置入口点
☺ 理解过程模型回调序列
☺ 理解引擎回调序列
☺ 掌握过程模型的创建和修改
☺ 解析 TestStand 自带过程模型
☺ 了解 TestStand 的模型插件结构
☺ 了解过程模型的支持文件
☺ 掌握过程模型自定制
☺ 重写常见回调序列
☺ 在过程模型中修改结果收集

☺ 在过程模型中实施错误处理
☺ 了解序列层级关系

关键术语

Process Model（过程模型）、Execution Entry Point（执行入口点）、Configuration Entry Point（配置入口点）、Callback Sequence（回调序列）、Engine Callback Sequence（引擎回调序列）、Client Sequence File（客户端序列文件）、MainSequence（主序列）、Sequential Process Model（顺序过程模型）、Parallel Process Model（并行过程模型）、Batch Process Model（批量过程模型）、Model Plug-In（模型插件）、Result Processing（结果处理）、Sequence Hierarchy（序列层级）

12.1 过程模型概述

过程模型是真正展现 TestStand 强大、灵活、开放式架构的最重要的体现方式。回顾一下第 3 章介绍 TestStand 作为测试管理软件的特点：它提供一个可定制化的测试框架并执行一些通用的操作，这个测试框架称为过程模型，而采用该过程模型的序列文件称为客户端序列文件。通用的操作在过程模型中定义，不同的操作则尽量在客户端序列文件中完成。当使用过程模型的执行入口点运行序列时，过程模型中的通用操作和客户端序列文件的不同操作都得到执行。在表 12-1 中列举了常见的通用操作，如序列号追踪、用户管理、测试流程控制、报表生成、数据存储、用户界面更新等。而针对不同的应用，有可能仪器的配置不同，具体的测试项不同，对结果进行分析所使用的函数也不同，这些将在客户端序列文件中编写完成。过程模型本质上也是序列文件，其实从概念上理解很简单，就是把通用操作和不同操作组合在一起，形成了整个测试序列，如何组合以及包含哪些通用操作由过程模型来决定。

表 12-1 测试所包含的常见操作

不同的操作	通用的操作
仪器的配置	序列号追踪
校准	用户管理
测试项	测试流程控制
分析函数	报表生成
数据的显示	数据存储
资源关闭	用户界面更新

第 8 章中曾使用了多线程过程模型，它提供了现成的序列号追踪、多线程执行的功能，这样程序开发者只需要专注于编写测试序列本身。借助于过程模型，测试团队可以将任何通用的需求融入其中：并行测试、流程控制、产品追踪、报

表生成、数据库记录等。除此之外，过程模型中定义的回调序列可以在客户端序列文件中重写。也就是说，如果觉得过程模型的某些通用操作对当前的项目不合适，不需要去修改过程模型本身，而只需要重写回调序列即可。这正是模块化的思想，即将修改工作限定在特定的一两个模块中，而不影响整体结构。过程模型的重要元素包括执行入口点、配置入口点、过程模型回调序列、引擎回调序列，下面将逐一介绍。

12.2 过程模型的结构

现在，读者已经对 TestStand 有了更好的理解。假设新建一个序列文件，在主序列中添加了很多步骤，如图 12-1 所示。当使用菜单命令 "Execute » Run MainSequence" 时，TestStand 将运行主序列中的所有步骤，主序列运行完毕，测试也就结束，没有额外附加的操作，这种运行方式不涉及使用过程模型。

在 TestStand 工作站选项对话框的模型页面中，默认使用的是顺序过程模型，因此新创建的序列文件默认采用该模型。当使用菜单命令 "Execute » Test UUTs" 时，TestStand 在运行主序列的步骤之前，会先弹出输出 UUT 序列号的对话框；在主序列运行完成之后，弹出 UUT 测试结果的窗口，并自动生成报表。除客户端序列文件的主序列之外，其他通用操作及其顺序都是由过程模型定义的，如图 12-2 所示。

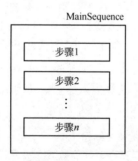

图 12-1 主序列中包含一系列步骤

图 12-2 过程模型

过程模型同样是序列文件，但它包含了多种不同类型的序列。对于任意序列文件，通过菜单命令 "Edit » Sequence File Properties" 打开序列文件属性对话框，并在 "Advanced" 页面设置其类型为 "Model"，就创建了新的过程模型，如图 12-3 所示。

以顺序过程模型 SequentialModel.seq 为例，它位于 <TestStand>\Components\Models\TestStandModels，打开 SequentialModel.seq 文件后，在序列窗格中查看各种不同类型的序列（序列类型以颜色区分），其中包含了执行入口点、配置入口点、过程模型回调序列、引擎回调序列、普通序列，如图 12-4 所示。

图 12-3 设置序列文件为过程模型

图 12-4 顺序过程模型的序列窗格

提示：如果客户端序列文件使用了顺序过程模型，在序列编辑器最下方的状态栏中会显示"Model：SequentialModel.seq"，双击此处就可以打开顺序过程模型文件；其他过程模型也可以通过类似的方式打开。

12.2.1 执行入口点

在顺序过程模型中，Test UUTs 和 Single Pass 都属于执行入口点，它们本质上是序列。在序列窗格中右击 Single Pass 序列，然后打开序列属性对话框，在"Model"页面中查看其类型，发现它已经被设置为"Execution Entry Point"，如图 12-5 所示。

执行入口点有什么特殊的地方？如果切换到客户端序列文件窗口（假设客户端序列文件使用了顺序过程模型），那么 Test UUTs 和 Single Pass 将出现在"Execute"菜单中，如图 12-6 所示。用户可以使用这两种方式启动测试。

查看 Single Pass 的步骤列表，如图 12-7 所示，可以看到它包含有 MainSequence Callback，还有其他通用步骤，如 Initialize Entry Point、PreUUTLoop Callback、PreUUT Callback、PostUUT Callback 等。当通过菜单命令"Execute » Single Pass"启动测试时，TestStand 将运行 Single Pass 序列，因此执行入口点的含义之一就在于"整个测试是从它这里开始的"，当执行指针到达 MainSequence Callback 时，它将调用客户端主序列。

在顺序过程模型中查看 Test UUTs 执行入口点的步骤列表，如图 12-8 所示。相对 Single Pass 而言，它将主序列以及 PreUUT Callback 等步骤放在了 For 循环中，因此它是 UUT 连续测试模式。读者在使用这两种执行入口点时，也能明显感觉到它们之间的区别。

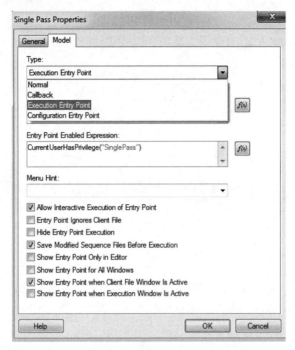

图 12-5　序列类型

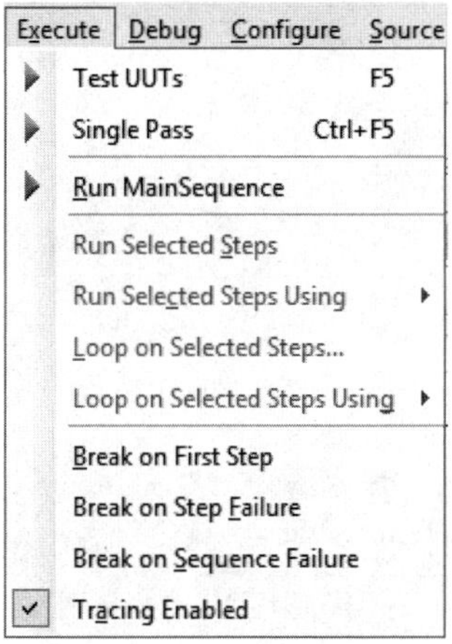

图 12-6　Execute 菜单

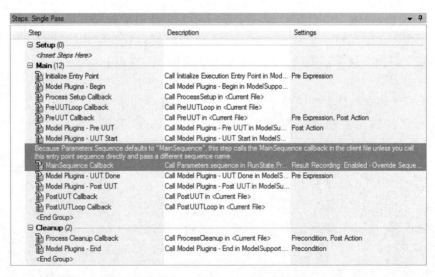

图 12-7　Single Pass 的步骤列表

一个过程模型可以有多个执行入口点，每个执行入口点代表了一种执行测试模式。在实际应用中，对过程模型中所包含的通用操作以及它们之间的排列顺序有着不同的需求,使用执行入口点可以避免每次都创建新的过程模型。在图 12-9 中,假设过程模型有 A、B、C 三个不同的执行入口点,A 和 B 之间的区别在于通用操作 2 和主序列的先后顺序变了,而 C 中通用操作 1 和主序列处于循环之中。因此,选择不同的执行入口点,意味着采用不同的运行方式。

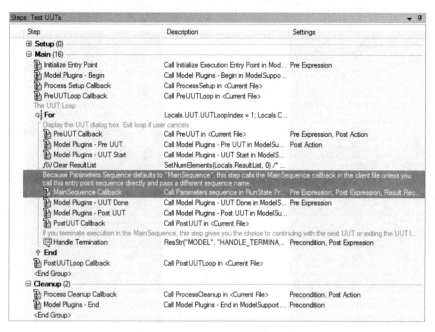

图 12-8　Test UUTs 的步骤列表

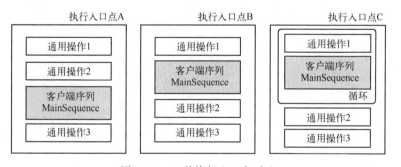

图 12-9　三种执行入口点对比

对于顺序过程模型而言,Single Pass 和 Test UUTs 的主要区别在于主序列和部分通用步骤(如 PreUUT)是否处于循环之中,如图 12-10 所示。并行过程模型和批量过程模型的执行入口点 Single Pass 和 Test UUTs 的区别也同样如此。除现有的执行入口点外,完全可以根据自己的需求,添加新的执行入口点,添加的方法就是在序列窗格中新建序列,然后设置序列的类型为"Execution Entry

Point"。在过程模型中,执行入口点是最重要的序列!

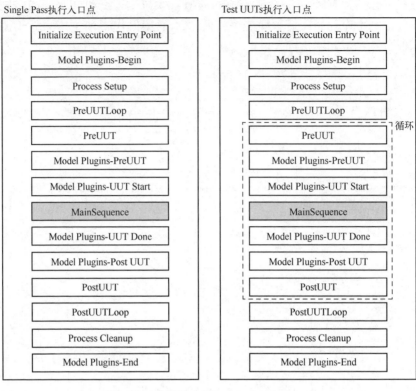

图 12-10 对比 Single Pass 和 Test UUTs

12.2.2 配置入口点

配置入口点(Configuration Entry Point)本质上是序列,使用配置入口点可以对过程模型在某些方面进行配置。通常,配置入口点是以对话框的形式呈现的,用户在对话框中做一些必要的设置后关闭该对话框,这些设置会自动保存到特定文件中。在执行入口点的某个步骤中可以读取这些文件并加载参数,这些参数就会影响过程模型的整体行为。在顺序过程模型中,默认有两个配置入口点:Configure Result Processing 和 Configure Model Options。在序列窗格中右击"Configure Result Processing",打开序列属性对话框,在模型页面中查看其类型,发现它已经被设置为"Configuration Entry Point"。配置入口点有什么特殊的地方?如果切换到客户端序列文件窗口(假设客户端序列文件使用了顺序过程模型),那么"Configure Result Processing"和"Configure Model Options"将出现在"Configure"菜单中,如图 12-11 所示。单击该菜单中的某一项,如"Result Processing",将触发过程模型中"Configure Result Processing"配置入口点序列的运行。如果在过程模型中定义新的配置入口点，在"Configure"菜单中还会增加更多的项。

注意：配置入口点以对话框的形式呈现，因此一定要设置它的窗口模式为模态，否则一旦对话框被序列编辑器窗口本身遮挡，将使用户误以为配置入口点不起作用。

提示：在 TestStand 2010 以及更早的版本中，默认配置入口点包括 Report Options、Database Options、Model Options；而 TestStand 2012 以后的版本中，将 Report Options 和 Database Options 合并到了 Result Processing 中。

通过配置入口点，过程模型开放了接口，让用户以非常简单的方式就可以对它进行配置。举个简单的例子，通过菜单命令"Configure » Result Processing"打开结果处理对话框，并进入报表选项对话框，在内容页面，可以设置哪些步骤结果将被添加至报表中，如测试限度值、测量值。默认情况下测试限度值是勾选的，它们会出现在报表中，如图 12-12 所示；如果取消勾选，限度值就不会出现了。

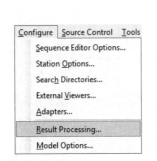

图 12-11 "Configure"菜单

图 12-12 报表中包含的步骤结果

这些配置基本上保存于 <TestStand Application Data>\Cfg 目录下的文件中，比如和报表、数据库设置相关的文件 TestStandModelReportOptions.ini、TestStandDatabaseOptions.ini、TestStandDatabaseSchemas.ini、ResultProcessing.cfg，"Model Options"设置保存于 TestStandModelModelOptions.ini。在启动测试时，过程模型的执行入口点（如 Test UUTs）就会去读这些文件。例如，在 Test UUTs 的

Initialize Entry Point 子序列中，Read Model Option Defaults 步骤就是读文件 TestStandModelModelOptions.ini 以获取模型选项信息，如图 12-13 所示。

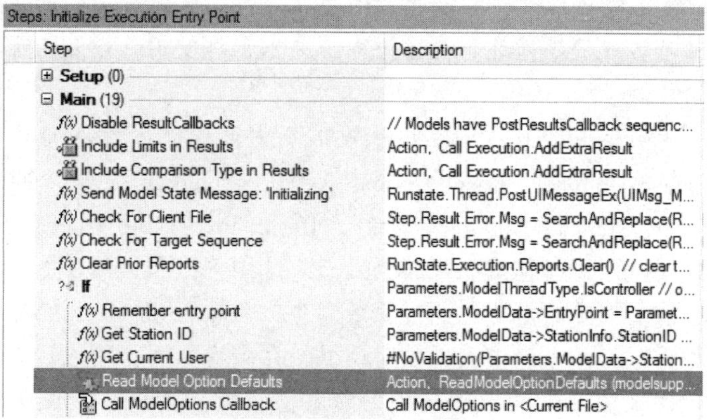

图 12-13　Read Model Option Default 步骤

在过程模型中，可以添加新的配置入口点，添加的方法就是在序列窗格中新建序列，然后设置序列类型为"Configuration Entry Point"。可以将任何针对过程模型的必要设置以配置入口点的形式来实现，配置入口点调用的代码可以将参数保存在文件中，或者直接写入工作站全局变量中，这样所有序列文件都可以访问。

12.2.3　过程模型回调序列

过程模型回调序列（Process Model Callback）的特点在于，虽然在过程模型中定义了回调序列，但是在客户端序列文件中可以对它进行重写。执行入口点使得用户可以在同一过程模型中使用不同的方式执行测试，而允许客户端序列文件重写过程模型中的局部代码，这进一步提高了 TestStand 的开放性。在执行入口点中，添加了一系列通用操作，并对它们进行了排列，这些通用操作都是在过程模型中定义的，因此将适用于它的所有客户端序列文件。然而，有些通用操作虽然对大部分产品合适，但有可能对某一型号的产品并不适用，这就需要对该通用操作进行修改。直接在过程模型中修改会影响其他产品，所以需要添加新的执行入口点或创建新的过程模型。那么，如果又增加了一种新产品呢？过多地执行入口点或过程模型将给系统维护带来很大的负担，显然这不是我们愿意看到的。而更好的办法就是使用回调序列，在过程模型中创建一系列回调序列，每个回调序列对应的是某种通用操作，然后在执行入口点中调用这些回调序列。由于回调序列可以在客户端序列文件中被重写，所以就不再需要对执行入口点做任何修改，所有重写工作交给客户端序列文件来完成。如果在执行入口点示意图的基础上，将回调序列标记出来。如图 12-14 所示,假定有三个回调序列,在客户端序列文件中重写了回调序列 1 和 3。通过执行入口点启动测试,当执行指针到达回调序列 1 时,TestStand 会检查它是否被重写,若是则执行客户端序列文件所重新定义的操作,否则执行默认操作;对其他回调序列也进行同样的处理。TestStand 就是通过过程模型、执行入口点、回调序列这三个不同层次的结构,将其开放式的结构逐步体现出来的。

  在过程模型中可以添加任意数量的回调序列,添加的方法就是在序列窗格中新建序列,然后设置序列的类型为"Callback"。在 TestStand 自带的每个过程模型中,都包含了大量的回调序列。以顺序过程模型为例,有 PreUUT、PreUUTLoop、PostUUT、PostUUTLoop、ProcessSetup、ProcessCleanup、ModelOptions、MainSequence 等常用的回调序列,每个回调序列都有其特定的含义和用途,执行入口点 Test UUTs 或 Single Pass 会调用这些回调序列。其实,这是 TestStand 提供的参考测试架构,在 12.3 节会对它们做进一步介绍。回调序列可以为空,或者包含默认的步骤,而在序列属性对话框中,可以设置当客户端重写回调序列时,是否复制(保留)它的默认步骤和局部变量,如图 12-15 所示。

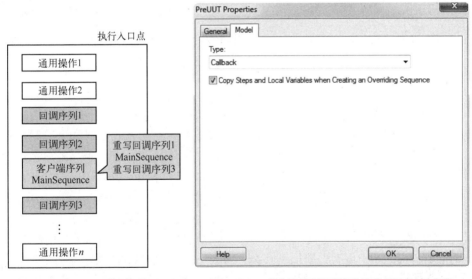

图 12-14 回调序列   图 12-15 复制回调序列默认的步骤和局部变量

  在客户端序列文件中如何重写回调序列呢?在其序列窗格任意空白处右击,并从弹出的菜单中选择"Sequence File Callbacks…",如图 12-16 所示。在弹出的对话框列表中,选择要重写的回调序列,如 PreUUT,选中后单击"Add"按钮,然后单击"OK"按钮退出,如图 12-17 所示。

  回到序列窗格,可以看到已经增加了 PreUUT 回调序列。选中后就可以对它进行编辑了（与编辑其他普通序列没有区别）。当通过执行入口点启动测试并运行至 PreUUT 时，TestStand 会自动运行被重写的 PreUUT。举个例子，在顺序过程模型中，通过 Test UUTs 启动测试后，默认会在执行 PreUUT 时，弹出 UUT 消息对话框，要求用户手动输入序列号。然而在现实中的很多情况是，并不需要手动输入，而是直接扫描产品上的条码，或是通过串行协议读取产品中 EPPROM 值，并自动将读取的值作为序列号保存下来用于产品追踪，这就要对过程模型 PreUUT 回调序列进行重写。在<TestStand Public>\Examples\Callbacks\PreUUTCallback\UsingCVI\preuutcallback.seq 中提供了这样的范例，读者可以查看并运行。

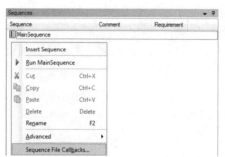

图 12-16　选择 "Sequence File Callbacks"

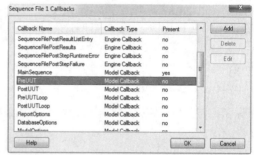

图 12-17　回调序列列表

12.2.4　引擎回调序列

有一种特殊类型的回调序列，它们由 TestStand 引擎所控制，这些回调序列的数量及其名称都是固定的，在序列运行的过程中，它们可能会在某个特定事件发生时被触发。这些回调序列称为引擎回调序列（Engine Callbacks），它有点类似于中断。举个例子，如果在客户端序列文件中重写 SequenceFileLoad 引擎回调序列，那么在每次打开或加载该序列文件时，就会自动触发 SequenceFileLoad 序列的执行。由于引擎回调序列已经预定义好，因此不能创建新的引擎回调序列，而只能考虑如何对它进行重写。可以在过程模型、客户端序列文件或 StationCallback.seq 中重写引擎回调序列。如何在过程模型中重写引擎回调序列？以顺序过程模型为例，它默认重写了 ProcessModelPostResults，主要用于对测试结果的实时收集。我们还可以重写其他引擎回调序列，重写的过程和 12.2.3 节中的过程模型回调序列完全相同：在序列窗格的空白处右击，在弹出的菜单中选择 "Sequence File Callbacks..."，弹出回调序列列表，注意 "Callback Type" 一栏的类型全部是 "Engine Callback"，如图 12-18 所示。选择要重写的引擎回调序列，单击添加按钮即可。

在过程模型中，可以重写两种类型的引擎回调序列，分别以 "SequenceFile"

和"ProcessModel"为前缀。以"SequenceFile"为前缀的引擎回调序列，在过程模型中重写，它将作用于过程模型本身；以"ProcessModel"为前缀的引擎回调序列，虽然在过程模型中重写，但它将作用于使用该过程模型的客户端序列文件。例如，SequenceFilePostStep 会在过程模型本身的每个步骤执行完成时被触发调用；而 ProcessModelPostStep 会在客户端序列文件的每个步骤执行完成时被触发调用。在客户端序列文件中同样可以重写引擎回调序列，但它的列表中只有以"SequenceFile"为前缀的引擎回调序列，如图 12-19 所示。最后是StationCallbacks.seq，它位于<TestStand Public>\Components\Callbacks\Station，在该序列文件中可以重写以 SequenceFile、Station 为前缀的引擎回调序列。并且，在这里重写的回调序列的作用是全局的，会影响当前工作站的所有序列文件。

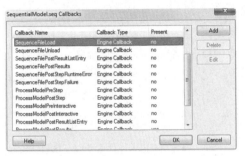

图 12-18　过程模型中重写引擎回调序列

图 12-19　客户端序列文件中重写引擎回调序列

总结一下：以 SequenceFile 为前缀的引擎回调序列，可以在过程模型、客户端序列文件、StationCallbacks.seq 中重写；以 ProcessModel 为前缀的引擎回调序列，只能在过程模型中重写；以 Station 为前缀的引擎回调序列，只能在StationCallbacks.seq 中重写。对于以 SequenceFile 为前缀的引擎回调序列（仍然以SequenceFilePostStep 为例），如果在过程模型中重写它，它会在过程模型的每个步骤执行完成时被触发调用，而如果是过程模型调用其他序列文件的步骤，并不会触发它；同样地，在客户端序列文件中重写 SequenceFilePostStep 时，它只会在客户端序列文件的每个步骤执行完成时被触发调用。因此，在哪个序列文件中重写的 SequenceFilePostStep，它就限定作用于该序列文件，其他以 SequenceFile 为前缀的引擎回调序列与之类似。表 12-2 中列举了所有的引擎回调序列，并指出在哪里可以对它们进行重写，以及它们什么时候被调用。

表 12-2　引擎回调序列

引擎回调序列	在什么位置重写？	什么时候被触发调用？
SequenceFilePreStep	任何序列文件	在序列文件的每个步骤执行之前
SequenceFilePostStep	任何序列文件	在序列文件的每个步骤执行之后

续表

引擎回调序列	在什么位置重写?	什么时候被触发调用?
SequenceFilePreInteractive	任何序列文件	在 TestStand 开始交互式执行序列文件中的步骤之前
SequenceFilePostInteractive	任何序列文件	在 TestStand 完成交互式执行序列文件中的步骤之后
SequenceFileLoad	任何序列文件	当 TestStand 将序列文件加载至内存中
SequenceFileUnload	任何序列文件	当 TestStand 将序列文件从内存中移除时
SequenceFilePostResultListEntry	任何序列文件	当序列文件中的每个步骤结果收集完成时
SequenceFilePostStepRuntimeError	任何序列文件	当序列文件中的步骤产生错误时
SequenceFilePostStepFailure	任何序列文件	当序列文件中的步骤测试失败时
ProcessModelPreStep	过程模型	在客户端序列文件的每个步骤执行之前
ProcessModelPostStep	过程模型	在客户端序列文件的每个步骤执行之后
ProcessModelPreInteractive	过程模型	在 TestStand 开始交互式执行客户端序列文件中的步骤之前
ProcessModelPostInteractive	过程模型	在 TestStand 完成交互式执行客户端序列文件中的步骤之后
ProcessModelPostResultListEntry	过程模型	当客户端序列文件中的每个步骤结果收集完成时
ProcessModelPostStepRuntimeError	过程模型	当客户端序列文件中的步骤产生错误时
ProcessModelPostStepFailure	过程模型	当客户端序列文件中的步骤测试失败时
StationPreStep	StationCallbacks.seq	在任何序列文件的每个步骤执行之前
StationPostStep	StationCallbacks.seq	在任何序列文件的每个步骤执行之后
StationPreInteractive	StationCallbacks.seq	在 TestStand 开始交互式执行任何步骤之前
StationPostInteractive	StationCallbacks.seq	在 TestStand 完成交互式执行任何步骤之后
StationPostResultListEntry	StationCallbacks.seq	当任何序列文件中的每个步骤结果收集完成时
StationPostStepRuntimeError	StationCallbacks.seq	当任何序列文件中的步骤产生错误时
StationPostStepFailure	StationCallbacks.seq	当任何序列文件中的步骤测试失败时

注意:不要在 StationCallbacks.seq 中重写 SequenceFileLoad 和 SequenceFileUnload 引擎回调序列,因为 TestStand 并不会调用它们。

如果这三种不同前缀的引擎回调序列都被重写,结果会怎样?以"PreStep"为例,假如 SequenceFilePreStep 在客户端序列文件中被重写,而 ProcessModelPreStep 在过程模型中被重写,StationPreStep 在 StationCallbacks.seq 中被重写,那么客户端序列文件的每个步骤执行之前，上述三种引擎回调序列会依次被触发调用。

【**练习 12-1**】创建过程模型。

在这个练习中，将创建新的过程模型，添加执行入口点、配置入口点、过程模型回调序列，并且在客户端序列文件中重写过程模型回调序列和引擎回调序列。通过本练习，读者可进一步熟悉过程模型的结构，并理解过程模型各元素的作用，以及如何合理地使用它们。本练习将模拟测试场景 PCBA 板级测试，包括电路板上电、电压/电流/电阻测试、I²C 通信测试。电路板上电需要在各种测试之前完成，练习中会创建 PowerUp 过程模型回调序列，并在执行入口点中将它置于客户端主序列之前，使用配置入口点设置当前机型所需要的供电电压，在运行阶段 PowerUp 序列将读取配置入口点设置的电压值。考虑到有些电路板并不需要外部供电，因此在客户端序列文件中有可能重写 PowerUp。电路板测试过程中有可能出现错误，某些预知的错误可以对其忽略或特殊处理，避免使系统停止工作，这可以通过重写引擎回调序列 SequenceFilePostStepRuntimeError 建立错误处理机制。

(1) 创建过程模型文件。在序列编辑器中，打开顺序过程模型文件 <TestStand>\Components\Models\TestStandModels\SequentialModel.seq，另存为 "PCBA_SequentialModel.seq"，并保存于 <Exercise>\Chapter 12。

(2) 添加执行入口点。

① 在序列窗格中，复制 Test UUTs 执行入口点，粘贴，然后将其重命名为 "PCBA Test"。

② 在 PCBA Test 序列属性窗口的模型页面，确认序列类型为 "Execution Entry Point"。修改名称表达式为 "PCBA Test"，如图 12-20 所示。

说明：由于 PCBA_SequentialModel.seq 是在 TestStand 现有过程模型的基础上修改的，因此它的类型已经是 "Model"；执行入口点 PCBA Test 是基于 Test UUTs 修改的，因此它的类型已经是执行入口点。这也是创建新的过程模型常采用的方式——在现有过程模型的基础上进行修改和定制，最终满足实际项目的需求，并不推荐从零开始创建一个全新的过程模型。

(3) 添加配置入口点。

① 在序列窗格中，新创建序列，将其命名为 "Configure Power Level"。

② 在序列属性窗口的模型页面，设置序列类型为 "Configuration Entry Point"，设置名称表达式为 "&Configure Power Level"。选中 "Entry Point Ignores Client File"、"Hide Entry Point Execution"、"Show Entry Point for All Windows" 选项，如图 12-21 所示。

提示：通过帮助文档可以查看上述各个复选框对应选项的意义。

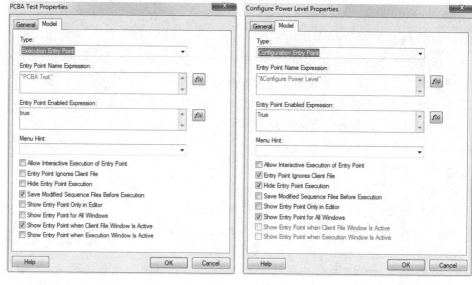

图 12-20　设置 "PCBA Test" 序列属性　　图 12-21　设置 "Configure Power Level" 序列属性

③ 回到序列窗格，选择 "Configure Power Level" 序列。在其变量窗格中，创建局部变量 Locals.Cancelled（布尔类型）和工作站全局变量 StationGlobals.VoltageLevel（数值类型）。

④ 添加动作步骤，适配器类型为 "C/C++ DLL"，命名为 "Configure_Voltage_Level"。

⑤ 在步骤设置窗格，选择模块 <Exercise>\Chapter 12\builds\Setting_Voltage_Level\Setting_Voltage_Level.dll（笔者事先创建的 dll 文件），选择函数 Configure_Voltage_Level，并按图 12-22 所示设置参数。

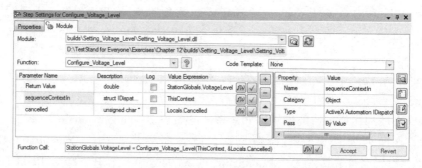

图 12-22　函数 Configure_Voltage_Level 参数设置

⑥ 通过菜单命令 "Execute » Run Configure Power Level" 运行序列，测试能正常弹出电压设置界面，如图 12-23 所示。在其中设置电压值，并单击 "OK" 或

"Cancel"按钮退出（单击"OK"按钮，设置的电压值传递给 StationGlobals. VoltageLevel；单击"Cancel"按钮，设置的电压值传递给 Locals.Cancelled）。退出界面后，检查 StationGlobals.VoltageLevel 的值，确认它已经被更新。

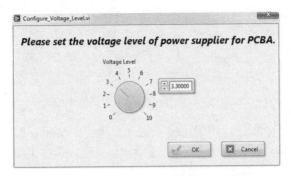

图 12-23 "Configure_Voltage_Level"对话框

⑦ 在动作步骤的"Post – Expression"栏中，输入"（！Locals.Cancelled）？RunState.Engine.CommitGlobalsToDisk（）:False"。如果上述界面是通过单击"OK"按钮退出的，那么更新 StationGlobals.VoltageLevel 值后，将调用"CommitGlobalsToDisk（）"函数保存 StationGlobals.ini 文件；如果是单击"Cancel"按钮退出的，则不保存 StationGlobals.ini 文件。

（4）创建"PowerUp"过程模型回调序列。

① 在序列窗格中，新插入序列并将其命名为"PowerUp"。

② 在序列属性窗格，将它的类型设置为回调序列。

③ 添加消息对话框步骤，将其命名为"Check voltage level"，并按图 12-24 和图 12-25 所示设置消息文本、按钮、初始字符串。

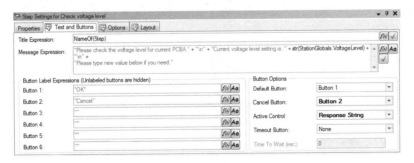

图 12-24 "Check Voltage Level"对话框中的文本和按钮设置

④ 添加 If 流程控制步骤，在 If 语句的条件表达式中输入"RunState. Sequence.Main["Check voltage level"].Result.ButtonHit = = 1 //OK button Pressed"。

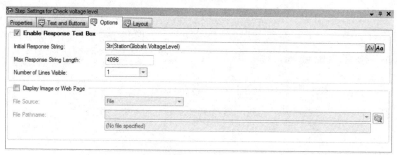

图 12-25 "Check Voltage Level" 对话框中的选项设置

⑤ 在 If/End 之间添加表达式步骤，输入表达式："StationGlobals.VoltageLevel = Val (RunState.Sequence.Main [" Check voltage level "] .Result.Response)，RunState. Engine. Commit-GlobalsToDisk ( ) "。

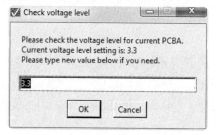

图 12-26 消息对话框运行效果

说明：消息对话框中会先读取 StationGlobals 作为文本控件的初始值，用户可以填写新的值，如图 12-26 所示。如果单击 "OK" 按钮，则 If 语句条件成立，StationGlobals.VoltageLevel 值被更新，同时保存 StationGlobals.ini 文件。

⑥ 在 End 之后添加动作步骤，适配器类型为 "C/C++ DLL"，命名为 "Power up, please wait…"，模块同样选择 Setting_Voltage_Level.dll，函数选择 Loading_Voltage_Level，并按图 12-27 所示设置参数，它从 StationGlobals.VoltageLevel 读取最终的电压值并完成对电源的设置。步骤运行效果如图 12-28 所示。

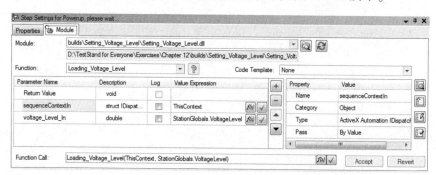

图 12-27 "Power up, please wait…" 步骤设置

⑦ PowerUp 序列的步骤列表如图 12-29 所示。

图 12-28 "Power up, please wait…" 步骤运行效果

图 12-29 PowerUp 序列的步骤列表

(5) 在 PCBA Test 执行入口点中调用 PowerUp 序列。

① 在序列窗格中选择 PCBA Test 序列。

② 在步骤列表窗格中，MainSeqeunce Callback 之前添加序列调用步骤 PowerUp，如图 12-30 所示。

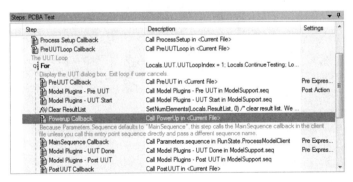

图 12-30 在 PCBA Test 执行入口点中调用 PowerUp 序列

(6) 创建客户端序列文件。

① 打开序列文件<Exercises>\Chapter 12\PCBA_Test.seq。

② 通过菜单命令"Edit » Sequence File Properties"设置它的过程模型为 PCBA_SequentialModel.seq。

③ 查看主序列：Voltage/Current/Resistance Test 步骤模拟电压电流电阻测试、I2C Test 步骤模拟通信测试、Step generate a run-time error 步骤模拟测试过程中产生了错误，模拟错误的后处理表达式为"Step.Result.Error.Occurred = True,

Step.result.Error.Code＝1001"。

④ 按照回调序列的添加方法，添加引擎回调序列 SequenceFilePostStepRuntimeError。

⑤ 编辑引擎回调序列 SequenceFilePostStepRuntimeError，给它添加 If/End 步骤，If 语句条件表达式为"Parameters.Step.Result.Error.Code＝＝1001"。

⑥ 在 If/End 语句之间添加表达式步骤，输入表达式"Parameters.Step.Result.Error.Occurred=false，Parameters.Step.Result.Status ="Error Suppressed""。

说明：SequenceFilePostStepRuntimeError 引擎回调序列会在序列运行产生错误时被触发，它的关键参数包括 Parameters.Step，即产生错误的步骤对象引用。默认地，TestStand 会在系统遇到错误时弹出对话框提示用户并停止测试，使用 SequenceFilePostStepRuntimeError 可以对已知错误进行预处理（如忽略错误），或者在错误出现时尝试重测项目。比如，上述 If 语句条件如果成立，则 1001 错误会被忽略。

(7) 测试过程模型和引擎回调序列。

① 检查配置菜单中增加了"Configure Power Level"选项，如图 12-31 所示。

② 单击该选项，在弹出的界面中设置电压值为5V，单击"OK"按钮。检查变量 StationGlobals.VoltageLevel 值，已经更新为 5。

③ 检查执行菜单中增加了"PCBA Test"选项，如图 12-32 所示。

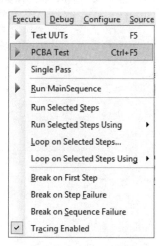

图 12-31 "Configure"菜单中增加的选项　　图 12-32 "Execute"菜单中增加的选项

④ 单击该选项，启动测试。按执行入口点中定义的顺序，PowerUp 回调序列会先运行，然后运行客户端序列文件的主序列。注意主序列中 Step generate a runtime error 步骤的状态是"Error Suppressed"，它被 SequenceFilePostStepRuntimeError 引擎回调序列修改了，如图 12-33 所示。因此，系统并没有停止，后续步骤可以继续运行。

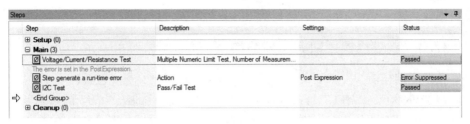

图 12-33　错误预处理

（8）重写过程模型回调序列 PowerUp。

① 有些电路板并不需要外部供电，因此在客户端序列文件中需要重写 PowerUp 回调序列。在 PCBA_Test.seq 的序列窗格中，添加 PowerUp 回调序列，如图 12-34 所示。

② 选择"PowerUp"，在步骤列表窗格中，设置所有默认步骤的运行模式为"Skipped"，因为这些涉及供电的步骤都不需要了。

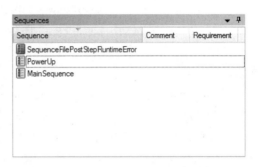

图 12-34　PCBA_Test.seq 的序列窗格

③ 重新通过菜单命令"Execute » PCBA Test"启动测试，不会再出现"Check Voltage Level"对话框和电压设置进行中的画面了。

说明： 在＜Exercise＞\Chapter 12 目录中提供了参考序列文件 PCBA_Test_Solution.seq 和 PCBA_SequentialModel_Solution.seq，完成了上述练习，读者可以运行并观察效果。

12.3　解析过程模型

过程模型包括了执行入口点、配置入口点、过程模型回调序列、引擎回调序列这些重要的元素。本节将对 TestStand 自带过程模型进一步解析，包括对回调序列归类并理解其使用场合、模型插件（Model Plugin-In）结构、过程模型支持文件。如果将顺序过程模型与并行过程模型、批量过程模型对比，会发现它们有很多相似之处，可以说后两者就是在顺序过程模型的基础上改变而来，它们额外增加了多线程并行测试功能。因此，并行过程模型和批量过程模型的隐藏执行入口点 Test UUTs-Test Socket Entry Point 和 Single Pass-Test Socket Entry Point 与顺序过程模型的 Test UUTs 和 Single Pass 是基本相同的。而并行过程模型和批量过程模型的执行入口点 Test UUTs 和 Single Pass 属于控制端，负责发起多个 UUT 的并行测试。对于批量过程模型，还增加了额外的区段同步处理，区别仅此而已。因此，接下来还是以顺序过程模型为分析对象进行讲解。

12.3.1 过程模型回调序列归类

在顺序过程模型中，定义了很多过程模型回调序列，主要包括以下 5 种。

（1）PreUUT、PostUUT、PreUUTLoop、PostUUTLoop、ProcessSetup、ProcessCleanup 序列：它们和测试系统初始化、UUT 序列号追踪、结果后处理、资源关闭与释放等操作相关。

（2）ReportOptions、TestReport、ModifyReportHeader、ModifyReportEntry、ModifyReportFooter、GetReportFilePath 序列：它们和生成报表相关，通过这些回调序列可以对报表进行定制化，包括格式和内容。在第 14 章会对它们做详细介绍。

（3）DatabaseOptions、LogToDatabase 序列：和记录数据库相关。

（4）ModelOptions、ReportOptions、DatabaseOptions 序列：在过程模型的配置入口点中可以设置模型选项、报表选项、数据库选项，而这几个回调序列可以在序列运行阶段动态地修改这些选项。ModelOptions 由执行入口点的 Initialize Entry Point 步骤调用，ReportOptions、DatabaseOptions 由执行入口点按堆栈链"ModelPlugin-Begin→Initialize Model Plugins→Model Plugin-Initialize"调用。

（5）ModelPluginConfiguration、ModelPluginOptions 序列：和模型插件结构相关。

过程模型回调序列由执行入口点调用，如查看 Test UUTs 的步骤列表，如图 12-35 所示。除了模型插件结构相关的子序列（Model Plugins-Begin、Model Plugins-Pre UUT 等），都可以很直观地了解它们的运行顺序：ProcessSetup→PreUUTLoop→PreUUT→PostUUT→PostUUTLoop→ProcessCleanup，其中 PreUUT 和 PostUUT 处于循环中。

默认情况下，PreUUT 的功能是启用 UUT 消息对话框，然后用户可以输入序列号，在每轮测试的开始阶段，它都会被调用，正如在前面章节使用 Test UUTs 测试时所看到的那样。既然是作为子序列被调用，PreUUT 有两个非常重要的参量：一个是 Parameters.UUT.SerialNumber，用户输入的序列号将存储在该属性中；另一个是 Parameters.ContinueTesting（布尔类型），它将决定是否继续新一轮测试，或者跳出 For 循环结束退出。如果查看 PreUUT 序列，它调用了 DoPreUUT 序列，而 DoPreUUT 的每个步骤都设置了先决条件 Parameters.ModelData.EntryPoint != "Single Pass"，因此对于 Single Pass 执行入口点，并不会出现对话框。PostUUT 和 PreUUT 相对应，它在每轮测试的最后负责对测试状态进行更新，比如以对话框的形式显示 Pass/Fail/Error/Terminated 状态等。它的一个很重要的参量是 Parameters.Result.Status，这个参量是 UUT 的最终结果状态，在有些地方

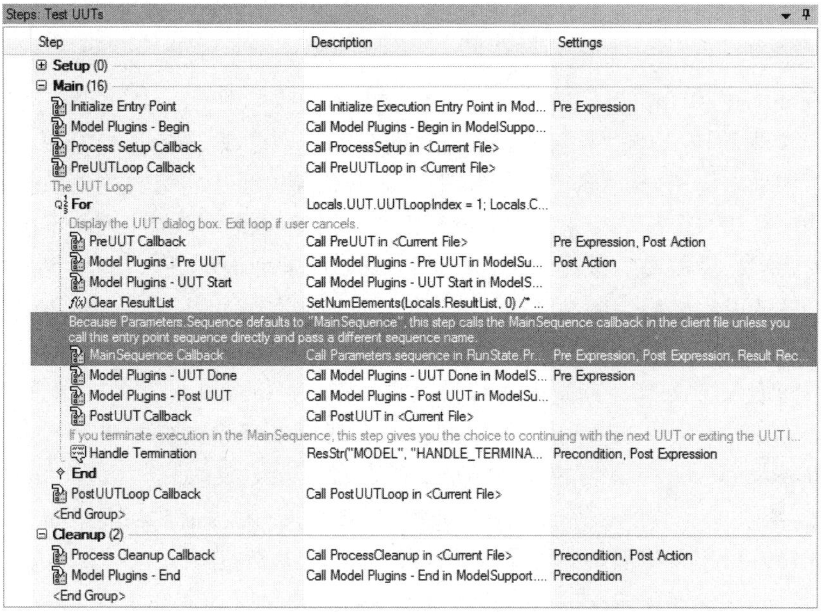

图 12-35 Test UUTs 步骤列表

（如用户界面或额外设计的后处理代码中）会使用该参量，注意在编辑状态下 Parameters.Result 容器是为空的。PreUUTLoop 和 ProcessSetup 都在循环之外，它们是在 UUT 连续测试之前被调用的，那么这两者有什么区别呢？从顺序过程模型中看不出来，不妨查看并行过程模型的 Test UUTs。第 8 章曾介绍了 Controlling Execution 和 TestSocket Execution 之间的关系（见图 8-17），假如 4 个 UUT 并行测试，TestSocket Execution 将被 Test UUTs 调用 4 次，这意味着 PreUUTLoop 同样被调用 4 次，而 ProcessSetup 位于 Test UUTs 中，不管有多少 UUT 并行测试，它都只被调用一次。因此，ProcessSetup 一般是对整个系统的初始化工作，比如共享的仪器设备的初始化就可以放在这里，否则对同样设备多次初始化是会出错的。而 PreUUTLoop 中可以进行配置参数的加载或者其他与测试工位密切相关的一次性操作，因为多线程模型默认变量空间都是独立的，在 PreUUTLoop 中完成参数加载工作可以保证每个测试工位的变量空间都得到赋值。PostUUTLoop 与 PreUUTLoop 相对应，ProcessCleanup 与 ProcessSetup 相对应，设备关闭资源释放可以放在 ProcessCleanup 中。

说明： TestStand 自带过程模型提供的这些过程模型回调序列、回调序列中定义的参量、执行入口点中回调序列的调用顺序，都是经过精心设计的，并作为自动化测试的一种参考架构。原则上，在用户定制过程模型时，上述任何回调序列都可以删除，也可以创建任意回调序列，但这是不推荐的。

12.3.2 模型插件（Model Plug-In）

TestStand 2012 及以后的版本，过程模型有了很大变化，其中最主要的就是在过程模型中引入了模型插件（Model Plug-In）。对于 TestStand 2010 以及更早的版本，结果收集和处理相关的序列同样在过程模型文件中定义，并由执行入口点直接调用，如果要修改结果收集和处理方法，而过程模型回调序列又不能满足定制化的要求，就需要对过程模型直接进行修改。模型插件的引入，就是把结果收集和处理从过程模型中剥离出来。如图 12-36 所示，对于报表生成和记录数据库，过程模型不再直接调用 ReportGen_<Report Format>.seq 和 Database.seq，而是在中间增加了两层。首先由过程模型调用 ModelSupport.seq，它对于所有插件实例而言都是通用的；ModelSupport.seq 分别调用不同的插件实例，如 NI_ReportGenerator.seq 是报表的插件实例，NI_DatabaseLogger.seq 是数据库的插件实例；然后由这些插件实例完成调用 ReportGen_< Report Format >.seq 和 Database.seq。模型插件结构具有扩展性，除了 TestStand 自带的插件实例，也可以自定义新的插件实例，只要遵循插件接口和参数定义即可。

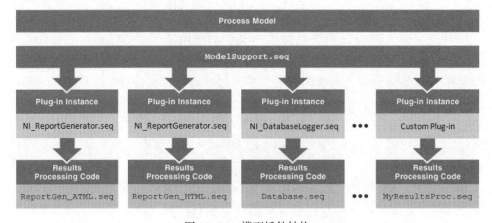

图 12-36　模型插件结构

采用模型插件结构之后，过程模型文件本身就变得更加简洁。使用过早期版本 TestStand 的读者可以对比过程模型的这种变化，采用模型插件结构后，执行入口点的步骤列表变得非常简洁和清晰。以顺序过程模型为例，Single Pass 的步骤数量减少了将近 2/3，如图 12-37 所示。

模型插件如何使用？如图 12-38 所示，Test UUTs 和 Single Pass 按顺序调用了若干模型插件相关序列（粗体字标注），这些序列以"Model Plugin"为前缀，如 Model Plugin-Initialize、Model Plugin-PreUUT 等。

第 12 章　过程模型

图 12-37　Single Pass 步骤数量精减

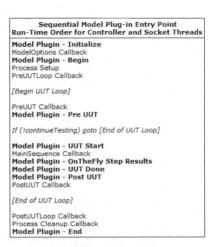

图 12-38　模型插件序列

以报表模型插件为例，它主要通过以下序列完成报表的生成。

◇ Model Plugin-Initialize：加载报表选项。

◇ Model Plugin-UUT Start：获取报表路径，创建或加载报表文件。

◇ Model Plugin-UUT Done：产生报表内容并保存至报表文件中。

提示：关于模型插件结构中每个序列的详细说明，请参考 TestStand 帮助文档 "Fundamentals》Process Model Architecture》Process Model Plug-In Architecutre》Structure of Plug-In Sequence File》Model Plug-in Entry Points"。

结果的收集和处理从过程模型中剥离了出来后，模型插件如何获取过程模型中的数据并生成报表或记录数据库？在顺序过程模型 Test UUTs 中，查看 Model Plugins-UUT Done 步骤，它的参数列表如图 12-39 所示。过程模型将 "RunState.Sequence.Main["MainSequence Callback"].LastStepResult"传递给参数 MainSequenceResult，客户端序列文件的所有结果都存储在该变量中，插件实例就可以利用该数据了。

模型插件结构还对数据处理过程做了优化，它采用了异步结果处理的方法。如图 12-40 中，在 TestStand 2010 及更早的版本中，每个 UUT 测试完成后，接着进行结果处理，然后下一个 UUT 测试开始；在 TestStand 2012 及之后的版本中，UUT 测试完成后接着进行结果处理，但是下一个 UUT 不必等待结果处理结束后才开始，这其实是因为模型插件结构中默认将结果处理放在新的线程中运行。如果查看 Model Plugins-UUT Done 序列，就能看到它在新的线程中调用序列：Call Model Plugin-UUT Done/Batch Done From New Thread-And Complete Before Next UUT。

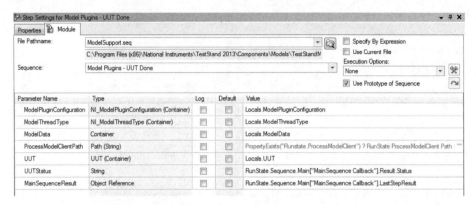

图 12-39　Model Plugins-UUT Done 步骤参数列表

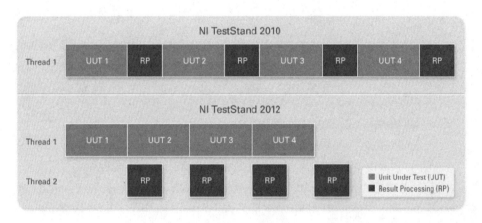

图 12-40　异步结果处理

与模型插件结构相关的过程模型回调序列有 ModelPluginOptions 和 ModelPluginConfiguration。ModelPluginOptions 由执行入口点按堆栈链"ModelPlugin-Begin→Initialize Model Plugins→Call ModelPluginOptions Callback"调用。该操作是在 Call Model Plugin-Initialize 步骤之后，可用于修改某一个插件实例的默认加载选项，如图 12-41 所示。它的主要参数有 ModelPluginConfiguration 和 ModelPlugin（ModelPluginConfiguration 包含 Plugs 数组，Plugs 数组的元素是 ModelPlugin）。另一个回调序列 ModelPluginConfiguration 由执行入口点按堆栈链"ModelPlugin-Begin→Initialize Model Plugins→Call ModelPluginConfiguration Callback"调用。该操作也是在 Model Plugin-Initialize 步骤之后，但主要用于一次性修改所有插件实例的默认加载选项。在序列编辑器中，通过菜单命令"Configure » Result

Processing" 对报表和数据库的所有设置都将由 Model Plugin-Initialize 步骤加载至变量 ModelPluginConfiguration 和 ModelPlugin 中,紧接着通过这两个回调序列可以修改这些设置。

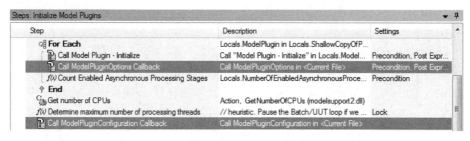

图 12-41 模型插件结构相关的过程模型回调序列

12.3.3 过程模型支持文件

过程模型 SequentialModel.seq、ParallelModel.seq、BatchModel.seq 调用了其他序列文件和 DLL 文件,位于<TestStand>\Components\Models\TestStandModels 目录,这些被调用的文件都属于过程模型的支持文件。其中两个重要的文件是 ModelSupport.seq 和 modelsupport2.dll。ModelSupport.seq 是模型插件结构中的一层,所有插件相关的步骤都会先调用它。modelsupport2.dll 则包含了很多功能,过程模型很多自带的窗口和对话框都是由 modelsupport2.dll 的函数实现的,如启用报表选项和过程模型选项对话框并将配置保存或写入文件、启用 UUT 序列号输入对话框、并行过程模型和批量过程模型中的测试控制台窗口、在每轮 UUT 测试结束时显示结果通过或失败标志等。modelsupport2.dll 由 modelsupport2.prj 工程项文件(如图 12-42 所示)生成,它是 LabWindows/CVI 工程文件,该工程包含了很多源文件。

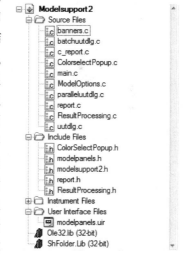

图 12-42 modelsupport2.prj 工程项目文件

- ☺ ModelOptions.c:过程模型选项对话框的源文件。
- ☺ ResultProcessing.c:结果处理对话框的源文件。
- ☺ uutdlg.c:UUT 消息对话框的源文件。
- ☺ paralleluutdlg.c:并行过程模型的 UUT 消息对话框和控制台对话框的源文件。

☺ batchuutdlg.c：批量过程模型的 UUT 消息对话框和控制台对话框的源文件。
☺ banners.c：UUT 状态更新部分的源文件。
☺ c_report.c：在报表选项中，如果设置 DLL 生成报表主体，c_report.c 即为该 DLL 的源文件。
☺ report.c：报表选项对话框的源文件。
☺ modelpanels.uir：modelsupport2.dll 中所有函数的对话框源文件。

在该目录下还有其他支持文件，如 reportgen_atml.seq、reportgen_html.seq、reportgen_txt.seq、reportgen_xml.seq。在报表选项窗口中，如果设置由序列生成报表主体，则 TestStand 将调用这些相应格式的序列文件以生成报表。

提示：在 TestStand 帮助文档中输入搜索关键词 "Process Model Support Files"，可查看过程模型中每个支持文件的详细描述。

12.4 过程模型自定制示例

TestStand 自带的过程模型提供了丰富的功能，然而根据实际项目需求，往往需要自定制过程模型。常见的过程模型自定制包括增加执行入口点、配置入口点、过程模型回调序列。除此之外，在过程模型中增加提示机制、修改默认回调序列的行为、增加错误处理机制、修改结果的收集等也是较常见的应用。

12.4.1 提示机制

测试系统需要通过某些方式提示操作人员完成特定的动作，比如在测试进行阶段需要操作人员输入序列号、手动连接 UUT 和测试仪器、更换新的 UUT、UUT 上电或者按下按钮等其他操作，在每轮测试完成时返回测试结果，在遇到系统错误时及时提供错误信息。这些都可以通过提示机制来实现，提示机制以弹出对话框的形式，强制系统暂停并等待操作人员对提示机制做出反应。由于提示机制的这一特点，它一般被用在一些关键的且需要交互的环节。顺序过程模型的 Test UUTs 调用了 PreUUT，它会在每轮测试开始时弹出 UUT 消息对话框，提示操作人员输入序列号，该序列号将用于产品的追踪，这是提示机制的一个应用例子。在引入提示机制时，需要考虑它是否针对某一类型的 UUT，而不是局限于特定的 UUT，如果具有一定的通用性，那么提示机制放在过程模型中来实现。在过程模型中推荐的实现方式是创建过程模型回调序列，在回调序列中添加提示机制步骤，然后执行入口点调用回调序列，这样在客户端序列文件中也可以进行修改。在练习 12-1 中，PowerUp 序列中通过 "Check Voltage Level" 消息对话框设置电压值就采用了这种做法。

注意：不要滥用提示机制，如果每个对话框都要求操作人员响应并手动清除，会增加测试时间。

12.4.2 修改默认回调序列

执行入口点在运行时,将很多信息存储于它的局部变量中,包括配置信息(如模型选项报表选项)、工作站信息(如账户名称/时间/工作站 ID)和测试结果信息。这些局部变量一般作为参数传递给子序列,然后在子序列中对它的值进行修改。在顺序过程模型的 Test UUTs 中重要的局部变量有 Locals.UUT、Locals.ModelData、Locals.ModelPluginConfiguration、Locals.ResultList。例如,将 Locals.ModelData 作为参数传递给 Initialize Execution Entry Point 子序列,在该子序列中调用 ModelOptions 回调序列修改 Locals.ModelData.ModelOptions,而 Locals.ModelData.ModelOptions 正是模型选项。Locals.ModelData 被更新后,新的值可以被执行入口点的后续步骤访问。在 TestStand 中,推荐的修改这些局部变量值的方式正是将它们作为参数传递给回调序列,在回调序列中修改参数的值,这样客户端序列文件也能够修改这些参数。例如,在 Test UUTs 中,Locals.UUT 传递给 PreUUT 回调序列,Locals.ModelData 传递给 ModelOptions 回调序列,Locals.ModelPluginConfiguration 传递给 ModelPluginConfiguration 回调序列。了解这些重要变量以及与其相关的回调序列,对于有针对性地重写回调序列有很大帮助。

举个例子,使用并行过程模型的 Test UUTs 启动测试时,会在 Test UUTs 的 Start UUT Info Dialog 步骤中初始化 UUT 消息对话框,并在每个 Test UUTs-Test Socket Entry Point 的 PreUUT 回调序列步骤中完成 UUT 消息对话框的更新。之后可以使用该对话框输入序列号,进行下一轮测试,或者停止测试,如图 12-43 所示。这个消息对话框由过程模型支持文件所提供,功能强大,但比较复杂,在实际项目中有可能需要设计新的对话框来实现类似的功能,可通过重写 PreUUT 和 ModelOptions 回调序列来完成。

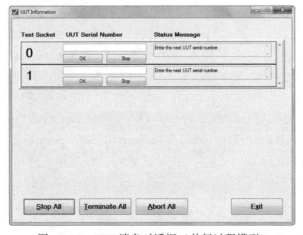

图 12-43 UUT 消息对话框(并行过程模型)

查看 TestStand 自带范例 < TestStand Public > \ Examples \ ProcessModels \ ParallelModel\ OverrideSerialNumForParallelModel.seq。第一步：在 ModelOptions 中添加表达式 "Parameters.ModelOptions.ParallelModel_ShowUUTDlg = false"，它将禁用现有的 UUT 消息对话框，因为与 UUT 消息对话框相关的步骤都设置了要求 ParallelModel_ShowUUTDlg 为真的先决条件；第二步，删除 PreUUT 中的默认步骤 Call DoPreUUT，由新的函数设置 PreUUT 的关键参量 Parameters.TestSocket.UUT.SerialNumber 和 Parameters.ContinueTesting。范例是在客户端序列文件中重写了回调序列，这部分也可以放在过程模型中，效果是一样的。读者可以运行该范例，体会这种用法。

12.4.3 错误处理

完善的自动化测试系统需要有错误处理机制，在产品测试的研发阶段，需要错误处理机制返回尽可能多的信息；而在量产阶段，则可能需要对产品失效以及测试过程中遇到的错误进行存档，并在测试界面中以简单直观的方式标记出来。TestStand 中已经有一些现成的机制，比如步骤失败导致整个序列失败，然后整个序列调用链将停止后续测试并直接跳转到清理组；当错误出现时，系统能够以弹出对话框的形式通知操作人员，也可以设定遇到突发错误立即强制退出并关闭系统。除此之外，还可以使用引擎回调序列，在过程模型中定义 ProcessModelPostStepFailure 和 ProcessModelPostStepError。ProcessModelPostStepFailure 会在客户端序列文件中的步骤失败时被触发调用，而 ProcessModelPostStepError 则是在客户端序列文件中的步骤产生错误时被触发调用。在上述引擎回调序列中编写一定的代码，可以对步骤失败和运行时错误进行处理。如果在客户端序列文件中定义回调序列 SequenceFilePostStepFailure 和 SequenceFilePostStepError，同样是在客户端序列文件中的步骤失败和产生错误时，它们会分别被触发调用，效果和前者是一样的，只不过在过程模型中一般定义的是比较通用的处理机制。这些引擎回调序列都有一个重要的参量 Parameters.Step，代表了当前测试失败或产生错误的步骤。利用该步骤对象引用，可以在引擎回调序列中人为修改其 Parameters.Step.Result.Status 状态，比如在遇到错误时可以选择重试、忽略、终止测试。结合 TestStand 自带范例<TestStand Public>\Examples\Callbacks\PostStepRuntimeErrorCallback\ErrorHandlerExample.seq，该范例重写了 SequenceFilePostStepFailure，当步骤产生错误时，它被触发调用，会首先弹出如图 12-44 所示的对话框，可以单击不同的按钮进行不同的选择，后续步骤会进行相应处理。

假如单击 "Retry" 按钮，则系统忽略当前错误并重新运行该步骤，它将 Result.Error. Occurred 变量置为 "False"，修改步骤索引，并将步骤状态

Result.Status 从"Error"修改为"Error，Retrying Step…"，表达式如下：

Parameters.Step.Result.Error.Occurred = false
RunState.Caller.RunState.NextStepIndex = RunState.Caller.RunState.StepIndex
Parameters.Step.Result.Status = " Error，Retrying Step…"

图 12-44　SequenceFilePostStepError 中的错误处理

在上面的范例中，SubSequence 序列的步骤产生了运行时错误，并触发 SequenceFilePostStepError 被调用，这样 SubSequence 序列即成为 SequenceFilePostStepError 的调用方。如果在 SequenceFilePostStepError 中引用 RunState.Caller，即获取了调用方序列的上下文引用，就可以访问调用方的任意数据空间了，上面的表达式就是通过 RunState.Caller 引用设置各种属性的。

提示：在练习 12-1 中也采用了错误处理，对于可预知的错误（错误代码已知）进行忽略。读者还可以查看 TestStand 自带范例<TestStand Public>\Examples\Callbacks\PostStepFailureCallback\FailureHandlerExample.seq 了解对测试失败的处理。

12.4.4　修改结果收集

结果收集是自动化测试系统很重要的一部分。在系统的配置、运行、测试阶段都会产生大量数据，如何对这些数据进行收集和管理？在第 5 章介绍过 TestStand 数据空间，每个步骤都包含一定的属性，比如：数值限度测试步骤有 Step.Result.Numeric、Step.Limits 等属性；消息对话框有 Step.Result.ButtonHit 属性。在序列运行时，这些属性由 TestStand 选择性地进行收集，再经过筛选最终生成报表或记录到数据库。如图 12-45 所示，在 TestStand 中，报表生成其实分为两个阶段。

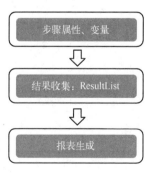

图 12-45　报表生成过程

☺ 结果收集：默认情况下，TestStand 将每个步骤的 Step.Result 属性都收集并存储于其所在序列的局部变量 Locals.ResultList 数组中。如果要将 Step.Result 之外的属性同样添加到数组，则需要采用一定的方法，只有收集到 Locals.ResultList 中的数据才有可能最终出现在报表中。

☺ 生成报表：Locals.ResultList 将作为报表的数据源，通过特定的 DLL 或序列生成一定格式的报表文件。但 Locals.ResultList 中的数据并非都出现在报表中，TestStand 将根据报表选项、属性的标记、报表生成代码综合决定。

本章聚焦于结果收集环节，了解 Locals.ResultList 的结构，以及如何定制过程模型以修改结果的收集，报表生成将在第 14 章做详细介绍。

每个序列都有一个初始为空的 Locals.ResultList 数组。序列运行时，TestStand 会自动收集每个步骤的结果 Step.Result，并将它作为元素添加到 Locals.ResultList 数组中。假如序列中有 N 个步骤（包括 Setup、Main、Cleanup 所有步骤组），若无特殊设置（比如步骤被跳过，或者该步骤 Run Options 中禁用了结果收集），那么序列运行结束时，ResultList 数组的元素个数将为 N，ResultList[0] 代表第 1 个步骤的结果，ResultList[1] 代表第 2 个步骤的结果，依次类推。虽然不同的步骤类型 Step.Result 容器是有区别的，但这不影响它们添加到相同的数组中。如图 12-46 中，ResultList 中已经包含了 4 个元素，其中，ResultList[0] 是动作步骤类型的结果，像 Error、Status、ReportText、Common 都是动作步骤 Step.Result 的子属性。

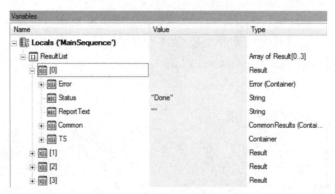

图 12-46　ResultList 数组

在将步骤结果添加到 ResultList 的同时，TestStand 还会附加一些标准的信息于 Locals.ResultList[x].TS 容器中，如图 12-47 所示。其中，主要是一些时间信息（如起始时间、总计时间、模块执行时间（如果调用了代码模块）），以及步骤信息（如步骤名称、步骤索引、步骤组、步骤类型、步骤 ID 等）。

如果调用了子序列，子序列的结果将位于 Locals.ResultList[x].TS.SequenceCall 容器中，如图 12-48 所示。其中，Locals.ResultList[x].TS.SequenceCall.ResultList 即子序列中的所有步骤结果。此外，Locals.ResultList[x].TS.SequenceCall 容器中还包含了 SeqeunceFile（子序列所在的序列文件的绝对路径）、Sequence（子序列名称）、Status（子序列状态）、ThreadID 这些子属性。如果子序列中进一步调用子序

列，即序列嵌套，那么会出现"Locals.ResultList[x].TS.SequenceCall.ResultList[x']. TS.SequenceCall"。TestStand 正是按照这种规则收集数据，因此在后期使用这些数据（如生成报表）时，可以利用这种特点，采用递归的方式，遍历所有的结果并最终产生完整的报表文件。

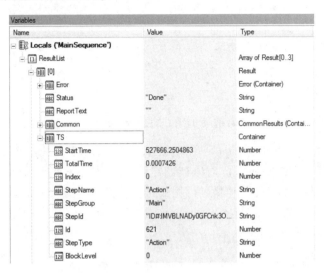

图 12-47　ResultList[x].TS 容器

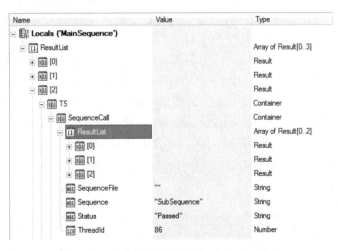

图 12-48　收集子序列结果到 Locals.ResultList

如果查看数值限度测试步骤，会发现除了 Step.Result 的子属性，还有 Limits、Comp 属性同样添加至 ResultList 中，如图 12-49 所示。TestStand 是如何将 Step.Result 之外的属性同样添加到 ResultList 中的？方法有很多，而在过程模型中可以调用 TestStand API 来实现，这就是 Execution.AddExtraResult。

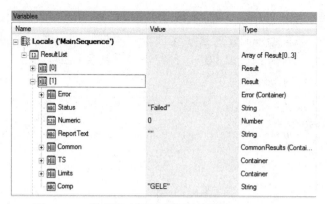

图 12-49　数值限度测试步骤属性添加至 ResultList

AddExtraResult 是 Execution 对象的方法，它的作用就是将额外的步骤属性添加到 ResultList。只要 Execution 对象被创建后，就可以任意次调用该方法，添加各种属性，TestStand 在每个步骤运行完成时，就会检查当前步骤是否包含这些属性，如果包含，则将它和 Step.Result 一起添加到 ResultList；如果该属性不存在，则忽略。函数的原型如下：

Execution.AddExtraResult（*propertyName*, *resultPropertyName*）

其中，propertyName 是要添加到 ResultList 的属性。例如，数值限度测试步骤的上限，则 propertyName 为 "Step.Limits.High"，resultPropertyName 是属性添加后在 ResultList 中的名称。还是以 Step.Limits 为例，在顺序过程模型 Test UUTs 的 Initialize Entry Point 步骤中，"Include Limits in Results" 和 "Include Comparison Type in Results" 将属性 Step.Limits 和 Step.Comp 添加到 ResultList 中，如图 12-50 所示。Include Limits in Results 步骤的设置如图 12-51 所示，这是标准的使用 TestStand API 的方式。除了 Execution.AddExtraResult，其他有用的方法还包括 Execution.DeleteExtraResult、Execution.ClearExtraResultList。

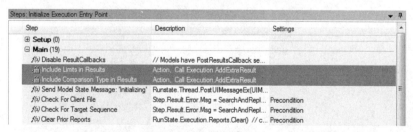

图 12-50　过程模型中添加限度值到 Locals.ResultList

TestStand 默认收集每个步骤的结果，但这并非必需的，以下的设置从不同的范畴决定了是否禁用结果收集。图 12-52~图 12-54 所示分别为在步骤属性窗格、序列属性对话框、工作站选项中设置。

第 12 章 过程模型

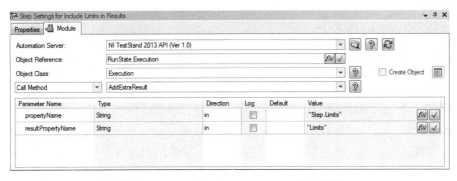

图 12-51　Include Limits in Results 步骤设置

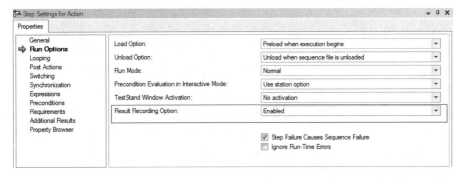

图 12-52　单个步骤禁用结果收集选项

图 12-53　单个序列禁用结果收集选项

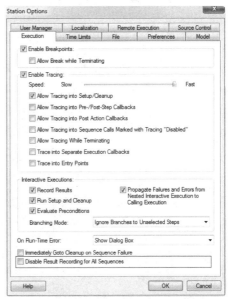

图 12-54　工作站禁用结果收集选项

上面介绍了一些过程模型定制的示例。其实还有一些功能同样适合在过程模型中实现，比如确认工作站校准有效性，通常在运行客户端主序列之前，在过程模型中检查工作站设备的校准日期，如果校准已过期，则产生错误提示操作人员，并阻止测试进行。

12.5　序列层级结构

在过程模型中，涉及很多的序列；在大型的项目中，编写的序列文件同样会包含各种类型的序列，包括调用其他序列文件中的序列。快速了解序列之间的调用关系，可以借助于序列层级结构视图。以顺序过程模型 Test UUTs 为例，在序列窗格中，右击"Test UUTs"并从弹出的菜单中选择"Display Sequence Hierarchy"，将出现序列层级结构视图，如图 12-55 所示。在该视图中，"Call Graph"窗口直观显示了序列的调用关系。"Legend"窗口中显示了 Test UUTs 调用关系中涉及的所有序列文件，且不同序列文件在"Call Graph"窗口中将用不同填充底色表示，以方便区分；标明序列调用的类型有 Normal、By Expression（使用表达式）、New Thread（在新的线程或执行中调用）、n Calls to Sequence（多次调用该序列）；在此还显示了序列类型图标。在"Call Graph"窗口中单击任意序列方块，可以快速查看该序列。

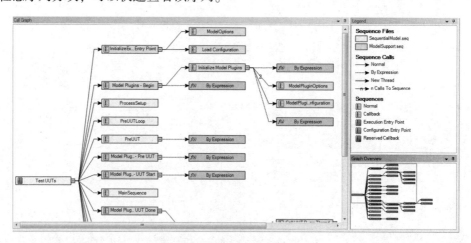

图 12-55　序列层级结构视图

在序列窗格任意处右击，从弹出的菜单中选择"Display File Hierarchy"，将出现序列文件层级视图，它显示了整个序列文件中序列之间的调用关系，如图 12-56 所示。

另外，序列之间的切换，比如在顺序过程模型中来回切换 Test UUTs 和 DoPreUUT，可以在序列窗格中选择"Test UUTs"或"DoPreUUT"实现。但是，如果序列窗格中序列太多，有时单击切换不是很方便，尤其是当前序列文件调用了其他序列文件的序列时，这时可以使用工具条的导航按钮实现快速切换。

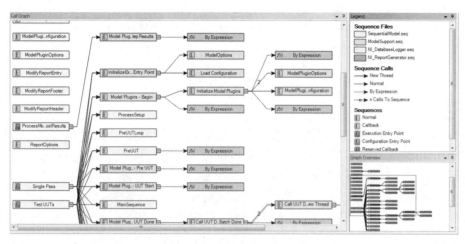

图 12-56 序列文件层级视图

【小结】
　　本章对过程模型进行了系统介绍，透过它的各种元素，使读者逐步了解 TestStand 灵活的开放式架构。本章还对现有过程模型进行解析，使读者了解它们的各种不同类型的序列及其作用。过程模型可以定制，以满足不同项目的需求，本章提供了一些示例供读者参考。只有对过程模型有足够深入的理解，才能设计出强大实用的自动化测试框架。

第 13 章　用户界面设计

第 2 章简单介绍过用户界面，作为整个 TestStand 系统架构的一部分，它是 TestStand 的非常重要的组件。用户界面可以加载序列文件并运行序列，有些还具有调试甚至是编辑序列的功能。本质上，序列编辑器也是一个用户界面，而且是一个功能强大、功能固化、采用图形化操作方式的用户界面。不过序列编辑器一般用于前期序列的开发和调试，如果系统开发完成后要部署到产线给操作人员使用，那么序列编辑器显然过于复杂了。这就需要开发人员额外提供用户界面，它必须足够简单直观，但可以显示所有必要的信息，同时用户界面是可定制的，可以根据不同项目的需求灵活地添加或裁剪功能。本章将重点介绍用户界面设计，包括单执行用户界面和并行测试多执行用户界面，并引入用户界面中常涉及的技术，如 UIMessage、双向数据通信、参数导入/导出、定制化菜单、语言本地化、启动选项等。通过本章的学习，读者将深入理解用户界面的作用，熟练掌握用户界面的开发并最终应用到实际项目中。

目标

- ☺ 回顾 TestStand 系统架构
- ☺ 理解用户界面的作用和特点
- ☺ 了解 TestStand 自带用户界面
- ☺ 认识 TestStand UI ActiveX 控件
- ☺ 掌握单执行用户界面的开发
- ☺ 学习并行测试多执行用户界面的开发
- ☺ 深入理解 UIMessage 的工作机制
- ☺ 探讨用户界面和序列文件之间的双向数据通信
- ☺ 测试序列参数导入/导出
- ☺ 学习用户界面菜单的设计
- ☺ 了解用户界面的本地化
- ☺ 了解常用的用户界面启动项设置
- ☺ 了解 Front-End 回调序列

关键术语

　　User Interface（用户界面）、Simple UI（简单用户界面）、Full-Featured UI

（全功能用户界面）、ActiveX Controls（ActiveX 控件）、Manager Controls（管理控件）、Application Manager Control（应用程序管理控件）、SequenceFileView Manager Control（序列文件视图管理控件）、ExecutionView Manager Control（执行视图管理控件）、Visible Controls（可视化控件）、View Connections（视图连接）、List Connections（列表连接）、Command Connections（命令连接）、Information Source Connections（信息源连接）、Single Execution UI（单执行用户界面）、Multiple Executions UI（多执行用户界面）、User Interface Message（即 UIMessage，用户界面消息）、Register Event Callback（注册回调事件）、Menu（菜单）、Localization（本地化）、Startup Options（启动选项）、Front-End Callback（Front-End 回调序列）。

13.1 用户界面概述

第 2 章曾简单介绍过用户界面，它是 TestStand 系统架构中非常重要的一个组成部分，如图 2-5 所示。用户界面通过 TestStand API 访问引擎，实现序列文件加载和运行序列，在有些功能强大的用户界面中，还可以进行调试，甚至编辑序列。

用户界面和序列编辑器其实扮演的是同样的角色，本质上序列编辑器也是一个用户界面，只不过它是一个功能强大、采用图形化操作方式的固化了的用户界面。对于刚接触 TestStand 不久的工程师来说，遇到的最多的提问是：既然有了序列编辑器图形化的界面来开发、运行、调试序列，为什么还要额外设计用户界面呢？其实在本章一开始就回答了这个问题，那就是序列编辑器一般用于前期序列的开发和调试，它功能强大，使用各种视图窗格，可以完成所有序列的开发和调试工作，但是如此强大功能的界面如果部署到生产线给操作人员使用，就太过于复杂了。因此，需要开发人员额外提供用户界面，它必须足够简单直观，比如有些用户界面只要求具备几个 LED 灯显示测试通过或失败（NG、no good），或一个进度条、几个触发按钮，以及当测试失败时用文本框显示对应失败项就可以了。因此，对用户界面的要求是简单但可以显示所有必要的信息，同时是可定制的，可以根据不同项目的需求灵活地选择显示或隐藏信息。除了实际使用对用户界面的要求决定了直接用序列编辑器并不合适，还有出于自动化测试系统管理和安全角度的原因。使用序列编辑器意味着序列文件有被随意修改的风险，而且有些参数或设置出于特殊原因是不希望公开给其他人的。虽然通过用户权限设置可以对上述操作进行限制，但终究不如用户界面方式。还有一个原因，对于部署的系统，只需要有一个 TestStand 运行时引擎就可以支撑测试，不需要安装序列编辑器，因为序列编辑器对应的是开发版本的 TestStand，它比运行时引擎版本要贵，这会增加系统成本。

13.2　TestStand 自带用户界面

除了序列编辑器，TestStand 自带了两种类型的用户界面，即简易用户界面（Simple UI）和全功能用户界面（Full-Featured UI）。每种用户界面都提供了 LabVIEW、LabWindows/CVI、C++、C#、VB.NET 的源代码。简易用户界面包含了最核心、最精简的功能，它提供了一个给操作员使用的界面，相应的源代码比较简单，开发人员理解之后容易修改。全功能用户界面功能较完整，其包含的内容已经接近于序列编辑器，相应的它的源代码也就复杂很多。

说明：本章将主要介绍 LabVIEW 和 LabWindows/CVI 两种不同应用开发环境中用户界面的开发，前者代表图形化的编程方式，后者代表传统的文本编程方式。

用户界面的源代码位于 <TestStand> \ UserInterfaces 或 <TestStand Public> \ UserInterfaces 目录下。这两个目录中的内容是完全一样的，一般查看修改 <TestStand Public> 目录的内容即可。这一方面是为了保护 <TestStand> 下的文件不被随意修改而导致 TestStand 异常，另一方面是从系统部署的角度来看，<TestStand Public> 中的内容更方便被移植。本章后文的讲解就采用 <TestStand Public> \ UserInterfaces 目录。在 UserInterfaces 目录下，可以看到两个大的文件夹分支，分别是 Simple 和 Full-Featured，二者的子目录下都包含有多种语言提供的源代码，如图 13-1 所示。

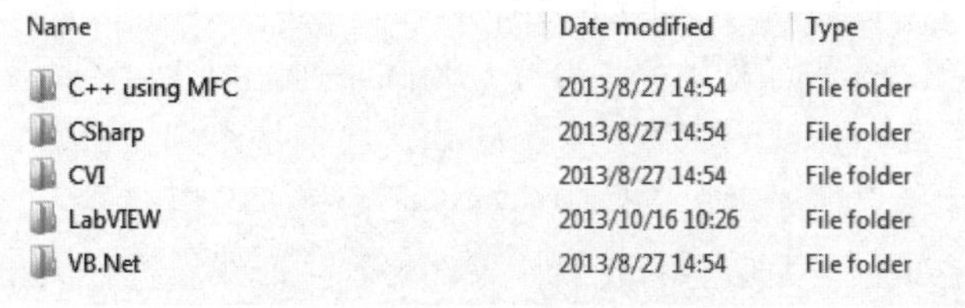

Name	Date modified	Type
C++ using MFC	2013/8/27 14:54	File folder
CSharp	2013/8/27 14:54	File folder
CVI	2013/8/27 14:54	File folder
LabVIEW	2013/10/16 10:26	File folder
VB.Net	2013/8/27 14:54	File folder

图 13-1　基于不同语言的用户界面

以 <TestStand Public>UserInterfaces\Simple\LabVIEW 为例，其中有一个可执行文件 TestExec.exe，由 LabVIEW 项目生成。尝试运行 TestExec.exe，它会启动 TestStand 引擎，弹出用户登录对话框，之后是一系列初始化动作。单击 "Open Sequence File" 按钮，加载序列文件；单击 "Single Pass" 按钮，执行测试，测试完成后的效果如图 13-2 所示。这里既有执行窗口，也有报表窗格。在该界面中还有其他必要的按钮，如 "Test UUTs"、"Run MainSequence"、"Logout"、"Exit" 等。这就是一个简易用户界面，在该界面中，不能进行调试，也不能编辑修改序列。

提示：与可执行文件同一目录下的源代码可作为学习和自定制用户界面的基础。

第 13 章 用户界面设计

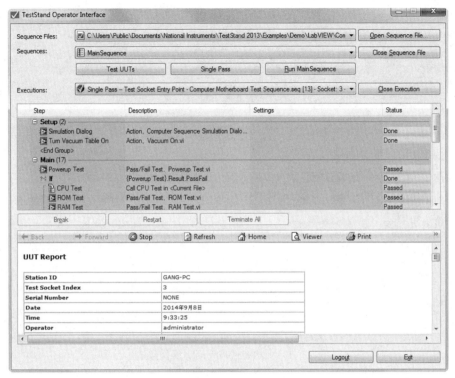

图 13-2 简易用户界面

相应地，以＜TestStand Public＞UserInterfaces\Full-Featured\LabVIEW 为例，其中有一个可执行文件 TestExec.exe，也是由 LabVIEW 项目生成的。尝试运行 TestExec.exe，它会启动 TestStand 引擎，用户登录，完成一系列初始化。如图 13-3 所示，仔细观察该界面，它包含了更多信息，如变量窗格、序列窗格、菜单栏。执行菜单命令"File » Open Sequence File"加载序列文件，在步骤列表窗格中如果任意右击选择某一步骤，在弹出的菜单中可以进行设置断点、选择运行模式等调试操作。因此，全功能用户界面是可以调试的，而不仅是它的操作模式。

全功能用户界面细分为两种模式：操作模式和编辑模式。如果在上述界面中，使用"Ctrl+Alt+Shift+Insert"键，则切换到全功能用户界面的编辑模式，如图 13-4 所示。它看起来就很像序列编辑器了。在编辑模式下，不仅可以进行调试，还可以编辑序列本身。利用上述热键，可以在这两种模式之间切换。

其实，操作模式和编辑模式都对应同一个可执行文件，只是运行参数有区别。如果读者通过 Windows 开始菜单"All Programs » National Instruments » TestStand 20××» User Interface"进入"LabVIEW"分支，可以查看到"TestStand 2013 LabVIEW UI-Editor"和"TestStand 2013 LabVIEW UI-Operator"，如图 13-5 所示。

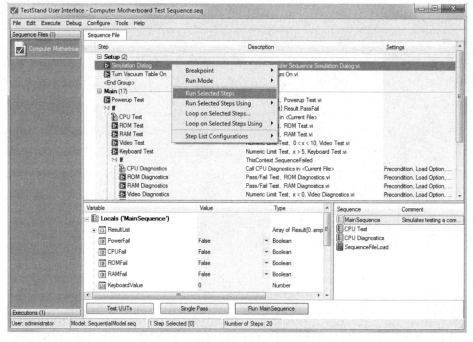

图 13-3　全功能用户界面（操作模式）

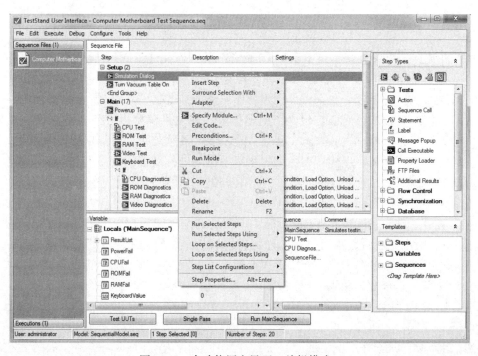

图 13-4　全功能用户界面（编辑模式）

提示： 如果读者使用的是其他应用开发环境，如 C#，请选择相应的 C# 目录，展开后的组织结构是完全一样的。

右击"TestStand 2013 LabVIEW UI-Editor"并从弹出的菜单中选择属性，在属性对话框的"Target"栏中查看"/Editor"启动选项，如图 13-6 所示（如果是"TestStand 2013 LabVIEW UI-Operator"，则相应的是"/operatorInterface"启动选项）。不同启动选项分别对应上述两种不同模式的全功能用户界面。本质上是因为 TestStand 的序列编辑器、用户界面都支持命令式启动选项，这些选项对 TestStand 引擎产生了影响，这部分内容在 13.8 节中还会介绍。

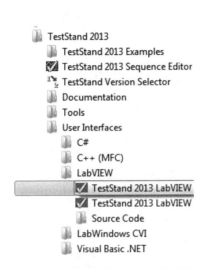

图 13-5　通过开始菜单选择全功能用户界面

图 13-6　全功能用户界面启动选项

13.3　TestStand UI 控件

TestStand 提供了一系列基于 ActiveX 的 UI 控件，用于简化用户界面的开发工作。这些 ActiveX 控件负责显示、执行、调试序列等诸多工作。细心的读者可能会发现，在序列编辑器中，当序列分别处于编辑状态和运行状态时，它的菜单栏、工具栏的内容和状态是不一样的，且在序列运行时，它们可能需要随时响应某些事件并做相应更新。换作用户界面，要实现同样或类似的功能，如果直接从底层调用 TestStand API 开始，编程的工作量将是巨大的；而如果使用 ActiveX 控件，将会极大地简化用户界面编程工作，因为这些 ActiveX 控件内封装了许多对 TestStand 引擎的操作，很多界面更新、事件响应行为都是自动进行的，不必额外编写代码处理。正因如此，在使用任何语言开发用户界面时，都推荐优先使用这些 ActiveX 控件。13.2 节介绍的 TestStand 自带用户界面范例也大量使用了 ActiveX 控件。

在 LabVIEW 中，所有的 TestStand UI 控件都位于 TestStand 选板，如图 13-7 所示。将所需的控件拖曳到 VI 前面板即可。比如放置插入面板控件、序列视图控件、变量视图控件，如图 13-8 所示，这些控件看起来非常熟悉，通过适当的配置编程就可以使用，而不用费心去思索如何在 LabVIEW 中设计一个如此复杂的自定义控件。既然是 ActiveX 控件，LabVIEW 中对它的编程就是属性节点、方法节点和注册回调事件。这部分内容将在 13.4 节中详细介绍。

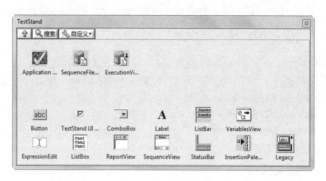

图 13-7　LabVIEW 中 TestStand UI 控件选板

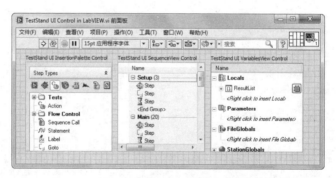

图 13-8　TestStand UI 控件（LabVIEW）

在 LabWindows/CVI 中设计界面时，会先创建 uir 文件，以打开用户界面编辑器。在用户界面编辑器中可以添加 ActiveX 控件，并在弹出的对话框中选择某个 ActiveX 对象，如图 13-9 所示。因为 TestStand UI 控件都属于 ActiveX 对象，所以都能在列表中找到。对于这些控件，需要使用 "TestStand UI Control Library" 库函数对它们编程，TestStand 默认提供了仪器驱动形式的文件 tsutil.fp，只需要通过菜单命令 "Instruments » Load" 加载到项目中，即可使用它提供的所有函数。这部分编程工作同样在 13.4 节中详细介绍。

TestStand UI 控件大致分为两类：管理控件和可视化控件。管理控件，顾名思义起着管理的功能，它通过调用 TestStand API 和引擎进行直接交互，以执行一系列任务，如加载序列文件、启动执行、提取序列执行的信息；当特定应用程序事件发生时，比如用户登录、执行到断点处，或者当前查看的序列文件被修改等，管理控件也要通知到用户。管理控件在用户界面开发阶段是可见的，但在程序运行时它会自动隐藏。和管理控件相对的是可视化控件，它们主要用来显示信息，构建用户界面，或者发送命令给 TestStand 引擎。每个可视化控件都会与某一管理控件建立链接，可视化控件将显示特定的信息或执行特定的操作。具体显示什么样的信息或能够执行怎样的操作，则由所链接的管理控件决定，管理控件的职能就是通过这些可视化控件体现出来的。

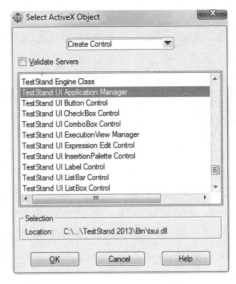

图 13-9　选择 ActiveX 对象

13.3.1　管理控件

TestStand 提供了 3 种类型的管理控件，分别是应用程序管理控件（Application Manager Control）、序列文件视图管理控件（SequenceFileView Manager Control）和执行视图管理控件（ExecutionView Manager Control）。管理控件图标如图 13-10 所示。

图 13-10　管理控件图标

1. 应用程序管理控件

每个应用程序（这里的应用程序是指用户界面）都要求有一个应用程序管理控件，但也仅需要一个。应用程序管理控件负责以下基本操作。这些基本操作对于应用程序访问 TestStand 引擎而言是必需的，包括：

◇ 初始化或关闭 TestStand 引擎；
◇ 用户登录或注销；
◇ 加载或卸载序列文件；
◇ 启动执行；
◇ 追踪已加载的序列文件或执行；
◇ 加载类型选板文件；
◇ 维护应用程序配置文件；
◇ 处理命令式启动选项；
◇ 管理 TestStand 许可证。

提示：对于开发人员而言，一般了解应用程序管理控件的功能，且知道在一个应用程序中仅需要一个应用程序管理控件就可以了。后续可视化控件链接部分，只需要知道什么类型的可视化控件应该和应用程序管理控件链接，就可以很好地开发完整的用户界面了。因为应用程序管理控件和 TestStand 引擎的交互操作繁多并且很底层，不要求读者详细了解它的细枝末节。这同样适用于序列文件视图管理控件和执行视图管理控件。

2. 序列文件视图管理控件

对于应用程序的每个窗口，都要求包含一个序列文件视图管理控件。多数情况下，用户界面是单窗口类型的，因此在一个应用程序中，就只需要一个序列文件视图管理控件。序列文件视图管理控件负责管理与之建立联系的可视化控件和选定的序列文件之间如何进行交互，以及这些可视化控件该如何显示序列文件的信息。序列文件视图管理控件通过完成下述的一系列任务来实现上述功能：

◇ 指定某一序列文件为当前活动序列文件；
◇ 追踪当前选中的序列、步骤组、步骤；
◇ 追踪当前选中的变量、属性；
◇ 通过已建立联系的可视化控件显示序列文件的某些方面的信息；
◇ 通过使能已建立联系的可视化控件更改选择的序列文件、序列、步骤组、步骤；
◇ 提供编辑、保存指令；
◇ 提供执行当前活动序列文件的方法。

3. 执行视图管理控件

执行视图管理控件负责管理与之建立联系的可视化控件和选定的执行之间如何进行交互，以及这些可视化控件该如何显示当前执行的信息。执行视图管理控件通过完成下述一系列任务来实现上述功能：

◇ 指定某一执行为当前活动的执行；
◇ 追踪当前执行中选中的线程、堆栈、序列、步骤组、步骤；
◇ 追踪当前执行中选中的变量、属性；
◇ 通过已建立联系的可视化控件显示当前执行的某些方面的信息；
◇ 通过使能已建立联系的可视化控件更改选择的线程、堆栈、序列、步骤组、步骤；
◇ 产生事件以通知应用程序当前执行的进度和状态；
◇ 提供调试指令；
◇ 更新当前执行的报表内容。

对于每处显示执行或者允许用户选择当前执行的地方，都相应地需要一个执行视图管理控件。在并行测试多执行界面中，会有多个执行视图，并行测试的 UUT 数量也就是执行视图管理控件的数量。

13.3.2 可视化控件

可视化控件和管理控件建立链接以显示序列、显示报表、呈现列表供用户选择、启动应用程序命令，或者显示应用程序的各种状态信息以构建用户界面。这些控件包括序列视图（SequenceView）、变量视图（VariableView）、插入面板（InsertionPalette）、报表视图（ReportView）、下拉框（ComboBox）、列表框（ListBox）、下拉栏（ListBar）、按钮（Button）、标签（Label）、表达式编辑（ExpressionEdit）、状态栏（StatusBar）、复选框（CheckBox）。看起来可视化控件的种类并不多，每个可视化控件都必须链接到某一管理控件，这种链接基于管理控件提供的方法，当链接建立起来后，管理控件的类型和建立链接时它使用的方法就限定了可视化控件所显示的内容，之后可视化控件在运行时的更新就是自动的了，不需要用户干预。如果将这些可视化控件的链接类型进行分类，可以分为视图链接（View Connections）、列表链接（List Connections）、命令链接（Command Connections）、信息源链接（Information Source Connections）。

1. 视图链接

视图链接就是在管理控件和视图相关的 TestStand UI 控件之间建立联系，包括序列视图控件、变量视图控件、插入面板控件、报表视图控件，如图 13-11 所示。其中，序列视图控件可以与序列文件视图管理控件链接，以显示序列文件中某一序列的步骤列表（静态的）；它也可以与执行视图管理控件链接，以显示当前执行中某一序列的步骤列表（动态、实时的）。前者代表的是序列的编辑状态，而后者对应的是序列的运行状态。变量视图控件与之类似，和不同管理控件链接以显示序列编辑状态或运行状态的所有变量和属性。插入面板控件与序列文件视图管理控件链接后，用户就可以通过拖曳方式从视图管理控件添加步骤到序列中。报表视图控件和执行视图管理控件链接，以显示当前执行的报表。这些链接通过调用下述方法来实现：

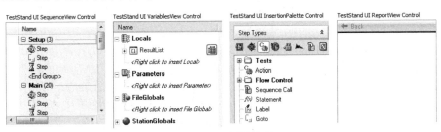

图 13-11　视图控件

◇ SequenceFileViewMgr.ConnectSequenceView；
◇ SequenceFileViewMgr.ConnectVariables；
◇ SequenceFileViewMgr.ConnectInsertionPalette；
◇ ExecutionViewMgr.ConnectExecutionView；
◇ ExecutionViewMgr.ConnectReportView；
◇ ExecutionViewMgr.ConnectVariables。

2. 列表链接

列表链接就是在管理控件与列表类控件之间建立联系，管理控件可以从列表中指定某一项，而可视化控件则陈列该列表并显示所选中的项目。列表类控件包括下拉框、列表框、下拉栏。表 13-1 中列举出了管理控件所提供的列表。

表 13-1 可用的列表链接

列 表	管 理 控 件
Adapters	Application Manager
Sequence Files	SequenceFileView Manager
Sequence	SequenceFileView Manager
Step Groups	SequenceFileView Manager
Executions	ExecutionView Manager
Threads	ExecutionView Manager
Stack Frames	ExecutionView Manager

举个例子，如果将某下拉框和序列文件视图管理控件建立联系，并关联序列列表，那么当用户选择了某序列文件时，该下拉框就会相应地列举序列文件中的所有序列。表格中的列表链接通过下述方法实现：

◇ ApplicationMgr.ConnectAdapterList；
◇ SequenceFileViewMgr.ConnectSequenceFileList；
◇ SequenceFileViewMgr.ConnectSequenceList；
◇ SequenceFileViewMgr.ConnectStepGroupList；
◇ ExecutionViewMgr.ConnectExecutionList；
◇ ExecutionViewMgr.ConnectThreadList；
◇ ExecutionViewMgr.ConnectCallStack。

3. 命令链接

用户界面通常会通过按钮或菜单的方式供用户执行命令。命令链接就是在管理控件与按钮、菜单之间建立联系，以执行特定的命令。比如，"OpenSequenceFile"、"ExecuteEntryPoint"、"RunSelectedSteps"、"Break"、"Resume"、"Terminate" 和

"Exit"都是常见的命令。TestStand UI 控件的 API 中定义了一系列命令集，在编程时从 CommandKinds 枚举变量中选择所需的命令。如果某按钮和管理控件建立链接，在建立链接时指定命令的类型，那么用户界面运行时，只需要单击该按钮即可触发该命令，不再需要额外编写事件处理代码以响应该命令。而且按钮与命令关联后，按钮的文本、状态使能会随着应用程序的状态变化而自动更新，这大大简化了编程开发的工作量。TestStand 中有那么多命令，只需要将它们与按钮或菜单关联起来就可以执行任务了。命令链接通过以下方法实现：

◇ ApplicationMgr.ConnectCommand；

◇ SequenceFileViewMgr.ConnectCommand；

◇ ExecutionViewMgr.ConnectCommand。

如果需要在程序中自动运行命令，而不需要采用和控件建立链接的方式，则可以使用下面的某一种方法先获取一个命令对象，之后就可以使用 Command.Execute 方法调用命令：

◇ ApplicationMgr.GetCommand；

◇ ApplicationMgr.NewCommands；

◇ SequenceFileViewMgr.GetCommand；

◇ ExecutionViewMgr.GetCommand。

4. 信息源链接

信息源链接就是在管理控件与可视化控件之间建立联系，以显示标题、图标、数值信息。可视化控件包括标签、表达式编辑、状态栏。标题就是一些文本，用来显示应用程序的状态和信息，比如标签控件与应用程序管理控件建立链接后，可以显示当前登录的用户名称；标签控件和执行视图管理控件建立链接后，可以显示 UUT 序列号。CaptionSources 枚举了所有的标题，可以在编程时选择。标题的链接通过下述方法来实现：

◇ ApplicationMgr.ConnectCaption；

◇ SequenceFileViewMgr.ConnectCaption；

◇ ExecutionViewMgr.ConnectCaption。

如果不借助于控件链接而获取标题，可以使用 GetCaptionText 方法：

◇ ApplicationMgr.GetCaptionText；

◇ SequenceFileViewMgr.GetCaptionText；

◇ ExecutionViewMgr.GetCaptionText。

在应用程序运行的过程中，会通过很多图标来表示其状态，比如将状态栏控件与执行视图管理控件链接之后，可以显示当前执行的状态（暂停、运行、终止等）。ImageSources 列举了所有的图标，可以在编程时选择。图标的链接通过下述方法来实现：

- ApplicationMgr.ConnectImage；
- SequenceFileViewMgr.ConnectImage；
- ExecutionViewMgr.ConnectImage。

如果不借助于控件链接而获取图标，可以使用 GetImageName 方法：

- ApplicationMgr.GetImageName；
- SequenceFileViewMgr.GetImageName；
- ExecutionViewMgr.GetImageName。

提示：本节介绍的内容将通过 14.3 节的内容及练习体现，对于初次接触用户界面的读者，可能会觉得略显复杂，但笔者还是花了一些篇幅来介绍以上 4 种不同类型的链接，这部分系统性的内容可以供读者在完成后续练习时作为理论参考，有些编程甚至是不常用功能的使用，也可以从这里找到依据。

13.4 单执行用户界面的开发

TestStand 自带的简易用户界面和全功能用户界面都属于单执行用户界面，均只包含一个应用程序管理控件、一个序列文件视图管理控件和一个执行视图管理控件。在这些界面中，当序列运行时，用户在一个时刻只能查看到单个执行的情况。如果是多 UUT 并行测试，要查看多个执行，该怎么办？简易用户界面的做法是间接地通过下拉框控件和执行视图管理控件的执行列表建立链接，然后通过下拉框选择不同的执行进行切换，序列视图控件会随之进行更新以显示不同的执行，如图 13-12 所示。全功能用户界面与之类似，只是将下拉框换成下拉栏，如图 13-13 所示。单执行用户界面通过切换的方式以查看不同的执行，多个执行共享同一组可视化控件，这在一定程度上可以节省用户界面占用的屏幕空间。它是用户界面中最简单、最基本的形式，界面显示信息相对较少。熟练掌握其开发工作后，多执行用户界面也就不复杂了。

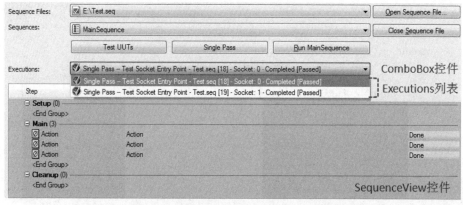

图 13-12 通过下拉框在多个执行之间切换（简易用户界面）

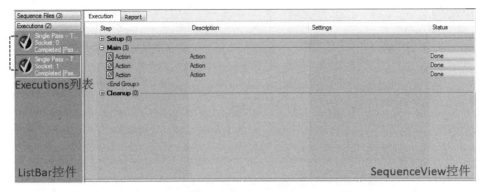

图 13-13　通过下拉栏在多个执行之间切换（全功能用户界面）

在用户界面设计中，包含以下几个基本元素：管理控件、可视化控件、链接、应用程序启动和关闭、注册事件和处理事件。除了事件，这些基本元素在前文基本都介绍到了：管理控件共有 3 种，承担着不同的管理功能；可视化控件通过不同类型的链接方式与管理控件建立关系，构建用户界面并执行命令；调用 ApplicationMgr.Start 方法启动应用程序，调用 ApplicationMgr.ShutDown 方法关闭应用程序；而事件部分，TestStand 管理控件可以产生很多应用程序状态更新的事件，如 ApplicationMgr.SequenceFileOpened、ApplicationMgr.UserChanged，用户完全可以根据实际需求决定是否注册并处理这些事件。一般用户界面中，默认会注册处理以下事件：ExitApplication、Wait、ReportError、DisplaySequenceFile、DisplayExecution，见表 13-2。这部分代码在 TestStand 自带用户界面范例中都有体现。

表 13-2　常用事件

事　件	描　　述
ExitApplication	应用程序管理控件产生该事件以要求退出应用程序
Wait	应用程序管理控件产生该事件以设置系统光标为忙碌或正常状态
ReportError	应用程序管理控件产生该事件以报告应用错误
DisplaySequenceFile	应用程序管理控件产生该事件以显示某特定序列文件
DisplayExecution	应用程序管理控件产生该事件以显示特定的执行

事件首先需要被注册，然后编写处理事件的代码。LabVIEW 中通过 "Register Event Callback" 函数注册事件，而 LabWindows/CVI 中通过 tsui.fp 驱动库中的函数 "TSUI_<object class>EventsRegOn<event name>" 注册 ActiveX 事件。在下面的练习中会涉及如何注册事件和编写事件处理代码。关于事件处理的更多内容可以参考 TestStand Reference Manual 第九章 Creating Customer User Interfaces 的 Handling Events 一节。用户界面的运行流程基本如图 13-14 所示，相应的编程工作按照这个思路来进行就可以了。

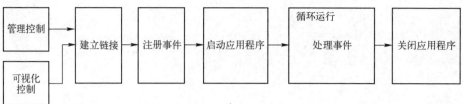

图 13-14　用户界面运行流程

下面的练习读者可任选其一。

> 【练习 13-1A】创建 LabVIEW 单执行用户界面。
>
> 在这个练习中，读者将使用 LabVIEW 开发单执行用户界面，该用户界面能够打开序列文件、使用执行入口点运行序列、运行时显示序列执行窗口、显示报表，并可以随时退出 TestStand 并结束用户界面的运行。在范例资源的练习 \<Exercises\>\Chapter 13\Single Execution\Single Execution-LabVIEW 中已经事先创建了一部分代码，练习中将要完成的工作包括添加管理控件和可视化控件、建立链接、注册 ExitApplication 事件。

（1）创建如图 13-15 所示的前面板。

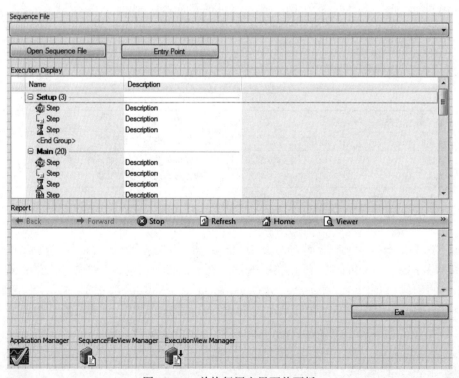

图 13-15　单执行用户界面前面板

① 打开<Exercises>\Chapter 13\Single Execution \ Single Execution – LabVIEW \ Simple UI.lvproj 项目文件，并从项目管理器中打开 Single Execution–Simple UI–Top Level.vi。

② 在 VI 前面板中，打开控件选板并定位到 TestStand 选板，添加下拉框控件，将其重命名为"Open Sequence File"。

③ 添加按钮，将其命名为"Open Sequence File"，右击按钮并从弹出的菜单中选择"显示项»标签"，隐藏按钮的标签。右击按钮控件然后从弹出的菜单中选择"属性浏览器..."，弹出"属性浏览器"对话框如图 13-16 所示。在"Caption"标题一栏设置按钮文本为"Open Sequence File"。

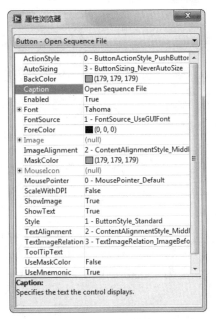

图 13-16 属性浏览器

提示：添加每个 TestStand UI 控件时，它默认有一个标签名称，将其命名相当于修改标签的值。

④ 添加按钮，命名为"Entry Point"。隐藏标签，并设置"Caption"栏为"Entry Point"。

⑤ 添加序列视图控件，将其命名为"Execution Display"。

⑥ 添加报表视图控件，将其命名为"Report"。

⑦ 添加按钮，将其命名为"Exit"。隐藏标签，并设置"Caption"栏为"Exit"。

⑧ 添加应用程序管理控件，将其命名为"Application Manager"。

⑨ 添加序列视图管理控件，将其命名为"SequenceFileView Manger"。

⑩ 添加执行视图管理控件，将其命名为"ExecutionView Manger"。

（2）设置用户界面主窗口。

① 将应用程序管理控件的引用传递给"Get Engine"方法节点的引用输入端。

② 将方法节点的引用输出传递给 TestStand-Set TestStand Application Window.vi 的"Application Manager"输入端，它将设置当前 VI 为 TestStand 用户界面的主窗口。

接下来步骤（3）~步骤（8）完成可视化控件和管理控件之间的链接，完成后的效果如图 13-17 所示。

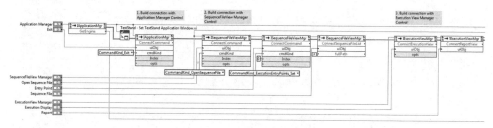

图 13-17　建立链接

（3）连接"Exit"按钮和应用程序管理控件，如图 13-18 所示。

① 添加方法节点，将应用程序管理控件的引用连接到方法节点的引用输入端。

② 选择"Connect Command"方法。

③ 将 Exit 控件的引用连接到方法节点的"uiOj"输入端。

④ 为"cmdKind"输入端创建一个常量，从枚举常量中选择"CommandKind_Exit"。

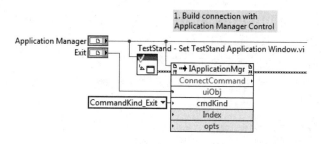

图 13-18　连接"Exit 按钮"和应用程序管理控件

（4）连接"Open Sequence File"按钮和序列文件视图管理控件。

① 添加方法节点，将序列文件视图管理控件的引用连接到方法节点的引用输入端。

② 选择"ConnectCommand"方法。

③ 将 Open Sequence File 控件的引用连接到方法节点的 uiOj 输入端。

④ 为 cmdKind 输入端创建一个常量，从枚举常量中选择"CommandKind_OpenSequenceFile"。

（5）连接 Entry Point 按钮和序列文件视图管理控件。

① 添加方法节点，将序列文件视图管理控件的引用连接到方法节点的引用输入端。

② 选择"ConnectCommand"方法。

③ 将 Entry Point 控件的引用连接到方法节点的 uiOj 输入端。

④ 为 cmdKind 输入端创建一个常量，从枚举常量中选择"CommandKind_ExecutionEntryPoints_Set"。

（6）连接 Sequence File 下拉框和序列文件视图管理控件。

① 添加方法节点，将序列文件视图管理控件的引用连接到方法节点的引用输入端。

② 选择"ConnectSequenceFileList"方法。

③ 将 Sequence File 控件的引用连接到方法节点的 uiOj 输入端。

④ 将"fullPath"输入端设置为"False"。

（7）连接 Execution Display 序列视图控件和执行视图管理控件。

① 添加方法节点，将执行视图管理控件的引用连接到方法节点的引用输入端。

② 选择"ConnectExecutionView"方法。

③ 将 Execution Display 控件的引用连接到方法节点的 uiOj 输入端。

（8）连接 Report 报表视图控件和执行视图管理控件。

① 添加方法节点，将执行视图管理控件的引用连接到方法节点的引用输入端。

② 选择"ConnecReportView"方法。

③ 将 Report 控件的引用连接到方法节点的 uiOj 输入端。

（9）捆绑管理控件引用。

① 将应用程序管理控件的引用连接至 Bundle By Name 函数的"ApplicationMgr"输入端。

② 将序列文件视图管理控件的引用连接至 Bundle By Name 函数的"SequenceFileViewMgr"输入端。

③ 将执行视图管理控件的引用连接至 Bundle By Name 函数的"ExecutionViewMgr"输入端。

（10）完成 ExitApplication 事件注册。

① 在程序框图中找到 Simple UI-Configure Event Callbacks.vi 并将其打开，这个 VI 负责所有 TestStand 事件的注册。查看它的程序框图，可以发现它已经使用 Register Event Callback 函数注册了 ReportError、Wait、DisplayExecution、DisplaySequenceFile 事件。

② 在现有 Register Event Callback 节点中新增一个注册事件，并选择"ExitApplication"事件，如图 13-19 所示。

说明：这些 TestStand 常用事件的注册基本是固定的，包括提供的这些回调 VI。读者可以花一些时间学习回调 VI，但基本上不需要对它们做修改。TestStand 自带范例中的事件注册和图 13-19 也基本上是一样的。

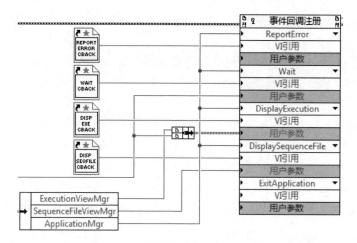

图 13-19 注册 ExitApplication 事件

③ 将应用程序管理控件的引用传递给事件输入端。

④ 将 "Top-Level Event Notification" 引用传递给用户参数输入端。

⑤ 右击 VI 引用输入端,并从弹出的菜单中选择创建回调 VI。

⑥ 保存 VI 至 < Exercises > \ Chapter 13 \ Single Execution \ Single Execution - LabVIEW \ Event Callbacks 目录,并将其命名为 "Simple UI-ExitApplication Event Callback.vi"。

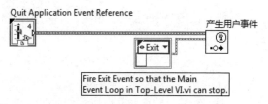

图 13-20 产生用户事件

⑦ 切换到该 VI 的程序框图,添加产生用户事件节点(位于编程»对话框与用户界面»事件选板中),按照图 13-20 所示进行连线和配置,注意用户事件数据常量中枚举常量的值为 "Exit"。

说明:分析 ExitApplication 事件注册以及回调 VI。一方面,顶层 VI 中创建了 LabVIEW 用户事件,且在事件结构中进行了注册,顶层 VI 将用户事件的引用传递至 Simple UI-Configure Event Callbacks.vi;同时,顶层 VI 在 "Exit" 按钮控件和应用程序管理控件的 ExitApplication 命令之间建立链接,意味着如果单击 "Exit" 按钮,它将产生 ExitApplication 事件。另一方面,Simple UI-Configure Event Callbacks.vi 中注册了 ExitApplication 事件后,意味着如果事件发生,相应的回调 VI 将被执行,这里回调 VI 的工作即产生 Exit 用户事件。所以流程是这样的:单击前面板中的 "Exit" 按钮→触发产生 ExitApplication 事件→回调 VI 执行产生 Exit 用户事件→顶层 VI 的事件结构响应该用户事件并从循环中跳出→程序结束。

(11) 运行 VI。确保能正确地打开序列文件、执行序列、显示执行状态,并安全退出程序。

说明:<Exercises>\Chapter 13\Single Execution\Solution\Single Execution-LabVIEW 中提供了解答程序,读者可以参考。

在这个练习的最后,分析一下 TestStand 自带的基于 LabVIEW 的简易用户界面。它的前面板中包含了更多的可视化控件,相应的程序框图中就需要建立更多的链接,通过范例的学习可以了解常用的命令按钮应该和哪个管理控件进行链接。并且,它把应用程序管理控件、序列文件视图管理控件、执行视图控件的配置分别放到不同的子 VI 中进行,使顶层 VI 更加模块化。除此之外,程序就大体和练习 13-1A 一样了。

【**练习 13-1B**】**创建 LabWindows/CVI 单执行用户界面。**
在这个练习中,读者将使用 LabWindows/CVI 开发单执行用户界面,该用户界面能够打开序列文件,使用执行入口点运行序列,运行时显示序列执行窗口、显示报表,可以随时退出 TestStand 并结束用户界面的运行。在范例资源练习<Exercises>\Chapter 13\Single Execution\Single Execution-CVI 中已经事先创建了一部分代码,练习中将要完成的工作包括创建管理控件和可视化控件、建立链接、注册 ExitApplication 事件。

(1) 创建如图 13-21 所示的前面板。

图 13-21　单执行用户界面前面板

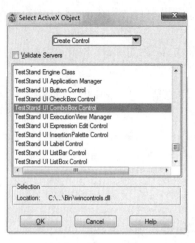

图 13-22 选择 ActiveX 对象

① 打开 <Exercises> \ Chapter 13 \ Single Execution \ Single Execution - CVI \ Single Execution.prj 项目文件。

② 打开文件 Single Exectuion.uir。

③ 右击面板空白处，从弹出的菜单中选择"ActiveX…"，在弹出的对话框中选择"TestStand UI ComboBox Control"，如图 13-22 所示。

④ 右击该下拉框控件并在弹出的菜单中选择"Edit Control"，弹出"Edit ActiveX Contrl"（编辑 ActiveX 控件）对话框。

⑤ 将"Constant Name"栏设置为"SEQUENCEFILECOMBOBOX"，将"Label"栏设置为"Sequence File"，如图 13-23 所示。

图 13-23 编辑 ActiveX 控件

⑥ 按表 13-3 添加其他控件，并设置它们的属性名称、标题和标签。

⑦ 保存 .uir 文件。

表 13-3 用户界面控件

控件类型	Constant Name	Caption	Label
TestStand UI Button Control	EXITBTN	EXIT	…
TestStand UI Button Control	ENTRYPOINT1BTN	ENTRY POINT	…
TestStand UI Button Control	OPENFILEBTN	OPEN FILE	…

续表

控件类型	Constant Name	Caption	Label
TestStand UI SequenceView Control	EXECUTIONVIEW	…	…
TestStand UI ReportView Control	REPORTVIEW	…	…
TestStand UI Application Manager	APPLICATIONMGR	…	…
TestStand UI SequenceFileView Manager	SEQUENCEFILEVIEWMGR	…	…
TestStand UI ExecutionView Manager	EXECUTIONVIEWMGR	…	…

（2）查看结构体定义。

① 打开 Single Execution.c 源文件。

② 在源文件中已放置了 5 个标签（Tag），通过按"F2"键快速定位到第 1 个标签，此处定义了一个结构体，如图 13-24 所示。该结构体包含了构建用户界面的所有对象的引用，这些对象包括面板、TestStand 引擎、前面板 ActiveX 控件引用。

```
// this structure holds the handles to the objects that make up an application window
typedef struct
{
int         panel;
CAObjHandle engine;

// ActiveX control handles:
CAObjHandle applicationMgr;
CAObjHandle sequenceFileViewMgr;
CAObjHandle executionViewMgr;
CAObjHandle reportView;
CAObjHandle openFileBtn;
CAObjHandle sequenceFileComboBox;
CAObjHandle entryPoint1Btn;
CAObjHandle executionView;
CAObjHandle exitBtn;
} MainPanel;
```

图 13-24 结构体定义

（3）查看 main 程序。

① 按"F2"键切换到第 2 个标签处，此处是 main 程序。

② main 程序中调用了 SetupActiveXControls( ) 函数，它将完成可视化控件与管理控件链接、事件注册的工作。接下来的步骤（4）~步骤（9）就是要完善 SetupActiveXControls( ) 函数以完成建立链接和事件注册的任务。

③ 在 SetupActiveXControls( ) 之后调用 TSUI_ApplicationMgrStart( ) 启动应用程序。

（4）获取 ActiveX 控件引用。

① 按"F2"键切换到第 3 个标签。

② CVI 中使用 GetObjHandleFromActiveXCtrl 函数获取 ActiveX 控件的引用，后续建立链接和注册事件就可以使用这些引用。

③ 添加图 13-25 中标注的代码，以获取报表视图控件的引用并赋给结构体

变量的成员 gMainWindow.reportView。

```
// get handles to ActiveX Manager Controls
errChk( GetObjHandleFromActiveXCtrl (gMainWindow.panel, MAINPANEL_APPLICATIONMGR,     &gMainWindow.applicationMgr));
errChk( GetObjHandleFromActiveXCtrl (gMainWindow.panel, MAINPANEL_SEQUENCEFILEVIEWMGR, &gMainWindow.sequenceFileViewMgr));
errChk( GetObjHandleFromActiveXCtrl (gMainWindow.panel, MAINPANEL_EXECUTIONVIEWMGR,   &gMainWindow.executionViewMgr));

// get handles to ActiveX Button Controls
errChk( GetObjHandleFromActiveXCtrl (gMainWindow.panel, MAINPANEL_OPENFILEBTN,    &gMainWindow.openFileBtn));
errChk( GetObjHandleFromActiveXCtrl (gMainWindow.panel, MAINPANEL_ENTRYPOINT1BTN, &gMainWindow.entryPoint1Btn));
errChk( GetObjHandleFromActiveXCtrl (gMainWindow.panel, MAINPANEL_EXITBTN,        &gMainWindow.exitBtn));

// get handles to ActiveX Display Controls
errChk( GetObjHandleFromActiveXCtrl (gMainWindow.panel, MAINPANEL_SEQUENCEFILECOMBOBOX, &gMainWindow.sequenceFileComboBox));
errChk( GetObjHandleFromActiveXCtrl (gMainWindow.panel, MAINPANEL_EXECUTIONVIEW,        &gMainWindow.executionView));
errChk( GetObjHandleFromActiveXCtrl (gMainWindow.panel, MAINPANEL_REPORTVIEW,           &gMainWindow.reportView));
```

图 13-25　获取 ActiveX 控件引用

(5) 链接序列视图控件和执行视图管理控件。

① 按 "F2" 键切换到第 4 个标签。

② 通过菜单命令 "Instrument » NI TestStand 20xx UI Controls" 打开函数面板对话框，如图 13-26 所示。

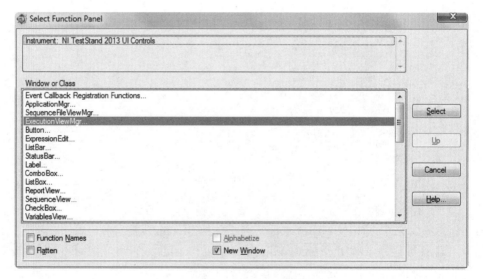

图 13-26　函数面板对话框

提示：如果 NI TestStand 20×× UI Controls 驱动并没有出现在项目中，可以通过菜单命令 "Instrument » Load" 从路径 <TestStand>\API\CVI 加载 tsutil.fp。

③ 选择 "ExecutionViewMgr" 控件的 Connect Execution View 函数，在弹出的函数参数设置对话框中，按照图 13-27 所示进行设置。其中，"Object Handle" 指的是执行视图管理控件的引用；"Ui Obj" 指的是序列视图控件的引用，通过这个函数建立了二者之间的链接。

第 13 章 用户界面设计

图 13-27 链接序列视图控件和执行视图管理控件

提示：也可以直接通过 CVI 窗口左下方的仪器驱动列表视图查找函数，如图 13-28 所示，然后配置并添加函数到主程序中。

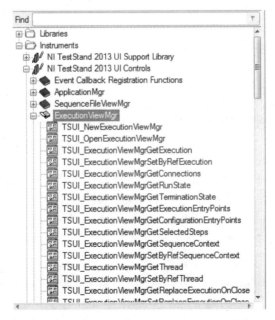

图 13-28 通过仪器驱动列表视图查找函数

④ 通过菜单命令"Code » Insert Function Call"将 TSUI_Execution-ViewMgrConnectExecutionView 函数插入主程序中。

（6）类似步骤（5），建立其他可视化控件和管理控件的链接，只是用到的函数不同，如图 13-29 所示。

```
//connect Execution View to ExecutionView Manager
tsErrChk(TSUI_ExecutionViewMgrConnectExecutionView (gMainWindow.executionViewMgr, &errorInfo, gMainWindow.executionView, 0, NULL));
//connect Report View to ExecutionView Manager
tsErrChk(TSUI_ExecutionViewMgrConnectReportView (gMainWindow.executionViewMgr, &errorInfo, gMainWindow.reportView, NULL));
//connect Sequence File combo box to SequenceFileView Manager
tsErrChk(TSUI_SequenceFileViewMgrConnectSequenceFileList (gMainWindow.sequenceFileViewMgr, &errorInfo, gMainWindow.sequenceFileComboBox, VFALSE, NULL));
//connect TestStand buttons to commands
tsErrChk(TSUI_ApplicationMgrConnectCommand (gMainWindow.applicationMgr, &errorInfo, gMainWindow.exitBtn, TSUIConst_CommandKind_Exit, 0, 0, NULL));
tsErrChk(TSUI_SequenceFileViewMgrConnectCommand (gMainWindow.sequenceFileViewMgr, &errorInfo, gMainWindow.entryPoint1Btn,
        TSUIConst_CommandKind_ExecutionEntryPoints_Set, 0, 0, NULL));
tsErrChk(TSUI_SequenceFileViewMgrConnectCommand (gMainWindow.sequenceFileViewMgr, &errorInfo, gMainWindow.openFileBtn,
        TSUIConst_CommandKind_OpenSequenceFiles, 0, 0, NULL));
```

图 13-29　建立可视化控件和管理控件的链接

（7）完成 ExitApplication 事件注册。

① 按"F2"键切换到第 5 个标签。

② 通过菜单命令"Instrument » NI TestStand 20×× UI Controls"打开函数面板对话框，选择"Event Callback Registration Functions"，然后选择"ApplicationMgrEvents"，并从事件列表中选择"Register ExitApplication Callback"。

③ 按图 13-30 所示注册 ExitApplication 事件。在事件注册函数中，两个重要的参数分别是 Server Object 和 Callback Function。Callback Function 为当事件发生时，将会被执行的函数。在本练习中，回调函数已经事先编写好，名称为"ApplicationMgr_OnExitApplication"。

```
// register ActiveX control event callbacks
errChk(TSUI__ApplicationMgrEventsRegOnWait(gMainWindow.applicationMgr,           ApplicationMgr_OnWait, NULL, 1, NULL));
errChk(TSUI__ApplicationMgrEventsRegOnReportError(gMainWindow.applicationMgr,    ApplicationMgr_OnReportError, NULL, 1, NULL));
errChk(TSUI__ApplicationMgrEventsRegOnQueryShutdown(gMainWindow.applicationMgr,  ApplicationMgr_OnQueryShutdown, NULL, 1, NULL));
errChk(TSUI__ApplicationMgrEventsRegOnDisplaySequenceFile(gMainWindow.applicationMgr, ApplicationMgr_OnDisplaySequenceFile, NULL, 1, NULL));
errChk(TSUI__ApplicationMgrEventsRegOnDisplayExecution(gMainWindow.applicationMgr, ApplicationMgr_OnDisplayExecution, NULL, 1, NULL));
errChk(TSUI__ApplicationMgrEventsRegOnExitApplication(gMainWindow.applicationMgr, ApplicationMgr_OnExitApplication, NULL, 1, NULL));
```

图 13-30　注册 ExitApplication 事件

提示：这些 TestStand 常用事件的注册基本是固定的，包括提供的回调函数定义，读者可以花一些时间学习回调函数，但基本上不需要对它们做修改。TestStand 自带范例中的事件注册和图 13-30 也基本上是一样的。

（8）编译并运行程序。确保在用户界面中能正确的打开序列文件、执行序列、显示执行状态，并安全退出程序。

说明：<Exercises>\Chapter 13\ Single Execution\Solution\Single Execution-CVI 中提供了解答程序，读者可以参考。

在练习 13-1B 的最后，分析一下 TestStand 自带的基于 LabWindows/CVI 的简易用户界面。它的面板中包含了更多的可视化控件，相应的主程序中就需要建立更多的链接，读者通过范例的学习可以了解常用的命令按钮应该和哪个管理控件进行链接，因此它的 SetupActiveXControls（void）函数部分代码更多一些。除此之外，程序大体和练习 13-1A 一样。

13.5 用户界面消息（UIMessage）

既然用户界面作为显示窗口，除了借助 TestStand UI 可视化控件显示信息，还有必要在序列文件和用户界面之间，或者过程模型和用户界面之间，通过某种方式传递数据，以将序列运行过程的更多动态信息通过用户界面显示出来，比如显示 TestStand 当前用户、序列文件的版本号、序列执行的实时进度和状态、某变量或属性的值等。在 TestStand 中，推荐的机制就是用户界面消息（User Interface Message，UIMessage）。一般来说，UIMessage 主要是实现从序列文件和过程模型文件传递数据到用户界面。然而，它其实是一种支持双向数据传递的机制，也可以完成从用户界面传递数据到序列文件或过程模型文件。简单地说，UIMessage 就是利用 TestStand API 调用 Thread.PostUIMessageEx 方法，而使用 TestStand API 最简单的方式就是在序列编辑器中创建一个动作步骤，模块适配器类型选择为"ActiveX"。PostUIM-essageEx 方法的函数原型为

Thread.PostUIMessageEx(*eventCode*, *numericDataParam*, *stringDataParam*, *activeXDataParam*, *synchronous*)

因此，在动作步骤设置窗格中，对象的类是"Thread"，对象引用为"RunState.Thread"，是当前线程通过 UIMessage 发送消息到用户界面。在 PostUIMessageEx 的参数列表中，事件代码（event code）用于区分不同的消息。这其实就类似一个索引或编号，方便另一端用户界面中能够对不同的 UIMessage 加以区分。TestStand 预留了一些事件代码，值在 10000 以内，如 UIMsg_BreakOnRunTimeError（3）、UIMsg_StartExecution（10）、UIMsg_AbortingExecution（6）。它们代表了 TestStand 中一些基本的事件，当这些基本事件发生时，TestStand 默认会产生 UIMessage 事件，而不需要额外创建动作步骤，至于用户界面这边是否响应这些事件，就是另一回事了。除了基本事件，还可以自定义 UIMessage，它们的事件代码最小是 10000（用枚举常量 UIMsg_UserMessageBase 表示）。通常，用户自定义 UIMessage 事件代码会采用"UIMsg_UserMessageBase+N"的形式。UIMessage 可以携带三种类型的数据，分别是数值型、字符串型和 ActiveX 对象引用。在如图 13-31 所示的动作步骤设置窗格中，可以设置要传递的变量或属性。

提示：关于 TestStand 预留的事件代码详细列表，读者请查看 TestStand 帮助

图 13-31　动作步骤调用 PostUIMessageEx 方法

文档，并输入索引关键词"UIMessageCodes"。

PostUIMessageEx 有一个输入参数"synchronous"，默认设置的值为"True"，即它在产生事件后，会等待直到用户界面处理了该事件后才返回，然后继续运行后面的步骤。当其设置为"False"时，不需要等待，这种情况下如果产生 UIMessage 的频率高于用户界面处理事件的频率，则用户界面中缓存事件的队列会变得越来越大，最终可能导致用户界面崩溃。通过 UIMessage 发出消息后，相应地在用户界面中需要注册以响应该事件，这需要回调函数来处理，且基于事件代码对不同的消息加以区分。在练习 13-1 中，我们已经学习了如何注册事件，因此这部分工作并不难。在 LabVIEW 中，与注册 ExitApplication 事件类似，在现有的"Register Event Callback"节点中新增加一个注册事件，并选择 UserMessage 事件。在 CVI 中，使用 TSUI_ApplicationMgrEventsRegOnUIMessageEvent 函数注册 UIMessage 事件，同样地，需要为它编写回调函数。

提示：<Exercises>\Chapter 13\UIMessage\UIMessage-LabVIEW 和<Exercises>\Chapter 13\UIMessage\UIMessage-CVI 中提供了示例程序，完成 UIMessage 事件注册，使得用户界面中可以显示当前登录用户名称，读者可以在用户界面中打开并运行 UIMessage.seq 序列文件，查看效果。

除了在序列编辑器中使用动作步骤调用 TestStand API，有些用户还习惯在代码模块内部调用 PostUIMessageEx 方法，这样就可以在任意指定位置发送 UIMessage，以更新状态。在 LabVIEW 中，是通过 ThisContext 获取到 Thread 引用，然后调用线程类对象的 PostUIMessageEx 方法的；在 CVI 中，则是通过"TestStand API 20××» Advanced » Thread » Post UIMessage Ex"函数实现的。

提示：关于在代码模块中产生 UIMessage，读者可以参考 TestStand 自带范例 <TestStand Public>\Examples\DisplayingProgressAndStatus。不过需要注意范例中用的是 PostUIMessage，这是早期版本使用的方法，不支持传递 ActiveX 对象引用，将其修改为 PostUIMessageEx 即可。

前面提到，UIMessage 其实是支持双向数据传递的，如何从用户界面传递数据到序列文件中？方法有很多种，比如：利用工作站全局变量；或者在用户界面写配置文件，然后在序列的初始化阶段读取该配置文件；或者利用 UIMessage。如果将当前执行的上下文 ThisContext 作为 ActiveX 对象引用传递至用户界面，而 ThisContext 包含了当前执行的所有信息，那么在用户界面端获取这个引用后，就有可能利用相关的 TestStand API 修改其中的数据，比如修改变量或属性的值。动作步骤的设置如图 13-32 所示。

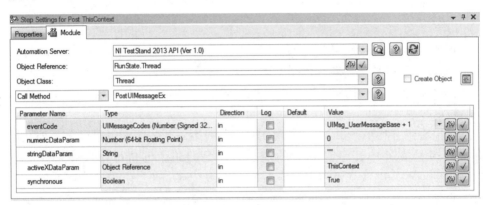

图 13-32 传递 ThisContext

在 LabVIEW 中，利用 TestStand 函数选板中的 TestStand-Set Property Value.vi 接收 Sequence Context 类型的引用，结合查找字符串，就可以设置变量或属性的值。它是一个多态 VI，可以设置数值、字符串、布尔、数值数组、字符串数组、布尔数组、对象引用等类型数据的值；与之相对应的 TestStand-Get Property Value.vi 用于读取变量或属性的值。在 LabWindows/CVI 中，则利用驱动库"TestStand API 20××》Property Object》Values"下的函数，同样可以设置或读取数值、字符串、布尔、数组、对象这些类型的数据的值，如图 13-33 所示；但同样需要先获取 ThisContext。

图 13-33 设置或读取变量属性的值

需要注意的是，在 CVI 中，ThisContext 并不能直接获取，TS_UIMessageGetEvent

先获取到"uiMsg"对象引用，然后通过 TS_UIMessageGetActiveXData 获取 UIMessage 携带的对象引用，但是 TS_UIMessageGetActiveXData 返回的对象引用一开始是"IUnknown"类型，并非"CAObjHandle"类型，因此需要借助于 CA_CreateObjHandleFromInterface 函数进行类型转换，最终得到 ThisContext。以下是这几个函数配合使用的示例：

TS_UIMessageGetEvent（**uiMsg**, &errorInfo, &event）；

TS_UIMessageGetActiveXData（**uiMsg**, &errorInfo, IUnknown **&tempPropertyObject**）；

CA_CreateObjHandleFromInterface（**tempPropertyObject**, &IID_IUnknown, 0, LOCALE_NEUTRAL, 0, 0, **&ThisContext**）；

> **提示**：一些 TestStand API 返回的是变体，如果这些变体实际存储的是 ActiveX 对象的引用，那么需要将变体转换为有效的引用。这部分内容可以参考 TestStand 帮助文档并输入搜索关键词"Handling Variants in LabWindows/CVI User Interfaces"。

可以看到，利用 UIMessage 传递 ThisContext 后，用户界面可以设置序列文件和过程模型文件中变量和属性的值，即使是数组，也是可以操作的。虽然 PostUIMessageEx 中默认设置参数 synchronous 为"True"，它在产生事件后会等待，直到用户界面处理了该事件后才返回，但仅限于等待用户界面中的回调函数执行完成。如果在回调函数中没有直接利用事件返回的 ThisContext 引用去设置变量的值，而是通过其他方式将 ThisContext 传递出去，再将设置变量的这部分工作转移到其他代码中去实现，那么 PostUIMessageEx 并不会等待这些其他代码执行。如果这些其他代码的执行时间过长，有可能在它们开始要设置变量时，ThisContext 已经失效了，或者说序列中的后续其他步骤实际上并没有来得及等到变量被更新，而仍然使用变量原来的值，步骤就已经被执行了。所以，如果需要通过用户界面传递数据至序列文件和过程模型文件，应该将 PostUIMessageEx 所在的动作步骤放在初始化阶段，并稍加一点延时，以确保变量和属性设置生效。即便如此，对于大量的数据，还是建议采用读/写文件的方式。

UIMessage 作为在序列文件和用户界面之间传递数据的一种方式，其优点在于采用了模块化的方式，通用性好，扩展性强。使用不同的事件代码就可以产生不同 UIMessage 事件，然后携带各自的数据，并且在用户界面中不需要对代码做很大改动，只需要增加条件分支即可。因此，它是被优先推荐的数据传递方式。

> **提示**：<Exercises>\Chapter 13\UIMessage\UIMessage-ThisContext-LabVIEW 和<Exercises>\Chapter 13\UIMessage\UIMessage-ThisContext-CVI 中分别提供了 LabVIEW 和 CVI 中传递 ThisContext 的示例代码，读者可以参考，并选择加载序列文件 UIMessage-ThisContext.seq 进行测试。

13.6 多执行用户界面

与单执行用户界面相对应的是多执行用户界面，它包含一个应用程序管理控件、一个序列文件视图管理控件和多个执行视图管理控件。多执行用户界面面向的是多 UUT 并行测试，因此其执行视图管理控件的数量与并行 UUT 的数量相同。众所周知，在多线程过程模型中，每个测试工位上的 UUT 都会在新开辟的执行中运行，以此实现并行测试。而在多执行用户界面中，自然将每个执行视图管理控件和每个执行对应，这样不再需要通过切换的方式，就可以同时查看多个执行。这包括执行的任何信息，如测试进度、堆栈、线程、变量属性的值等。多执行用户界面在产线测试中用得非常广泛，因为操作员可以直观地通过界面显示的信息了解每个测试工位的测试结果，对于测试失败的产品，还可以将其失败项列举出来，以对不良品进一步分类。图 13-34 所示的是四个执行的用户界面，它包含了 4 个序列视图窗口，可以查看每个执行的测试进度。

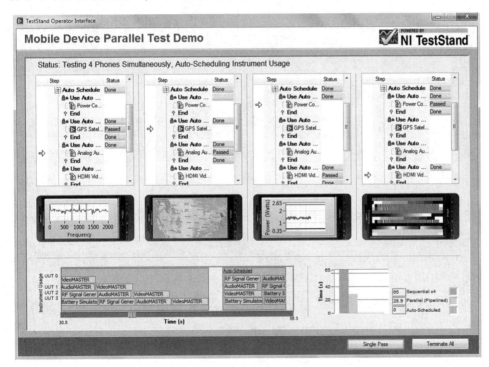

图 13-34　四个执行的用户界面

产线测试用的多执行用户界面有一些共同的特征，其界面中一般会包含当前测试 UUT 的序列号、UUT 测试的状态（通过/失败/错误/进行中）、测试经过的时间、当前测试步骤、测试步骤的结果汇总、如果测试不通过则显示失败项目、测试通过和失败的 UUT 数量统计、测试通过率统计。这些信息多是通过 UIMessage 的方式从序列文件传递给用户界面的,而测试经过的时间、测试通过率的统计等可以放在用户界面中来实现。用户界面力求简洁,有时可能会放置一些命令按钮控件,如"Open Sequence File"、"Test UUTs"、"Single Pass"、"Terminate All"等;有些则干脆什么按钮都没有,甚至无须选择序列文件,用户界面生成可执行文件后自动从特定路径加载,并直接启动 Test UUTs 测试。笔者在此提供一个做项目时设计的多执行用户界面,包括 LabVIEW 和 LabWindows/CVI 两个版本,它们实现的功能是完全一样的。图 13-35 所示为测试主界面,"Settings"页面用于打开并加载序列文件,"Report"页面用于显示 TestStand 报表。源代码位于<Exercises>\Chapter 13\Multiple Execution。为了使读者更好地体会该用户界面的使用,在该目录下同时提供了示例参考序列文件 Multiple Execution Reference Sequence.seq,在运行 LabVIEW 或 CVI 的用户界面后,首先在"Settings"页面选择打开该示例参考序列文件。

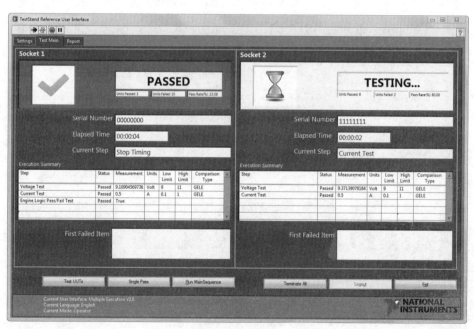

图 13-35　多执行用户界面

需要对示例参考序列文件进行说明:它修改了某些默认的回调序列,而很多 TestStand 信息正是通过这些回调序列基于 UIMessage 传递到用户界面中的。不同信息选择用不同的事件代码加以区分,见表 13-4。相应地,在用户界面中基于事件代码作为条件判断,以此决定对不同的显示控件进行更新。读者可将参考序列文件作为模板,在此基础上编写自己的序列。

第13章 用户界面设计

表13-4 用户界面控件

事件代码	用途	回调序列	传递的参数
10001	传递 UUT 序列号	PreUUT	Parameters.UUT.SerialNumber
10002	更新 UUT 状态，如 Testing、Passed、Failed、Error	PreUUT PostUUT	"Testing…" Parameters.Result.Status
10003	通知 UUT 测试计时开始，或者 UUT 测试计时结束	PreUUT PostUUT	"Start Timing" "Stop Timing"
10004	下一轮 UUT 测试将开始，通知用户界面重置某些显示控件	PreUUT	——
10005	更新当前测试步骤的名称	SequenceFilePreStep	NameOf(Parameters.Step)
10006	显示第一个测试失败项	SequenceFilePostStepFailure	NameOf(Parameters.Step)
10007	测试步骤类型结果汇总	SequenceFilePostStep	TestStand 表达式
10008	指定执行视图管理控件与测试工位进行对应	PreUUTLoop	——
10009	当用户界面没有退出时，重新使用 Test UUTs 执行序列，则重置控件 Units Passed、Units Failed、Pass Rate	PreUUTLoop	——

  对于多执行用户界面，使用了多个执行视图管理控件。比如，用户界面中使用了报表视图控件 ReportView1 和 ReportView2，虽然程序中建立了每个执行视图管理控件和报表视图控件之间的链接，但是如何确保 ReportView1 显示的就是测试工位 0 的报表，而 ReportView2 显示的是测试工位 1 的报表？这就需要先指定执行视图管理控件和哪一个测试工位对应，这个对应关系一旦确认了，报表视图控件也好、序列视图控件也罢，对应关系也就确认了。笔者的做法就是利用 UIMessage，事件代码为 10008（见表13-4），将它放在 PreUUTLoop 回调序列中实施，这样针对每个测试工位将会在循环的最开始分别执行一次。而在用户界面这一侧，通过事件数据 uiMsg 可以获取到当前执行的引用，将它传递给执行视图管理控件的 ExecutionViewMgr.Execution 属性，对应关系就确立了。读者可以参考源代码进一步体会这个过程。

  原则上，用户界面越简洁越好。比如在 TestStand 自带的简易用户界面中，针对执行提供了"Terminate/Restart"、"Break/Resume"命令按钮和执行视图管理控件进行链接，以对某个执行的运行进行干预；而在实际产线测试中，往往会将这些按钮移除。另外，在笔者的用户界面中，并没有序列视图控件。本来序列视图控件和执行视图管理控件建立链接后，可以通过序列视图中的执行指针实时显示测试进度，但前提是在 TestStand 的工作站选项中使能追踪功能，对于部署的系统，追踪功能一般是关闭的（以提高效率），所以序列视图控件也不需要了。此外，UIMessage 事件注册后，相应地存在回调函数响应该事件，默认 PostUIMessageEx 的输入参数 synchronous 值为"True"，即 TestStand 在产生 UIMessage 事件后，会等待用户界面直到回调函数执行完成后才返回，因此回调函数中不能包含耗时较长的代码，否则会影响序列的运行速度。解决办法是将回调函数中获取的数据通过某种途径转移，共享给其他函数，由这些接收了数据的函数执行耗时的代码，从而避免序列执行的等待。最后，在部署的系统中，有可能都不需要操作员去手动选择测试序列文件，而是在程序中自动加载，这通过调用应用程序管理控件的 OpenSequenceFile 方法即可实现（需设置好序列文件路径）。不过在调用该方法前，应注意将应用程序管理控件的 ReloadSequenceFileOnStart 属性设置为"ReloadFile_None"。

13.7 加载配置参数

测试的目的就是要检测出产品的好坏。在序列中会有很多测试类型步骤，如数值限度测试步骤、字符串测试步骤等，它们包含有限度属性，比如测试上下限。这些限度属性可以是具体的常量，也可以是局部变量/参量等，或者一些更复杂的用表达式表示。因为产品种类、机型较多，测试标准各异，有可能限度值不尽相同。另外，对于一个完整的自动化测试系统，不仅是产品的限度参数，可能还包括校准因子、测试夹具的使能控制、数据库路径、通信端口、测试工作站 ID、仪器列表等，这些都是需要进行配置的。如何对这些配置参数进行统一的管理，并能够在用户界面运行时进行加载？加载配置参数的方法有很多，比如 TestStand 自带有属性导入/导出工具，它可以将序列文件中的各种属性导出至文件中，如限度、变量等。若属性已经保存成文件，利用属性加载器步骤可以读取这些文件。一般将该属性加载器步骤放在序列的建立步骤组或过程模型回调序列 Process Setup、PreUUTLoop 中，这样在序列运行的最开始阶段就完成了参数的加载工作。

使用属性导入/导出工具有两个缺点：一是数组的导入/导出很麻烦，而且在文件中的可读性较差；二是不同的序列文件往往导出的属性列表不一样，这个工具却并不保存这个列表，每次都得手动设置导出列表。在实际应用中，很多时候会使用 ini 文件，ini 文件的优点是简单直观且易编辑，它由节和键组成，每个键代表一个参数，相关联的键放在同一节中。像上述各种参数都可以保存到 .ini 文件中，用户可以随时使用记事本等工具对它进行编辑修改，而在序列的步骤中通过代码模块读取 .ini 文件，在 LabVIEW、CVI 和 .NET 中，操作 ini 文件的 API 都是极易实现的。所以，一开始先编辑 ini 文件，比如添加键值 Voltage Upper Limit ="9"，而在序列中初始化阶段步骤读取 ini 文件并将该键值赋给了变量

Locals.VoltageUpperLimit。假设序列中有一个数值限度测试步骤 Voltage Test，它的上限就用局部变量 Locals.VoltageUpperLimit 表示，这样通过 .ini 文件结合序列文件中的变量就实现了对参数的配置。更进一步地，局部变量都不需要了，可以在读取文件后，通过 ThisContext 结合查找字符串给步骤的属性直接赋值。除了 ini 格式，txt、csv、xlsx 等也是常用的参数存储文件格式，有些也会采用数据库，将各种参数统一放到数据库中，借助于数据库系统灵活的管理功能，新增加一个参数即相当于在数据库的表格中添加一条记录，数据库的更新、删除也非常方便。如果将数据库放在网络服务器上，用户界面开始运行时就访问数据库，还可以保证参数的更新能够实时地应用到测试系统中。有时，参数可能会非常复杂，比如用结构体表示，甚至嵌套，有些开发人员会使用 xml 格式的文件来存储参数，这需要在开发环境中编写专门读/写 .xml 文件的接口代码（称之为 Wrapper 程序）。不过这已经不涉及在 .xml 文件和 TestStand 之间进行直接的参数的加载，而是在 .xml 文件和代码模块之间，因为 TestStand 虽然支持结构体数据类型，但是并不推荐在 TestStand 中大量使用，TestStand 并不擅长对复杂类型数据进行处理。

13.8　启动选项

序列编辑器、用户界面都支持命令行启动选项，这些启动项可以对 TestStand 引擎产生影响。比如，前文介绍 TestStand 自带的全功能用户界面，分别传递 /Editor 和/operatorInterface 参数，全功能用户界面运行时的效果是不一样的，直接决定了用户界面是否可以对序列进行编辑。使用命令行启动选项，用户界面可以在运行时直接打开指定的序列文件，还能够以特定的方式运行序列，因此它还是很实用的。表 13-5 中列举了序列编辑器和用户界面所支持的命令行启动选项。注意，对于启动选项格式存在一定的要求："/" 和 "-" 是合法的前缀，多个选项之间用空格分开，如果选项本身中间包含空格则需要使用双引号，如" Test UUTs" 和" c:\My Documents\MySeq.seq"。

表 13-5　命令行启动选项

命令行启动选项	用　　途
sequencefile {sequencefile2} …	通知应用程序启动时自动加载指定路径的序列文件，多个序列文件之间用空格分开。例如： SeqEdit.exe "c:\My Seqs\seq1.seq" "c:\My Seqs\seq2.seq"
/run sequence sequencefile	通知应用程序启动时自动加载指定路径的序列文件，并运行其中的某一序列。例如： SeqEdit.exe /run MainSequence "c:\My Seqs\test.seq"

续表

命令行启动选项	用　　途
/runEntryPoint entrypointname sequence file	通知应用程序启动时自动加载指定路径的序列文件，并使用执行入口点运行其中的某一序列。例如： SeqEdit.exe /runEntryPoint "Test UUTs" "c:\My Seqs\test.seq"
/editor	通知应用程序以编辑模式运行（前提是应用程序支持编辑模式）。例如： testexec.exe /editor
/operatorInterface	通知应用程序以操作员模式运行，在该模式下不能对序列进行编辑。例如： testexec.exe /operatorInterface
/quit	通知应用程序在运行完指定序列后直接退出。例如： SeqEdit.exe /run MainSequence "c:\My Seqs\test\seq" /quit
/useExisting	通知应用程序使用已有的实例，有时会遇到多个序列编辑器同时运行的情况，使用该选项可以避免。但若使用了"/quit"选项，"/useExisting"会被忽略，例如： SeqEdit.exe /useExisting
/setCurrentDir	通知应用程序将当前的目录设置为文件对话框的首选目录，这样当用户打开或保存文件时，在文件对话框中显示的就会是上一次的目录。例如： SeqEdit.exe /setCurrentDir
/?	通知应用程序弹出帮助对话框，其中包含有效命令行的列表。当使用"/?"时，TestStand 会忽略其他所有选项。例如： SeqEdit.exe /?

　　使用启动选项可以方便地对应用程序做一些设置。说明：启动选项的功能基本上都是可以通过编程调用 TestStand API 来实现的。比如，通知应用程序启动时自动加载指定路径的序列文件可以调用应用程序管理控件的 OpenSequenceFile 方法来实现；而用户界面是否支持序列编辑可以通过设置 ApplicationMgr.IsEditor 属性确定，只要它的设置位于 ApplicationMgr.Start 方法调用之前就可以了。在 TestStand 自带全功能用户界面中，通过快捷键"Ctrl+Alt+Shift+Insert"可以在编辑模式与操作员模式之间进行切换，这通过设置 ApplicationMgr.EditModeShortcutKey 属性和 ApplicationMgr.EditModeShortcutModifier 属性来实现，若要禁用快捷键，则须将 ApplicationMgr.EditModeShortcutKey 的值设置为"ShortcutKey_VK_NOT_A_KEY"。

13.9　菜单

　　在用户界面中，有时会包含菜单，使用菜单同样可以完成很多操作。比如，"Execute » Test UUTs"可以运行序列，这与单击用户界面的命令按钮所产生的效果是一样的。在 TestStand 中，留意序列编辑器的菜单，会发现它包含非常多的项，单击每个菜单项相应要触发调用 TestStand API，以完成特定的任务。而且，菜单的状态会随着当前应用程序的状态而随时变化，比如调试菜单命令"Debug»Step Into"、"Debug»Step Over"等只有在序列运行至断点处时才会被使能，其他时候是禁用的。众多菜单选项包含非常多的事件发生和响应，看起来还是非常复杂的。所幸 TestStand 提供了 TSUtil 函数库，它可以很方便地创建 TestStand 菜单，通过菜单完成特定操作，而不需要编写大量代码，不需要额外处理菜单事件，TestStand 会自动根据当前状态使能或禁用菜单项、执行命令，甚至菜单的标题文本也会自动更新。TSUtil 库包含菜单操作和语言本地化的相关函数。

提示：关于 TSUtil 库的内容可以参考 *TestStand Reference Manual* 文档，在 *Creating Customer User Interfaces* 的 *TestStand Utility Functions Library* 章节。

13.9.1 LabVIEW 用户界面菜单

在 LabVIEW 中，位于 TestStand 函数选板的 Menus 子选板中包含了菜单操作的所有 VI，一共有四个：

```
TestStand-Insert Commands in Menu         //插入菜单项
TestStand-Cleanup Menus                   //清理重复插入的菜单项
TestStand-Remove Commands From Menus      //删除菜单项
TestStand-Execute Menu Command            //执行菜单项
```

一般在插入菜单项前会先删除之前已有的菜单项，然后清理重复插入的菜单项。在 TestStand 自带 LabVIEW 全功能用户界面中，为了避免频繁地更新菜单，只在用户通过鼠标打开菜单或者通过快捷键激活菜单时（即 Menu Activation? 事件，如图 13-36 所示），才进行菜单的更新，该过程通过 Rebuild Menu Bar.vi 实现。

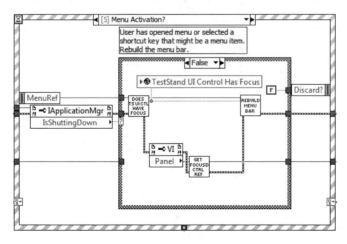

图 13-36 Menu Activation? 事件

查看 Rebuild Menu Bar.vi 的程序框图，它进行菜单刷新的过程是：删除已有菜单项→插入菜单项→清理菜单项。而在插入菜单项 TestStand-Insert Commands in Menu.vi 中，它的"Commands"输入端接受的是枚举类型元素的数组。范例中针对每个顶层菜单使用的都是默认值，如 CommandKind_DefaultFileMenu_Set、CommandKind_DefaultEditMenu_Set 等，这些默认设置意味着不对菜单做任何定制化，比如"File"菜单下的所有子菜单项在用户界面运行时都将列举显示出来。而实际情况往往是需要一个裁剪了的菜单，即将一些常用的菜单项开放出来，这就需要修改传递给"Commands"输入端的数组。按照图 13-37 所示设置后，运行时"File"菜单将只包含 4 个子菜单项：打开序列文件、登录、注销、关闭文件。其他顶层菜单项的自定制道理与之类似。

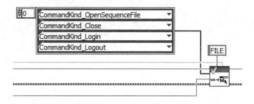

图 13-37　自定义文件菜单项

当用户选择某个具体的子菜单项时，将触发 Menu Selection 事件。在 Menu Selection 事件处理分支中，被选中的菜单项标签将通过队列传递给 Execute Menu Command.vi，由该 VI 执行菜单项，整个过程就算完成了，如图 13-38 所示。

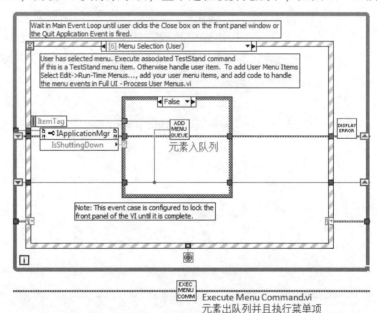

图 13-38　Menu Selection

13.9.2　CVI 用户界面菜单

如果已经通过菜单命令"Instrument » Load"从路径<TestStand>\API\CVI 加载了 tsutil.fp，则可以找到 TSUtil 函数库，其中 TestStand 菜单操作函数如图 13-39 所示，具体如下：

TS_InsertCommandsInMenu　　　//插入菜单项
TS_RemoveMenuCommands　　　//删除菜单项
TS_CleanupMenu　　　　　　　//清理重复插入的菜单项

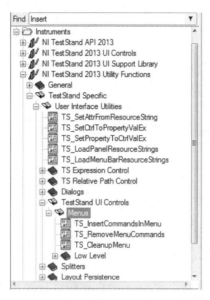

图 13-39　TestStand 菜单操作函数

一般在插入菜单项前会先删除之前已有的菜单项，然后清理重复插入的菜单项。为了避免频繁地更新菜单，只在用户通过鼠标打开菜单或者通过快捷键激活菜单时，才进行菜单的更新。CVI 中通过注册事件回调函数 InstallMenuDimmerCallback 响应菜单激活事件，其函数原型为：

int InstallMenuDimmerCallback（int Menu_Bar_Handle，MenuDimmerCallbackPtr Dimmer_Function）

这样当菜单激活时，就会触发 Dimmer_Function 函数执行，一般菜单更新的代码就放在 Dimmer_Function 函数中。在 TestStand 自带的 CVI 全功能用户界面中，Dimmer_Function 函数为 MenuDimmerCallback 函数，在 MenuDimmerCallback 函数中调用 RebuildMenuBar 函数，查看 RebuildMenuBar 函数的定义，其中就包括了 TS_RemoveMenuCommands、TS_InsertCommandsInMenu、TS_CleanupMenu，

它进行菜单刷新的过程是:删除已有菜单项→插入菜单项→清理菜单项。而在 TS_InsertCommandsInMenu 中,它的输入参数 TSUIEnum_CommandKinds commands[ ] 的数据类型是枚举常量数组,范例中针对每个顶层菜单使用的都是默认值,如 TSUIConst_CommandKind_DefaultFileMenu_Set、TSUIConst_CommandKind_DefaultExecuteMenu_Set 等,这些默认设置意味着不对菜单做任何定制化,比如 "File" 菜单下的所有子菜单项在用户界面运行时都将会列举显示出来。而实际情况往往是需要一个裁剪了的菜单,即把一些常用的菜单项开放出来,这就需要修改传递给 TSUIEnum_CommandKinds commands[ ] 输入端的值。按照图 13-40 所示设置后,用户界面运行时文件菜单将只包含 4 个子菜单项:打开序列文件、登录、注销、关闭文件。其他顶层菜单项的自定制道理与之类似。

```
// make sure all menus have appropriate items with the correct enabled states
static int RebuildMenuBar(int menuBar)
{
    int                                     error = 0;
    CAObjHandle                             viewMgr = 0;
    static enum TSUIEnum_CommandKinds       fileMenuCommands[] =
    {
        //TSUIConst_CommandKind_DefaultFileMenu_Set,   // add all the usual commands in a File menu
        TSUIConst_CommandKind_OpenSequenceFile,
        TSUIConst_CommandKind_Login,
        TSUIConst_CommandKind_Logout,
        TSUIConst_CommandKind_Close,
        TSUIConst_CommandKind_NotACommand              // list terminator
    };
```

图 13-40　自定义文件菜单项

13.10　TestStand 语言包

经常有用户提出希望对 TestStand 用户界面进行本地化。由于用户界面中采用了很多 TestStand UI 控件,这些控件的标题文本是随着 TestStand 的状态变化而自动更新的,因此无法在用户界面编辑状态下像普通控件一样直接进行修改。而如果需要通过编程动态地更新,又显得有些复杂。所幸 TestStand 提供了一种非常简便的方式来帮助实现本地化工作,这就是字符串资源文件(String Resource File)。TestStand 中所有可以查看到的字符串都存储于字符串资源文件中,如序列视图控件的各列名称(如 Step、Description、Settings)、插入面板中各种类型的步骤的名称(如 Numeric Limit Test、Statement)、各种菜单项和命令按钮(如 Run MainSequence、Test UUTs、Single Pass)等。字符串资源文件位于<TestStand>\Components\Language\目录下,默认只有 "English" 目录,如图 13-41 所示。在该目录下,可以看到的字符串资源文件其实就是一系列 ini 文件。ini 文件的组织特点就是节和键,每个键有特定的标签,TestStand 给每个标签都赋予了常量值,若要增加一种语言的支持,只要找到该标签并修改它的值就可以了。

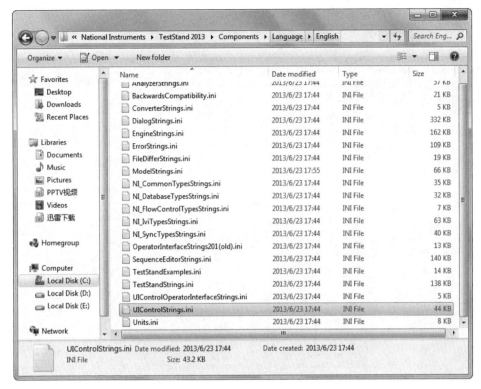

图 13-41　字符串资源文件

不过在修改前，应该先将整个"English"目录复制一份至<TestStand Public>\Components\Language\目录，并重命名（如"Chinese"），这是为添加汉化语言包做准备。之后对"Chinese"目录下的 .ini 文件进行修改，比如经常被修改的文件 UIControlString.ini、ModelString.ini。修改完成后，通过序列编辑器菜单命令"Configure » Station Options » Language"查看语言页面，发现多了"Chinese"选项，如图 13-42 所示。选择它后，重启序列编辑器或用户界面，就可以看到本地化的效果了。

以前文介绍的多执行用户界面为例，如果要本地化界面中的命令按钮，只需要在新创建的"Chinese"目录下完成如下的修改，就可以看到汉化的效果了：

(1) 使用记事本打开 ModelStrings.ini。

(2) 搜索"Test UUTs"，将"TEST_UUTS="Test UUTs""替换为"TEST_UUTS="连续测试""。

(3) 搜索"Single Pass"，将"SINGLE_PASS="Single Pass""替换为"SINGLE_PASS="单次执行""。

(4) 保存并关闭文件。

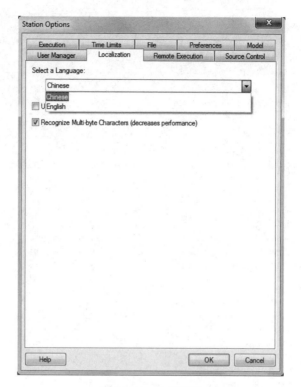

图13-42 选择语言

(5) 使用记事本打开 UIControlStrings.ini。

(6) 搜索"Open Sequence File",将"FILE_OPEN="&Open Sequence File…""替换为"FILE_OPEN="打开序列文件""。

(7) 搜索"Close & Sequence File",将"FILE_CLOSE_SEQUENCE_FILE ="Close &Sequence File""替换为"FILE_CLOSE_SEQUENCE_FILE ="关闭序列文件""。

(8) 搜索"Terminate All",将"DEBUG_TERM_ALL="Terminate All""替换为"DEBUG_TERM_ALL="终止所有""。

(9) 搜索"Lo&gin",将"FILE_LOGIN = " Lo&gin…""替换为"FILE_LOGIN ="登录""。

(10) 搜索"Logo&ut",将"FILE_LOGOUT="Logo&ut""替换为""FILE_LOGOUT="注销""。

(11) 搜索"&Run",将"EXECUTE_RUN_SELECTED ="&Run %1""替换为"EXECUTE_RUN_SELECTED ="运行 %1""。

(12) 保存并关闭文件。

简单提一下修改字符串资源文件的技巧,在使用默认"English"语言选项时,注意观察控件、菜单、对话框窗口中的文本,将这些文本作为搜索关键词,去字符串资源文件中查找,查找到该标签后,进行替换。在字符串资源文件中搜索时注意,符号"&"表示快捷键。例如,"Lo&gin"表示"Login",并且指定使用字符"g"为快捷键。只要设置了语言且在新的字符串资源文件中做好修改,用户界面运行时按钮和菜单才会自动更新。不过对于有些 TestStand UI 控件,还需要调用 ApplicationMgr.LocalizeAllControls 方法进行本地化。该方法一次性对所有 TestStand UI 控件进行本地化,不过它只针对 TestStand UI 控件,对其他非 TestStand UI 控件的用户界面元素,则需要借助于 TSUtil 库。表 13-6 列举了在不同应用开发环境中 TSUtil 库所提供的本地化函数。在 TestStand 自带全功能用户界面中,都提供了本地化的示例代码,读者可以参考。

表 13-6 TSUtil 库中本地化函数

开 发 环 境	TSUtil 库本地化函数
LabVIEW	TestStand-Localize Front Panel.vi TestStand-Localize Menu.vi TestStand-Get Resource String.vi
LabWindows/CVI	TS_LoadPanelResourceStrings TS_LoadMenuBarResourceStrings TS_SetAttrFromResourceString TS_GetResourceString
.NET	Localizer.LocalizeForm Localizer.LocalizeMenu
C++(MFC)	Localizer.LocalizeWindow Localizer.LocalizeMenu Localizer.LocalizeString

13.11 Front-End 回调序列

Front-End 回调序列的特点在于不同的用户界面可以共享它所定义的操作,它位于<TestStand>\Components\Callbacks\FrontEnd\FrontEndCallbacks.seq。打开序列文件 FrontEndCallbacks.seq,默认包含一个 LoginLogout 序列,该序列中的 Logout 步骤和 Login 步骤定义了每次打开序列编辑器或运行用户界面时所弹出的用户登录窗口以及用户登出功能。由于 Front-End 回调序列对所有用户界面是通用的,因此将某些通用操作定义在 Front-End 回调序列中的好处是不再需要去修改用户界面的源代码并重新生成可执行文件。如果要修改 Front-End 回调序列,推荐的方式是先将 FrontEndCallbacks.seq 复制到<TestStand Public>\Components\Callbacks\FrontEnd 目录,然后再进行修改,比如修改用户登录方式或者添加新的序列。对于新定义的序列，使用 Engine.CallFrontEndCallbackEx 方法调用它，关于它的用法可以查看帮助文档。然而，在 TestStand 自带的用户界面范例中，同样具有用户登录的功能，但源代码中并没有发现调用 Engine.CallFrontEndCallbackE 方法，这是由于 ApplicationMgr.LoginOnStart 属性的默认值为"True"，这样如果 ApplicationMgr.Start 方法被调用，则 LoginLogout 序列自动运行。另外，应用程序管理控件的 ApplicationMgr.Login 方法和 ApplicationMgr.Logout 方法也具有调用 LoginLogout 序列的功能，因此不需要 Engine.CallFrontEndCallbackE 方法，这是 TestStand 自带 ActiveX 控件带来的便利。

【小结】

　　作为整个 TestStand 系统架构的一部分，用户界面是 TestStand 中非常重要的组件。用户界面的特点是简洁直观、显示必要的信息、可定制化。本章从用户界面的基本概念和特点开始，首先介绍了 TestStand 自带用户界面，这些界面很大程度上由 TestStand UI 控件构成，采用 TestStand UI 控件可以大大简化用户界面的开发工作。然后介绍的是单执行界面的开发，包括图形化的 LabVIEW 和文本的 CVI，这部分内容让读者熟悉了用户界面的运行流程和代码编写。UIMessage 是 TestStand 中推荐的一种在序列文件、过程模型和用户界面之间传递数据的机制。在多执行用户界面中，除了提供现成可用的代码，参考示例序列文件中基于 UIMessage 在特定回调序列中传递参数至用户界面的方法也值得借鉴。加载配置参数、命令行启动选项、定制化菜单、语言本地化等也都是用户界面设计中经常需要考虑的方面。

第14章 报表自定制

当序列运行时，TestStand 会自动收集结果，这些结果将作为报表的数据源，因此修改结果收集的方式会间接影响报表内容。事实上，TestStand 引擎或序列编辑器本身并不提供报表生成功能，这些工作是由默认的过程模型定义的，过程模型定义了最终报表的内容及格式。本章将介绍报表主体是如何产生的，哪些过程模型回调序列可以影响报表的内容，如何实现在报表中增加额外的信息，对于 XML 和 ATML 格式报表如何修改样式表文件以定制报表。

目标

- ☺ 修改过程模型结果收集
- ☺ 了解属性标记如何影响报表
- ☺ 理解报表生成过程
- ☺ 掌握通过回调序列修改报表
- ☺ 自定制样式表文件
- ☺ 打包 XML 文件
- ☺ 对比不同报表格式的优劣

关键术语

Result Collection（结果收集）、Report Generation（报表生成）、Property Flag（属性标记）、XML（可扩展标记语言）、ATML（自动测试标记语言）、Style Sheet（样式表文件）、Distributing XML Report（打包 XML 报表）

14.1 修改结果收集

第12章介绍过，报表生成分为两个阶段：第一阶段，TestStand 引擎将每个步骤的结果按一定的格式收集到临时结果列表 Locals.ResultList 中，修改结果收集将间接影响报表内容；第二阶段，TestStand 利用临时结果列表中的数据按一定的格式生成最终报表文件。第12章曾介绍过调用 Execution.AddExtraResult 方法添加 Step.Result 之外的属性到 ResultList 中。其实，还有其他方法同样可以修改结果收集，比如额外结果步骤、自定义步骤，或者使用 TestStand API 直接在 Locals.ResultList 或 Step.Result 容器中插入子属性。

14.1.1 额外结果

TestStand 自带的步骤类型 Additional Result 可以添加任意属性到 Locals.ResultList 中。每次单击 "Add Custom Result" 按钮 ➕ 将会添加一行，在 "Name" 栏中输入名称，"Value to Log" 栏中则是要添加的属性。如图 14-1 所示，添加了 3 个变量，且 "Include in Report" 复选框默认勾选，这些变量就都会出现在报表中。其实，在每个步骤的属性配置页额外结果面板中均具有同样的功能。

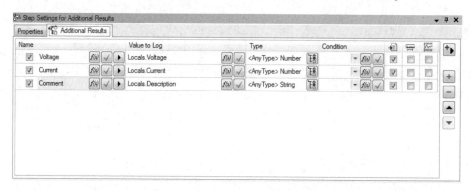

图 14-1 使用 Additional Result 步骤类型

14.1.2 自定义步骤

由于 Step.Result 总会被复制到 Locals.ResultList 中，对于自定义步骤类型，它能够修改 Step.Result，在 Step.Result 中添加额外的数据项，这些数据项自然就会出现在 Locals. ResultList 中。如图 14-2 所示的 HardwareConfig 步骤类型，增加了 UUTClassification 和 SerialNumber 两个属性。

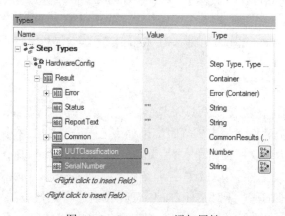

图 14-2 Step. Result 添加属性

注意：如果数据项始终要添加到 Locals.ResultList 中，这是一种较好的方法；但若数据项依赖于某些配置以决定是否被添加到 Locals.ResultList 中，就不推荐采用这种方式了。

14.1.3　插入子属性

Locals.ResultList 和 Step.Result 都属于 PropertyObject 对象类型，因此可以使用 PropertyObject 对象的方法在上述容器中直接插入子属性。PropertyObject.InsertSubProperty 能够将已有的属性插入到容器中，函数原型如下：

PropertyObject.InsertSubProperty(*lookupString* , *options* , *index* , *subProperty*)

对于参数 lookupString，如果传递的值为空字符串，则该方法应用于属性对象本身；如果该方法应用于对象的子属性，查找字符串则表示了子属性的路径。subProperty 就是将要被插入到对象中的属性，但注意该属性不能有父类，这可以使用 PropertyObject.Parent 验证。举个例子，将某数值型局部变量 Locals.Voltage 插入 Locals.ResultList[0] 中，Locals 是 Locals.Voltage 的父类，既然有父类，就需要先使用克隆方法得到新的拷贝 Locals.VoltageClone（对象数据类型），如图 14-3 所示；再将 Locals.VoltageClone 插入 Locals.ResultList[0] 中，其中索引值为 4，这是它在容器中的位置，如图 14-4 所示。插入子属性后的效果如图 14-5 所示。

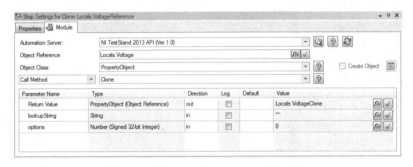

图 14-3　克隆局部变量

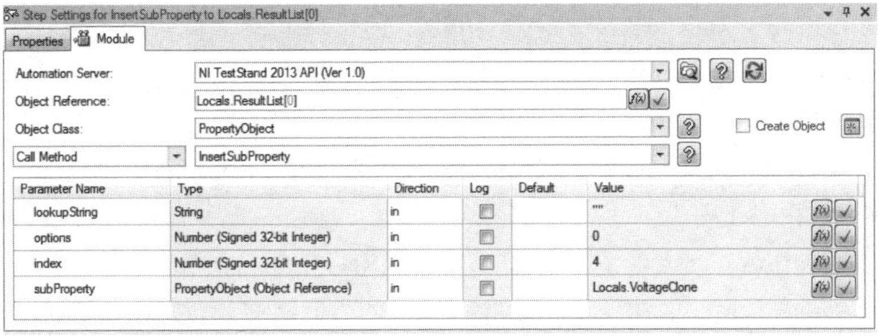

图 14-4　插入子属性

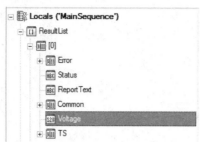

图 14-5 Locals.ResultList[0]插入子属性后的效果

另一种方法是 PropertyObject.SetVal<data type>，它用来设置属性的值，且当属性不存在时，它可以创建该属性。以 PropertyObject.SetValNumber 为例，函数原型如下：

PropertyObject.SetValNumber (lookupString , options , newValue)

如果 Options 的值为 "0x1"（InsertIfMissing 使能），即子属性不存在时，则可以先创建子属性并设置它的值。如图 14-6 所示，在当前步骤中插入子属性 RunState.Step.Result.Voltage。

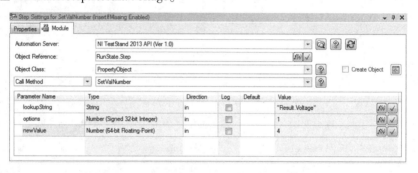

图 14-6 SetValNumber

上述两种方法都可以实现插入新的属性。通常，如果属性的添加依赖于步骤的某些设置，则适合将属性添加到 Step.Result，添加工作在自定义步骤的子步骤中完成；如果待添加属性并不属于当前步骤，则适合将它添加到 Locals.ResultList 中，添加的工作可以在引擎回调序列中完成。

与结果收集相关的引擎回调序列是 SequenceFilePostResultListEntry，它会在每个步骤将结果 Step.Result 添加到 Locals.ResultList 时被触发执行。SequenceFilePostResultListEntry 具有过滤或缓冲的功能，它有以下三个重要的参量：

☺ Step：触发引擎回调序列执行的步骤的引用。

☺ Result：触发引擎回调序列执行的步骤的结果，该结果已经添加到 ResultList 中，但仍可以在 SequenceFilePostResultListEntry 中修改它，从而更新 ResultList。

☺ DiscardResult：决定是否将步骤结果从 ResultList 中删除。

利用 SequenceFilePostResultListEntry 可以对结果进行过滤，比如添加表达式步骤，表达式为 "Parameters.DiscardResult = True"，并设置先决条件 Parameters.Result.Status !="Failed" && Parameters.Result.Status !="Error"，这样 TestStand 将只收集状态为"Failed"或"Error"的步骤结果，其他结果将被丢弃，用户可以拿到诊断报告。

注意：主序列中每个步骤运行后，SequenceFilePostResultListEntry 都会被调用，这将使系统增加一些额外开销。

14.2 报表生成

TestStand 本身并不提供报表生成功能，它是由过程模型来完成的。TestStand 将结果收集到 ResultList 中后，过程模型如何利用这些结果？第 12 章介绍过 ResultList 的结构，每个序列都有初始化为空的数组 ResultList，客户端序列文件的主序列当然也不例外，而且子序列的结果可以嵌套，因此主序列及其子序列的所有结果都包含在它的 ResultList 中。如果过程模型中负责报表生成的是另一些序列，只要把主序列的 ResultList 作为参量传递给这些序列，它们就可以处理数据并产生报表了，默认的过程模型正是这么做的。以顺序过程模型的 Test UUTs 为例，Model Plugins-UUT Done 步骤将完成报表生成过程，它的参数列表中，MainSequence-Result 的值为 "RunState.Sequence.Main["MainSequence Callback"].LastStepResult"，如图 14-7 所示，而它正是客户端主序列的 ResultList。图 14-8 所示为使用监视窗格查看 LastStepResult。

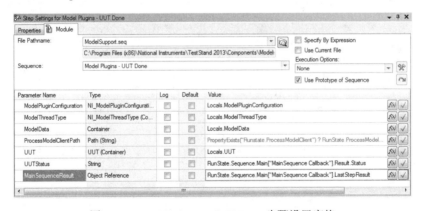

图 14-7 Model Plugins-UUT Done 步骤设置窗格

图 14-8 使用监视窗格查看 LastStepResult

14.2.1 属性标记

结果收集后,并不是所有的数据都会用来生成报表,这与属性标记(Property Flag)设置有关。以自定义步骤为例,假如 Step.Result 中添加了 Step.Result.UUTClassfication 属性,TestStand 会自动将它添加到 ResultList 中,但是报表生成器会检查该属性的标记"IncludeInReport",只有当其被选中时,该属性才会出现在报表中。还有另外一些常用的标记,如"IsMeasurementValue"和"IsLimit",因为在报表选项中可以选择是否包含限度值和测量值,所以报表生成器可以依赖这些选项而考虑是否将含有"IsMeasurementValue"或"IsLimit"标记的属性从报表中移除。如何手动设置属性标记呢?首先在类型选板窗口,选中自定义步骤的某个属性,右击并从弹出的菜单中选择"Properties…";然后在属性对话框中单击"Advanced"按钮并选择"Flags…",如图 14-9 所示;接着在"Edit Flags"(编辑标记)对话框中勾选必要的属性标记,如"IncludeInReport",完成这些工作后,就可以新创建序列,添加该自定义步骤,运行并查看报表的变化,如图 14-10 所示。

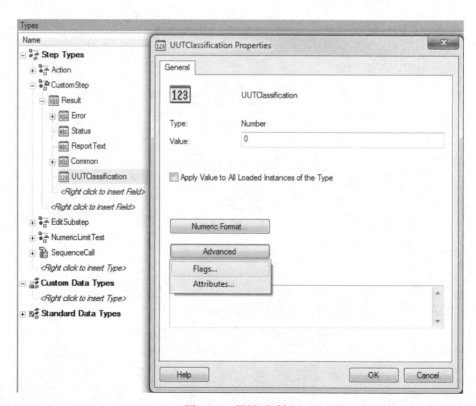

图 14-9 属性对话框

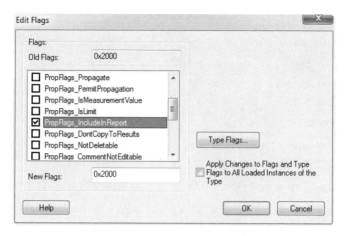

图 14-10　编辑标记对话框

提示：如果整个容器设置了标记，容器中的所有子属性同样具有该标记。如果整个数组设置了标记，数组的每个元素都具有该标记。

14.2.2　报表生成过程

前期结果收集完成后，可以通过属性标记对结果进行过滤，接下来看报表生成器如何组织数据并产生报表。TestStand 2012 及以后的版本引入了模型插件结构，将数据处理从过程模型文件本身中剥离出来，通过图 14-11 可以看出过程模型在报表生成结构方面的改动。TestStand 2010 及以前的版本结构很简单，而 TestStand 2012 及以后的版本增加了两层：由模型插件结构引入了 ModelSupport.seq 和 NI_ReportGenerator.seq。因此，这些部分有了很大变化，而调用堆栈的最底层仍然是各种报表格式对应的序列文件 ReportGen_<Format>.seq，

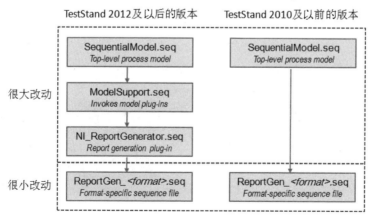

图 14-11　报表生成的架构

这些序列文件本身的变化不大。汇总与报表生成相关的序列文件，NI_ReportGenerator.seq 位于<TestStand>\Components\Models\ModelPlugins，其他序列文件位于过程模型目录<TestStand>\Components\Models\TestStandModels。

查看 TestStand 2012 及以后的版本的报表生成过程序列调用关系，对于图 14-12 中的每个单元，分别列举了序列名称、所在的序列文件、序列的性质和作用。过程模型执行入口点 Test UUTs 直接调用的是 ModelSupport.seq 的 Model-Plugins-UUT Done 序列。在模型插件结构中，为了保证过程模型不被修改，ModelSupport.seq 对所有插件实例都是通用的，所以报表实例 NI_ReportGenerator.seq 中必然会有完全同名称的 Model-Plugins-UUT Done 序列和 ModelSupport.seq 相对应，再由它来调用生成报表的 TestReport 序列。

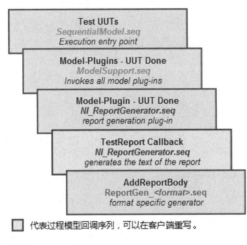

图 14-12　报表主体生成过程序列调用关系

一个完整的报表包括表头（Header）、主体（Body）和表尾（Footer）三个部分。表头一般会包含测试站的一些基本信息，如工作站 ID、操作员、测试起始时间等；表尾则可能包含一些脚注或商标信息；中间的部分就是报表主体，包含详细的测试数据。在图 14-12 中，调用关系的最底层序列是 AddReportBody，即创建报表主体部分，它由 TestReport 过程模型回调序列调用。如果查看 TestReport 步骤列表，如图 14-13 所示，它还包含创建表头、表尾的步骤：Get Report Header 步骤调用 AddReportHeader 序列，Get Report Footer 步骤调用 AddReportFooter 序列。这样，大的方向就清楚了，知道报表是在哪里产生的了。

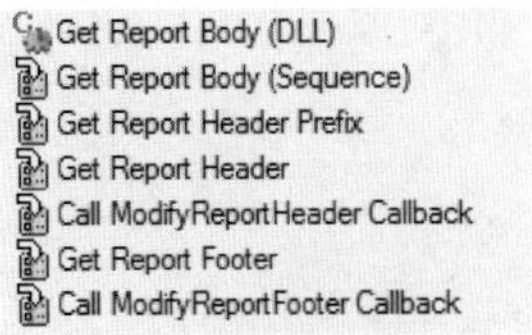

图 14-13　TestReport 中生成报表的步骤

在表头和表尾部分，所有格式报表的 AddReportHeader、AddReportFooter 序列差别不太大，而报表主体部分则有较大差别。对于 XML 格式，TestReport 将参量 Parameters.MainSequenceResult 传递给子序列 AddReportBody，Parameters.MainSequenceResult 正是客户端主序列的所有结果，AddReportBody 序列继而调用 PropertyObject.GetXML 方法处理该参量。对于 ATML 格式，AddReportBody 序列调用 ATMLSupport.dll 的 Get_Atml_ReportBody 函数，同样处理 Parameters.MainSequenceResult。XML 文档会按照 XML Schema 文件（xsd 后缀）定义的语法生成 XML 文件，ATML 文档会按照它的 Schema 文件所定义的语法生成 ATML 文件。由于 TestStand 中 XML Schema 和 ATML Schema 都是不可修改的，除非用户另外创建新的 Schema 文件，所以实际上 XML 和 ATML 报表主体内容无法更改。但是修改样式表文件可以更改 XML 文件在浏览器中打开时的外观视图和显示内容，以实现定制化的效果。

提示：关于 XML Schema 可以参考 TestStand 帮助文档，并从链接 http://www.w3school.com.cn/schema/ 了解更详细的信息。

对于 ASCII 和 HTML 格式的报表，除了可以使用序列方式 ReportGen_<Format>.seq 生成报表主体，还可以使用 DLL，在报表选项中可以设定。如果采用 DLL，TestReport 中的 Get Report Body (DLL) 步骤被执行，它调用过程模型支持文件 modelsupport2.dll 的 CreateReportSection_CImplementation 函数。DLL 方式的运行速度会快一些，但是不容易修改，因为要对源文件进行修改并且重新编译。如果采用序列生成报表主体，TestReport 中的 Get Report Body (Sequence) 步骤被执行，它调用 AddReportBody 序列。其实，图 14-12 中报表主体生成过程序列调用关系中显示的就是利用序列生成报表主体这种方式。对于 ASCII 和 HTML 格式，将 AddReportBody 的细节进一步展开，就能看明白它是如何利用每个步骤、每个序列的结果逐步生成报表主体的，如图 14-14 所示。

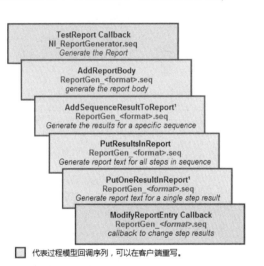

图 14-14 HTML 和 ASCII 格式报表主体的生成过程（序列选项）

☺ AddReportBody：创建报表主体。

☺ AddSequenceResultToReport：添加序列的基本信息，如序列名称、序列文件路径等,并调用 PutResultsInReport 将整个序列的结果添加到报表中。
- PutResultsInReport:将序列所有步骤的结果添加到报表中。
- PutOneResultInReport:将单个步骤的结果添加到报表中。如果步骤类型是 SequenceCall,它还会调用 AddSequenceResultToReport,通过递归调用,直到完成每个步骤结果的添加。
- ModifyReportEntry:在 PutOneResultInReport 产生单个步骤的报表文本后,可以利用 ModifyReportEntry 回调序列在客户端序列文件中修改报表文本。

1. 实时报表生成

在报表选项中可以开启实时报表生成(On-The-Fly Reporting),这样在序列执行的过程中就会实时更新报表文件。在这种模式下,报表生成过程的序列调用关系与前面就有很大的区别,主要是通过 ProcessModelPostResults 引擎回调序列,周期性地检查缓存中结果的数量和上传间隔,以决定是否要更新报表文件,如图 14-15 所示。

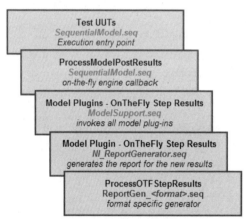

图 14-15 实时报表生成过程的序列调用关系

2. 早期 TestStand 版本

因为 TestStand 2012 及以后的版本的过程模型有了非常大的改动,简单地查看 TestStand 2010 及以前的版本中报表生成过程的序列调用关系,可以发现少了模型插件结构额外引入的两层。

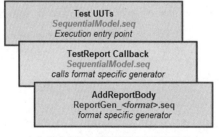
(a)报表主体生成过程的序列调用关系

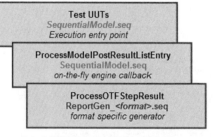
(b)实时报表生成过程的序列调用关系

图 14-16 TestStand 2012 及以前的版本报表生成过程的序列调用关系

14.2.3 通过回调序列修改报表

在报表生成过程中,可以使用过程模型回调序列修改报表内容。如图 14-13

所示,在 TestReport 序列的步骤列表中,在 AddReportHeader 步骤之后调用 ModifyReportHeader 序列以修改表头,ModifyReportHeader 序列的重要参数是 Parameters.ReportHeader(字符串数据类型),表头的所有信息都储存在这个参量中,在客户端序列文件中可以使用表达式或通过代码模块修改它的值。举个例子,对于 HTML 报表,如果需要在表头部分添加一张标志图片,那么可以在回调序列中添加表达式步骤:

Parameters.ReportHeader += "<img src='C:\\Images\\CompanyLogo.PNG'/>

表达式中的"C:\Images\CompanyLogo.PNG"指定图片的路径。如果是在表头的前面添加图片,可以将上述表达式改为:

Parameters.ReportHeader = "< img src = ' C: \\ Images \\ CompanyLogo.PNG ' />" + Parameters.ReportHeader

如果是对 Parameters.ReportHeader 直接赋值,那么相当于完全替换表头的内容。若要在表头的中间插入内容,在回调序列中实现起来会比较困难,这就需要直接修改 ReportGen_<Format>.seq。以 ReportGen_txt.seq 为例,AddReportHeader 序列中包含了一系列步骤以添加各种信息,如 UUT 序列号、当前用户、执行时间等,如图 14-17 所示。将不需要的信息从序列中删除,在适当的地方插入步骤以添加新的内容。

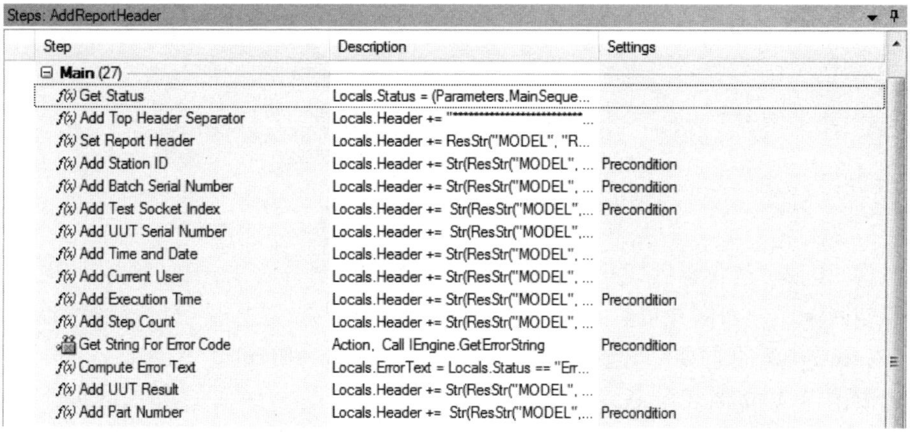

图 14-17 ReportGen_txt.seq 中 AddReportHeader 序列的步骤列表

注意:上述方法仅适用于 HTML 和 ASCII 格式报表。如果是 XML 和 ATML 格式报表,简单地修改 Parameters.ReportHeader 后,报表中并不能显示额外增加的信息。这是因为 XML 和 ATML 文件只是存储信息,它在浏览器中如何显示还依赖于样式表文件,因此对于这两种格式,除了重写 ModifyReportHeader,还需要修改样式表文件,这个道理同样适用于 ModifyReportFooter。正因如此,对 XML 和 ATML 格式的自定制,主要还是在于修改样式表文件。读者可以参考下面这篇文章了解如何修改 XML 格式报表表头:http://digital.ni.com/public.nsf/allkb/17ABBD0BF2A60D908625774200798869?OpenDocument。

在 TestReport 序列的步骤列表中,在 AddReportFooter 步骤之后调用 ModifyReportFooter 序列以修改表尾。ModifyReportFooter 序列的重要参数是 Parameters.ReportFooter(字符串数据类型),表尾的所有信息都储存在这个参量中。与 ModifyReportHeader 序列类似,在客户端序列文件中可以使用表达式或通过代码模块修改它的值。

ASCII 和 HTML 格式报表可以选择使用序列生成报表主体,因此,如 14.2.2 节中 HTML 和 ASCII 格式报表主体的生成过程所描述的,PutOneResultInReport 将单个步骤的结果添加到报表中,并调用 ModifyReportEntry 回调序列,利用 ModifyReportEntry 序列在客户端序列文件中修改每个步骤的报表内容。ModifyReportEntry 序列的重要参数是 Parameters.ReportEntry,如果在序列中设置断点并用监视窗格查看它的值,以 ASCII 报表为例,数值限度测试步骤中该参量的值如图 14-18 所示。这是过程模型自身报表生成器产生的结果,用户可以使用表达式或其他方式修改它的值。

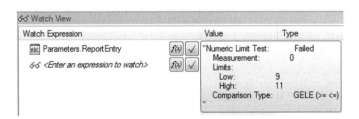

图 14-18 参量 Parameters.ReportEntry

TestReport 包含了创建报表的表头、主体、表尾,而 TestReport 本身也是过程模型回调序列,同样可以在客户端序列文件中重写,这样整个报表都可以被重写。TestReport 的重要参数是 Parameters.MainSequenceResults,TestReport 以该参量为数据源生成报表的各个部分,因为它是客户端主序列的所有结果,符合 ResultList 结构规则,包括如何处理子序列嵌套。用户可以完全删除 TestReport 原有的步骤,编写一定的代码,将 Parameters.MainSequenceResult 作为输入参数传递给代码模块,通过递归调用,囊括序列调用链上每个步骤的结果,生成完全自定义格式的报表文件。和报表相关的还有另外两个回调序列:ReportOptions 和 GetReportFilePath。ReportOptions 序列可以在运行时动态修改报表选项,由执行入口点按堆栈链 ModelPlugin-Begin→Initialize Model Plugins→Model Plugin-Initialize

（NI_ReportGenerator.seq）调用。GetReportFilePath 序列用于获取报表文件的路径，该路径保存于参量 Parameters.ReportFilePath，它和 TestReport 一样被同一个 Model Plugin-UUT Done 序列（NI_ReportGenerator.seq 的序列）调用。

14.3　自定制样式表文件

XML 或 ATML 格式的文件本身只专注于存储数据，在浏览器中打开时它们如何显示，依赖于可扩展样式表语言（Extensible Stylesheet Language Transformations，XSLT），XSLT 的作用就是将 XML 文件转换为其他格式，如 HTML、ASCII 或其他结构的 XML，正因如此，XML 数据本身和它的格式化是分开的。XSLT 一般并不修改 XML 文件，而是格式化 XML 文件后输出新的文件。同一个 XML 文件可以应用于多个不同的 XSLT 文件，以呈现多种不同的视图效果。XSLT 文件的后缀是 XSL，以下简称为样式表文件。修改样式表文件意味着修改 XML 文件的显示效果，从而达到定制化报表的目的。默认地，XML 文件中的节点"<xml-stylesheet>"包含指向样式表文件的路径，它指明该 XML 文件使用何种样式表文件对它进行转换。下面的例子中使用了 TestStand 自带的"horizontal"样式表文件：

```
<? xml-stylesheet type = "text/xsl" href = "C:\ProgramFiles\National Instruments\TestStand 2010\Components\Models\TestStandModels\StyleSheets\horizontal.xsl" ? >
```

在报表选项中，当报表格式选为"XML"或"ATML"时，"Style Sheet"选项用于选择 XML 和 ATML 文件所使用的样式表文件，该设置在 7.5 节中曾介绍过。对于 XML 格式，TestStand 默认提供了三种不同的样式表文件：horizontal.xsl、report.xsl 和 expand.xsl，它们位于<TestStand>\Components\Models\TestStandModels\StyleSheets，用户可以创建新的样式表文件。下面的例子将介绍如何使用样式表文件将 XML 文件转换为 HTML 格式。首先是 XML 文件的内容，它指明使用样式表文件 samplexStylesheet.xsl：

```
<? xml version = "1.0" encoding = "iso-8859-1" ? >
<? xml-stylesheet type = "text/xsl" href = "C:\samplexStylesheet.xsl" ? >
<source>
    <title>XSL tutorial</title>
    <author>John Smith</author>
</source>
```

以下是样式表文件 samplexStylesheet.xsl，它使用 XPATH 表达式将"Title"和"Author"添加到 HTML 文档中输出，样式表文件中同时包含一些 HTML 格式，如表格、边框：

```
<?xml version="1.0" encoding="UTF-8"?>
<xsl:stylesheet version='1.0'
xmlns:xsl='http://www.w3.org/1999/XSL/Transform'>
    <xsl:output method="html"/>
    <xsl:template match="/">
        <head>
            <title>Generated HTML Output</title>
        </head>
        <body>
            <table border="1">
                <tr>
                    <td>Title</td>
                    <td>Author</td>
                </tr>
                <tr>
                    <td><xsl:value-of select="//title"/></td>
                    <td><xsl:value-of select="//author"/></td>
                </tr>
            </table>
        </body>
    </xsl:template>
</xsl:stylesheet>
```

Title	Author
XSL tutorial	John Smith

图 14-19　HTML 输出

将 XSL 文件放到指定的 C 盘目录，然后在浏览器中打开 XML 文件，它的显示效果如图 14-19 所示。

利用样式表文件，能够任意更改 XML 文件的显示效果。在 TestStand 报表选项中，如果报表格式为 XML，默认样式表文件为 horizontal.xsl，那么创建一个序列文件并使用过程模型执行入口点运行后，生成的报表显示效果类似于图 14-20。

UUT Report

Station ID	NATIONAL
Serial Number	NONE
Date	2015年3月29日
Time	16:33:11
Operator	NI
Execution Time	0.1351036 seconds
Number of Results	5
UUT Result	Passed

图 14-20　使用 Horizontal 样式表显示 XML 文件

第 14 章　报表自定制

Begin Sequence: MainSequence C:\Test.seq						
				Limits		
Step	Status	Measurement	Units	Low Limit	High Limit	Comparison Type
Action	Done					
Numeric Limit Test	Passed	10		9	11	GELE(>= <=)
SequenceCall	Passed					

Begin Sequence: Config C:\Test.seq						
				Limits		
Step	Status	Measurement	Units	Low Limit	High Limit	Comparison Type
Config DMM	Done					
Config SMU	Done					

End Sequence: Config

End Sequence: MainSequence

End UUT Report

图 14-20　使用 Horizontal 样式表显示 XML 文件（续）

通过修改样式表文件，可以：①修改表格的宽度、字体颜色、单元格背景色；②在表头或表尾中添加图片和链接；③表格中添加新的列和行；④移除子序列结果的缩进；⑤基于步骤的属性删除不必要的结果等。图 14-21 所示的就是一个修改样式表 horizontal.xsl 后的示例。它的效果是如何做到的？

1. 表头添加图片和链接

样式表文件可以用很多字处理软件打开，笔者比较推荐的是 Notepad++，这是一款开源的软件，非常好用，能够将不同内容以不同的颜色区分，方便修改。图 14-21 所示的效果中，首先是表头部分，添加了图标和链接，单击图标可以链接到某个 URL 地址。添加图片的原理就是提供图片的 URL，本地图片的 URL 可以使用文件路径代替。在 horizontal.xsl 中使用快捷键"Ctrl+F"搜索关键词"ADD_HEADER_INFO"，在注释<!-- -->之后添加如下代码：

```
<a href="http://www.ni.com">
    <img name="Logo" src='c:\Images\CompanyLogo.PNG' border="0" />
</a>
<span style="margin-left:100px;font-size:36px;font-weight:bold;color:#003366">
Teststand Generated Report
</span>
```

提示：复制 horizontal.xsl 文件后，重命名，然后保存到某个目录，再做修改。添加后如图 14-22 所示。其中，href 指定网站链接；src 指定图片源；在图片旁边添加文字可以采用<span></span>，在<span>中指定字体的大小、颜色和距离。

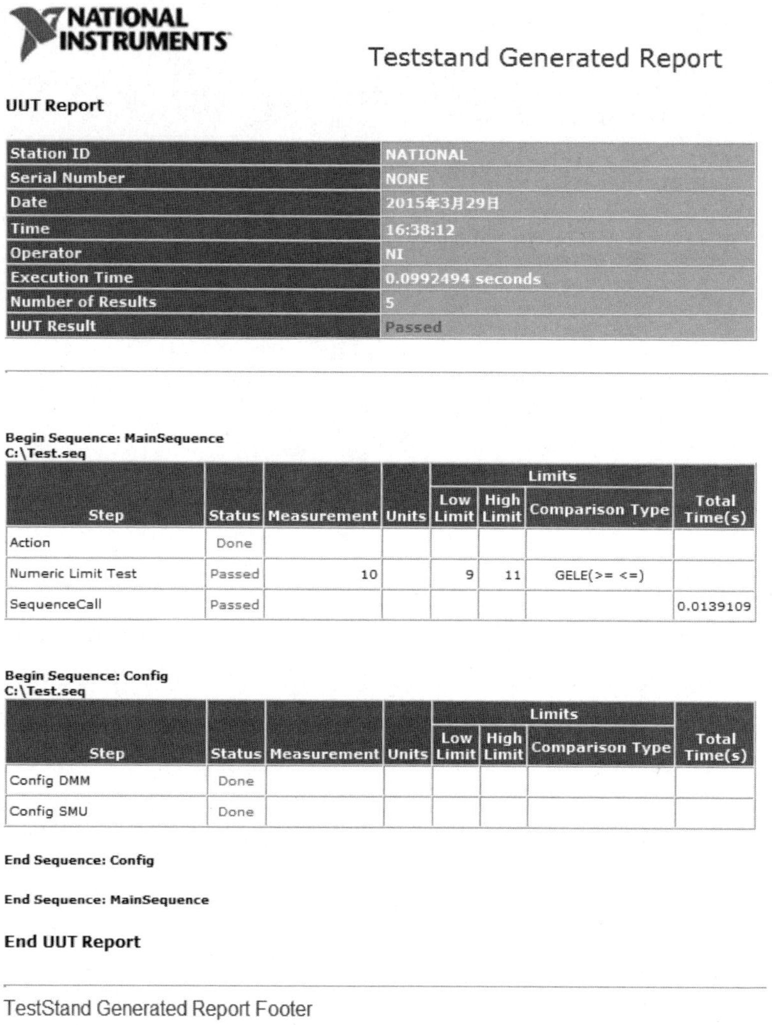

图 14-21 修改样式表示例

```
<!-- ADD_HEADER_INFO: Section to add header Text/Image
    <img src = 'c:\Images\CompanyLogo.jpg'/>
    <span style="font-size:1.13em;color:#003366;">Computer Motherboard Test</span>
-->
<a href="http://www.ni.com">
    <img name="Logo" src='c:\Images\CompanyLogo.PNG' border="0" />
</a>
<span style="margin-left:100px;font-size:20px;color:#003366">
                        Teststand Generated Report
</span>
```

图 14-22 ADD_HEADER_INFO

2. 修改表头部分表格的样式

表头部分表格的宽度、字体、文字颜色以及背景色是可以修改的。在样式表文件中搜索关键词"Station ID",修改表格的样式(style),如字体(font)、字体颜色(color)、表格的背景色(bgcolor)、表格宽度(width)。同理,对其他行做类似的修改,如 Serial Number、Date、Time、Operator、Execution Time、Number of Results、UUT Result,还有 Failure Chain。代码如下:

```
<xsl:template match="Prop[@Name='StationID']">
    <tr valign="top">
        <td style='font:bold;color:white;width:30%' bgcolor='#900000'>
            <span style='font-size:0.7em'>
                <b>Station ID</b>
            </span>
        </td>
        <td style='font:bold;color:white;width:30%' bgcolor='#B5B5B5'>
            <span style='font-size:0.7em'>
                <xsl:value-of select="Value"/>
            </span>
        </td>
    </tr>
</xsl:template>
```

其中,<tr>代表表格的行;<td>代表表格的列。

3. 在表格中增加新的列

默认表格包含步骤名称 Step、Status、Measurement、Units、Limits,如何在表格中添加新的列,如测试时间?首先,在样式表文件中搜索关键词"function BeginTable()",在"CREATE_EXTRA_COLUMNS"处添加如下代码,即可增加一列:

```
"<td rowspan='2' valign='bottom' align='center' style='font:bold;color:white;width:30%'
bgcolor='#900000'><span style='font-size:0.7em'><b>Total Time(s)</b></span>
</td>\n" +
```

注意观察 BeginTable 函数中每一行类似于上面的代码,它们的顺序决定了表格中列的顺序。对于已有的行,同样可以修改表格的样式,如字体、字体颜色、背景色。

然后,搜索关键词"INITIALIZE_COLUMN_SPAN_VARIABLES",修改变量 gSecondColumnSpan,这些变量确保表格中所有的行具有同样数量的列。如果表格要新添加 N 列,则这些变量都加 N。变量的初始值如下:

```
<xsl:variable name="gSecondColumnSpan5" select="5"/>
<xsl:variable name="gSecondColumnSpan6" select="6"/>
<xsl:variable name="gSecondColumnSpan7" select="7"/>
<xsl:variable name="gSecondColumnSpan8" select="8"/>
```

如果增加一列,那么所有变量值加 1,即

```
<xsl:variable name="gSecondColumnSpan5" select="6"/>
<xsl:variable name="gSecondColumnSpan6" select="7"/>
<xsl:variable name="gSecondColumnSpan7" select="8"/>
<xsl:variable name="gSecondColumnSpan8" select="9"/>
```

搜索"ADD_COLUMN_DATA_1"至"ADD_COLUMN_DATA_13",共 13 处,每一处代表了某种场景,比如取消 ADD_COLUMN_DATA_1 的注释部分(如图 14-23 所示),意味着数值限度测试步骤类型将添加额外列。

```
<!-- ADD_COLUMN_DATA_1: Users can add data to the extra column created in CREATE_EXTRA_COLUMNS section here.
This section adds the data to the column if the step type is a Numeric Limit Test
Ex:To Add StepID information
        <td align="center">
           <span style='font-size:0.6em'>
              <xsl:value-of select="./Prop[@Name='TS']/Prop[@Name='StepId']/Value"/>
           </span>
        </td>
-->
```

图 14-23 Add_COLUMN_DATA_1 注释部分

如果只希望 SequenceCall 步骤类型增加 TotalTime 属性,而其他步骤类型值留空,如图 14-24 所示,那么 SequenceCall 步骤类型对应的是"ADD_COLUMN_DATA_10",在其注释的下方添加如下代码:

```
<td align="center">
    <span style='font-size:0.6em';>
        <xsl:value-of select="./Prop[@Name="TS"]/Prop[@Name='TotalTime']/Value"/>
    </span>
</td>
```

Step	Status	Measurement	Units	Low Limit	High Limit	Comparison Type	Total Time(s)
Action	Done						
Numeric Limit Test	Failed	0		9	11	GELE(>= <=)	
SequenceCall	Passed						0.0872642

Begin Sequence: MainSequence
C:\Test.seq

图 14-24 序列调用步骤类型添加 TotalTime 属性

其中，"./Prop[@Name='TS']/Prop[@Name='TotalTime']/Value"是 TotalTime 属性的路径（XPATH 语法）。如果是其他属性，则需要相应地修改路径。

提示：关于 XPATH，可以从 W3Schools 网站 http://www.w3school.com.cn/xpath 了解更详细信息。

除 ADD_COLUMN_DATA_10 外，在其他 12 处 ADD_COLUMN_DATA_N 注释之处添加如下代码，表示不在该列添加任何的数据：

```
<td>
    <xsl:call-template name="GetEmptyCellValue"/>
</td>
```

读者可以查看 ADD_COLUMN_DATA_N 的每一处注释，看它们对应的场合是什么。

4. 取消子序列结果的缩进

搜索 "gIndentTables"，将它的值由 "true" 设置为 "false"，子序列结果的缩进就被取消，但流程控制语句（如 If）的缩进还是存在的。

提示：关于 XML 和 ATML 的样式表文件的其他自定制，可以参考 TestStand 帮助文档 "Fundamentals » Generating and Customizing TestStand Reports » XML Reports » XML Report Style Sheets" 和 "Fundamentals » Generating and Customizing TestStand Reports » ATML Test Results Reports » ATML Report Style Sheets"。

在<Exercises>\Chapter 14\Images 中提供了示例样式表文件 horizontal_test.xsl，读者可以将整个 Images 目录复制至 C 盘根目录，在报表选项中选择 XML 格式报表以及 horizontal_test.xsl，使用任意序列文件做测试。

5. 打包 XML 报表

由于 XML 和 ATML 文档的显示依赖于样式表文件，如果仅将 XML 文件复制到其他目标计算机上，并从浏览器中打开，会出现无法正常查看 XML 文档内容的现象，因此需要将样式表文件同样打包到指定的目录，或者将它和 XML 文件放置在相同的目录中。TestStand 提供了 XML 报表打包工具，通过菜单命令 "Tools » Package XML/HTML Files for Distribution" 打开该工具，单击 "Add" 按钮添加 XML 文件，单击 "Browse" 按钮选择打包的目标路径，最后单击 "Pack" 按钮，打包成功后，会在 "Referenced Files（Packa-ged）"栏中显示随同 XML 报表一起打包的文件。如图 14-25 所示，将会在目标路径 D:\Reports 下包含 Test_Report.xml、horizontal_test.xsl、CompanyLogo.PNG 三个文件。

图 14-25 打包 XML 报表工具

14.4 报表格式对比

对比 ASCII、HTML、XML、ATML 这些报表格式,从不同的角度分析,以便为自动化测试系统选择最适合的报表格式。首先,从最大化系统测试能力的角度,整个系统花在生成报表上的时间与系统的 CPU、内存、报表格式、测试结果数量有关。一般来说,按效率从高到低排序为 ASCII→ATML→HTML→XML。其次,考虑报表文件的大小,报表文件的格式、系统对产品追踪分析以及调试等额外需求,都会影响报表的大小;一般来说,按文件尺寸从小到大排序为 ASCII→ATML→HTML→XML。再次,按报表包含的信息量和内容的完整程度,从高到低排序为 ATML→XML→ASCII→HTML。最后,许多时候测试系统会和其他数据管理系统对接,或者是企业要求对数据做离线分析,这都需要对报表文件进行解析,ATML 和 XML 这种结构化的文件格式很容易通过一些标准 API 函数进行解析,相对而言 ASCII 和 HTML 格式就没有通用的解析代码;一般来说,按解析容易程度从高到低排序为 ATML→XML→ASCII→HTML。

至此,TestStand 自身的报表机制已经介绍完。从结果收集再到报表生成,这两方面过程模型都为我们提供了一定的参考,并通过回调序列开放报表的自定制功能。当然,用户完全可以不使用过程模型的这套机制,例如将结果按自定义的规则缓存在内存中,然后在测试结束后,如 PostUUT 回调序列中,调用代码模块,它利用缓存的结果生成报表;或者设计自定义步骤,添加后处理子步骤,在后处理子步骤中每次将主体代码模块的结果立刻添加至报表中。但无论如何,过程模型自身的这套机制在一定程度上可以为用户提供较好的参考。图 14-26 ~ 图 14-28 所示的是一些自定义报表的示例。

第 14 章 报表自定制

```
[Tool ver] 6.0.0.5
[Time] 2014/07/23 11:13:02
[MODEL] WLAN Connectivity Test
[DeviceInfo] 5644R
[S/N] CM2537
[FTM] OK
[SFIS] Unchecked
[Sw Version] 1.0.0.2
[802.11 Test]
==========  Test_item           Ch    Rate         Power_Level    Upper_Limit    Lower_Limit       Result       unit    Status
            SpectralMaskMargin  149   VHT80MCS9      -1.000          5.000          -5.000          0.000                PASS
            FreqOffset          149   VHT80MCS9      -1.000         20.000         -20.000         -0.987        ppm     PASS
            RMSEVM              149   VHT80MCS9      -1.000        -32.000        -999.000        -36.796        dB      PASS
            AveragePower        149   VHT80MCS9      -1.000         16.000          11.500         11.937        dBm     PASS
            SpectralMaskMargin  149   VHT80MCS9      -1.000          5.000          -5.000          0.000                PASS
            FreqOffset          149   VHT80MCS9      -1.000         20.000         -20.000         -0.991        ppm     PASS
            RMSEVM              149   VHT80MCS9      -1.000        -32.000        -999.000        -35.379        dB      PASS
            AveragePower        149   VHT80MCS9      -1.000         16.000          11.500         12.900        dBm     PASS
```

图 14-26 自定义报表示例（一）

Date_Time	Product_Type	Duty_Cycle	Pulse_Width(us)	Frequency(Hz)	DC_Voltage	Quiescent Current(mA)	Power(mW)	I2C Success?	EPROM Written?
2015/2/6 10:21	CN9401	50%	10	1000	3.339	13.825889	46.164643	1	1
2015/2/6 10:22	CN9401	50%	10	1000	3.394	14.741810	50.033703	1	1
2015/2/6 10:23	CN9401	50%	10	1000	3.333	13.093472	43.640542	1	1
2015/2/6 10:30	CN9401	50%	10	1000	3.327	13.646202	45.400914	0	0
2015/2/6 10:34	CN9401	50%	10	1000	3.359	12.256747	41.170413	1	1
2015/2/6 10:35	CN9401	50%	10	1000	3.380	11.722519	39.622114	1	1
2015/2/6 10:36	CN9401	50%	10	1000	3.392	12.712670	43.121377	1	1
2015/2/6 10:37	CN9401	50%	10	1000	3.322	11.351435	37.709467	1	1
2015/2/6 10:38	CN9401	50%	10	1000	3.375	11.421032	38.545983	1	1
2015/2/6 10:39	CN9401	50%	10	1000	3.338	11.223186	37.462995	1	1
2015/2/6 10:40	CN9401	50%	10	1000	3.337	11.015128	36.757482	1	1
2015/2/6 10:42	CN9401	50%	10	1000	3.357	12.613403	42.343194	1	1
2015/2/6 10:50	CN9401	50%	10	1010	3.373	13.497467	45.526956	1	1
2015/2/6 10:51	CN9401	52%	11	10	3.337	14.614825	48.769671	1	1
2015/2/6 10:52	CN9401	50%	10	1000	3.395	13.007501	44.160466	1	1
2015/2/6 10:53	CN9401	50%	10	1000	3.362	12.744772	42.847923	1	1
2015/2/6 10:54	CN9401	50%	10	1000	3.342	12.808742	42.806816	1	1
2015/2/6 10:55	CN9401	50%	10	1000	3.389	12.596628	42.688972	1	1
2015/2/6 10:56	CN9401	50%	10	1000	3.378	13.745854	46.433495	1	1
2015/2/6 10:57	CN9401	50%	10	1000	3.315	13.290837	44.059125	1	1
2015/2/6 10:58	CN9401	50%	10	1000	3.346	12.380036	41.423600	1	1
2015/2/6 10:59	CN9401	50%	10	1000	3.337	13.401496	44.720792	1	1
2015/2/6 11:00	CN9401	50%	10	1000	3.311	12.695741	42.035598	1	1
2015/2/6 11:40	CN9401	50%	10	1000	3.377	14.006074	47.298512	1	1
2015/2/6 11:42	CN9401	50%	10	1000	3.391	13.729102	46.555385	1	1
2015/2/6 11:43	CN9401	50%	10	1000	3.348	14.301002	47.879755	1	1

图 14-27 自定义报表示例（二）

蓝牙耳机测试报告

测试信息

名称	蓝牙耳机测试		
操作员姓名	Richard		
操作员工号	T002356B		
UUT 编号	SN-BTH-0812-0005	环境温度	23.1
测试日期	2015/3/31	环境湿度	91.9
测试时间	11:00	气压	153

测试结果

充电性能		
上电电流	20.508777	PASS
充电电流	100.508777	PASS
声音输入/输出		
RX THD	43.089585	FAIL
TX THD	8.846775	FAIL

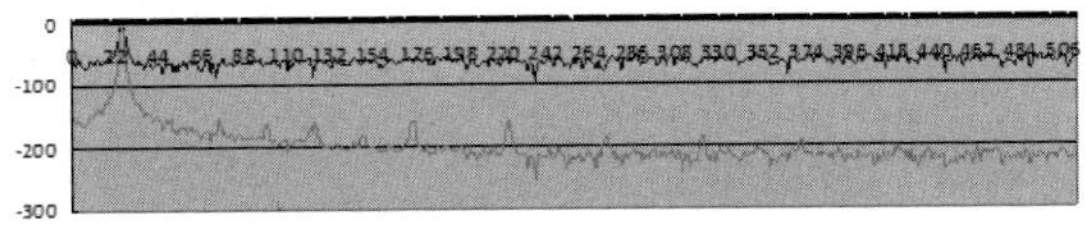

图 14-28 自定义报表示例（三）

【小结】

本章详细介绍了 TestStand 中的报表生成过程，包括从如何修改结果收集以间接的影响报表内容，到报表产生过程，以及如何通过回调序列方便快速地自定制报表。对于 XML 和 ATML 格式报表，修改样式表文件意味着修改 XML 文件的显示效果，同样可以达到定制化报表的目的。

第15章 系统部署和性能优化

当自动化测试系统已经开发和验证完成后，下一步就是将它复制到其他测试站。由于测试系统涉及非常多的文件，如测试序列、代码模块及其依赖关系、配置文件、设备驱动等，采用手动方式复制系统不太现实。TestStand 提供了 TestStand Deployment Utility 工具，它使系统部署过程变得更加简单和可靠，通过自动分析序列文件和代码模块之间的依赖关系，以及将部署所需要的各种组件添加进来，最终生成安装包文件，保证在其他测试站上系统能够正常运行。本章会详细介绍部署工具的使用。除此之外，对开发人员而言，在系统部署前，应尽可能考虑如何对测试系统的性能进行优化，以提高效率并降低后期的升级和维护成本。

目标

- ☺ 了解系统部署的概念
- ☺ 着手系统部署前的准备工作
- ☺ 掌握 TestStand 部署工具的使用
- ☺ 分析系统部署过程常遇到的问题
- ☺ 了解部署许可证的问题
- ☺ 了解如何进行系统性能优化
- ☺ 养成系统开发过程的一些良好习惯
- ☺ 了解 Resource Profile Usage 工具

关键术语

System Deployment（系统部署）、Development System（开发系统）、Target System（目标系统）、TestStand Deployment Utility（TestStand 部署工具）、Workspace（工作区）、TestStand Components（TestStand 组件）、File Dependency（文件依赖关系）、Run-time Engines（运行时引擎）、Hardware Drivers（硬件驱动）、Source Distribution（源代码发布）、Deployable Image（可部署镜像）、TestStand License（TestStand 许可证）、Improve System Performance（优化系统性能）、Modular Test System（模块化测试系统）、Error Handling（错误处理）、Resource Profile Usage（资源负荷）

15.1 系统部署概述

一个完整的自动化测试系统包含测试站、仪器设备、测试软件三部分。在开发阶段，要在开发机上完成系统设计和验证，包括测试软件开发、仪器设备调试、测试结果验证等，尽可能通过大量的测试发现系统潜在的问题，以提高系统的可靠性，降低后期的升级维护成本。

在绝大多数场合，是需要对系统进行部署的，以满足大规模批量测试的需求，这些部署的系统称为目标系统，如图 15-1 所示。目标系统能够完成和测试系统一样的所有测试，但一般是提供给作业员使用的，因此一般不具有开发功能，少数会通过实施权限管理策略提供调试功能。目标系统中的硬件部分当然是必不可少的，测试软件部分该如何复制呢？直接将开发机的系统做镜像是一种简单、直接的方式，但开发机上的内容非常多，而且会涉及开发版软件的许可证问题，因此肯定不是最好的方式。本章将介绍如何使用 TestStand 自带的工具完成测试软件的部署。

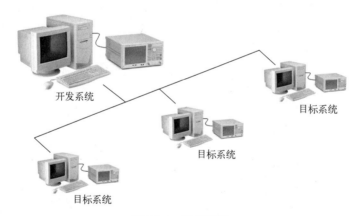

图 15-1　系统部署

15.2 系统部署的准备工作

基于 TestStand 的自动化测试系统依赖于很多组件，因此为使目标系统同样能正常运行，需要识别、收集这些组件，并将其部署到目标系统中正确的位置。这些组件主要有：

◇ TestStand 引擎；
◇ 代码模块运行时引擎；
◇ 过程模型；
◇ 步骤类型；

◇ 配置文件；
◇ 用户界面；
◇ 序列文件；
◇ 代码模块；
◇ 支持文件；
◇ 硬件驱动；
◇ 说明文档。

把整个部署过程看作一项工程，如果目标系统没有安装任何软件，那么上述组件都需要添加到工程中。TestStand 引擎是核心，是必不可少的组件，它支撑着测试管理和序列执行。如果序列调用了 LabVIEW、LabWindows/CVI 或 .NET 等应用开发环境的代码模块，那么需要安装这些代码模块对应的引擎。同样，这些引擎的作用就是使得代码的功能能够正常地被识别并执行。表 15-1 列举了 TestStand 系统中常用的引擎。

表 15-1 TestStand 系统中常用的引擎

引擎	相关联的文件
TestStand Engine	序列文件（.seq）
LabVIEW Run-Time Engine	LabVIEW VI 文件（.vi）
	LabVIEW 库文件（.llb）
	LabVIEW 生成的动态链接库文件（.dll）
	LabVIEW 生成的可执行文件（.exe）
LabWindows/CVI Run-Time Engine	LabWindows/CVI 项目生成的动态链接库文件（.dll）
Microsoft .NET Common Language Run-time	.NET 构架的应用开发环境生成的程序集和可执行文件（.dll，.exe）

如果对过程模型进行了定制，或者使用全新的过程模型，则需要对过程模型及相关的支持文件进行打包。同理，如果有自定义步骤类型，并在序列中创建了它的实例，则需要对自定义步骤类型及其支持文件打包，同时要注意设置它们部署到目标系统中的路径（这在后文会介绍）。TestStand 中有很多配置文件（见表 15-2），用于设置 TestStand 工作站的方方面面，如 TestExec.ini 保存了执行设置，StationGlobals.ini 保存了工作站全局变量，User.ini 存储了用户列表等。除非用户使用的是默认设置，否则需要将这些改动过的配置文件打包，这些文件都位于<TestStand Application Data>\Cfg 目录，在部署到目标系统时同样要注意设置它们的路径。

表 15-2　常用的配置文件

文 件 名 称	描　　　述
TestExec.ini	存储了大部分 TestStand 工作站相关设置信息，比如搜索路径、代码模块适配器设置、序列执行的设置、错误处理机制、所采用过程模型、语言包选项等
StationGlobals.ini	工作站全局变量的存储文件
Users.ini	保存 TestStand 用户列表和用户标准数据类型
Templates.ini	步骤模板、变量模板、序列模板的存储位置
TestStandModelModelOptions.ini	模型设置选项，如测试工位数量
TestStandModelReportOptions.ini	存储过程模型中报表选项设置
SeqEdit.xml	存储一些序列编辑器的界面设置选项（菜单命令"Configure » Sequence Editor Options"）

在目标系统中，默认不会安装序列编辑器，而是提供一个定制化的用户界面供操作员使用，它能够实现基本的功能。用户界面可以是 LabVIEW、LabWindows/CVI 或其他环境开发的，应将它生成可执行文件，然后一起打包。对于当前工程，除了需要将序列文件和调用的代码模块都包含进来，一些动态调用的支持文件也同样应该打包，包括使用表达式声明的序列文件、属性加载器中用表达式声明的文件、LabVIEW 使用 VI Server 动态调用的 VI、动态加载的 DLL 文件等。最后一个要考虑的组件是硬件驱动程序，因为目标系统很有可能未安装任何软件和硬件驱动程序，如何在开发系统中将硬件驱动程序包含进来，并尽可能控制最终安装包文件的大小，这是一个需要平衡的问题。了解部署过程涉及这么多 TestStand 组件后，接下来就是一些需要特别留意的事项：

- ☺ 文件名称一定要唯一。如果有同名的文件位于不同的路径，并且都被序列所使用，在使用 TestStand 部署工具分析时，有可能会定位到"错误"的文件。有些通用功能的代码模块，应给它添加前缀（如公司名称、项目名称等），以避免同名。
- ☺ 使用相对路径。尽可能使用相对路径，这一点非常重要。如果整个项目部署到目标系统的其他目录，而非开发系统原来的目录，只要使用的是相对路径，就不会有问题，TestStand 能正确计算路径并定位文件。在 TestStand 中可以设置搜索路径，如果文件没有出现在预期的位置，还可以在搜索路径列表指定的目录中进行查找。补充一点，假设序列文件的路径为"D:\Sequences\Test.seq"，代码模块的路径为"D:\Modules\Gen.dll"，代码模块所在目录并非序列文件的子目录，在这种情况下，建议在步骤设置窗格页面的模块栏手动输入，以创建相对路径"..\Modules\Gen.dll"，如图 15-2 所示。

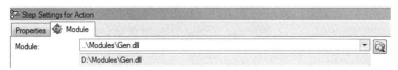

图 15-2　手动创建相对路径

☺ 对于动态引用的文件，一定要手动将其添加到部署的工程项目中。
☺ 开发系统的大多数改动，都需要重新进行部署，以保证目标系统正常运行。
☺ 手动将已更新的配置文件添加到部署的工程项目中，否则 TestStand 会使用默认的配置文件。
☺ 在目标系统中，一定要有用户界面，这样目标系统中才能够执行序列。
☺ 对于调用了 LabVIEW 代码模块的序列，需要在部署的工程项目中添加 LabVIEW 运行时引擎，注意运行时引擎的版本要和开发系统的一致。

基于 TestStand 开发自动化测试系统时，一般的习惯是直接创建序列文件，然后编写测试序列，调用代码模块。在这个过程中，要同时兼顾代码模块以及支持文件的路径和组织结构，然后不断调试和优化。当着手部署工作时，推荐创建工作区（workspace），然后所有的打包工作在工作区内设置和完成。具体操作就是，在序列编辑器中通过菜单命令"File » New » Workspace File"新建工作区文件，右击工作区文件并从弹出的菜单中选择"Insert New Project into Workspace"，创建新的项目，如图 15-3 所示；然后右击项目文件并从弹出的菜单中选择"Add Files to Project"，通常就是将序列文件添加到项目中，保存工作区文件、项目文件。这里以 TestStand 自带范例<TestStand Public>\Examples\Demo\LabVIEW\Computer

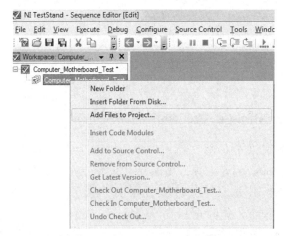

图 15-3　添加已有文件至项目中

Motherboard Test 为例进行讲解。为了方便起见,将整个 Computer Motherboard Test 目录以及同目录的SupportVIs.llb 文件复制至 D 盘根目录,新建工作区文件并将其命名为 "Computer_ Motherboard _ Test.tsw",新建项目文件并将其命名为 "Computer_ Motherboard_ Test.tpj",它们都保存于 D:\Computer Motherboard Test 目录。除了给项目添加已有的序列文件,还可以添加其他任意文件(如配置文件、动态调用的 DLL 文件等),也可以将整个文件夹添加到项目中。

还记得 TestStand 有个序列分析器的工具,用户可以在测试系统开发的过程中随时使用它,它强制序列遵循一定的规范,通过一系列内建规则,帮助发现序列开发过程中的错误和潜在的问题吗?在系统部署之前,要求使用序列分析器对序列文件进行分析,创建了工作区后,右击工作区文件并从弹出的菜单中选择 "Analyze Workspace",将对整个工作区进行分析,分析过程结束后核查分析结果,如图 15-4 所示。假如显示有错误信息,就需要定位该错误并解决该问题;同时还可能会有些警告信息,但只要确认不会对系统运行产生影响就可以忽略。到这个阶段,就可以正式开始部署过程了。

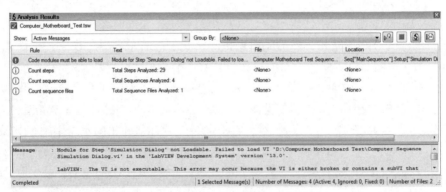

图 15-4 工作区分析结果

15.3 部署过程

15.3.1 TestStand 部署工具

建立工作区并完成分析后,就可以通过菜单命令 "Tools » Deploy TestStand System" 打开 TestStand 部署工具,正式开始部署过程。如图 15-5 所示,部署工具的主界面是一个制表控件,它包含很多个配置页:Mode、System Source、Distributed Files、Installer Options 和 Build Status。主界面最下方一排是命令按钮,位于制表控件之外。首先看模式配置页,它用于设置部署系统的版本以及部署模式。部署模式有两种:"Create new Full Deployment" 模式指的是创建新的完整的部署系统;"Create new Patch Deployment"模式指的是之前已经部署过,然后系统有更新,利用这种模式可以在原来的基础上生成一个补丁包,这可以节省部署过程的时间。增量部署模式(Patch Deployment)是自 TestStand 2013 版本才有的,它的实际使用比较简单,这里就不再介绍了。默认第一次打开部署工具时,只有第一个选项是使能的,其他选项是灰色不可用的状态。

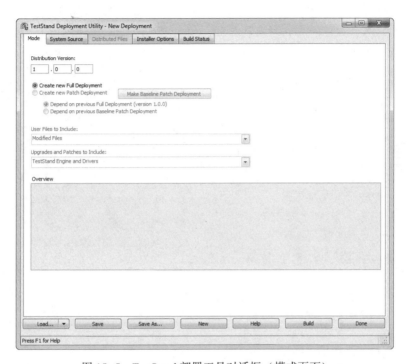

图 15-5 TestStand 部署工具对话框(模式页面)

切换到"System Source"页面,如图 15-6 所示。这个页面主要设定通过工作区文件还是文件目录方式来指定哪些文件应该被部署。一共有三种选择:

- From TestStand Workspace File:如果选择工作区文件,TestStand 部署工具会对整个工作区内的所有文件进行分析,如对序列文件的每个序列进行分析并找到它调用的代码模块。工作区内的所有文件以及分析后确认有关联的文件,都会在"Distributed Files"页面中列举出来,用户就可以决定哪些文件将被打包。
- From Directory:如果选择文件目录,TestStand 部署工具将会分析整个目录内的文件,并找到关联文件,然后这些文件都会在"Distributed Files"页面中列举出来,用户同样可以选择哪些文件将被打包。
- From TestStand Public Directories:如果选择 TestStand 公共目录,TestStand

部署工具会将<TestStand Public>\Components、<TestStand Public>\CodeTemplates 和<TestStand Public>\UserInterfaces directories 目录下的文件添加进来。这一选项适合于期望把当前 TestStand 系统本身的任何定制化移植到目标系统中,比如自定义步骤、自定制过程模型、自定制用户界面。图 15-6 中选择了第一种方式,使用之前创建的工作区文件 Computer_Motherboard_Test.tsw,这也是最推荐的方式。部署的过程会产生系统的镜像,这个镜像将会把所有用户指定要打包的文件复制到同一个位置,通过"Location of Deployable Image"栏设置该位置。

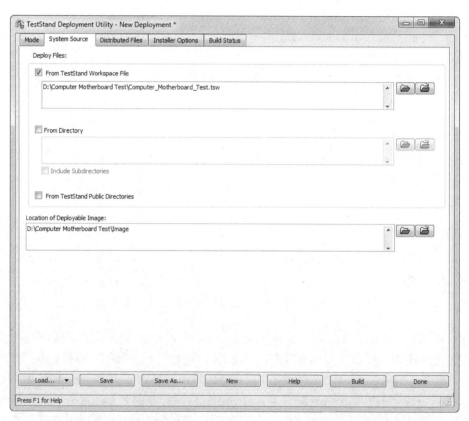

图 15-6　TestStand 部署工具对话框("System Source"页面)

切换到"Distributed Files"页面,它会弹出"Analyze Source Files"窗口,提示是否要对源文件进行分析,单击"Yes"按钮,分析完成后,它自动将所有工作区内的文件以及关联的文件都列举出来,如图 15-7 所示。每个文件前面都有一个复选框,默认是选中的,即文件会被打包。像工作区文件、项目文件,通常是不需要部署到目标系统的,所以要将它们的选中状态取消。选中某个文件或目录后，在它的右侧查看文件属性，包括显示源文件路径、该文件的安装目录（生成安装包时使用）、安装子目录。切换到紧邻的"Call Hierarchy"页面，还可以查看调用层次关系。

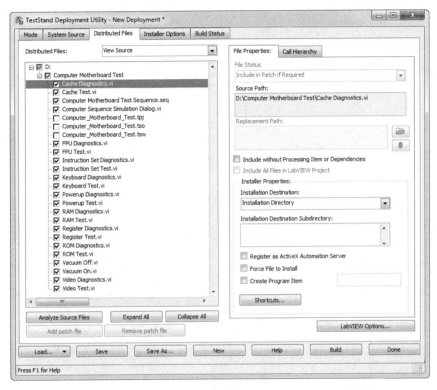

图 15-7 TestStand 部署工具对话框（"Distributed Files"页面）

在目标系统中一定要有用户界面才能够执行序列。为了讲解方便，将 <TestStand Public>\UserInterfaces\Simple\LabVIEW 目录复制至 D 盘根目录并将其重命名为"MyUserInterfaces"。其实，用户界面只需要一个可执行文件就可以了，因此将目录中的TestExec.exe 和 TestExec.ini 保留，其他都可以删除。先不管部署工具对话框，切换到序列编辑器，右击工作区项目文件 Computer_Motherboard_Test.tpj，在弹出的菜单中选择"Insert Folder from Disk"，将整个 D:\MyUserInterfaces 目录添加进来，保存所有文件。然后返回部署工具对话框，在"Distributed Source"页面单击"Analyze Source Files"按钮，重新分析源文件，刚才在工作区添加的文件就会出现在列表中，如图 15-8 所示。将它们都选中，并选择TestExec.exe 文件，在右侧文件属性中选中"Create Program Item"，并设置应用程序项名称为"MyUserInterfaces"。这样，当生成安装包并在目标系统上安装时，就会在目标系统中添加应用程序的开始菜单快捷项。

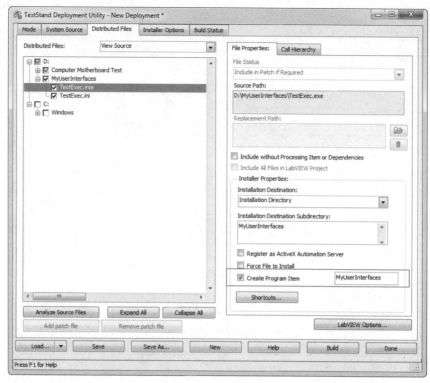

图 15-8　创建应用程序项

如果测试系统中包含自定义数据类型存储在 MyTypes.ini 文件中，或者在工作站全局变量中存储了数据，则需要手动将这些配置文件添加到项目中，如图 15-9 中添加了 <TestStand>\Components\TypePalettes\MyTypes.ini、<TestStand Application Data>\Cfg\TestExec.ini、<TestStand Application Data>\Cfg\StationGlobals.ini、<TestStand Application Data>\Cfg\Users.ini 四个配置文件。

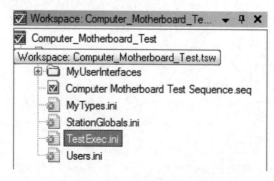

图 15-9　添加配置文件到项目中

第 15 章 系统部署和性能优化

返回部署工具对话框，重新分析源文件，上述配置文件都会出现在列表中，将它们都选中。以 StationGlobals.ini 为例，注意查看它的安装目录自动变成了"TestStand Application Data Directory"，安装子目录是"Cfg"，如图 15-10 所示。这意味着生成安装包并且在目标系统上安装时，该配置文件会被放置在 <TestStand Application Data>\Cfg 目录，这正是期望的路径。

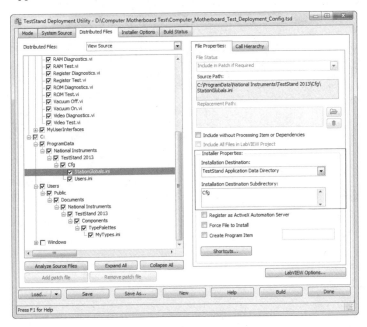

图 15-10　配置文件的路径设置

接下来是"Installer Options"页面，如图 15-11 所示。如果目标系统已经有开发环境，那么不需要生成安装包，用系统镜像就可以了，取消勾选"Create Installer"。但大部分情况下，尤其是产线的大量系统复制时，通常目标系统就是一台裸机，因此需要在开发系统中生成安装包，并将必要的组件和驱动都打包在安装包中。在这个页面中，主要的设置包括安装包名称、安装包目录、在目标系统开始菜单中的名称、在目标系统中默认安装目录、默认安装子目录、安装语言（如果有多语言包支持）。

"Install TestStand Engine"是重要的选项，在目标系统中没有 TestStand 环境的情况下，必须选中它。然后单击"Engine Options"按钮，在 TestStand 引擎选项窗口中，选择性地选中一些组件，默认过程模型、工具、TestStand 文档是选中的，如图 15-12 所示。Computer Motherboard Test 中调用了 LabVIEW 代码模块，用户界面 TestExec.exe 也是在 LabVIEW 环境下生成的可执行文件，因此选中"LabVIEW Run-Time Engine"选项。留意"TestStand Development Components"

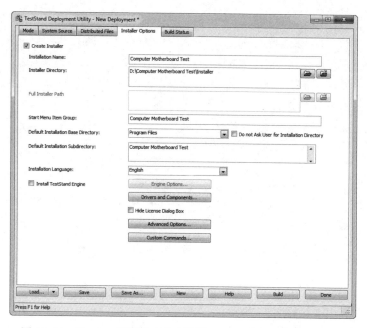

图 15-11　TestStand 部署工具对话框（"Installer Options"页面）

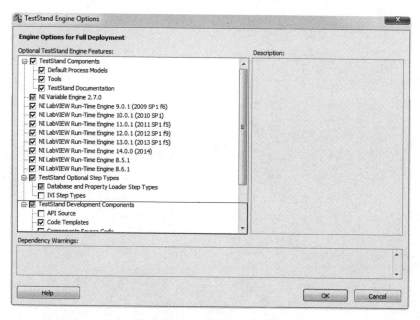

图 15-12　TestStand 引擎选项

选项，它包含了很多 TestStand 开发系统才用到的组件，如 TestStand Sequence Editor、TestStand Deployment Utility、TestStand Sequence Analyzer 等，可以根据实

际情况决定是否需要在目标系统中额外增加这些组件。

回到"Installer Options"页面,单击"Drivers and Components"按钮,选择要添加到安装包中的硬件驱动程序和组件,如图15-13所示。比如,使用了数据采集设备,那么需要勾选"NI-DAQmx Run-Time Engine"。但这个列表中只包含NI公司的所有硬件的驱动程序,对于非NI硬件设备的驱动程序,则需要在目标系统上手动安装,或者将硬件驱动程序重新编译封装成有限的几个DLL文件,这些DLL能够包含所有的依赖关系并供代码模块调用。部署时,只要保证将这些DLL文件添加到工程项目即可。

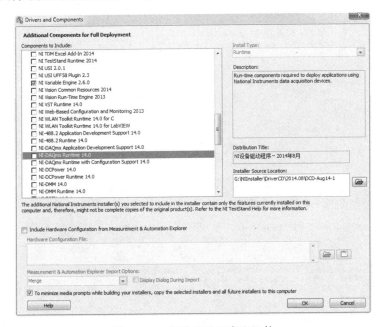

图15-13 硬件驱动程序和组件

至此,部署过程的所有设置都已完成,单击部署工具对话框下方的"Save"按钮,可以将上述设置保存于文件中(文件后缀格式为.tsd),这样下次可以使用"Load"按钮加载,不需要每次都重新设置一遍。单击"Build"按钮开始部署过程,需要注意的是,如果勾选了"Install TestStand Engine"以及其他硬件驱动程序,那么在单击"Build"按钮后,有可能会弹出如图15-14所示的对话框,提示它们的安装包并不在当前计算机上,这时需要用户提供如TestStand 2013、LabVIEW 2013的源安装程序地址,按照提示操作确认后Build过程才能正常启动。

切换到"Build Status"页面,可以查看部署的进度,如图15-15所示。如果部署成功,最后会显示部署完成的状态,用户可以在之前设定的镜像和安装包的目录查看生成的文件。如果由于任何的依赖关系或其他原因导致部署失败，则需要检查设置或者回到 TestStand 工作区查找原因。

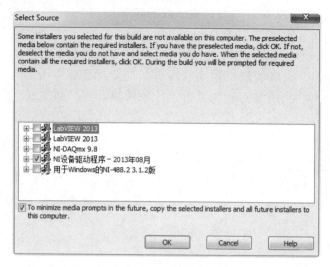

图 15-14 选择源安装包

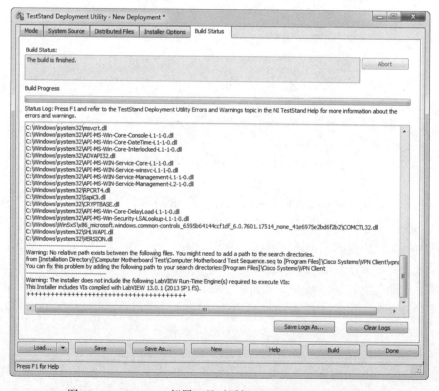

图 15-15 TestStand 部署工具对话框（"Build Status"页面）

15.3.2 部署过程中常见的问题

1. 文件无法找到

若部署过程不成功,并产生了如下提示(不同版本的 TestStand 提示信息会有差别):

☺(TestStand 2014 及以后的版本):Error:File Not Found(-19001)。

☺(TestStand 2013 及以前的版本):Error:Unable to find all subvis from saved vis, either a subvi is missing or the vi is not saved under the current LabVIEW version.

这种情况主要出现在序列中使用 LabVIEW 代码模块,表面的原因是子 VI 缺失或者子 VI 的版本不对,如果提示信息中指出具体的 VI,可以打开该 VI 检查是否有错误。可尝试使用 LabVIEW 批量编译工具(LabVIEW 菜单命令"Tools » Advanced » Mass Compile"),它会更新所有 VI 和依赖关系至当前 LabVIEW 版本。如果问题仍然没有解决,那可能并非子 VI 缺失,而是一些 RC 校验文件或其他类似的依赖文件缺失,这种情况下是不可能手动找到问题所在的。一个比较好的方法是在 LabVIEW 中创建工程,然后在工程中将所有序列的顶层 VI 添加进来,并创建源代码发布(Source Distribution)。源代码发布的作用简单说就是将所有 VI 及其调用的子 VI 都收集到同一根目录下,但维持 VI 原来的目录结构。

在创建源代码发布的过程中,有可能会出现源代码发布失败的情况,而导致失败的原因恰恰有可能同样是 TestStand 部署不成功的原因。因此,可以根据 LabVIEW 源代码发布(如图 15-16 所示)中提供的更详细的描述,找到解决的办法。笔者曾经遇到这种问题:某个 VI 调用了 LabVIEW 的声音与振动工具包函数,而这个函数只是纯粹的工程单位换算,但是创建源代码发布时就弹出如图 15-17 所示的错误信息,提示 DAQmx Clear Task.vi 没有找到,这可能就是声音振动工具包与数据采集驱动之间有一些关联。安装 NI-DAQmx 驱动后,源代码发布成功,而 TestStand 部署问题也解决了。

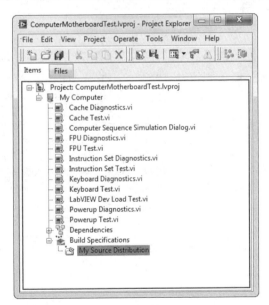

图 15-16 LabVIEW 源代码发布

图15-17 源代码发布失败

上面只是利用源代码发布功能的提示信息,并非是要得到它生成的目录。而有些时候,需要利用该目录下的文件替换原来的源文件(将源文件先删除),有可能解决依赖关系缺失的问题。在替换文件前,请做好备份工作。

2. 部署路径

如果由于某些限制条件导致序列文件和代码模块不在同一个盘符,如序列文件路径为"D:\Computer Motherboard Test\Computer Motherboard Test Sequence.seq",它调用了某个应用程序库,如C:\Tools\QMSL_MSVC10R.dll,这时不可避免使用的是绝对路径,没有可计算的相对路径。而部署的过程会将上述目录都打包到镜像目录下,当打开镜像目录中的序列文件时,会发现代码模块的绝对路径已经被强制转变为相对路径"..\Tools\QMSL_MSVC10R.dll",如图15-18所示。虽然如此,任何时候都应该尽量避免使用绝对路径。

图15-18 部署过程对绝对路径进行处理

有些情况下要求指定安装目录，这个目录可能不属于任何预定义的路径，如 Program Files、Windows Directory 或 Desktop Directory。在部署工具对话框"Installer Options"页面中，这时应选择"Absolute Path"，然后在"Default Installation Directory"栏中输入指定的安装目录，如图 15-19 所示。

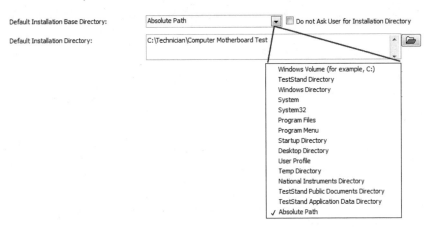

图 15-19　设置绝对路径

3. 软件更新管理

如果在开发的过程中需求发生了变化，那么按照新的要求对代码进行更新就可以了。但若应用程序已经部署到多个目标系统中，而测试要求发生改变，这时就需要考虑怎样更新代码，同时保证这些更新都能够及时部署到目标系统中。如果是一个团队在协作开发，还涉及借助源代码控制工具，有下面这些问题需要回答：

- ☺ 更新一定是在原有的最新版本基础上进行的，如何保证开发系统获取最新版本代码？
- ☺ 如何约束使得只有特定人员可以对该部分代码做修改？
- ☺ 如何记录和追踪这些变化？
- ☺ 如何保证所有的目标系统都获得了更新的版本？
- ☺ 一旦发现之前的更改导致更大的问题，如何撤销之前的更改？

对于源代码的管理，很重要的一点是要有详细的文档记录，对于每个测试过的版本，都要求有独立的版本号，记录该版本做了哪些改进和新增了什么特性，最高版本号的默认就是最新版本代码。如果是多人开发的系统，就需要借助源代码控制工具，将代码的修改授权给特定的开发人员，开发人员在完成修改后记录这些变化。然后可以对系统进行重新部署，生成安装包并在所有目标系统上安装，如果能搭建局域网络，将安装包放在公共网络硬盘中，这将带来一定的便利。为了避免目标系统更新被遗漏（尤其是大量系统复制时），可以额外开发一个应用小程序，它用于在开机或者测试系统初始化时检查当前的版本号，并与网络中的版本号做对比，如果版本号不一致，则自动从网络硬盘中下载最新的程序。还记得 TestStand 部署工具提供的新功能——增量部署模式吗？如果之前已经生成了完整的安装包，后来有一些更新，为了将更新应用到目标系统，可以在部署工具中选择增量部署模式。以 Computer Motherboard Test 为例，如图 15-20 所示，在生成安装包时，原有的安装包 D:\Computer Motherboard Test\Installer 并不会变，而是自动创建新的目录 D:\Computer Motherboard Test\Installer_patch，该目录下包含补丁包文件，只要将补丁包复制到目标系统中并安装就可以了。第一次生成完整安装包时，有可能需要打包 TestStand 引擎、硬件驱动以及其他组件，所以时间会比较长，生成的安装包文件也非常大。如果每次更新都重新生成完整安装包必然会非常耗时，而采用增量部署模式可以明显缩减时间，但这样做的缺点是将会产生多个安装包，增加了管理的成本。

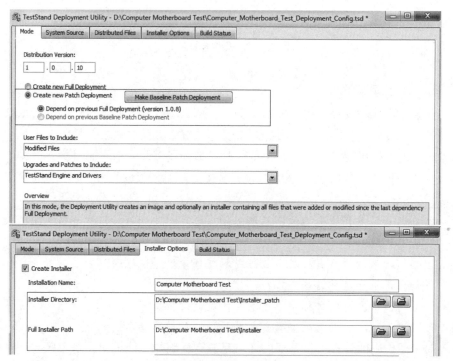

图 15-20　增量部署模式

不同的人员可能负责不同产品的测试。为了规范统一，良好的源代码组织结构非常重要。同时，为了提高工作效率，需要经常在开发团队内部共享代码，这些代码可以是打印信息到终端的工具、标准的底层代码、与公司数据库交互的接口函数等。比如图 15-21 中，在 D:\Products\Common 目录下是一些共享代码，而针对不同的产品 DIO 和 MIO，它们都有相同的文件结构，每个版本下面都包含"Documentation"、"Resources"、"Sequences"、"Test Code"目录。如果利用源代码控制工具，还可以指定 DIO 产品测试开发人员只有操作 DIO 目录的权限，而 Common 目录只有核心人员才有权限访问。不同产品具有相同文件组织结构，一方面是风格一致，可以降低后期的升级维护成本；另一方面它极大地缩短了新成员对代码研究的学习时间。

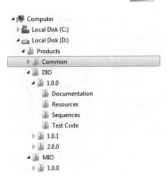

图 15-21 文件组织结构

15.3.3 在目标系统上安装

生成安装包后，就可以在目标系统上进行安装了。双击安装包中的 setup.exe 文件，进入安装向导，整个过程简单直观，分为安装初始化、设置安装路径、安装预览、安装进行中、软件激活 5 个阶段，如图 15-22~图 15-26 所示。

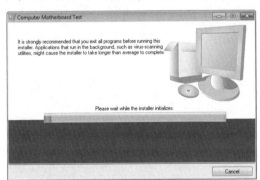

图 15-22 安装初始化

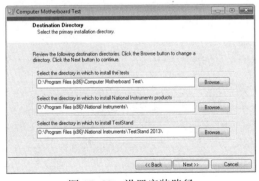

图 15-23 设置安装路径

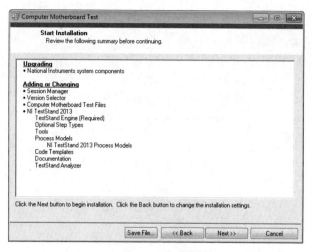

图 15-24 安装预览

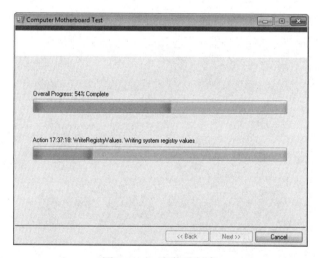

图 15-25 安装进行中

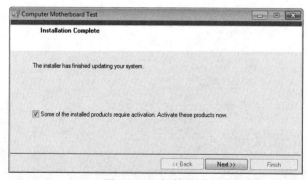

图 15-26 软件激活

第 15 章 系统部署和性能优化

安装成功后,就可以在开始菜单中查看新增加的"Computer Motherboard Test"选项和"MyUserInterfaces"选项,如图 15-27 所示,它就是前面在部署工具中设置的用户界面可执行文件 TestExec.exe 的快捷方式。单击"MyUserInterfaces"就可以打开用户界面,然后选择序列文件,序列文件被一起打包,因此它位于所设定的安装路径 C:\Program Files (x86)\Computer Motherboard Test 下。为了方便起见,有些公司会在一个目标机上装好后,直接 Ghost 整个 C 盘(包括操作系统),这样其他目标系统利用这个系统镜像可以完成快速安装,但是要注意软件授权许可的问题。

图 15-27 开始菜单项

每个目标系统都需要 TestStand 部署版本许可证。部署版本许可证又分为两种:TestStand 部署基本版和 TestStand 部署调试版。对基本版而言,调试版增加了调试功能,二者的比较见表 15-3。

表 15-3 部署版本功能的比较

操作类型	功 能	TestStand 部署基本版	TestStand 部署调试版
执行应用程序	运行序列	√	√
	交互式运行步骤	√	√
	设置断点	√	√
	生成报表	√	√
	记录数据库	√	√
	强制用户权限	√	√
调试应用程序	运行序列编辑器	—	√
	调试 LabVIEW 代码模块	—	√
	调试 LabWindows/CVI 代码模块	—	√
	调试序列	—	√
	调试步骤	—	√

15.4 优化系统性能

对于大型自动化测试系统,功能的增加必然导致系统复杂度上升,对数据空间的管理、系统的升级维护、子系统之间的依赖关系、错误预警机制、内存和

CPU 开销控制等提出了更高的要求,这时就需要考虑系统性能的优化。良好的开发习惯对优化系统性能起到非常关键的作用。

1. 模块化

模块化指的是将整个系统细分为若干个子系统,子系统之间相对独立,而每个子系统本身具有很鲜明的定义并完成特定的功能,功能不轻易发散,因此模块化自动化测试系统的特点就是具有高内聚力和低耦合度。作为设计开发人员,要求从初始设计阶段,尽可能考虑到项目的各个方面,包括系统后期的扩展,将需求按功能划分到不同的子系统,子系统之间的依赖度尽可能低,同时子系统之间的通信接口要有非常清晰的定义。模块化带来的优势有很多,列举如下。

- ☺ 易于调试:模块化系统的每个子系统或模块的功能是高度内聚的,这有利于在系统调试过程中快速定位问题。举个例子,如果测试过程中发现仪器通信有问题,而负责这部分的程序是由单一代码模块负责的,那么很容易就将问题定位到该代码模块并进行诊断。同时,由于模块之间具有低耦合度,即使系统出现问题,也不会轻易扩散到其他模块。
- ☺ 易于升级和维护:模块化设计中,由一个模块或组件的修改导致对其他模块的影响会控制在很小的范围内,因此对某个局部功能的改进或升级相对就比较快速。
- ☺ 易于代码重用:既然模块之间耦合度低,每个模块完成的是特定的功能,相对独立,因此它们很容易复用于其他项目中,提高了代码的重用性。
- ☺ 多线程中更安全:在多线程中,模块化的设计能够改善系统的稳定性,降低资源竞争的风险。对数据的操作可以集中限定在某个模块之中,而模块之间的低耦合度可以减少对共享资源同时访问的需求。

在 TestStand 中如何设计模块化的自动化测试系统呢?TestStand 通过序列文件、序列、步骤这种树状结构来组织各种测试和操作,这有利于实现模块化。同一个序列中的步骤都是为了完成同一个任务,如果某个步骤和这个任务不相关,那么将它从序列中剔除,然后整个序列会作为子序列被更上层的序列调用。注意使用参量在调用方和子序列之间传递数据,这样子序列和其他序列之间的耦合关系就仅限于这些参量。在更大的范围内,可使用多个序列文件来满足模块化设计要求。如图 15-28 所示,将其中一个作为顶层序列文件,它包含主序列,其他序列文件中包含子序列,不同功能的模块将位于各自的序列文件中,整个序列文件都有可能被重用,尤其是当序列文件中包含的操作比较通用而并非针对特定 UUT 时。其实回想一下过程模型,以及 Front-End 回调序列,之所以能够为不同项目所用,也是这个道理。

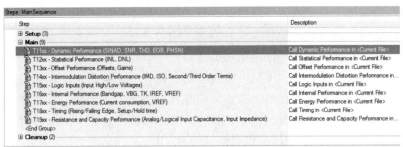

图 15-28　使用子序列提升模块化设计

再讨论一下数据传递：在 TestStand 中可以使用容器将相关的数据项关联在一起，在步骤之间、步骤和序列之间传递数据；如果创建自定义数据类型，使用容器可以将传递数据的双方之间的关系体现得更清晰。

注意：不推荐在 TestStand 中大量使用容器，对于复杂数据类型的使用和支持，还是尽量在代码模块内部完成。

2. 数据管理

数据管理包括合理设置变量的范围以及选择变量的存储位置。TestStand 中包含局部变量、参量、文件全局变量、工作站全局变量，每种变量的作用范围是不一样的，这在第 5 章中曾做过详细的介绍。在开发自动化测试系统过程中，有一条原则是尽可能减小变量的作用范围。换句话说，如果使用局部变量就能满足要求，则绝不使用全局变量。对于全局变量而言，由于它的作用范围很大，有可能出现竞争的现象，或者出现非预期的值变化，这些都增加了系统潜在的不确定性，而且如果不同的序列之间、不同的序列文件之间由于全局变量的使用存在交互，会降低系统的模块化程度。但这并不意味着使用全局变量就是一件不好的事情，在有些场合，使用全局变量可以大大简化系统的开发。比如，工作站全局变量本质上是读/写 StationGlobals.ini 文件，所有当前工作站的对象都可以对它进行访问，因此一些对工作站的配置就可以保存于其中，在序列运行最开始阶段或运行之前，对工作站全局变量进行有限次数的写操作，然后在序列运行过程中就可以读取它的值。文件全局变量的作用范围小一些，同一个序列文件中的所有序列都可以访问它。在并行测试中，默认每个执行都会有各自的一份文件全局变量拷贝，因此，不同的执行之间不存在共享文件全局变量的问题，主要在于每个执行本身。由于文件全局变量的作用范围，使不同的序列都可以对它进行读/写，因此还是同样的使用规则，限制对它的写操作次数，尤其避免重复性的写操作，并且将写操作限定在某些特定的步骤中。

再来看变量的存储位置，在测试序列文件、过程模型、用户界面、自定义步骤中都可以存储变量。像测试限度值、局部变量或临时的值都可以存储于测试序列文件中;测试系统的配置信息可以存储于过程模型中,比如过程模型中的配置入口点以对话框的形式让操作人员对当前工作站进行设置,然后在序列运行过程中加载这些设置;在用户界面中也可以存储一些数据,比如用户界面的调试窗口可以记录一些额外的信息,不过一般为了保证用户界面的通用性和简洁性,还是很少利用用户界面存储数据的;自定义步骤具有很大的灵活性,在设计自定义步骤时,可以任意添加自定义属性,比如将重要的数据添加至 Result 容器,最终可能出现在报表中,对于一些可选属性,则位于 Result 容器之外。

3. 在合适位置实现功能

TestStand 的强大之处在于它的可定制化,各种功能和操作可以在不同的地方实现,包括测试序列文件、过程模型、自定义步骤、用户界面。如何选择合适的位置实现这些功能?选择的位置不同,将对功能的灵活性和扩展性产生很大的影响。第 12 章曾经做了很好的归类,针对不同的应用,有可能仪器的配置不同,具体的测试项不同,对结果进行分析所使用的函数也不同,这些功能将在测试序列文件中编写完成;而常见的通用功能,如序列号追踪、用户管理、测试流程控制、报表生成、数据存储、用户界面更新、配置和提示窗口等,则在过程模型中实现。同时,由于过程模型的开放性,测试序列文件可以通过重写回调序列调整由过程模型所定义功能的默认行为。在 TestStand 中,过程模型是非常重要的,它与客户端序列文件、用户界面都有频繁的交互,它可以利用客户端序列运行时的结果生成报表、记录数据库,也可以利用 UIMessage 机制将消息发送给用户界面。如果过程模型设计和定制得当,后期的测试序列开发将变得更加简单,甚至不同的项目也可以在很大程度上复用过程模型。有哪些功能会在自定义步骤中实施呢?自定义步骤可以在序列运行时执行额外的操作,而这些额外操作是包含在自定义步骤内部的,不需要在序列中另外添加步骤来完成。比如,自定义步骤的编辑子步骤可以简化用户对参数的设置,后处理子步骤可用来进行错误处理,利用自定义步骤的代码模板简化测试步骤的编写。用户界面的主要作用是提供菜单按钮发起测试、显示执行的进度、查看报表,在用户界面中也可以进行配置、调试、甚至编辑序列,但这部分功能一方面只开放给有特定权限的人员,另一方面主要还是在序列编辑器中完成。

4. 错误处理

设计再好的系统,运行过程中都可能出现错误,因此在系统中建立错误处理机制非常重要,它能够识别错误、对错误做出响应、报告错误。错误处理的设计要注意以下几点。

☺ 避免不必要的弹出窗口提示:有些错误并不严重,比如通信超时但稍后重新链接问题就可以解决。对于这些错误,比较好的处理方法是尝试纠正,或者可以忽略并将错误信息存档,提供给测试开发人员做后期的分析。只有需要立即处理的错误才以对话框的形式呈现,强制操作员对这个错误采取动作。很显然,频繁地弹出窗口会影响系统的运行效率。

☺ 避免出现任何错误立刻关闭整个系统:有些错误确实会导致系统无法继续运行,比如仪器的连接断开,但这些错误并不会导致要求将整个系统关闭,而这可能是很多程序默认处理的方式。更合理的方法应该是通过消息提示机制弹出对话框,告知操作员当前的错误是什么,以及修正该错误的具体操作指导,操作员可以按照提示尝试去解决问题,直到问题修复。不过任何时候都要提供终止系统的选项,以便在错误无法纠正的情况下能随时退出。

☺ 错误信息描述要恰当确切:相信很多工程师都遇到过这样的情况——在出现错误时,弹出对话框中只有一个错误代码或者一些不明确的描述,这些信息对于问题诊断的帮助几乎为零。因此开发人员在对可预期的错误进行分类时,一定要提供尽可能详细的描述信息。

由于错误的类型不同,有些是通用的错误,有些是特定的错误,跟 UUT 本身有很大关系。相应地,对它们的处理也就分为通用错误处理和特殊错误处理。通用错误处理是对所有的错误都做出响应,比如报告错误、错误记录存档、引导退出系统;在这个层次,它不会检查每个错误的具体内容是什么,但是可以依赖对错误程度的分类(如警告、普通错误、严重错误)来进行不同的动作。通用错误处理一般放在过程模型中实现,而特殊错误处理会放在测试序列文件中来实现。特殊错误处理要求开发人员对系统本身非常了解,这样才有可能判断如何处理该错误,虽然无法做到预测所有的错误,但是对经常可能出现的错误采取适当的处理方式,将使系统的鲁棒性更好。对特殊错误的处理通常有三种方式。

☺ 忽略错误:如果这些错误是可预期的,且不会对系统正常运行产生影响,就可以忽略它。

☺ 修正错误:比如由于磁盘空间原因导致文件写入失败,错误处理机制可以引导操作员删除部分临时文件,再重试写文件操作。例如,TCP 网络通信断开,错误处理机制可以关闭当前 TCP 通信端口并重新创建链接。这是一个典型的修正错误的应用。还有些情况,针对某些测试项,它容易受环境的影响导致结果有不确定性,容易出错,错误处理机制可以清理该错误并尝试多做几轮测试。

☺ 标明错误的级别:有些错误确实无法修正,那就标明它的错误级别,将它传递给通用错误处理。一般来说,特殊错误处理在前,通用错误处理在后。

在 TestStand 中,每个序列都包含清理组。清理组的作用就是做一些收尾工作。默认情况下，在遇到运行错误时，TestStand 的执行指针会直接跳到清理组，而清理组通常包含关闭设备会话、释放动态分配的内存空间、停止文件读/写操作等，这保证了系统在出现意外错误后能进入确定的安全状态。因此，TestStand 本身在错误处理部分是有精心考虑的。

5. 加载/卸载选项

序列文件、代码模块的加载和卸载选项对系统的性能同样有影响。可以在步骤属性窗格运行选项面板中设置"Load Option"栏和"Unload Option"栏，如图 15-29 所示。这些设置具体到每个步骤，也可以在序列文件属性对话框的"General"页面中设置，而这些设置针对的是整个序列文件。

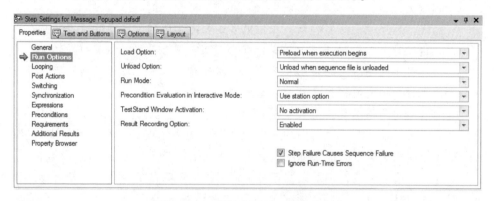

图 15-29　属性配置页—运行选项

通常而言，加载选项中的"Preload when opening sequence file"或"Preload when execution begins"与卸载选项"Unload when sequence file is unloaded"结合，具有最好的系统性能，而这也是 TestStand 默认的选项。"Preload when opening sequence file"选项和"Preload when execution begins"选项的区别在于，前者是在打开序列文件时将所有的文件加载至内存中，因此，如果文件较多，会在打开序列文件时明显感觉系统变慢；后者是在序列准备开始执行时加载文件，因此在使用执行入口点开始序列执行的初始时刻，会感觉系统变慢。"Load Dynamically"选项的目的是节省内存，只在步骤被执行时才加载至内存，并在步骤执行结束后从内存中释放，由于重复地加载/卸载，会牺牲系统的性能，因此这一选项只在少数情况下使用，尤其是现在计算机内存充足，并且从 TestStand 2014 版本开始有 64 位版本，这个选项就用得更少了。卸载选项也很好理解，除"Unload when sequence file is unloaded"选项外，其他几个选项都是动态的。

6. 系统追踪

默认情况下，TestStand 使能了追踪功能，因此在开发阶段，在序列编辑器中运行序列时，可以通过序列执行窗口查看测试的进度，执行指针显示了当前的测试项,还可以在步骤列表窗格中显示每个步骤的运行时间,这些都方便了开发人员了解测试的进度,并对系统性能进行评估。在用户界面中,如果使用序列视图控件,同样可以查看测试的进度。在 TestStand 工作站选项执行页面,可以设置是否使能追踪功能,且可以通过滑杆调整追踪的速度。由于有些步骤执行后需要等待一定的时间,有些开发人员就使用追踪功能的滑杆来调节步骤执行的节拍,这是绝对不推荐的。追踪功能只是一个开发与调试阶段的辅助工具,并不能将它作为测试系统本身。在部署的目标系统中,通常会禁用追踪功能,以提高系统性能,但为了在用户界面中能够了解测试进度,可以使用 UIMessage 的方式,由测试序列文件按一定间隔将更新发送到用户界面。

7. 详细的文档

对于一个完整的系统,详细的文档必不可少。在 TestStand 树状结构中,序列文件、序列、步骤中都可以添加文档注释,以说明它们的作用和目的。在序列文件属性对话框"Comment"栏中填写该序列文件的主要功能,如果序列文件的执行依赖于某些先决条件,把这些先决条件同样用文档记录下来;对于某个序列,在序列属性对话框的"Comment"栏中可以填写它的主要功能、执行的先决条件以及参量列表中每个参量的作用;对于每个步骤,在属性设置窗格"General"页面的"Comment"栏中,同样可以填写步骤的功能、描述、先决条件。这些不同层次的文档注释,对于系统后期的维护升级是非常有帮助的。除了上述地方,代码模块本身的风格同样非常重要,模块化的设计对于理解测试程序就非常有帮助。另外,可以赋予每个步骤有意义的名称,使用一些明确的步骤,如 If 语句而非 Goto 语句,可以大大提高系统的可读性。

8. 了解资源使用情况

TestStand 中有一个工具"Resource Usage Profiler",在序列运行时,它可以监测所有的线程状态以及资源的使用情况。通过这个工具可以查看每个线程使用资源的情况、被阻塞时等待资源的状态、每个资源所耗费的时间。在图 15-30 中:上半部分显示的是每个线程使用资源的情况(红色表示该线程处于等待资源的状态,一般出现在并行测试中对共享资源的访问;绿色表示它正在使用的资源,对应的是在执行某个测试项;红色块和绿色块的长度代表了时间的长短);下半部分包含各种统计信息(比如:"Resource"页面是对资源的统计,图中"Analog Audio Quality Test"运行的时间为 3.668650 s;"Thread Usage per Resource"页面是对所有线程的统计,它会列举出每个线程的运行时间、占百分比、占用的资源数量等)。任何时候,可以通过"Pause Display"按钮或"Resume Display"按钮暂停或重新启动资源监测。通过这个工具,开发人员可以对整个系统中最耗费资源的地方有一定的了解,并进行重点优化。

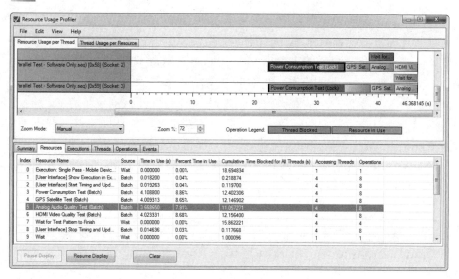

图 15-30　资源使用情况

【小结】

本章系统讲解了 TestStand 部署的过程，以及部署过程中可能会遇到的常见问题。系统部署是整个自动化测试系统开发的最后一个环节，合理使用部署策略对于后期的维护升级意义重大。当系统趋于复杂、庞大时，对系统整体性能进行评估并有针对性地优化，可以大大提高系统运行效率。同时，一些良好的开发习惯也非常关键，在本章对其一并做了汇总整理。

附录 A 操作符/函数

在 C、C++、Java 和 Visual Basic 等标准语言里，表达式中经常用到操作符和函数。TestStand 表达式同样支持这些操作符和函数，并遵从一定的语法规则。如果对这些操作符和函数不是很熟悉，可以借助于表达式浏览器。当在表达式浏览器的操作符/函数页面选中某个操作符/函数时，在"Description"栏会有该操作符/函数的详细说明信息，如图 B-1 所示。操作符主要分为算术运算符、赋值符、位运算符、比较符、逻辑运算符。函数主要分为数组函数、数值函数、属性函数、字符串函数、时间函数、开关函数等。

表 B-1 和表 B-2 分别列举了运算符和函数的使用说明。

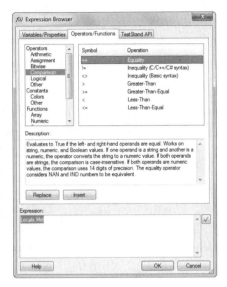

图 B-1 操作符和函数页面

表 B-1 操作符

操 作 符	描 述
Arithmetic（算数运算符）	算数运算符包括：+、-、*、/、MOD、%、++和--。其中，MOD 和%都是取余数操作。Mod 是 VB 中的语法，而%是 C、C++、C#中的语法。 提示：TestStand 早期版本是基于 VB6 开发的，因此表达式使用的是 Basic 语法，后来是基于 C++开发，因此现在大部分的操作符都是 C++的，但为了保持兼容性，在 TestStand 中仍然支持部分 Basic 语法。在表达式浏览器中，有些操作符特别注明 Basic Syntax，而有些操作符则注明的是 C/C++/C# syntax，用户很容易区别
Assignment（赋值符）	赋值符包括：=、+=、-=、*=、/=、%=、^=、&=、|=、≪和≫。除了 =，其他的赋值符相当于两个符号的组合，分别是=和算数运算符的组合以及=和位运算符的组合。举个例子，Locals.temp += 3 等价于 Locals.temp = Locals.temp+3
Bitwise（位运算符）	位运算符包括：AND、OR、NOT、XOR、&、|、~、^、≪和≫。其中，AND、OR、NOT、XOR 是 Basic 语法。除了按位与运算符（AND 或 &）有时可能会返回字符串，其他运算符的返回结果都是数值型的。位运算符是逐位计算的，比如数值 3 用二进制表示的最后四位是 0b0011，数值 2 用二进制表示的最后四位是 0b0010，3 & 2 的结果是 0b0010，换算回十进制就是数值 2。≪和≫分别是左移位和右移位，比如 3≪1 的结果是 6

续表

操 作 符	描 述
Comparison（比较符）	比较符包括：==、!=、<>、>、>=、<和<=。返回结果为 True 或 False，其中<>是 Basic 语法
Logical（逻辑运算符）	逻辑运算符包括：&&、|| 和!，返回结果为 True 或 False。如果操作数是数值，并且非零，该数值会先转换为 True；如果操作数是字符串，且文本内容为 "True" 或 "False"，则字符串会先转换为逻辑值 True 或 False；如果文本内容是数字，根据数字是否为零，将字符串转换为逻辑值 True 或 False
Constants（常量）	TestStand 中定义了不同格式的常量： 1.23e-4　　　符点型常量 1234　　　　整型 0x1234efa9　　十六进制整型 0b11011011　　二进制整型 1234i64　　　64 位整型常量 1234ui64　　　无符号 64 位整型常量 True/False　　布尔型 "1234wxyz"　　字符串常量 @"C:\Windows\temp"　非转义字符串常量，在字符串前加@后，字符串中的 \ 就不再是转义修饰符了 Nothing　　　空的 ActiveX 对象引用 PI　　　　　π 常量 NAN　　　　无效的数值结果 IND　　　　非确定性的数值 INF　　　　无穷大 TestStand 还预定义了一系列的颜色常量，如红色是 0x000000FF、绿色是 0x0000FF00，这是根据 RGB 排列的，每种颜色用 8 位表示
Other（其他）	TestStand 中还有其他一些操作符： ( )　　　　改变表达式评估顺序 .　　　　　属性/变量的分隔符 [ ]　　　　数组的索引，如 array[1] ,　　　　　用于分隔表达式 ?:　　　　基于布尔变量决定选择某个表达式。举例：布尔值? 表达式 1: 表达式 2，当布尔值为真时，选择表达式 1；当布尔值为假时，选择表达式 2 {}　　　　一维数组常量，如 {1, 2, 3} //　　　　单行注释，C/C++/C#语法 '　　　　　单行注释，Basic 语法 /**/　　　多行注释，C/C++/C#语法 &　　　　　获取操作数的引用 *　　　　　操作数是一个对象的引用，通过 * 返回该引用所指的对象 ->　　　　获取操作数引用所指的对象后，返回该对象的某个子属性 ..　　　　　在数组的索引中使用，如 array[1..5]

附录 A 操作符/函数

提示：操作符是有优先级的，关于操作符的优先级，请查看 Help 帮助文档。可在索引中输入关键词"Levels of Precedence in Operators"搜索。

表 B-2 函数

类型	函数	描述
Array（数组）	GetArrayBounds(array, lower, upper)	返回数组的上界和下界。在 TestStand 中创建数组时，下界可以是 0 以外的数值。对于每个维度，数组的大小等于 upper-lower+1
	GetNumElements(array)	返回数组元素的个数。如果是多维数组并且索引从 0 开始，如 array[2][3]，元素个数等于 12
	InsertElements(array, index, numElements)	在一维数值的索引处插入元素，numElements 决定插入的元素个数
	RemoveElements(array, index, numElements)	在一维数组的索引处开始删除元素，删除的元素个数为 numElements
	SetArrayBounds(array, lower, upper)	设置数组的上界和下界。比如重设一个二维数组 SetArrayBounds(Array, "[0][0]", "[3][2]")
	SetNumElements(array, numElements)	设置一维数组的大小
Numeric（数值）	Abs(number)	返回绝对值
	Acos(number), Asin(number), Atan(number), cos(number), sin(number), Tan(number)	三角函数
	Asc(string)	返回输入字符串中第一个字符对应的 ASCII 值
	Exp(number)	指数函数
	Log(number), Log10(number)	对数函数，分别以 e 和 10 为底
	Float64(any type), Int64(any type), UInt64(any type)	强制类型转换，分别转换为双精度 64 位浮点型、64 位整型、无符号 64 位整型
	Max(number, number, ...), Min(number, number, ...)	求最大值或最小值
	Pow(number, number)	幂运算，第一个参数为基数，第二个参数为指数，如 Pow(2,3) = 2^3 = 8
	Random(low, high)	返回 low 和 high 之间的随机数
	Round(number, <option>)	将数值转换为整型，option 决定转换方式：接近零、远离零、或转换为最大的整数
	Sqrt(number)	求平方根
	Val(string)	将字符串转换为数值

399

续表

类 型	函 数	描 述
Property（属性）	CommentOf(object)	返回对象的评论，如某个步骤的评论
	FindStep(object, string)	在序列或序列文件中（第一个参数）寻找某个步骤，string 表示步骤的 ID，如果找到则返回该步骤，否则返回"Nothing"
	NameOf(object)	返回对象的名称
	PropertyExists("propertyName")	判断某个属性是否存在，返回布尔值
	TypeOf(object, <typeDisplayName>)	返回某个对象，如容器、步骤的类型信息
String（字符串）	Chr(number)	将数字转换为对应的 ASCII 字符
	Len(string)	返回字符串的长度
	Find(string, stringToSearchFor, <indexToSearchFrom>, <ignoreCase>, <searchInReverse>)	寻找子字符串，如果找到，返回子字符串的第一个字符在整个字符串中的索引（从 0 开始），未找到则返回 -1，如 Find("AreYouReady", "You") = 3
	Replace(string, startIndex, numCharsToReplace, replacementString)	从索引处开始，替换一定长度的字符串
	SearchAndReplace (string, searchString, replacementString, <startIndex>, <ignoreCase>, <maxReplacements>, <searchInReverse>, <numReplacements>)	搜索并替换字符串
	ResStr (category, tag, <defaultString>, <found>)	从 language resource files（语言源文件）中获取字符串
	Left(string, numChars) Mid(string, startIndex, <numChars>) Right(string, numChars)	从字符串左边、中间或右边开始获取特定长度的子字符串
	Str(any type)	将任何类型的数据强制转换为字符串
	StrComp("StringA", "StringB", <compareOption>, <maxChars>)	比较字符串的大小
	DelocalizeExpression(expressionString, <decimalPointOption>)	将本地化的表达式字符串转换为标准形式
	LocalizedDecimalPoint( )	返回本地化的小数点
	LocalizeExpression(string)	将标准形式字符串本地化
	ToLower(string, <startIndex>, <numChars>, <Reverse>)	将字符串转换为小写
	ToUpper(string, <startIndex>, <numChars>, <Reverse>)	将字符串转换为大写
	CheckStrLimit( )	和 StrComp( ) 的作用一样，只是它返回值为字符串 "Pass" 或 "Failed"

续表

类型	函数	描述
String (字符串)	Split(string, "delimiter")	将字符串通过分隔符分开，返回字符串数组，如 Split("I am_OK with-that", "_-") = {"I am","OK with","that"}
	Trim(string,<string chars to trim>)	删除前导和尾随空格，如 Trim("I am OK") = "I am OK"
	TrimStart(string,<string chars to trim>)	删除前导空格
	TrimEnd(string,<string chars to trim>)	删除尾随空格
Time (时间)	Date(<longFormat>, <year>, <month>, <monthDay>, <weekDay>, <timeStampInSeconds>, <baseTimeIsInitTime>)	返回当前日期，如 "2014/3/30"
	Seconds(<returnSecondsSinceStartup>)	从基准时间算起所运行的时间，默认将应用程序初始化 TestStand 引擎时作为基准时间
	Time(<24Hr>, <h>, <m>, <s>, <ms>, <timeStampInSeconds>, <baseTimeIsInitTime>)	返回当前时间，如 "13:52:59"
Others (其他)	AllOf(boolean, ...)	任意多的输入参数进行逻辑与运算
	AnyOf(boolean, ...)	任意多的输入参数进行逻辑或运算
	CheckLimits (value, high, low, comparisonType, <DoNotCopyToResults>)	限度检查，如果值在限度内则返回"Passed"，否则返回"Failed"。限度测试步骤的状态就是用 CheckLimits 函数评估
	CurrentUserHasPrivilege(string)	如果当前用户具有该权限则返回"True"
	Evaluate(string)	返回表达式计算的结果。由于表达式评估的结果可以是布尔值、数值、字符串、对象引用等，因此返回值的数据类型是 PropertyObject
	FindFile(file, <useCurSeqFileDir>, <PathToFile>, <promptFlag>, <searchFlag>, <canceled>)	尝试定位文件

参 考 文 献

[1] National Instruments Corporation. NI TestStand Advanced Architecture Series. 2010,373091A-01.
[2] National Instruments Corporation. TestStand Reference Manual. 2010,373435E-01.
[3] National Instruments Corporation. NI TestStand Basic Courses: Test Development. 2011,325703P-01.
[4] National Instruments Corporation. NI TestStand Advanced Courses: Framework Development. 2011,325704H-01.
[5] National Instruments Corporation. NI TestStand 2013 Help. 2013,370052M-01.
[6] National Instruments Corporation. TestStand User Manual. 2001,322016B-01.
[7] National Instruments Corporation. Using LabVIEW and LabWindows/CVI with TestStand. 2012,375070C-01.
[8] National Instruments Corporation. LabVIEW 2013 Help. 2013,371361K-01.
[9] National Instruments Corporation. LabWindows/CVI 2013 Help. 2013,370051Y-01.